Martin Bäker

Funktionswerkstoffe

Physikalische Grundlagen und Prinzipien

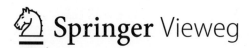

Martin Bäker
Institut für Werkstoffe
TU Braunschweig
Braunschweig, Deutschland

ISBN 978-3-658-02969-2   ISBN 978-3-658-02970-8 (eBook)
DOI 10.1007/978-3-658-02970-8

Die Deutsche Nationalbibliothek verzeichnet diese Publikation in der Deutschen Nationalbibliografie; detaillierte bibliografische Daten sind im Internet über http://dnb.d-nb.de abrufbar.

Springer Vieweg
© Springer Fachmedien Wiesbaden 2014

Gedruckt auf säurefreiem und chlorfrei gebleichtem Papier.

Springer Vieweg ist eine Marke von Springer DE. Springer DE ist Teil der Fachverlagsgruppe Springer Science+Business Media
www.springer-vieweg.de

Vorwort

Werkstoffe besitzen vielfältige Funktionen: Sie können elektrischen Strom leiten oder isolieren, Magnetfelder erzeugen oder verstärken, sie können Licht absorbieren, reflektieren oder brechen und vieles andere mehr. Häufig werden Werkstoffe auch in der Konstruktion eingesetzt, wo es ihre Hauptaufgabe ist, mechanische Lasten zu tragen. Werkstoffe, die vor allem diese Anforderung erfüllen sollen, bezeichnet man als *Konstruktionswerkstoffe*. Gerade im Maschinenbau und im Bauingenieurwesen stehen diese Werkstoffe im Vordergrund.

Der Begriff *Funktionswerkstoff* dient der Abgrenzung anderer Werkstoffe von solchen Konstruktionswerkstoffen. Als Funktionswerkstoff kann man jeden Werkstoff bezeichnen, der nicht primär wegen seiner mechanischen Eigenschaften zur Konstruktion eingesetzt wird. Die Grenzen zwischen Funktions- und Konstruktionswerkstoffen sind aber fließend. Beispielsweise ist Kupfer zwar ein besserer elektrischer Leiter als Aluminium, doch wegen seiner deutlich höheren Dichte verwendet man trotzdem häufig Aluminium, wenn ein Kabel sein Eigengewicht tragen muss.

In diesem Lehrbuch werden die wichtigsten Gruppen von Funktionswerkstoffen behandelt. Dabei stehen die optischen, elektrischen und magnetischen Eigenschaften im Vordergrund. Zusätzlich werden auch so genannte »smarte Materialien« wie Formgedächtnislegierungen und Piezokeramiken erläutert, die oft deswegen eingesetzt werden, weil ihre mechanischen Eigenschaften steuerbar sind. Andere Funktionswerkstoffe, beispielsweise solche, die zum Korrosionsschutz oder zur Wärmedämmung eingesetzt werden, werden dagegen nicht behandelt.

Im Vordergrund stehen dabei die grundlegenden physikalischen Prinzipien, aber auch Anwendungsmöglichkeiten für Funktionswerkstoffe werden dargestellt. Nicht erläutert werden dagegen die oft sehr aufwändigen Herstellungsverfahren für Funktionswerkstoffe.

Das Buch ist aus dem Skript zur Vorlesung »Funktionswerkstoffe für Maschinenbauer« hervorgegangen, die ich seit mehr als zehn Jahren an der Technischen Universität Braunschweig halte und die sich an Studierende der Vertiefungsrichtungen »Allgemeiner Maschinenbau« und »Materialwissenschaften« richtet. Das Buch wendet sich vor allem an Studierende in ingenieurwissenschaftlichen Studiengängen, die die physikalischen Prinzipien verstehen wollen, die den unterschiedlichen Funktionswerkstoffen zu Grunde liegen. Vorkenntnisse im Bereich der Festkörperphysik oder der Quantenmechanik sind nicht erforderlich, da alle benötigten Konzepte innerhalb des Buches eingeführt werden.

Ich danke Professor Rösler, der die Idee zu einer Vorlesung »Funktionswerkstoffe für Maschinenbauer« hatte und der mir die Gelegenheit gab, diese Vorlesung nach meinen Vorstellungen zu konzipieren und ein Skript zur Vorlesung zu schreiben. Auch meine Kollegen haben, nicht zuletzt durch die immer gute Atmosphäre am Institut, viel zum Entstehen des Buches beigetragen. Ganz besonders möchte ich mich bei den vielen Studierenden bedanken, die mir durch ihre Fragen zur Vorlesung und durch Anmerkungen zum Vorlesungsskript gezeigt haben, an welchen Stellen meine Erklärungen unzureichend oder unverständlich waren, und die darüber hinaus zahlreiche kleinere und größere Fehler gefunden haben. Ein weiterer Dank geht an Harald Harders, der für meine vielen Fragen zum Buchlayout immer ein offenes Ohr hatte und der mir mit einigen LATEX-Tricks weitergeholfen hat. Um die Anwendungsmöglichkeiten von Funktionswerkstoffen besser illustrieren zu können, habe ich an vielen Stellen auf Bildmaterial von Forschungsinstituten und Firmen zurückgegriffen. Ich danke allen, die mir freundlicherweise die Rechte zum Verwenden ihrer Bilder übertragen haben. Frau Klabunde und Herrn Zipsner vom Springer Vieweg-Verlag danke ich für die gute Zusammenarbeit und die Möglichkeit, das Buch in ihrem Verlag herauszubringen. Schließlich danke ich auch meiner Familie für die Unterstützung und das große Verständnis für die zahlreichen Stunden, die ich abends und an den Wochenenden vor dem Computer verbracht habe.

Braunschweig, im Februar 2014   *Martin Bäker*

Wie man dieses Buch liest

Die einzelnen Kapitel dieses Buchs bestehen meist aus drei Teilen: Zunächst wird die für die jeweilige Werkstoffgruppe interessante Phänomenologie betrachtet, es werden also beispielsweise beobachtbare Experimente beschrieben oder aus dem Alltag bekannte Phänomene erwähnt. Anschließend wird theoretisch erklärt, wie diese Phänomene zu Stande kommen, und abschließend werden Anwendungsbeispiele diskutiert.

Die theoretischen Erläuterungen in den einzelnen Kapiteln gehen zum Teil über das absolut notwendige Maß hinaus. Dies liegt daran, dass insbesondere in den anfänglichen Kapiteln die Grundlagen für die späteren Abschnitte gelegt werden. Beispielsweise enthält das Kapitel über Flüssigkristalle eine relativ ausführliche Erläuterung elektromagnetischer Phänomene, da diese in späteren Kapiteln benötigt werden. Auf diese Weise lässt sich der sonst in Büchern dieser Art verwendete Aufbau umgehen, bei dem zuerst sämtliche Theorie erläutert wird und erst danach die eigentlichen Funktionswerkstoffe diskutiert werden. Um die Übersicht zu erleichtern, werden am Ende jedes Kapitels die wichtigsten in diesem Kapitel eingeführten Schlüsselkonzepte noch einmal aufgeführt. Dieser Abschnitt ist nicht als inhaltliche Zusammenfassung des Kapitels zu verstehen, sondern soll dazu dienen, diejenigen Ideen zu wiederholen, die in anderen Teilen des Buchs benötigt werden. Bevor Sie von einem Kapitel zum nächsten weitergehen, sollten Sie diese Schlüsselkonzepte verstanden haben. Die Tabelle auf Seite XIII gibt einen Überblick über die Schlüsselkonzepte und zeigt, in welchen Kapiteln sie eingeführt und verwendet werden.

Der Haupttext des Buchs enthält häufig Randbemerkungen wie diese hier →. Diese Randbemerkung sollen die Orientierung erleichtern und dafür sorgen, dass der rote Faden nicht verloren geht. Sie können auch als Lernhilfe verwendet werden: Wenn Sie versuchen, alle Randbemerkungen inhaltlich nachzuvollziehen und zu überlegen, was jeweils im Haupttext dazu stehen sollte, können Sie Wissens- und Verständnislücken schnell aufdecken. Die Lektüre der Randbemerkungen allein ist allerdings für das Verständnis nicht ausreichend, zumal in ihnen manche Sachverhalte nur vereinfacht oder verkürzt wiedergegeben sind.

Randbemerkungen helfen (hoffentlich), einen Überblick zu bekommen.

In den Text sind außerdem Übungsaufgaben eingestreut, die meist kleine Rechnungen oder einfache weiterführende Überlegungen enthalten. Da fast nichts frustrierender ist, als sich an einer Übungsaufgabe festzubeißen und am Ende nicht zu wissen, wie man die Aufgabe hätte lösen sollen, finden Sie ausführliche Lösungen am Ende des Buches.

Das Buch enthält neben dem normal gedruckten Haupttext auch Texte, die für ein grundlegendes Verständnis des Stoffes nicht zentral sind. Zum Teil präzisieren diese Abschnitte auch vereinfachte Erklärungen im Hauptteil. Diese Texte sind wie folgt gekennzeichnet:

Vertiefungen der Stufe 1 enthalten Vertiefungen des Haupttextes und weiterführende Erläuterungen. Sie können beim Lesen des Haupttextes mitgelesen oder übersprungen werden, enthalten aber gelegentlich Verweise auf gleichartige Abschnitte weiter vorn im Buch. Sie enthalten keine Vorgriffe auf späteres Material.

Vertiefungen der Stufe 2 enthalten noch weiter vertiefendes Material. Sie enthalten evtl. Rückgriffe auf gleichartige Abschnitte und auch Vorgriffe auf Material des Haupttextes oder auf einfache Vertiefungen späterer Kapitel. Sie sollten deshalb beim ersten Lesen übersprungen werden.

⤳ Abschnitte, die so gekennzeichnet sind, enthalten Exkurse, d. h., weiterführende Informationen, die nicht zum besseren Verständnis dienen, sondern Zusatzinformationen enthalten, beispielsweise historische Anmerkungen oder Querverweise auf ähnliche Phänomene in anderen Wissenschaftsdisziplinen. Sie können nach Belieben mitgelesen oder übersprungen werden und enthalten nur Verweise auf den Hauptteil.

In diesem Buch werden wir für einige physikalische Phänomene unterschiedliche Modelle kennenlernen, die diese Phänomene beschreiben. Für Licht gibt es beispielsweise sowohl ein Wellen- als auch ein Teilchenmodell. Jedes dieser Modelle hat einen bestimmten Anwendungsbereich. Um den Überblick über diese Modelle etwas zu erleichtern, werden die wichtigsten Eigenschaften häufig verwendeter Modelle jeweils in so genannten Modellboxen zusammengefasst, siehe zum Beispiel Seite 13.

Inhaltsverzeichnis

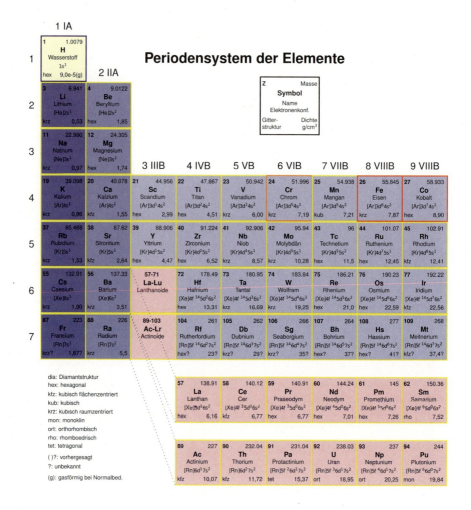

Legende:

- Alkalimetall
- Erdalkalimetall
- Metall
- Halbmetall/Halbleiter
- Nichtmetall
- Halogen
- Edelgas
- Lanthaniden/Actiniden

- diamagn.
- paramagn.
- antiferromagn.
- ferromagn.
- unbekannt

18 VIIIA

2 4.0025 He Helium $1s^2$ kfz 0,00018 (g)

13 IIIA	14 IVA	15 VA	16 VIA	17 VIIA
5 10.811 B Bor [He]$2s^2 2p^1$ tet 2,34	6 12.011 C Kohlenstoff [He]$2s^2 2p^2$ dia 2,27	7 14.007 N Stickstoff [He]$2s^2 2p^3$ hex 0,0013 (g)	8 15.999 O Sauerstoff [He]$2s^2 2p^4$ kub 0,0014 (g)	9 18.998 F Flour [He]$2s^2 2p^5$ mon 0,0017 (g)
13 26.982 Al Aluminium [Ne]$3s^2 3p^1$ kfz 2,70	14 28.086 Si Silizium [Ne]$3s^2 3p^2$ dia 2,33	15 30.974 P Phosphor [Ne]$3s^2 3p^3$ kub 1,82 (weiß)	16 32.065 S Schwefel [Ne]$3s^2 3p^4$ ort 2,07 (α)	17 35.453 Cl Chlor [Ne]$3s^2 3p^5$ ort 0,0032 (g)

Ne 10 20.180 Neon [He]$2s^2 2p^6$ hex 0,00090 (g)
Ar 18 39.948 Argon [Ne]$3s^2 3p^6$ kfz 0,0018 (g)

10 VIIIB	11 IB	12 IIB

28 58.693 Ni Nickel [Ar]$3d^8 4s^2$ kfz 8,91	29 63.546 Cu Kupfer [Ar]$3d^{10} 4s^1$ kfz 8,96	30 65.39 Zn Zink [Ar]$3d^{10} 4s^2$ hex 7,14	31 69.723 Ga Gallium [Ar]$3d^{10} 4s^2 4p^1$ ort 5,91	32 72.64 Ge Germanium [Ar]$3d^{10} 4s^2 4p^2$ dia 5,32	33 74.922 As Arsen [Ar]$3d^{10} 4s^2 4p^3$ rho 5,73	34 78.96 Se Selen [Ar]$3d^{10} 4s^2 4p^4$ hex 4,81 (grau)	35 79.904 Br Brom [Ar]$3d^{10} 4s^2 4p^5$ ort 3,10	36 83.8 Kr Krypton [Ar]$3d^{10} 4s^2 4p^6$ kfz 0,0037 (g)
46 106.42 Pd Palladium [Kr]$4d^{10} 5s^0$ kfz 12,02	47 107.87 Ag Silber [Kr]$4d^{10} 5s^1$ kfz 10,49	48 112.41 Cd Cadmium [Kr]$4d^{10} 5s^2$ hex 8,65	49 114.82 In Indium [Kr]$4d^{10} 5s^2 5p^1$ tet 7,31	50 118.71 Sn Zinn [Kr]$4d^{10} 5s^2 5p^2$ tet 7,37 (weiß)	51 121.76 Sb Antimon [Kr]$4d^{10} 5s^2 5p^3$ rho 6,70	52 127.6 Te Tellur [Kr]$4d^{10} 5s^2 5p^4$ hex 6,24	53 126.9 I Iod [Kr]$4d^{10} 5s^2 5p^5$ ort 4,93	54 131.29 Xe Xenon [Kr]$4d^{10} 5s^2 5p^6$ kfz 0,0059 (g)
78 195.08 Pt Platin [Xe]$4f^{14} 5d^{10} 6s^9$ kfz 21,45	79 196.97 Au Gold [Xe]$4f^{14} 5d^{10} 6s^1$ kfz 19,30	80 200.59 Hg Quecksilber [Xe]$4f^{14} 5d^{10} 6s^2$ hex 13,53	81 204.38 Tl Thallium [Hg]$6p^1$ hex 11,85	82 207.2 Pb Blei [Hg]$6p^2$ kfz 11,34	83 208.98 Bi Bismut [Hg]$6p^3$ rho 9,78	84 209 Po Polonium [Hg]$6p^4$ kub 9,20 (α)	85 210 At Astat [Hg]$6p^5$? 6,3?	86 222 Rn Radon [Hg]$6p^6$ kfz 0,0097 (g)
110 281 Ds Darmstadtium [Rn]$5f^{14} 6d^8 7s^2$ krz? 34,8?	111 280 Rg Roentgenium [Rn]$5f^{14} 6d^{10} 7s^1$ krz? 28,7	112 285 Cn Copernicium [Rn]$5f^{14} 6d^{10} 7s^2$? 23,7?	113 284 Uut Ununtrium [Cn]$7p^1$? 16?	114 289 Fl Flerovium [Cn]$7p^2$? 14?	115 288 Uup Ununpentium [Cn]$7p^3$? 13,5?	116 293 Lv Livermorium [Cn]$7p^4$? 12,9?	117 292 Uus Ununseptium [Cn]$7p^5$? 7,2?	118 294 Uuo Ununoctium [Cn]$7p^6$?

63 151.96 Eu Europium [Xe]$4f^7 5d^0 6s^2$ krz 5,24	64 157.25 Gd Gadolinium [Xe]$4f^7 5d^1 6s^2$ hex 7,90	65 158.93 Tb Terbium [Xe]$4f^9 5d^0 6s^2$ hex 8,23	66 162.50 Dy Dysprosium [Xe]$4f^{10} 5d^0 6s^2$ hex 8,55	67 164.93 Ho Holmium [Xe]$4f^{11} 5d^0 6s^2$ hex 8,80	68 167.26 Er Erbium [Xe]$4f^{12} 5d^0 6s^2$ hex 9,07	69 168.93 Tm Thulium [Xe]$4f^{13} 5d^0 6s^2$ hex 9,32	70 173.04 Yb Ytterbium [Xe]$4f^{14} 5d^0 6s^2$ kfz 6,90	71 174.97 Lu Lutetium [Xe]$4f^{14} 5d^1 6s^2$ hex 9,84

95 243 Am Americium [Rn]$5f^7 6d^0 7s^2$ hex 13,69	96 247 Cm Curium [Rn]$5f^7 6d^1 7s^2$ hex 13,51	97 247 Bk Berkelium [Rn]$5f^8 6d^1 7s^2$ hex 14,78	98 251 Cf Californium [Rn]$5f^{10} 6d^0 7s^2$ hex 15,1	99 252 Es Einsteinium [Rn]$5f^{11} 6d^0 7s^2$ kfz 8,84	100 257 Fm Fermium [Rn]$5f^{12} 6d^0 7s^2$? ?	101 258 Md Mendelevium [Rn]$5f^{13} 6d^0 7s^2$? ?	102 259 No Nobelium [Rn]$5f^{14} 6d^0 7s^2$? ?	103 262 Lr Lawrencium [Rn]$5f^{14} 6d^1 6s^2$ hex? ?

1 Flüssigkristalle

Der Name »*Flüssigkristall*« beinhaltet einen Widerspruch: Unter einem Kristall stellt man sich einen Festkörper vor, in dem die einzelnen Bestandteile (Atome oder Moleküle) in einer genau definierten Anordnung zueinander positioniert sind. In einer Flüssigkeit dagegen sind die Moleküle zwar noch relativ stark aneinander gebunden (sonst würde man von einem Gas sprechen), aber ihre Anordnung ist regellos, die Moleküle bewegen sich durcheinander, und Moleküle, die zu einem Zeitpunkt benachbart sind, sind zu einem späteren Zeitpunkt weit voneinander entfernt. Der Begriff »Flüssigkristall« legt nahe, dass in einem solchen Material diese einander widersprechenden Eigenschaften in irgendeiner Weise gemeinsam auftreten.

1.1 Motivation und Phänomenologie

Das Hauptanwendungsgebiet für Flüssigkristalle sind moderne Anzeigegeräte. Armbanduhren und Taschenrechner sind Beispiele für Geräte mit einfachen Anzeigen auf LCD-Basis (LCD steht dabei für *»Liquid Crystal Display«*, also Flüssigkristallanzeige), die etwa seit Beginn der Achtziger Jahre des 20. Jahrhunderts im Einsatz sind. Komplexere Anzeigegeräte sind die Displays von Notebooks oder Computern sowie Beamer für den Einsatz bei Präsentationen.

Flüssigkristalle sind aber nicht auf den Bereich der Anzeigetechik beschränkt, sondern werden beispielsweise auch als Thermometer eingesetzt, in denen farbige Streifen die Temperatur anzeigen. Eine weitere Einsatzmöglichkeit ist die Konstruktion von auf Knopfdruck abblendbaren Spiegeln oder von Fenstern, in denen die Durchsichtigkeit gezielt verändert werden kann.

Aus der Beschreibung dieser Einsatzmöglichkeiten wird schon deutlich, dass Flüssigkristalle anscheinend besondere optische Eigenschaften besitzen. Diese Eigenschaften waren es auch, die 1888 zur Entdeckung der Flüssigkristalle durch Friedrich Reinitzer (1857–1927) geführt haben. Dieser entdeckte eine Substanz, die er folgendermaßen beschrieb [61]:

> Bei 145,5 Grad Celsius schmilzt sie zunächst zu einer trüben, jedoch völlig flüssigen Flüssigkeit. Dieselbe wird erst bei 178,5 Grad Celsius plötzlich völlig klar.

Bei Bestrahlung mit polarisiertem Licht zeigte sich, dass die optischen Eigenschaften der Flüssigkristalle eine starke Richtungsabhängigkeit besitzen, siehe Bild 1.1.[1] Dies erscheint deswegen verblüffend, weil in einer Flüssigkeit, in der sich die Moleküle regellos bewegen, eine Richtungsabhängigkeit scheinbar nicht

---

1 Die genauen Eigenschaften von polarisiertem Licht werden weiter unten ausführlich diskutiert werden. An dieser Stelle genügt es zu wissen, dass es möglich ist, mit po-

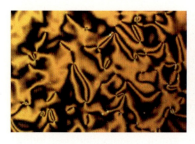 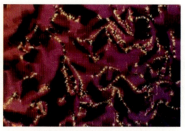

a: Nematische Struktur   b: Smektische Struktur

Bild 1.1: Flüssigkristalle bei Durchstrahlen mit polarisiertem Licht. Die entstehenden Farbmuster zeigen, dass Flüssigkristalle richtungsabhängige Eigenschaften besitzen; sie sind also nicht isotrop. Die Begriffe »smektisch« und
»nematisch« bezeichnen zwei unterschiedliche flüssigkristalline Phasen, die
in Abschnitt 1.2.2 erläutert werden. Mit freundlicher Genehmigung von
Prof. Herminghaus, Max-Planck-Institut für Dynamik und Selbstorganisa-
tion.

Flüssigkristall:
Mechanisch
eine
Flüssigkeit,
optisch
anisotrop wie
ein Festkörper.

vorliegen kann. Es liegen also Eigenschaften von Kristallen (optisch) und von
Flüssigkeiten (mechanisch) vor, weshalb der Name *Flüssigkristall* geprägt wurde.

1.2   Was ist ein Flüssigkristall?

1.2.1   Phasen und Mesophasen

Mesophase:
Zwischen
Flüssigkeit
und
Festkörper.

Ein Flüssigkristall ist demnach eine Substanz, deren Eigenschaften zwischen
denen eines echten Festkörpers und einer Flüssigkeit liegen. Man spricht deshalb
auch von einer *Mesophase* (vom Griechischen mesos »dazwischen«).[2]

**Zwei Arten
von Ordnung:
Position oder
Orientierung.**

Eine solche Mesophase existiert nicht bei elementaren Substanzen, die also
aus einer einzigen Atomsorte aufgebaut sind, sondern vor allem bei organischen
Molekülen, die entweder länglich oder scheibenförmig aufgebaut sind. Derartige Moleküle haben verschiedene Möglichkeiten, sich zueinander anzuordnen:
Es können zum einen die Abstände der Moleküle zueinander eine Ordnung
besitzen, zum anderen kann aber auch die Orientierung der Moleküle relativ
zueinander geordnet sein.

Kristall:
Fernordnung
für Position
und
Orientierung.

In einem Kristall sind die Moleküle gleich orientiert und zudem auf einem regelmäßigen Gitter angeordnet, so dass die Moleküle die größtmögliche Ordnung
besitzen, siehe Bild 1.2 a.[3] Es liegt eine *Fernordnung* vor, d. h., wenn man die

larisiertem Licht festzustellen, ob eine Substanz anisotrope, also richtungsabhängige,
Eigenschaften besitzt.

2 Generell bezeichnet eine *Phase* einen chemisch und physikalisch homogenen Bereich in
einem Material.

3 Bei Temperaturen oberhalb des absoluten Nullpunktes ist diese Anordnung niemals
ganz perfekt, weil die Moleküle durch ihre thermische Energie ein wenig um die Gleichgewichtslage schwingen und auch ihre relative Orientierung zueinander sich leicht ver-

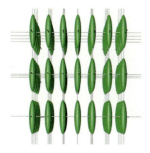

a: Struktur eines Kris-   b: Struktur einer Flüssigkeit
talls

Bild 1.2: Struktur eines Kristalls und einer Flüssigkeit aus länglichen Molekülen. Im
Kristall sind sowohl die Positionen als auch die Orientierungen der Moleküle ferngeordnet.

Orientierung und Lage der Moleküle in einem Bereich des Kristalls kennt, kann
man sie in einem weit entfernten Bereich des Kristalls vorhersagen. Diese Anordnung der Atome führt dazu, dass die meisten Eigenschaften von Kristallen
richtungsabhängig (anisotrop) sind.

In einer echten Flüssigkeit dagegen gibt es keine Fernordnung (Bild 1.2 b).
Nahe benachbarte Moleküle orientieren sich immer noch relativ zueinander
und können sich auch in regelmäßigen Strukturen anordnen. Die Bindungen
zwischen den einzelnen Molekülen lösen sich jedoch häufig und die Moleküle
können relativ zueinander große Strecken zurücklegen. Es gibt also eine *Nahordnung*, aber keine Fernordnung. Entsprechend sind die Eigenschaften von
Flüssigkeiten isotrop, da es keine langreichweitige Ordnung gibt.

> Flüssigkeit:
> Keine
> Fernordnung.

Diese Überlegung legt schon nahe, dass man sich Mesophasen als Zwischen-
stufen zwischen diesen beiden Extremen vorstellen kann. Besitzen die Positionen der Moleküle eine Fernordnung, nicht aber ihre Rotation, siehe Bild 1.3 a,
spricht man von einem so genannten plastischen Kristall (»plastic crystal«),
wobei der Begriff »plastisch« nichts mit dem üblichen Plastizitätsbegriff der
Mechanik zu tun hat. In einem solchen Kristall können die Moleküle also gegeneinander rotieren, sitzen aber fest auf ihren jeweiligen Positionen im Kristallgitter. Er ist deshalb ein Festkörper. Plastische Kristalle werden in diesem
Buch nicht weiter behandelt.

> Mesophasen:
> Teilweise
> ferngeordnet.

Die andere Möglichkeit besteht darin, dass die Rotation der Moleküle eingeschränkt ist, nicht aber ihre Bewegung (Bild 1.3 b). Die Moleküle sind also alle
(mehr oder weniger) gleich orientiert, können sich aber ansonsten frei bewegen,
so dass das Material sich wie eine Flüssigkeit verhält. Dies ist die Struktur, die
in einem Flüssigkristall vorliegt.

> Flüssigkristall:
> Fernordnung
> der
> Orientierung,
> aber nicht der
> Position.

Wir können uns das zu Stande kommen eines flüssigkristallinen Zustandes
leicht erklären, wenn wir uns an die oben erwähnte Tatsache erinnern, dass die

---

ändern kann. Diese Schwankungen sind jedoch klein im Vergleich mit denen in einer
Flüssigkeit und sie zerstören die Fernordnung nicht.

a: Struktur eines »plastischen   b: Struktur eines nematischen
   Kristalls«   Flüssigkristalls

Bild 1.3: Strukturen mit Nah- und Fernordnung. In einem »plastischen Kristall«
besitzen die Positionen eine Fernordnung, die Orientierung der Moleküle
aber nicht, in einem Flüssigkristall ist es umgekehrt.

Gleich orientierte Moleküle sind energetisch günstig.

Moleküle in einem Flüssigkristall meist entweder länglich (calamitisch, nach gr. kalami, »Schilf«) oder scheibenförmig (diskotisch, nach gr. diskos, »Scheibe«) sind. Betrachten wir eine Ansammlung länglicher Moleküle in einem flüssigen Zustand. Da zwischen den Molekülen Anziehungskräfte herrschen, ist es energetisch günstig, die Moleküle mit ihren Längsseiten zueinander anzuordnen, da so der mittlere Abstand zwischen den Molekülen verringert wird. Um ein Molekül quer zu einem anderen anzuordnen, müsste man die umliegenden Moleküle entsprechend verschieben, um genügend Platz zu schaffen, wofür Energie notwendig ist. Es ist also relativ leicht einzusehen, dass die Moleküle eines Flüssigkristalls eine Vorzugsorientierung besitzen. Diese Vorzugsorientierung ist auch für die gerichteten optischen Eigenschaften der Flüssigkristalle verantwortlich, wie wir später noch genauer sehen werden.

Man darf sich diese Orientierung allerdings nicht als perfekt vorstellen, denn durch ihre thermische Energie fluktuiert die Orientierung der Moleküle relativ zueinander; es gibt in einem Flüssigkristall lediglich eine Richtung, in die die Moleküle bevorzugt orientiert sind. Diese wird auch als *Direktor* bezeichnet.

Die Vorzugsrichtung eines Flüssigkristalls heißt Direktor.

Mit diesem Wissen können wir die oben geschilderte Beobachtung des flüssigkristallinen Zustandes durch F. Reinitzer verstehen: In der von ihm beobachtete Substanz löste sich bei einer Temperatur von 145,5 °C zunächst die Kristallstruktur auf und die Moleküle wurden frei beweglich, besaßen aber noch eine Vorzugsorientierung. Diese Vorzugsorientierung führte dazu, dass die Substanz Licht streuen konnte. Bei einer weiteren Erhöhung der Temperatur wurde die thermische Energie der Moleküle schließlich so groß, dass sie sich vollkommen regellos zueinander anordnen konnten.[4]

---

4 Den Zusammenhang zwischen der Temperatur und dem Schmelzen und Erstarren einer
  Substanz werden wir im Kapitel über Formgedächtnislegierungen detaillierter behandeln, siehe auch Bild 2.4.

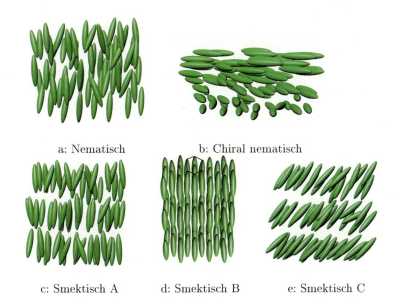

a: Nematisch   b: Chiral nematisch

c: Smektisch A   d: Smektisch B   e: Smektisch C

Bild 1.4: Verschiedene Strukturen von Flüssigkristallen.

1.2.2 Struktur von Flüssigkristallen

Bisher haben wir nur Flüssigkristalle betrachtet, in denen die Fernordnung des Kristalls komplett aufgehoben war und lediglich die Orientierung der Moleküle zueinander noch eine gewisse Ordnung besaß. Es gibt aber auch noch andere, komplexere Möglichkeiten der Ordnung in einem Flüssigkristall.

Die bisher betrachtete Struktur aus Bild 1.3 b wird als *nematisch* (gr. nematos, »Faden«) bezeichnet, weil sie auf der Anordnung länglicher Moleküle beruht. Anschaulich kann man sie mit einem Fischschwarm vergleichen, bei dem alle Fische ungefähr in dieselbe Richtung schwimmen. Zusätzlich gibt es die Möglichkeit, dass sich die Orientierung der Moleküle in einer Richtung des Flüssigkristalls dreht, siehe Bild 1.4 b. Diese Anordnung wird als *chiral nematisch* bezeichnet. (Gr. cheir, »Hand«; der Begriff chiral wird hieraus abgeleitet für Strukturen verwendet, die nicht spiegelsymmetrisch sind. Dies ist in einem chiral nematischen Kristall der Fall, da der Direktor einer Schraubenwendel folgt.) Eine andere Bezeichnung für diese Struktur ist cholesterisch, da sie zuerst an Molekülen des Cholesterin entdeckt wurde.

Eine zusätzliche Orientierungsmöglichkeit ergibt sich auch dadurch, dass sich die Moleküle in Schichten anordnen können. Solche Anordnungen werden als *smektisch* (gr. smegma, »Seife«) bezeichnet. Auch hier ist es aber so, dass nicht alle Moleküle perfekt in den Schichten angeordnet sind, sondern auch einige von ihnen zwischen den Schichten liegen können. Sind die Moleküle innerhalb der Schichten frei beweglich und liegt der Orientierungsvektor senkrecht zur Schichtebene, so nennt man den Zustand *smektisch A* (Bild 1.4 c). Diesen Zustand kann man anschaulich mit den Menschen in einem Einkaufszentrum verglei-

Nematische Flüssigkristalle sind orientiert.

In chiral nematischen Flüssigkristallen ist der Direktor ortsabhängig.

Smektische Flüssigkristalle sind in Schichten angeordnet.

chen – auch hier befinden sich die meisten Menschen in Schichten (auf den Stockwerken) und sind mit ihrer Körperachse senkrecht zu den Schichten angeordnet. Ist der Orientierungsvektor nicht senkrecht zur Schichtebene, sondern geneigt, bezeichnet man den Zustand als *smektisch C* (Bild 1.4 e). Zusätzlich gibt es auch noch den Zustand *smektisch B* (Bild 1.4 d), in dem die Moleküle auch innerhalb der Schicht noch angeordnet sind, beispielsweise in einer Sechseckstruktur. Dieser Zustand ist dennoch nicht kristallin, weil die Moleküle ihre Plätze innerhalb der hexagonalen Anordnung leicht wechseln können.

Alle diese Ordnungen entstehen durch die Anziehungskräfte zwischen den Molekülen. Eine schichtartige Anordnung kann beispielsweise bevorzugt sein, wenn die Enden der Moleküle entgegengesetzte elektrische Ladungen tragen. Chirale Strukturen können in Molekülen entstehen, die keine Spiegelsymmetrie besitzen. Hier können sich Seitengruppen an den Molekülen räumlich behindern oder zu asymmetrischen Bindungen führen, so dass die Moleküle sich nur verdreht übereinander »stapeln« lassen.

1.3   Grundlagen der Optik

1.3.1   Elektrische und magnetische Felder

Flüssigkristalle werden meist wegen ihrer besonderen optischen Eigenschaften eingesetzt. Um diese verstehen zu können, sollen im Folgenden einige Grundlagen der Optik erklärt werden. In späteren Kapiteln werden diese weiter vertieft.

Verschiedene Licht-Modelle.

Wie die meisten physikalischen Phänomene kann Licht mit verschiedenen Modellen beschrieben werden: Im Alltag genügt es meist, von Lichtstrahlen auszugehen, die sich geradlinig fortbewegen. Viele Phänomene können jedoch nur verstanden werden, wenn man davon ausgeht, dass es sich bei Licht um eine Welle handelt, während andere Aspekte (insbesondere die Absorption) die Verwendung eines Modells erfordern, in dem das Licht Teilchencharakter hat. In diesem Kapitel wollen wir Licht als eine elektromagnetische Welle betrachten, die anderen Aspekte werden im Kapitel über optische Werkstoffe behandelt werden.

Modell: Licht als elektromagnetische Welle.

Licht soll also in diesem Modell als eine *elektromagnetische Welle* betrachtet werden. Um zu verstehen, was es damit auf sich hat, ist es offensichtlich nötig, sich über die Begriffe »elektrisch«, »magnetisch« und »Welle« Gedanken zu machen.

Die Elektrodynamik ist eine Feldtheorie.

Die Theorie des Elektromagnetismus (Elektrodynamik), deren Grundzüge wir hier diskutieren, ist eine *Feldtheorie*, d. h., sie beschäftigt sich mit Größen, die an jedem Punkt des Raumes definiert sind. Solche Größen bezeichnet man in der Mathematik als *Felder*. Die Beziehungen zwischen diesen Feldern werden durch partielle Differentialgleichungen dargestellt, die Maxwell-Gleichungen.

⤳   In der Physik hat sich diese Auffassung des elektromagnetischen Feldes erst im 20. Jahrhundert durchgesetzt, obwohl die Gleichungen des Elektromagnetismus bereits im 19. Jahrhundert von James Clerk Maxwell (1831–1879) aufgestellt wurden. Es wurde aber zunächst als nicht vorstellbar angesehen, dass es physikalische Größen geben kann, die nicht direkt an Materie geknüpft sind, sondern im Vakuum unabhängig von jeder Materie eine Existenz besitzen und Energie beinhalten können. Man nahm deshalb zunächst an, dass das elektromagnetische Feld durch eine Verzerrung einer alles durchdringenden Substanz zu Stande kommt, die als Äther bezeichnet wurde. Durch geschickte Experimente, in denen versucht wurde, die Bewegung der Erde gegen diesen Äther zu messen, wurde von Albert Abraham Michelson (1852–1931) und Edward Morley (1838–1923) gezeigt, dass der Äther nicht existiert. Diese Erkenntnis war einer der Anlässe zur Relativitätstheorie Albert Einsteins (1879–1955, Nobelpreis 1921).

Elektrische und magnetische Felder können durch ihre Wirkung auf elektrische Ladungen definiert werden. Elektrische Ladungen wiederum sind die Ursache für die elektrischen und magnetischen Felder. Ein *elektrisches Feld* $\vec{\mathcal{E}}$ [5] übt auf eine elektrische Ladung der Stärke q eine Kraft aus, die durch

Ein elektrisches Feld übt eine Kraft auf eine elektrische Ladung aus.

$$\vec{F} = q\vec{\mathcal{E}} \tag{1.1}$$

gegeben ist. Das elektrische Feld ist dabei eine gerichtete Größe, weil es proportional zur Kraft ist, die auf die Ladung q wirkt, also ein so genanntes Vektorfeld (an jedem Punkt des Raumes sitzt ein Vektor). Man kann das elektrische Feld an einem beliebigen Punkt des Raumes dadurch messen, dass man eine Ladung bekannter Stärke in diesem Raumpunkt positioniert und die Stärke der Kraft auf diese Ladung misst. Dabei ist angenommen, dass die Stärke der Ladung selbst so klein ist, dass sie das Feld nicht beeinflusst, denn eine starke elektrische Ladung könnte ja die Ladungsverteilung der Materie in ihrer Umgebung stören.

Das elektrische Feld ist ein Vektorfeld.

Der verwendete Feldbegriff ist deswegen sinnvoll, weil es offensichtlich an jedem Punkt des Raumes genau einen Wert des elektrischen Feldes gibt, denn auf eine ruhende Ladung an diesem Punkt wirkt natürlich eine eindeutig definierte Kraft. Entsprechendes gilt auch für das magnetische Feld.

Eine weitere wichtige Größe ist die *elektrische Spannung*, die immer zwischen zwei Punkten definiert ist. Für ein konstantes elektrisches Feld ist die Spannung definiert als negative elektrische Feldstärke multipliziert mit dem in Richtung des Feldes gemessenen Abstand der beiden betrachteten Punkte. Die elektrische Spannung wird oft auch als *Potential* bezeichnet, da sie mit der potentiellen Energie einer Ladung im elektrischen Feld verknüpft ist: Ist die elektrische Spannung an einem Ort V_1 und an einem anderen Ort V_2, so ändert sich die potentielle Energie einer Ladung q beim Transport vom einen Ort zum anderen um $q(V_1 - V_2)$. Die Einheit der elektrischen Spannung ist das Volt; die elektrische Feldstärke wird entsprechend in Volt pro Meter gemessen.

Die elektrische Spannung hängt mit der Energie einer Ladung zusammen.

Aufgabe 1.1: Zeigen Sie für den Fall eines konstanten elektrischen Feldes, dass die Energie zum Ladungstransport durch $q(V_1 - V_2)$ gegeben ist. □

---

5 Um Verwechslungen mit der Energie E zu vermeiden, wird das elektrische Feld in diesem Buch mit dem Symbol $\mathcal{E}$ bezeichnet.

Die allgemeine Definition der Spannung erfolgt über einen Gradienten: Das elektrische Feld ist der negative Gradient der elektrischen Spannung, $\vec{\mathcal{E}} = -\partial V/\partial \vec{x}$.

Elektrische Ladungen erzeugen elektrische Felder nach dem Coulomb-Gesetz.

Jede elektrische Ladung q erzeugt ihrerseits ein elektrisches Feld. Dieses ist gegeben durch das *Coulomb-Gesetz*

$$\mathcal{E} = \frac{1}{4\pi\varepsilon_0} \frac{q}{r^2} \,, \tag{1.2}$$

wobei r den Abstand von der Ladung bezeichnet, und $\varepsilon_0 = 8{,}85 \cdot 10^{-12}\,\mathrm{C}^2/\mathrm{Nm}^2$ die so genannte Dielektrizitätskonstante des Vakuums ist.[6] Die Richtung des elektrischen Feldes ist durch den Vektor vom Ort der Ladung zum Ort, an dem das Feld gemessen wird, gegeben.

⤳ Diese Definition des elektrischen Feldes enthält eine Art Zirkelschluss: Wir definieren das elektrische Feld durch seine Wirkung auf elektrische Ladungen und umgekehrt eine elektrische Ladung dadurch, dass sie ein elektrisches Feld erzeugt. Um die Definition zu vervollständigen, könnte man beispielsweise angeben, mit welcher Versuchsanordnung ein elektrisches Feld erzeugt werden kann. Derartige Probleme sind bei physikalischen Definitionen nicht weiter ungewöhnlich: Beispielsweise definiert das 2. Newtonsche Axiom die Kraft als Masse mal Beschleunigung. Verwendet man diese Definition für sich allein, so enthält sie zunächst keine besondere Aussagekraft. Diese erhält sie erst dadurch, dass man den Begriff der »Kraft« zusätzlich noch auf andere Weise betrachtet. Eine vertiefte Diskussion solcher Probleme findet sich in [14], doch da solche Fragen eher für theoretische Physiker und Wissenschaftstheoretiker interessant sind, sollen sie im Folgenden nicht weiter behandelt werden. Für unsere Zwecke genügen pragmatische Definitionen.

⤳ Betrachtet man beide Gleichungen zusammen, so ergibt sich, dass dass Feld genau am Ort einer Punktladung unendlich groß ist, so dass eine Punktladung auf sich selbst eine unendlich große Kraft ausübt. Dieses Problem der so genannten Selbstenergie wird beispielsweise in [13] näher diskutiert.

Veranschaulichung mit Vektoren.

Es gibt zwei Möglichkeiten, ein elektrisches Feld zu veranschaulichen. Da es sich um ein Vektorfeld handelt, das an jedem Punkt des Raumes definiert ist, kann man an ausgewählten Raumpunkten (beispielsweise auf einem Gitter) Vektoren zeichnen, deren Länge der Stärke des Feldes entspricht und die in Feldrichtung zeigen, siehe Bild 1.5 a. Diese Darstellung hat den Vorteil, dass man leicht erkennt, was passiert, wenn man mehrere Felder überlagert, weil man dazu einfach die Vektorpfeile addieren kann. Häufig verwendet man aber

Feldlinien beginnen und enden an Ladungen.

eine Darstellung mit Hilfe von Feldlinien, siehe Bild 1.5 b und 1.5 c. Die Linien beginnen oder enden an elektrischen Ladungen, ihre Dichte gibt die Stärke des Feldes an: Je enger die Feldlinien zusammen liegen, desto stärker ist das Feld. Diese Darstellung macht es leichter, den Verlauf des Feldes zu erkennen und zu sehen, wo elektrische Ladungen sitzen. (Bei dieser Art der Darstellung ist es irrelevant, wie viele Feldlinien man von einer Ladung ausgehend zeichnet,

---

6 In vielen Physikbüchern wird an Stelle der SI-Einheiten das cgs-Einheiten verwendet, bei dem die Einheiten so gewählt werden, dass der Vorfaktor $4\pi\varepsilon_0$ verschwindet.

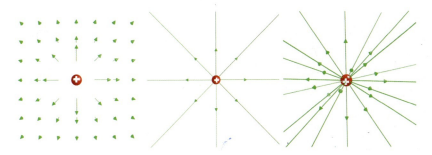

a: Vektordarstellung in 2   b: Feldliniendarstellung   c: Feldliniendarstellung
   Dimensionen   in 2 Dimensionen   in 3 Dimensionen

Bild 1.5: Unterschiedliche Darstellungen des elektrischen Felds einer Punktladung.

solange man darauf achtet, dass die Zahl der Feldlinien zur Stärke der Ladung proportional ist.)

Aufgabe 1.2: Betrachten Sie eine elektrische Punktladung. Verwenden Sie das Feldlinienbild, um zu zeigen, dass das elektrische Feld umgekehrt proportional zum Quadrat des Abstands abnimmt. □

Als Beispiel für ein durch Ladungen erzeugtes elektrisches Feld betrachten wir einen Plattenkondensator: Dieser besteht aus zwei parallel zueinander ausgerichteten (im Idealfall unendlich ausgedehnten) Metallplatten, die gleich große entgegengesetzte elektrische Ladungen tragen, wie in Bild 1.6 dargestellt. Zwischen den beiden Platten bildet sich ein konstantes elektrisches Feld der Stärke $\mathcal{E}$ aus, das von der positiv geladenen zur negativ geladenen Platte zeigt. Die Spannung zwischen den beiden Platten ist gegeben durch $V = \mathcal{E}d$, wenn d den Abstand der beiden Platten bezeichnet. Die Größe der Ladung auf den beiden Platten ist proportional zur Spannung, und es gilt

Das elektrische Feld im Inneren eines Plattenkondensators ist konstant.

$$\sigma = \frac{\varepsilon_0}{d}V \,,$$

wenn σ die Ladung pro Fläche (die Ladungsdichte) bezeichnet. (Da wir unendlich große Platten annehmen, ist die Gesamtladung jeder Platte natürlich ebenfalls unendlich.)

Außerhalb des Zwischenraums der beiden Platten verschwindet das elektrische Feld, und die elektrische Spannung ist konstant, da sich die Felder der beiden Platten hier genau kompensieren. Dies mag zunächst verwunderlich erscheinen, da doch das elektrische Feld mit dem Quadrat des Abstandes abnimmt. Dies gilt jedoch nur für eine Punktladung; eine zweidimensionale homogene Ladungsverteilung erzeugt ein konstantes elektrisches Feld.

Das elektrische Feld außerhalb eines Plattenkondensators verschwindet.

Im Bild der Feldlinien lässt sich dies leicht nachvollziehen: Die Feldlinien müssen an einer (positiv) geladenen Platte beginnen und aus Gründen der Symmetrie senkrecht auf der Platte stehen. Wenn es keine weiteren Ladungen gibt, dann müssen die Feldlinien senkrecht orientiert bleiben und können sich nicht annähern oder

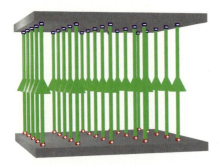

Bild 1.6: Elektrisches Feld im Inneren eines Plattenkondensators.

entfernen. Also ist das elektrische Feld einer geladenen Platte konstant.

Auch mathematisch kann man leicht zeigen, dass das Feld einer geladenen unendlichen Platte konstant ist: Dazu betrachtet man die Ladungen auf der unendlich ausgedehnten, gleichmäßig geladenen Platte, die von einem Punkt aus in einem bestimmten Raumwinkel zu sehen sind. Wir stellen uns also einen Kegel vor, der sich vom betrachteten Punkt bis zur geladenen Platte erstreckt. Erhöhen wir den Abstand von der Platte, so wächst die Anzahl der Ladungen innerhalb des Kegels quadratisch mit dem Abstand; das Feld jeder dieser Ladungen fällt quadratisch mit dem Abstand ab, so dass sich insgesamt ein konstantes Feld ergibt.

Magnetfelder üben eine Kraft auf bewegte elektrische Ladungen aus. Sie heißt Lorentz-Kraft.

Auch das *Magnetfeld* kann durch seine Wirkung auf elektrische Ladungen detektiert werden. Ein Magnetfeld $\vec{\mathcal{B}}$ übt aber nur dann eine Kraft auf eine Ladung aus, wenn diese sich bewegt. Ist die Geschwindigkeit der Ladung $\vec{v}$, dann gilt

$$\vec{F} = q\vec{v} \times \vec{\mathcal{B}}. \tag{1.3}$$

$\times$ kennzeichnet dabei das Kreuzprodukt zweier Vektoren. Diese Kraft wird als *Lorentz-Kraft* (Hendrik Antoon Lorentz, 1853–1902) bezeichnet.

Magnetfelder werden durch bewegte elektrische Ladungen erzeugt.

Magnetische Felder werden ihrerseits durch bewegte Ladungen erzeugt.[7] Ein Beispiel hierfür ist eine Spule, die von einem konstanten Strom durchflossen wird. Im Inneren einer solchen Spule herrscht ein näherungsweise konstantes Magnetfeld, das in Richtung der Spulenachse zeigt, siehe Bild 1.7. Außerhalb der Spule ist das Magnetfeld klein. Im Grenzfall einer unendlich langen Spule verschwindet das Magnetfeld im Außenraum vollständig.

Magnetfeldlinien sind geschlossen.

Da es keine magnetischen Ladungen gibt, können die Linien des Magnetfelds nicht beginnen oder enden; sie sind also immer geschlossen oder laufen bis ins Unendliche.

Eine besondere Eigenschaft des elektrischen und magnetischen (kurz elektromagnetischen) Feldes ist, dass sich die Felder verschiedener Ladungen einfach

---

7 Nach unserem heutigen Kenntnisstand gibt es keine magnetischen Ladungen (sogenannte magnetische Monopole), obwohl es physikalische Theorien gibt, die ihre Existenz vorhersagen.

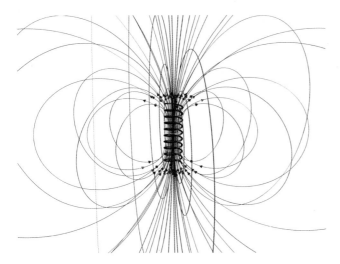

Bild 1.7: Im Inneren einer stromdurchflossenen Spule herrscht ein näherungsweise konstantes Magnetfeld.

überlagern. Hat man also mehrere elektrische Ladungen und kennt die Felder, die jede einzelne von ihnen erzeugt, so kann man das Feld an einem Ort einfach als Summe aus den einzelnen Feldern berechnen. Diese Eigenschaft heißt *Superpositionsprinzip*.

Für elektromagnetische Felder gilt das Superpositionsprinzip.

Das Superpositionsprinzip kann allerdings nur angewendet werden, wenn die Ladungen einander nicht beeinflussen. Platziert man beispielsweise eine Punktladung in der Nähe einer ungeladenen Metallplatte, so verschieben sich Ladungen innerhalb der Metallplatte. Diese Induktion führt dazu, dass das elektrische Feld der Punktladung sich entsprechend ändert.

1.3.2   Licht als elektromagnetische Welle

Mit diesem Wissen über elektromagnetische Felder können wir uns nun dem Licht zuwenden. Licht ist (in dieser Modellvorstellung) eine elektromagnetische Welle, d. h., das elektrische und magnetische Feld in einer Lichtwelle oszillieren mit einer bestimmten Frequenz. Derartige Wellen können existieren, weil ein zeitlich veränderliches elektrisches Feld ein Magnetfeld und ein zeitlich veränderliches Magnetfeld wiederum ein elektrisches Feld erzeugt. Eine Lichtwelle breitet sich mit konstanter Geschwindigkeit, der Lichtgeschwindigkeit c, aus ($c = 299\,792\,458\,\mathrm{m/s}$). Wir können uns eine Lichtwelle als eine sinusförmige Anordnung elektrischer und magnetischer Felder veranschaulichen (Bild 1.8). Lichtwellen sind dabei transversal, was bedeutet, dass das elektrische und das magnetische Feld einer Lichtwelle senkrecht zur Ausbreitungsrichtung orientiert sind. Darüber hinaus stehen die beiden Felder auch senkrecht aufeinander. Bei der Interpretation des Bildes ist Vorsicht geboten: Wie in Bild 1.5 a zeigen die

Licht ist eine elektromagnetische Welle.

Lichtwellen sind transversal: $\mathcal{E} \perp \mathcal{B} \perp$ Geschw..

Bild 1.8: Elektromagnetische Welle. Das elektrische Feld (grün) und das magnetische Feld (magenta) der Welle stehen senkrecht aufeinander und sind
senkrecht zur Ausbreitungsrichtung (gelb).

Pfeile in Richtung des jeweiligen Feldes und ihre Länge gibt die Feldstärke an.
Man darf sich also zum Beispiel nicht vorstellen, dass eine elektromagnetische
Welle an einem Spalt gebeugt wird, weil die Feldlinien nicht durch den Spalt
»passen« [62].

Wellen
kennzeichnet
man durch
Wellenlänge
und Frequenz.

Wie alle Wellen lassen sich Lichtwellen durch ihre *Wellenlänge* λ charakterisieren, die als der Abstand zweier Wellenberge (oder Wellentäler) definiert ist.
Da sich die Welle mit der Lichtgeschwindigkeit c, ausbreitet, ändert sich das
elektrische Feld an einem bestimmten Ort mit der Zeit ebenfalls sinusförmig.
Die Zeit t zwischen zwei Maxima des elektrischen Feldes definiert die *Frequenz*
ν der Strahlung über die Beziehung $\nu = 1/t$. Es gilt die Beziehung

$$c = \nu\lambda\,.\tag{1.4}$$

$\rightsquigarrow$ Dass es möglich ist, dass elektromagnetische Felder sich im Vakuum wellenartig ausbreiten, war eine der erstaunlichsten Entdeckungen Maxwells, der im
19. Jahrhundert die Theorie des Elektromagnetismus aufstellte. Zu dieser Zeit war
nicht klar, dass das Phänomen Licht irgend etwas mit dem Elektromagnetismus zu
tun hatte. Maxwell konnte aus seinen Gleichungen des Elektromagnetismus nicht
nur die Möglichkeit elektromagnetischer Wellen vorhersagen, sondern auch ihre Geschwindigkeit berechnen. Da diese ungefähr mit dem damals bekannten Wert der
Lichtgeschwindigkeit übereinstimmte, schloss Maxwell, dass es sich bei Licht um eine
elektromagnetische Welle handeln könne [38].

Verschiedene Lichtwellen können sich auch überlagern, da, wie wir oben schon
gesehen haben, das Superpositionsprinzip gilt. Die einzelnen Felder zweier Lichtwellen können dabei einfach addiert werden. Dieses Phänomen bezeichnet man

Lichtwellen
können
konstruktiv
oder
destruktiv
interferieren.

als *Interferenz*. Es führt dazu, dass zwei Lichtwellen einander verstärken oder
auslöschen können. Lassen wir Lichtwellen verschiedener Frequenzen miteinander interferieren, so kann es auch zu anderen Phänomenen kommen, beispielsweise zu Schwebungen. Beispiele hierfür zeigt Bild 1.9. Modellbox 1 gibt einen
Überblick über die Eigenschaften des Wellenmodells des Lichts.

Um die Funktionsweise einer Flüssigkristallanzeige zu verstehen, müssen wir
uns ein paar Gedanken über die Wechselwirkung von Licht mit Materie machen.
In späteren Kapiteln werden dieses Thema vertiefen, hier genügt es, einige

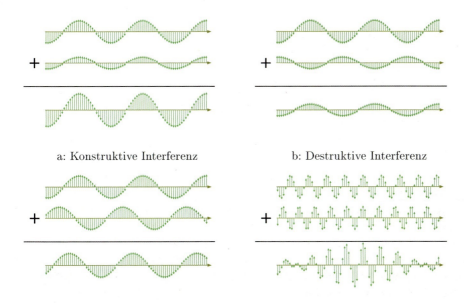

a: Konstruktive Interferenz   b: Destruktive Interferenz

c: Interferenz zweier phasenverschobe-   d: Entstehung einer Schwebung durch
   ner Wellen gleicher Wellenlänge   Interferenz zweier Wellen mit unter-
                                    schiedlicher Wellenlänge

Bild 1.9: Verschiedene Interferenzphänomene: Verstärkung, Auslöschung, Phasenver-
         schiebung und Schwebung

Modell: Licht als elektromagnetische Welle

Eigenschaften: Licht ist eine Welle aus einem elektrischen und einem magnetischen
Feld, die senkrecht aufeinander stehen. Unterschiedliche Felder (und damit Wellen)
können additiv überlagert werden.
Anwendung: Ausbreitung von Licht, Polarisation, Interferenz, Wirkung von Licht
auf Ladungen
Grenzen: Absorption und Emission, Beschreibung von Licht mit extrem geringer
Intensität

Modell 1: Licht als Elektromagnetische Welle

Modell: Elektronen als klassische Teilchen

Eigenschaften: Elektronen sind Massenpunkte mit einer Elementarladung und einer Masse.

Anwendung: Qualitative Überlegungen zur Wechselwirkung von Licht und Materie, einfaches Modell zur elektrischen Leitfähigkeit (Drude-Modell, siehe Abschnitt 6.2)

Grenzen: Berechnung von Atom-Energien und chemischen Bindungen; korrekte Beschreibung der elektrischen Leitung oder von Halbleitern.

Modell 2: Elektronen als klassische Teilchen

grundlegende Prinzipien zu skizzieren. Dabei nehmen wir der Einfachheit halber an, dass Elektronen sich wie Teilchen der klassischen Physik verhalten (siehe Modellbox 2), auch wenn wir in späteren Kapiteln sehen werden, dass man mit dieser Annahme nur in wenigen Fällen korrekte Vorhersagen machen kann.

Eine Lichtwelle kann Elektronen zum Schwingen anregen. Dabei entsteht eine weitere Lichtwelle.

Trifft eine Lichtwelle auf eine Wand, so werden die Elektronen und die Atomkerne in der Wand vor allem durch das elektrische Feld in der Lichtwelle beeinflusst. Da dieses oszilliert, regt es auch die Elektronen und die Atomkerne zu Schwingungen an, wobei die Elektronen, wegen ihrer geringeren Masse, stärker beeinflusst werden als die Atomkerne (dies wird in Kapitel 4 ausführlicher diskutiert). Die oszillierenden Elektronen senden nun ihrerseits elektromagnetische Strahlung aus, die, da die Elektronen eine erzwungene Schwingung ausführen, dieselbe Frequenz hat wie die einfallende Lichtwelle, aber eine Verzögerung gegen diese Welle aufweisen kann. (Man spricht von einer Phasenverschiebung.) Diese Welle interferiert mit der ursprünglichen Lichtwelle.

Eine Anordnung von Metalldrähten lässt nur den Anteil einer Lichtwelle durch, dessen elektrisches Feld passend orientiert ist.

Betrachten wir als Beispiel eine Anordnung von vielen dünnen Metalldrähten, deren Abstand kleiner als eine Lichtwellenlänge ist, siehe Bild 1.10. Die Elektronen in den Drähten können dann in Richtung der Drähte schwingen, aber nicht quer dazu. Trifft Licht auf eine solche Anordnung, dann schwingen die Elektronen entlang der Drahtachse angeregt durch die Komponente des elektrischen Feldes in dieser Richtung. Da Metalle Licht reflektieren (siehe Abschnitt 4.4 für eine detaillierte Diskussion der Reflexion), wird dieser Anteil des Lichtes reflektiert, kann also das Drahtgitter nicht passieren. Der Anteil des Lichts, dessen elektrisches Feld senkrecht zu den Drähten liegt, wird dagegen nicht beeinflusst, weil die Elektronen in dieser Richtung nicht beweglich sind. Das Metalldrahtgitter lässt also nur eine Komponente des elektrischen Feldes durch; es bleibt nur der Anteil der elektromagnetischen Welle übrig, der ein elektrisches Feld der richtigen Orientierung hat. Eine solche Lichtwelle bezeichnet man als *polarisiert*. Das Gitter aus Metalldrähten wirkt somit als so genannter *Polfilter*. [8]

Polarisiertes Licht: Die Schwingungs-ebene des Feldes ist festgelegt.

Aufgabe 1.3: In Bild 1.10 nimmt die Feldstärke der senkrechten Komponente des elektrischen Feldes hinter dem Polfilter zu. Warum ist das so? □

---

8 Meist sind Polfilter keine Metalldrahtgitter, sondern spezielle Folien aus Polymermolekülen, die senkrecht und parallel zur Achse unterschiedlich mit einem elektrischen Feld wechselwirken.

Bild 1.10: Polarisation von Licht durch ein Drahtgitter. Anders als in Bild 1.11
kennzeichnen die Linien die Anordnung der Drähte, die Durchlassrichtung ist senkrecht dazu.

In normalem Licht, wie es etwa aus einer Glühlampe kommt, sind die Schwingungsebenen der Felder in den einzelnen Lichtwellen nicht orientiert. In einem
Wellenzug kann also das elektrische Feld in einer Richtung verlaufen, im nächsten in einer beliebigen anderen Richtung. Von polarisiertem Licht spricht man
dagegen, wenn die Schwingungsebene des elektrischen Feldes festgelegt ist.

Sendet man gewöhnliches Licht durch einen geeignet orientierten Polfilter,
so wird ein Teil des Lichts absorbiert und nur der Anteil, der in der richtigen
Richtung polarisiert ist, bleibt übrig. Setzt man einen zweiten Polfilter dahinter,
der zum ersten um 90° gedreht ist, so lässt dieser nur in dieser Richtung polarisiertes Licht durch, absorbiert also das Licht vollständig, das durch den ersten
Filter hindurchgetreten ist, siehe Bild 1.11. Baut man einen dritten Polfilter
zwischen die beiden ein, dessen Durchlassrichtung um 45° gegen die beiden
anderen geneigt ist, so passiert etwas Erstaunliches: Man sollte erwarten, dass
das Hinzufügen eines weiteren Objektes, das selbst kein Licht aussendet, die
Absorption eines Systems erhöht. Stattdessen wird aber nun wieder Licht durchgelassen. Dies lässt sich aber leicht erklären, wenn wir uns überlegen, was ein
Polfilter tut, wenn Licht in einem beliebigen Winkel zu seiner Durchlassrichtung
orientiert ist: Nach dem Superpositionsprinzip können wir das elektrische Feld
in eine Komponente in Richtung dieser Achse und eine Komponente senkrecht
dazu zerlegen. Bei einer Orientierung von 45° relativ zueinander wird also ein
Anteil der Stärke $1/\sqrt{2}$ des elektrischen Feldes durchgelassen und ein Anteil
derselben Stärke absorbiert.

Die Energie des elektrischen Feldes ist proportional zum Quadrat der Feldstärke.
Es wird also genau die Hälfte der Energie absorbiert und die Hälfte der Energie
durchgelassen.

Unser Experiment mit den drei Polfiltern ist damit also leicht zu verstehen:
Der zweite Polfilter lässt einen Teil des einfallenden Lichtes durch, das nun
eine Orientierung um 45° zur x-Achse besitzt. Dieses Licht ist damit auch um
45° zur y-Achse geneigt, so dass ein Teil des Lichtes durch den dritten Filter

Polfilter
erzeugen
polarisiertes
Licht.

Zwei gekreuzte
Polfilter lassen
kein Licht
durch.

Mehrere
gleichmäßig
verdrehte
Polfilter lassen
Licht teilweise
passieren.

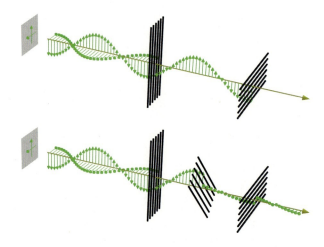

Bild 1.11: Polarisation von Licht durch mehrere Polfilter. Die Linien der Polfilter
kennzeichnen (anders als in Bild 1.10) direkt die Durchlassrichtung.

durchgelassen werden kann. Würde man weitere Polfilter zwischenschalten, so
dass die Differenz zwischen den Orientierungen der Polfilter immer kleiner wird,
so würde ein immer größerer Anteil des Lichtes durchgelassen werden. Die
Polfilter würden dann die Polarisationsrichtung des Lichtes drehen.

Aufgabe 1.4:   Wenn das Licht, das den ersten Polfilter passiert hat, eine
maximale elektrische Feldstärke von $\mathcal{E}_x$ hat, wie groß ist dann die Feldstärke
nach Passieren des dritten Polfilters? □

Mathematisch kann man wie folgt argumentieren: Betrachten wir beispielsweise
den Vektor des elektrischen Feldes, so ist dieser nach Passieren eines Polfilters
unter dem Winkel α zur ursprünglichen Polarisationsrichtung in seiner Länge um
einen Faktor $\cos\alpha$ kleiner geworden. Im Grenzfall kleiner Winkel gilt $\cos\alpha \approx 1 - \alpha^2 \approx 1$, das Licht wird also überhaupt nicht mehr gedämpft, sondern nur in seiner
Polarisation verändert. Detailliert wird dies für den Fall eines Flüssigkristalls in der
Vertiefung weiter unten erläutert.

Ein chiraler
Flüssigkristall
kann die Pola-
risationsebene
des Lichts
»mitdrehen«.

Ein ähnlicher Effekt ergibt sich, wenn eine Lichtwelle auf ein Molekül in einem
Flüssigkristall trifft. Hier ist es allerdings so, dass Licht direkt durchgelassen
wird, wenn seine Polarisation parallel zur Achse der Moleküle ist, nicht senkrecht dazu.[9] Trifft Licht auf einen chiral nematischen Flüssigkristall, bei dem
sich die Orientierung der Molekülachsen über eine Länge ändert, die deutlich
oberhalb der Lichtwellenlänge liegt, so wird der Polarisationsvektor des Lichtes

9 Licht mit Polarisation senkrecht zur Molekülachse wird nicht, wie beim Drahtgitter,
reflektiert, sondern abgelenkt. Diesen Effekt nennt man Doppelbrechung. Er wird in der
Vertiefung auf Seite 17 weiter diskutiert.

deshalb »mitgenommen«, ähnlich wie wir es oben bei den Polfiltern gesehen haben. Dieser Effekt ist die Grundlage für alle Flüssigkristall-Anzeigen, wie wir im Folgenden im Detail sehen werden.

Der Flüssigkristall ist ein doppelbrechendes Medium (ausführlich erläutert in [1, 13]): Ein senkrecht einfallender unpolarisierter Lichtstrahl wird in zwei unterschiedliche Komponenten aufgespalten. Eine Komponente, der ordentliche Strahl, läuft in senkrechter Richtung weiter. Er ist polarisiert in Richtung der optischen Achse des Flüssigkristalls, also in Richtung der Moleküle.

Die zweite Komponente, der außerordentliche Strahl, läuft in einem Winkel zur Senkrechten durch den Kristall. Er ist senkrecht zum ordentlichen Strahl polarisiert, interessiert uns hier aber weniger.

Trifft ein parallel zur optischen Achse (also zu den Molekülen) polarisierter Strahl auf eine Ebene aus Flüssigkeitskristallmolekülen, so gibt es nur den ordentlichen Strahl, aber keinen außerordentlichen. Das Licht wird also vollständig durchgelassen. Liegt dahinter eine weitere Ebene aus Flüssigkristallmolekülen, die zur ersten gedreht ist, so wird der Strahl jetzt aufgespalten. Analog zur Hintereinanderschaltung von Polfiltern muss der Teil der Lichtwelle, der parallel zur aktuellen Achse der Moleküle orientiert ist, in den ordentlichen Strahl gehen, der Teil mit senkrechter Polarisation in den außerordentlichen Strahl. Je geringer der Verdrehwinkel der Ebenen ist, desto größer ist entsprechend der Anteil der Lichtwelle, die parallel zur Molekülachse polarisiert bleibt.

Mathematisch kann man das Mitdrehen der Polarisation so abschätzen: Wir betrachten eine Anordnung von $N + 1$ Molekülebenen, die wir von 0 bis N durchnummerieren. Jede Ebene ist gegenüber der vorigen Ebene geneigt. Für die Anwendung später brauchen wir den Fall, dass die letzte Ebene gegenüber der ersten um 90°, also $\pi/2$ verdreht ist. Dann ist der Winkel zwischen zwei aufeinanderfolgenden Ebenen $\pi/2N$.

Die Komponente des elektrischen Feldes parallel zur nullten Molekülachse sei $\mathcal{E}^{(0)}$. Bei der nächsten Molekülebene ist die Komponente entsprechend kleiner und hat den Wert $\mathcal{E}^{(1)} = \mathcal{E}^{(0)} \cos(\pi/2N)$. Für die letzte, N-te Ebene ergibt sich dann

$$
\begin{aligned}
\mathcal{E}^{(N)} &= \mathcal{E}^{(N-1)} \cos(\pi/2N) = \mathcal{E}^{(N-2)} \cos^2(\pi/2N) = \cdots \\
&= \mathcal{E}^{(0)} \cos^N(\pi/2N) \\
&\approx \mathcal{E}^{(0)} \left(1 - (\pi/2N)^2\right)^N \text{ mit } \cos x \approx 1 - x^2 \\
&\approx \mathcal{E}^{(0)} \left(1 - N\pi^2/4N^2 + \cdots\right) \text{ mit } (1-x)^N = 1 - Nx + \cdots \\
&\approx \mathcal{E}^{(0)} \left(1 - \pi^2/4N\right) .
\end{aligned}
$$

Im Grenzfall für sehr großes N ergibt sich also, dass das elektrische Feld vollständig mitgenommen wird.

Diese Erläuterung des »Mitnehmens« des Polarisationsvektors ist nur dann gültig, wenn aufeinanderfolgende Molekülschichten so wenig gegeneinander verdreht sind, dass man den außerordentlichen Strahl vernachlässigen kann. In einer Flüssigkristallzelle, wie sie in modernen Computerbildschirmen eingesetzt wird, ist dies normalerweise nicht der Fall, weil die Zellen nur eine Höhe von wenigen Mikrometern haben. Hier spielt auch der außerordentliche Strahl eine Rolle und der einfallende, senkrecht polarisierte Lichtstrahl wird in zwei unterschiedliche Polarisationskomponenten überführt. Der ordentliche Strahl wird in seiner Polarisationsebene von den Flüssigkristallmolekülen mitgedreht, aber auch die Polarisationsebene des außerordentlichen Strahls wird gedreht.[10] Nur bei einer bestimmten Höhe der Flüssigkristallzelle interferieren diese Teilstrahlen so, dass der außerordentliche Strahl ausgelöscht wird und nur der ordentliche Strahl übrig bleibt [18].

In einem
elektrischen
Feld richten
Flüssigkeits-
kristallmolekü-
le sich
aus.

Um eine Anzeige auf Flüssigkristallbasis konstruieren zu können, benötigen wir noch einen weiteren Effekt: In einem elektrischen Feld haben die Moleküle eines nematischen Kristalls die Tendenz, sich parallel zum elektrischen Feld anzuordnen. Man kann deshalb mit einem elektrischen Feld die Ausrichtung nematischer Moleküle beeinflussen.

Einige Flüssigkristallmoleküle sind polar, haben also elektrisch geladene Seitengruppen, und richten sich deshalb im elektrischen Feld aus. In unpolaren Flüssigkristallmolekülen werden durch das anliegende elektrische Feld Dipole induziert (siehe Kapitel 3) [10].

1.4 Anwendungen

1.4.1 Funktionsweise einer Flüssigkristall-Anzeige

Nematische
Flüssigkristalle
können an
Oberflächen
ausgerichtet
werden.

Das Grundprinzip einer Flüssigkristall-Anzeige beruht darauf, dass polarisiertes Licht durch chiral nematisch angeordnete Moleküle in seiner Polarisationsebene »mitgenommen« werden kann. Um die Ausrichtung der Moleküle genau kontrollieren zu können, verwendet man keinen chiral nematischen, sondern einen gewöhnlichen nematischen Flüssigkristall. An einer geeignet behandelten Oberfläche (beispielsweise einem mit langen Polymer-Kettenmolekülen beschichteten Glas) richten sich die länglichen Moleküle des Flüssigkristalls aus, siehe Bild 1.12 a. Verwendet man zwei solche Orientierungsschichten, die gegeneinander um 90° verdreht sind, so bildet sich zwischen ihnen eine chiral nematische Struktur aus (Bild 1.12 b).

Flüssigkristall-
Zelle:
verdrehte
Moleküle und
Polfilter.

Um eine optische Zelle zu konstruieren, werden zusätzlich oberhalb und unterhalb des Flüssigkristalls um 90° gegeneinander verdrehte Polarisationsfilter angebracht, siehe Bild 1.13 a. In dieser Anordnung ist die Anzeige lichtdurchlässig: Von unten einfallendes Licht wird durch den ersten Polarisationfilter polarisiert. Der Polarisationsvektor wird durch die verdrehten Moleküle mitgeführt, so dass das Licht beim Verlassen der Flüssigkristallzelle einen um 90° gedrehten Polarisationvektor besitzt. Der hier angebrachte zweite Polarisationsfilter lässt das Licht dann ungehindert durchtreten.

Ohne
Spannung:
Polarisation
wird
mitgedreht,
Zelle ist
durchsichtig.

Legt man an die flüssigkristallgefüllte Zelle eine hinreichend große elektrische Spannung an (in der Praxis genügen Spannungen von etwa 3 V), so orientieren sich alle Moleküle, mit Ausnahme derer im Grenzbereich, parallel zum elektrischen Feld, siehe Bild 1.13 b. Der Polarisationsvektor des einfallenden Lichts

---

10 Es entsteht elliptisch polarisiertes Licht, siehe auch Bild 1.20 [1, 13].

a: Orientierung an einer   b: Verdrehte Struktur zwischen zwei Ori-
    Schicht   entierungsschichten

Bild 1.12: Links: Orientierung der Flüssigkristallmoleküle an einer geeigneten Ober-
            fläche. Rechts: Ausbildung einer verdrehten Struktur zwischen zwei Orien-
            tierungsschichten

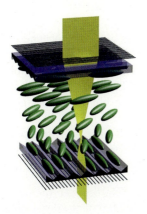

a: Ohne angelegte Spannung   b: Mit angelegter Spannung

Bild 1.13: Aufbau eines Flüssigkristall-Anzeige-Elements (TN-Zelle). Wird keine
           Spannung angelegt, drehen die Flüssigkristallmoleküle das durch den un-
           teren Polfilter polarisierte Licht mit, so dass es den oberen Polfilter pas-
           sieren kann. Mit angelegter Spannung orientieren sich die Moleküle um;
           das Licht wird nicht durchgelassen.

Mit Spannung: Polarisation nicht mitgedreht, Zelle bleibt dunkel.

wird nun also nicht gedreht, so dass das Licht den zweiten Polarisationsfilter nicht passieren kann; die Anzeige ist dunkel. Die Anzeige wird also dann dunkel, wenn die Spannung eingeschaltet ist.

Eine solche Zelle wird als Schadt-Helfrich- oder TN-*Zelle* bezeichnet, wobei TN für »twisted nematic« (verdreht nematisch) steht.

Aufgabe 1.5: Wie müsste man die TN-Zelle konstruieren, damit sie im eingeschalteten Zustand hell und im ausgeschalteten dunkel ist? □

Flüssigkristallanzeigen können verspiegelt sein oder von hinten beleuchtet werden.

Auf diesem Prinzip beruhen die meisten Flüssigkristallanzeigen. In einfachen Geräten, beispielsweise Digitaluhren oder Taschenrechnern, befindet sich am unteren Ende der Zelle ein Spiegel, so dass von oben einfallendes Licht reflektiert wird. Deswegen erscheinen die dargestellten Symbole schwarz auf einem silbernen Hintergrund. Diese Anzeigen sind ohne äußere Lichtquelle nicht ablesbar. Komplexere Anzeigen, beispielsweise Computermonitore, werden dagegen von hinten von einer Lichtquelle beleuchtet, und das Licht tritt nur einmal durch die Zelle hindurch.

Bei komplexen Anzeigen mit sehr vielen Bildpunkten (Pixeln) wie einem Computermonitor ist es technisch nicht sinnvoll, die Zellen baulich voneinander zu trennen. Stattdessen wird der Flüssigkristall zwischen zwei Glasplatten eingeschlossen und durch die an jedem Bildpunkt angebrachten Elektroden geschaltet, siehe Bild 1.14. Abstandhalter sorgen dafür, dass der Bildschirm eine genügende mechanische Festigkeit besitzt.

Niedrige Viskosität der Moleküle sorgt für kurze Schaltzeiten.

Weiterhin ist bei Computermonitoren wichtig, dass diese hinreichend schnell geschaltet werden können, damit das Bild beispielsweise bei Videos oder Computerspielen nicht »ruckelt«. Dies bedeutet, dass sich die Flüssigkristallmoleküle schnell umorientieren müssen, wenn das elektrische Feld angelegt oder wieder abgeschaltet wird. Deswegen versucht man, Moleküle mit möglichst geringer Viskosität zu entwickeln [23].

TN-Zellen haben oft einen kleinen Sichtwinkel.

Ein Nachteil der TN-Zelle besteht darin, dass das Bild oft verfärbt oder weniger kontrastreich erscheint, wenn man den Monitor unter einem schrägen Winkel betrachtet. Um dieses Problem zu lösen, gibt es eine Vielzahl unterschiedlicher Technologien [32, 35].

Die Winkelabhängigkeit liegt daran, dass bei schräg verlaufenden Lichtstrahlen die Doppelbrechung des Flüssigkristalls wichtig wird: Ist die Zelle unter Spannung (also dunkel), dann sind schräg verlaufende Lichtstrahlen zur Orientierung der Flüssigkristallmoleküle geneigt und erfahren eine Doppelbrechung. Dadurch gelangt ein Teil des Lichts durch den Flüssigkristall und die Zelle erscheint nicht mehr schwarz.

In den letzten Jahren hat sich insbesondere die Technik des »in-plane switching« (»Schalten in der Ebene«) oder kurz IPS als Alternative etabliert. Dabei sind die Flüssigkristallmoleküle in der Ebene der Zelle orientiert und werden durch ein angelegtes elektrisches Feld nur innerhalb dieser Ebene rotiert, siehe Bild 1.15. Bei der IPS-Zelle sind die Orientierungsschichten oben und unten gleich ausgerichtet, so dass die Moleküle in der Zelle nicht gegeneinander verdreht sind. Oberer und unterer Polfilter sind um 90° gegeneinander verdreht, so dass die Zelle im ausgeschalteten Zustand dunkel erscheint.

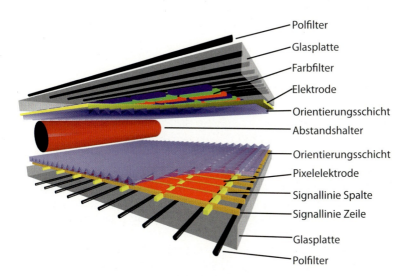

Polfilter
Glasplatte
Farbfilter
Elektrode
Orientierungsschicht
Abstandshalter
Orientierungsschicht
Pixelelektrode
Signallinie Spalte
Signallinie Zeile
Glasplatte
Polfilter

Bild 1.14: Aufbau eines TFT-Flüssigkristall-Bildschirms. Der Flüssigkristall wird zwischen zwei Glasplatten eingeschlossen. Die beiden Signallinien liegen auf einer Seite der Anzeige und steuern die Elektroden der einzelnen Pixel; auf der anderen Seite befindet sich eine (transparente) Gegenelektrode. Die Ansteuerung der Bildpunkte wird in Abschnitt 1.4.2 erläutert. Die Zeichnung ist nicht maßstabsgetreu; der Dicke der flüssigkristallinen Schicht beträgt nur wenige Mikrometer, die Größe einzelner Bildpunkt liegt auch bei hochauflösenden Bildschirmen bei etwa 100 µm.

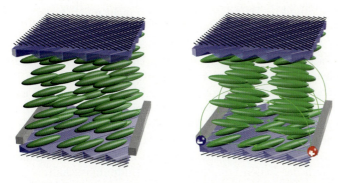

a: Ohne angelegte Spannung   b: Mit angelegter Spannung

Bild 1.15. ♗ Prinzip einer LCD-Zelle mit in-plane switching

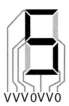

VVVOVVO

Bild 1.16: In einfachen Segmentanzeigen kann jedes Segment mit einer eigenen Leitung angesteuert werden.

Die Elektroden sind um $45°$ gegen die Orienterungsschicht verdreht. Schaltet man das elektrische Feld ein, so richten sich die Moleküle entsprechend aus und rotieren um $45°$. In diesem Zustand wirken sie jetzt doppelbrechend, so dass die Polarisationsebene des Lichts gedreht wird. Dadurch wird die Zelle lichtdurchlässig und der Bildpunkt erscheint hell. Weil die Moleküle immer horizontal ausgerichtet sind, ändert sich die Polarisation des Lichts bei schrägem Einfall nicht, so dass auch sehr steile Betrachtungswinkel möglich sind. Ein Nachteil der IPS-Technik ist die etwas geringere Schaltzeit gegenüber TN-Zellen. Trotzdem sind inzwischen viele Monitore mit dieser Technik erhältlich.

1.4.2   Ansteuerung der Bildpunkte

Problem: Wie steuert man 2 Millionen Bildpunkte?

Ein Problem bei der Herstellung von Monitoren aus Flüssigkristallen ist das Ansteuern der einzelnen Bildpunkte. Bei einfachen Segmentanzeigen, wie sie für Uhren oder Taschenrechner verwendet werden, kann jedes einzelne Segment mit einer eigenen Leitung angesteuert werden (Bild 1.16). Moderne Monitore besitzen dagegen eine Auflösung von 1920×1080 oder mehr, d. h., sie enthalten mehr als zwei Millionen Bildpunkte. Damit ist es natürlich nicht möglich, Leitungen zu jedem einzelnen Bildpunkt zu führen.

Time multiplexing: Zeilen und Spalten werden als ganzes angesteuert.

Deshalb werden Bildschirme meist mit dem so genannten »time multiplexing« geschaltet, bei dem Zeilen und Spalten des Displays jeweils als ganzes angesprochen werden. Die meisten modernen Monitore verwenden dabei Transistoren, um die einzelnen Bildpunkte zu schalten. Bild 1.17 zeigt das Prinzip: Zeitlich gestaffelt wird an jede Zeile des Monitors eine elektrische Spannung angelegt. Diese Spannung schaltet die Transistoren der jeweiligen Zeile auf »Durchlass«, so dass die anliegende Spannung an der Spalte auf die Elektrode des Pixels übertragen wird.[11] An die Spalten wird jeweils die Spannung angelegt, die den durch das Zeilensignal aktivierten Bildpunkt schaltet.

Transistoren erlauben, jeden Bildpunkt gezielt zu schalten.

Auf der anderen Seite der Flüssigkristallzelle befindet sich eine flächig aufgebaute und transparente Gegenelektrode, an der eine konstante Spannung

---

11 Die genaue Funktionsweise von Transistoren werden wir in Abschnitt 7.4.3 diskutieren; hier genügt es zu wissen, dass Transistoren als Schalter eingesetzt werden können, die einen Kontakt schließen, wenn an den mittleren der drei Kontakte eine Spannung angelegt wird.

anliegt. Die Spannungsdifferenz zwischen der Pixelelektrode und der Gegen-elektrode steuert die Helligkeit des Bildpunktes. Ein Kondensator sorgt dabei dafür, dass diese Spannung aufrecht erhalten wird, wenn die nächste Zeile geschaltet wird.

Der verwendete Transistor wird dabei aus dünnen Schichten hergestellt. Daher rührt der Name TFT-Monitor (TFT für »thin film transistor«). Wegen der Verwendung eines zusätzlichen Schalters spricht man auch von aktiven Anzeigen.[12]

TFT-Monitore sind aktive Anzeigen.

Bisher haben wir für die TN-Zelle nur zwei mögliche Zustände betrachtet: Sie war entweder ein- oder ausgeschaltet. Bei einem Computermonitor möchte man natürlich auch unterschiedliche Helligkeiten der Bildpunkte realisieren können. Dies lässt sich dadurch erreichen, dass die Spannung, die an der Zelle anliegt, so gewählt wird, dass sich die Moleküle nur teilweise in Feldrichtung ausrichten. Bild 1.18 zeigt die Lichtdurchlässigkeit einer TN-Zelle als Funktion der anliegenden Spannung. Bei niedriger Spannung ist die Durchlässigkeit sehr hoch, bei hoher Spannung ist sie nahezu Null. Verwendet man Spannungswerte im Zwischenbereich, so kann man die Lichtdurchlässigkeit entsprechend steuern und so unterschiedliche Helligkeiten darstellen.

Graustufen: die Moleküle werden durch das elektrische Feld nur teilweise ausgerichtet.

Typische Monitore mit TN-Technologie können dabei pro Zelle nur 64 unterschiedliche Werte der Durchlässigkeit realisieren. Um auf die gewünschte Anzahl von 256 Helligkeitsstufen zu kommen, verwendet man das so genannte dithering. Dabei oszilliert die Helligkeit sehr schnell zwischen zwei Werten, so dass der optische Eindruck einer mittleren Helligkeit entsteht.

Auch Farben sollen mit einem Monitor dargestellt werden können. Dazu werden die einzelnen Bildpunkte in drei Teile geteilt, die man jeweils mit Farbfiltern versieht, siehe Bild 1.14. Die einzelnen Teil-Pixel erscheinen dann in unterschiedlicher Helligkeit rot, grün oder blau. Mit 256 Helligkeitsabstufungen pro Teilpixel ergeben sich dann 16,7 Millionen darstellbare Farben.

Farbige Anzeigen erreicht man durch Farbfilter.

1.4.3 Flüssigkristall-Thermometer

Eine andere Anwendung für Flüssigkristalle sind Thermometer, siehe Bild 1.19. In einem Flüssigkristall-Thermometer werden chiral nematische Flüssigkristalle in Polymerkugeln eingeschlossen, bei denen sich die Orientierung der Molekülachse (Direktor) nach einigen hundert Nanometern Länge wiederholt. Einfallendes Licht kann von einzelnen Molekülebenen reflektiert werden, wenn diese passend zur Schwingungsebene des elektrischen Feldes orientiert sind. Hat die Periode der Molekülachsen einen anderen Wert als die Lichtwellenlänge, dann interferieren die Lichtwellen, die von den einzelnen Ebenen zurückgeworfen werden, destruktiv miteinander, so dass wenig Licht reflektiert wird. Hat die Wellenlänge der einfallenden Strahlung denselben Wert wie die Periode der

Flüssigkristalle für Thermometer.

Passt die Lichtwellenlänge zur Periodizität?

---

12 Prinzipiell ist es auch möglich, die Spannungsdifferenz zwischen Zeilen und Spalten direkt zum Schalten der Pixel zu verwenden, ohne einen Transistor als Schalter zu nutzen. Solche »passiven« Anzeigen werden aber für Computermonitore nicht mehr verwendet.

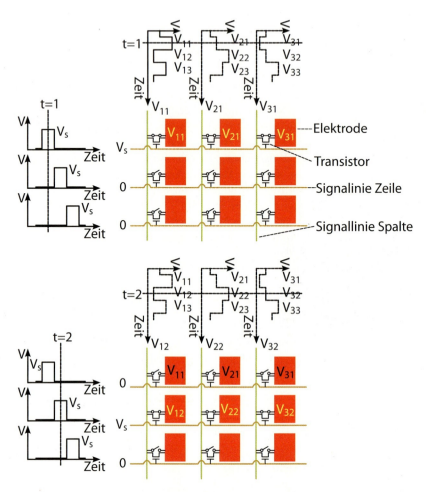

Bild 1.17: Ansteuerung der Bildpunkte eines TFT-Bildschirms. Zu jedem Zeitpunkt
werden die Transistoren einer Zeile durch Anlegen einer Spannung V_s auf
Durchlass geschaltet. Der an der jeweiligen Spalte anliegende Spannungswert wird dann auf die Elektrode des Bildpunkts übertragen (Spannungswerte in gelb). Ein Kondensator sorgt dafür, dass die Spannung auch
dann erhalten bleibt, wenn die nächste Zeile aktiviert wird (Spannungswerte in schwarz). V_{it} ist die Spannung an der i-ten Spalte zur Zeit t.

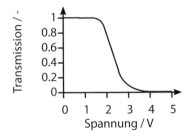

Bild 1.18: Lichtdurchlässigkeit einer TN-Zelle als Funktion der angelegten Spannung

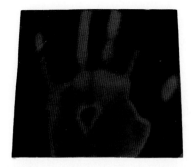

Bild 1.19: Handabdruck auf einem Flüssigkristall-Thermometer

Molekülachsen, so kommt es zu einer starken Reflexion der Lichtwelle, da die Interferenzen aller Moleküle im Flüssigkristall mit der einfallenden Lichtwelle gleichphasig schwingen. In weißem Licht, bei dem verschiedene Lichtwellenlängen enthalten sind (dies werden wir in Kapitel 5 ausführlich diskutieren), erscheint der Flüssigkristall deshalb farbig.

 Diese Erklärung ist allerdings stark vereinfacht. Tatsächlich spielt für den Effekt die Polarisation des Lichts eine entscheidende Rolle [53].

Bisher hatten wir linear polarisiertes Licht betrachtet, also Licht, bei dem das elektrische Feld in einer bestimmten Ebene liegt. Addiert man zwei zueinander senkrecht polarisierte elektromagnetische Wellen so, dass sie gegeneinander phasenverschoben sind, dann ergibt sich eine zirkular polarisierte Welle, siehe Bild 1.20.[13] In dieser Welle ist das elektrische (und entsprechend das magnetische) Feld nie gleich Null, sondern hat einen konstanten Betrag. Der Feldvektor rotiert aber um die Achse der Ausbreitungsrichtung, so dass sich eine Helix bildet. Je nach Drehsinn der Helix unterscheidet man positiv und negativ zirkular polarisiertes Licht.

---

13 Das ist mathematisch analog zur Wellenfunktion in einem Kastenpotential bei periodischen Randbedingungen, siehe Seite 149. Auch dort werden zwei phasenverschobene Wellen addiert.

Bild 1.20. Zirkular polarisierte elektromagnetische Welle. Der Feldvektor des elektrischen Feldes hat immer eine konstante Länge und rotiert helixförmig senkrecht zur Ausbreitungsrichtung. Das Magnetfeld (nicht eingezeichnet) steht immer senkrecht zum elektrischen Feld.

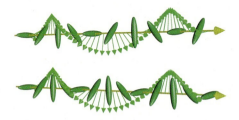

Bild 1.21. Wechselwirkung einer zirkular polarisierten elektromagnetischen Welle mit einem chiral-nematischen Flüssigkristall. Stimmen Wellenlänge von Welle und Direktor nicht überein, so ergibt sich keine starke Wechselwirkung (oben). Stimmen Wellenlänge und Drehsinn der Welle und des Direktors überein (unten), dann ergibt sich eine starke Wechselwirkung.

Betrachtet man die Wechselwirkung einer zirkular polarisierten Lichtwelle mit einem chiral nematischen Kristall, so erkennt man, dass sich ein starker Effekt ergibt, wenn der Drehsinn der Polarisation und der des Direktors und auch die Wellenlängen gleich sind (siehe Bild 1.21), denn in diesem Fall ist der Winkel zwischen den Molekülen und dem elektrischen Feld immer derselbe. Entsprechend ergibt sich eine starke Reflexion der Lichtwelle. Stimmt der Drehsinn von Flüssigkristall und Lichtwelle dagegen nicht überein, dann ist die Wechselwirkung entsprechend schwach. Einen ähnlichen Effekt haben wir bei der Wechselwirkung von Elektronenwellen mit den Ionenrümpfen gesehen, siehe Bild 6.21.

Gewöhnliches unpolarisiertes Licht kann als Überlagerung von unterschiedlich polarisiertem Licht aufgefasst werden. Man kann dabei die Polarisationskomponenten entweder als zwei senkrecht zueinander stehende, linear polarisierte Wellen oder als zwei entgegengesetzt rotierende zirkular polarisierte Wellen auffassen. Für die Reflexion eines chiral nematischen Kristalls ist die zweite Variante sinnvoll. Entsprechend wird von unpolarisiertem Licht durch einen chiral nematischen Flüssigkristall maximal die Hälfte der Lichtintensität reflektiert.

Da die Orientierungslänge des Flüssigkristalls sich mit der Temperatur ändert, ändert sich entsprechend auch die Farbe mit der Temperatur. Damit lassen sich dünne und flexible Thermometer herstellen, die beispielsweise als schnelle

Fiebertester verwendet werden können. Das Prinzip, dass eine Welle besonders stark reflektiert wird, wenn sie auf eine Struktur mit gleicher Periodizität trifft, wird uns später in den Kapiteln über Farben und über elektrische Leiter wieder begegnen.

1.5 Schlüsselkonzepte

Warnhinweis: Wie in der Einleitung erläutert ist dieser Abschnitt *keine* Zusammenfassung des Kapitels, sondern wiederholt nur die später benötigten theoretischen Schlüsselkonzepte.

- Werkstoffe können, abhängig von der Temperatur, in unterschiedliche Phasen vorliegen. In der festen und flüssigkristallinen Phase gibt es eine Fernordnung, in der flüssigen Phase gibt es lediglich eine Nahordnung.

- Elektrische Ladungen erzeugen elektrische Felder. Die Feldlinien des elektrischen Feldes zeigen von positiven Ladungen hin zu negativen Ladungen.

- Magnetische Felder entstehen durch bewegte elektrische Ladungen. Die Feldlinien von Magnetfeldern sind geschlossen; es gibt keine magnetischen Ladungen.

- Für elektrische und magnetische Felder gilt das Superpositionsprinzip, d. h. die Felder unterschiedlicher Ladungen können überlagert werden.

- Eine elektrische Ladung erfährt in einem magnetischen Feld eine Kraft, die Lorentz-Kraft

$$\vec{F} = q\vec{v} \times \vec{\mathcal{B}}\,.$$

- Licht ist eine elektromagnetische Welle. Elektrisches und magnetisches Feld stehen senkrecht zueinander und senkrecht zur Bewegungsrichtung der Welle. Lichtgeschwindigkeit, Frequenz und Wellenlänge hängen zusammen:

$$c = \nu\lambda\,.$$

- Elektromagnetische Wellen können interferieren und sich so gegenseitig verstärken oder auslöschen.

- Elektromagnetische Wellen können polarisiert sein, d. h. sie besitzen eine eindeutige Schwingungsrichtung des elektrischen und magnetischen Feldes. Polarisierte Wellen werden durch Polfilter erzeugt.

- In einem extrem vereinfachten Modell können Elektronen als elektrisch geladene Punktteilchen beschrieben werden, die sich nach den Gesetzen der klassischen Physik verhalten.

2   Formgedächtnislegierungen

Formgedächtnislegierungen gehören zur Klasse der so genannten »smart materials«. Darunter versteht man Werkstoffe, die auf ein Signal hin eine »aktive« Reaktion zeigen. Formgedächtnislegierungen ändern ihre Form, wenn man die Temperatur ändert, und können dabei sehr große Verformungen erreichen. Ein anderes Beispiel für solche Materialien sind Piezoelektrika, die der Gegenstand des nächsten Kapitels sind.

Formgedächtnislegierungen können ihre Form auf ein Signal hin ändern.

2.1   Phänomenologie

Die besonderen Eigenschaften von Formgedächtnislegierungen lassen sich am besten durch einige Experimente mit diesen Legierungen veranschaulichen.

Wir beginnen mit einer gewöhnlichen Metalllegierung, die keine Formgedächtniseigenschaften besitzt, als Referenzexperiment: Nimmt man eine Büroklammer in die Hand, so ist es kein größeres Problem, diese zu verformen und beispielsweise zu einem langen geraden Draht zu biegen. Diese Verformung ist plastisch, also irreversibel. Abgesehen von einer gewissen Verfestigung in den plastisch verformten Bereichen gibt es in dem langgezogenen Draht nichts mehr, was an die ursprüngliche Form erinnern würde.

Die genauen Eigenschaften einer solchen Verformung kann man in einem Spannungs-Dehnungs-Diagramm festhalten. Dabei wird, wie in der Werkstoffmechanik üblich, die mechanische Spannung gegen die Dehnung aufgetragen. (In der Werkstoffmechanik definiert man die Spannung als Kraft pro Fläche, die Dehnung als Längenänderung bezogen auf die Ausgangslänge. Details finden sich beispielsweise in [52].) Ein typisches (nicht maßstäbliches) Spannungs-Dehnungs-Diagramm ist in Bild 2.1 a aufgetragen: Zunächst verhalten sich Spannung und Dehnung linear (Bereich I), wobei die Kurve eine große Steigung besitzt. Diese Steigung ist der Elastizitätsmodul des Materials. Bei einem bestimmten Wert der Spannung (Fließspannung) knickt die Kurve ab, so dass die Spannung jetzt bei Erhöhung der Dehnung langsamer steigt (Bereich II). In diesem Bereich findet plastische Verformung statt. Bei Entlastung folgt das Material wieder der elastischen Geraden, die jetzt entsprechend parallelverschoben werden muss, so dass auch bei Spannung Null eine endliche Dehnung übrig bleibt (Bereich III). Dies ist die plastische Dehnung.

Das mechanische Verhalten beschreibt man mit Spannungs-Dehnungs-Kurven.

Für viele Formgedächtniseffekte ist, wie wir gleich sehen werden, der Einfluss der Temperatur wichtig. Im Spannungs-Dehnungs-Diagramm muss, um diesen Effekt einzeichnen zu können, eine Temperaturachse hinzugefügt werden. Wenn während der Temperaturerhöhung keine Spannung anliegt (thermische Spannungen durch ungleichmäßige Erwärmungen sollen hier vernachlässigt werden), muss das Geschehen in der Dehnungs-Temperatur-Ebene eingezeichnet werden.

Metalle verformen sich schon bei kleinen Dehnungen plastisch (irreversibel).

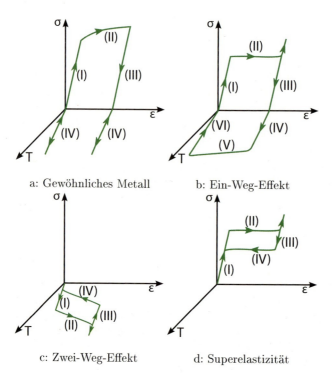

a: Gewöhnliches Metall   b: Ein-Weg-Effekt

c: Zwei-Weg-Effekt   d: Superelastizität

Bild 2.1: Schematische Spannungs-Dehnungs-Temperatur-Kurven für gewöhnliche
Metalle und unterschiedliche Formgedächtnislegierungen. Detaillierte Erläuterung im Text. (Modifiziert nach [12].)

Bei einem gewöhnlichen Metall erhöht sich die Dehnung mit der Temperatur
und geht beim Abkühlen wieder zurück (Bereich IV), unabhängig davon, ob
das Material plastisch verformt wurde oder nicht.

Als nächstes verwenden wir eine Büroklammer aus einer Formgedächtnislegierung. Genau wie bei der gewöhnlichen Büroklammer ist es kein Problem, sie
zunächst elastisch (Bereich I) und dann plastisch (Bereich II) zu verformen. Die
Spannungs-Dehnungs-Kurve sieht ein wenig anders aus (Bild 2.1 b), da sie für
dieses Material ein Plateau aufweist, aber dies scheint der einzige Unterschied
zu sein. Auch auf Entlastung reagiert das Material in gewohnter Weise (Bereich III). Erhöht man die Temperatur des verformten Materials, indem man
es beispielsweise in heißes Wasser legt, so dehnt es sich zunächst thermisch
aus (Bereich IV). Überschreitet die Temperatur einen bestimmten Wert, dann
»erinnert« sich das Material an seine ursprüngliche Form und verformt sich
ohne weitere Krafteinwirkung wieder in die Ausgangsform zurück (Bereich V).
Beim Abkühlen auf Raumtemperatur geht schließlich auch die thermische Dehnung wieder zurück (Bereich VI). Dies ist der Formgedächtniseffekt, der dieser
Materialklasse ihren Namen gibt. Diesen Effekt bezeichnet man als »Ein-Weg-
Effekt«, weil das Material beim Erwärmen ein Gedächtnis besitzt, nicht aber

Einige
Formgedächt-
nislegierungen
nehmen nach
plastischer
Verformung
bei Tempera-
turerhöhung
wieder ihre
alte Gestalt an
(Ein-Weg-
Effekt).

beim Abkühlen.

Diese Terminologie legt schon nahe, dass es auch einen »Zwei-Weg-Effekt« gibt. Dabei wird an das Material keine Spannung angelegt, sondern lediglich die Temperatur erhöht, siehe Bild 2.1 c. Zunächst verformt sich das Material durch thermische Dehnung (Bereich I), aber bei Überschreiten einer bestimmten Temperatur ändert sich die Dehnung stark (Bereich II). Erhöht man die Temperatur weiter, verformt sich das Material wieder durch thermische Dehnung. Kühlt man das Material stattdessen ab, so geht zunächst ein Teil der thermischen Dehnung zurück (Bereich III), doch bei Unterschreiten einer bestimmten Temperatur ändert das Material seine Form wieder stark und nimmt die ursprüngliche Form an (Bereich IV). Eine entsprechend vorbehandelte Büroklammer verformt sich also, wenn man die Temperatur erhöht, verformt sich aber wieder zurück, wenn die Temperatur wieder abgesenkt wird. Ein ähnlicher Effekt lässt sich natürlich auch mit einem Bimetallstreifen erreichen, bei dem zwei Metalle mit unterschiedlichen Wärmeausdehnungskoeffizienten aufeinander geklebt werden. Im Unterschied zu den Formgedächtnislegierungen ist dort die Verformung aber mit der Temperatur ungefähr linear, so dass zum Erreichen großer Verformungen entsprechend hohe Temperaturen notwendig sind. Dies ist bei den Formgedächtnislegierungen anders, hier findet eine große Verformung in einem relativ engen Temperaturbereich statt. Darüber hinaus können Formgedächtnislegierungen auf sehr komplexe Formänderungen eingestellt werden, was mit Bimetallen nicht ohne Weiteres möglich ist.

> Beim Zwei-Weg-Effekt hat die Legierung bei niedriger Temperatur eine Form, bei hoher Temperatur eine andere.

Als letzten Effekt betrachten wir die so genannte Superelastizität (Bild 2.1 d): Auch hierfür verwenden wir eine entsprechend präparierte Büroklammer. Zunächst verformt sie sich elastisch wie ein gewöhnliches Metall (Bereich I). Wird eine bestimmte Spannung überschritten, so knickt die Kurve stark ab und zeigt ein Plateau (Bereich II), so dass sich die Dehnung bei nahezu gleichbleibender Spannung stark erhöht. Entlastet man das Material (Bereich III), dann verläuft die Kurve zunächst parallel zur elastischen Geraden, knickt dann aber wieder zu einem Plateau ab (Bereich IV). Bei vollständiger Entlastung nimmt das Material wieder seine Ausgangsform an. Da die Verformung nach Entlastung sofort wieder zurückgeht, verhält sich das Material also elastisch. Anders als bei einem normalen Metall können dabei aber elastische Deformationen von etwa 10 % erreicht werden, bei denen sich gewöhnliche Metalle plastisch verformen würden.

> Superelastische Formgedächtnislegierungen können sehr große elastische Dehnungen ertragen.

2.2 Kristallstruktur und Phasenübergänge

2.2.1 Kristallstrukturen

Die hier betrachteten Formgedächtniswerkstoffe sind metallische Legierungen.[1] Wie (nahezu) alle Metall zeichnen sie sich dadurch aus, dass sie in einer kristallinen Struktur angeordnet sind, bei der die Atome eine Fernordnung be-

> Formgedächtnislegierungen sind kristalline Metalle.

---

1 Es gibt auch Polymerwerkstoffe mit Formgedächtniseigenschaften; diese sollen hier aber nicht behandelt werden.

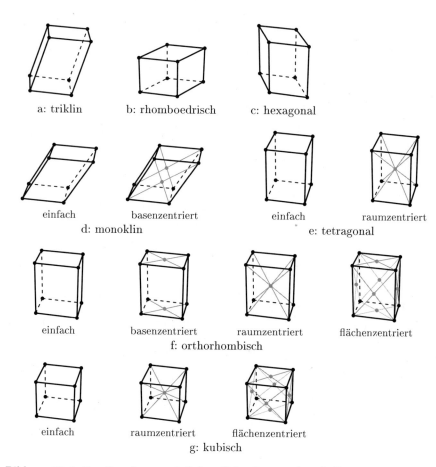

a: triklin   b: rhomboedrisch   c: hexagonal

einfach   basenzentriert   einfach   raumzentriert
            d: monoklin   e: tetragonal

einfach   basenzentriert   raumzentriert   flächenzentriert
                    f: orthorhombisch

einfach   raumzentriert   flächenzentriert
                    g: kubisch

Bild 2.2: Einheitszellen der 14 möglichen Kristalltypen (aus [52])

sitzen. Dieses Prinzip des kristallinen Aufbaus haben wir bereits im letzten Kapitel kennengelernt. Der Formgedächtniseffekt wird durch eine Veränderung der Kristallstruktur hervorgerufen; um ihn zu verstehen, müssen wir deshalb etwas genauer betrachten, welche Kristallstrukturen es geben kann.

Die Einheitszelle: Der Baustein des Kristalls

Man kann eine Kristallstruktur als eine Struktur definieren, die durch periodische Wiederholung eines Bausteins, der so genannten *Einheitszelle*, aufgebaut werden kann. Wir betrachten hier den einfachsten Fall eines Kristalls, der aus einer einzigen Atomsorte aufgebaut ist. Sind alle Atome innerhalb des Kristalls identisch, was ihre Position relativ zu den umgebenden Atomen angeht, so gibt es nur 14 verschiedene Anordnungsmöglichkeiten, die als Bravais-Gitter

Es gibt 14 unterschiedliche Kristallgittertypen.

bezeichnet werden und in Bild 2.2 dargestellt sind. Die so genannten *Gitterkonstanten* eines Kristallgitters sind definiert als die Längen der Kanten der Einheitszelle.

Häufig wird auch der Begriff »Elementarzelle« an Stelle von »Einheitszelle« verwendet. Diese beiden Begriffe unterscheiden sich geringfügig: Eine Einheitszelle ist jede Zelle, aus der durch periodische Wiederholung der ganze Kristall aufgebaut werden kann, eine Elementarzelle ist die kleinstmögliche Einheitszelle. Ein Schachbrettmuster kann beispielsweise durch periodische Wiederholung von Quadraten aus vier Feldern (zwei schwarz, zwei weiß) aufgebaut werden. Ein solches Quadrat ist also eine Einheitszelle. Es ist jedoch keine Elementarzelle, denn man kann das Schachbrettmuster auch durch periodische Wiederholung eines schwarzen und eines weißen Feldes erzeugen.

Im vorigen Kapitel hatten wir uns mit Kristallen befasst, die aus langen Kettenmolekülen aufgebaut sind. In diesem Fall gibt es natürlich wesentlich mehr Anordnungsmöglichkeiten, weil die elementaren Einheiten, aus denen der Kristall zusammengesetzt ist, eine Struktur besitzen und deshalb nicht mehr perfekt symmetrisch sind. Solche Gitter bezeichnet man als Gitter mit einer Basis.

2.2.2 Das Boltzmann-Gesetz und die Entropie

Welcher Kristalltyp sich in einem bestimmten Material ausbildet, hängt von den Bindungsverhältnissen zwischen den Atomen des Kristalls ab. Bei niedrigen Temperaturen ordnen sich die Atome so an, dass ihre Energie minimiert wird; aber bei höheren Temperaturen ist dies nicht mehr unbedingt der Fall.

Bei niedrigen Temperaturen ordnen Atome sich energetisch günstig an.

Der Grund hierfür ist das so genannte *Boltzmann-Gesetz*, benannt nach Ludwig Eduard Boltzmann (1844–1906).[2] Um dieses zu erläutern, betrachten wir ein System im *thermischen Gleichgewicht*. Das System ist also im Kontakt mit einem Wärmebad einer bestimmten Temperatur T und hat genügend Zeit gehabt, Wärme mit diesem auszutauschen, so dass das System selbst ebenfalls bei Temperatur T vorliegt. Wir nehmen an, dass das System in verschiedenen Zuständen $\mathcal{Z}_1, \mathcal{Z}_2, \mathcal{Z}_3, \ldots$ vorliegen kann, zu denen die Energien $E_1, E_2, E_3, \ldots$ gehören. Jeder dieser Zustände beschreibt dabei alle Bestandteile des Systems vollständig. In einem Gas bedeutet das, dass in einem Zustand $\mathcal{Z}_i$ die Orte und Geschwindigkeiten aller Atome oder Moleküle des Gases exakt spezifiziert sind. Einen solchen genau spezifizierten Zustand bezeichnet man auch als *Mikrozustand*.

Das Boltzmann-Gesetz ist eins der wichtigsten Gesetze der Physik.

Das Boltzmann-Gesetz sagt aus, dass die Wahrscheinlichkeit p_i, das System in einem Zustand $\mathcal{Z}_i$ anzutreffen, gegeben ist durch

Boltzmann-Gesetz: Ein Zustand ist unwahrscheinlich, wenn seine Energie hoch ist.

$$p_i = \frac{1}{Z} e^{-E_i/k_B T} \,. \tag{2.1}$$

Dabei ist Z ein Normierungsfaktor, der dafür sorgt, dass die Gesamtwahrscheinlichkeit, das System in irgendeinem Zustand anzutreffen, gleich Eins ist. k_B ist die *Boltzmann-Konstante*, die einen Wert von $1{,}3807 \cdot 10^{-23}$ J/K hat. Die

---

2 Der Begriff »Boltzmann-Gesetz« wird nicht einheitlich verwendet; häufig ist damit auch das Stefan-Boltzmann-Gesetz aus Abschnitt 8.2.1 gemeint. In diesem Buch wird als »Boltzmann-Gesetz« immer Gleichung (2.1) verstanden. Man könnte versucht sein, diese Gleichung einfach »Boltzmann-Gleichung« zu nennen, doch dieser Begriff ist einer anderen Gleichung aus der statistischen Mechanik vorbehalten.

Boltzmann-Konstante und Boltzmann-Faktor.

Boltzmann-Konstante ist eine Art Umrechnungsfaktor, der eine Temperatur mit einer Energie in Beziehung setzt. Der Exponentialterm $e^{-E_i/k_B T}$ wird häufig auch als *Boltzmann-Faktor* bezeichnet.

 Der Normierungsfaktor Z wird auch *Zustandssumme* genannt. Es gilt

$$Z = \sum_i e^{-E_i/k_B T} \ .$$

(2.2)

Niedrige Temperaturen: Zustände niedriger Energie sind stark bevorzugt.

An Hand des Boltzmann-Gesetzes sehen wir, dass ein System bei Temperatur Null immer den energetisch günstigsten Zustand annimmt, während andere Zustände höherer Energie mit zunehmender Temperatur immer wahrscheinlicher werden. Bei einer Temperatur von Unendlich sind schließlich alle Zustände gleich wahrscheinlich.

Typische Größe einer thermischen Fluktuation: $k_B T$.

Eine wichtige Konsequenz des Boltzmann-Gesetzes ist, dass die Energie eines Systems bei einer Temperatur T zufälligen Schwankungen unterworfen ist, die man *thermische Fluktuationen* nennt. Nach dem Boltzmann-Gesetz ist eine typische Größe einer solchen Schwankung etwa $\Delta E = k_B T$. Anschaulich kann man sich vorstellen, dass das System dem Wärmebad Energie entzieht oder Energie an das Wärmebad abgibt. In einem Gas, das sich bei einer bestimmten Temperatur in einem Behälter befindet, können die Atome beispielsweise bei Stößen mit der Behälterwand Energie aufnehmen oder abgeben.

Wir haben bei dieser Darstellung des Boltzmann-Gesetzes angenommen, dass die Zustände des Systems abzählbar sind. Aus den späteren Kapiteln wissen wir, dass dies beispielsweise für Atome der Fall ist, die diskrete Energieniveaus besitzen. Häufig sind die Zustände eines Systems allerdings nicht abzählbar. Ein Beispiel hierfür ist ein freies Teilchen, das sich mit einer Geschwindigkeit v bewegt und dessen Energie durch $E = mv^2/2$ gegeben ist. Da jede reelle Zahl ein möglicher Geschwindigkeitswert ist, ist die Zahl der möglichen Zustände überabzählbar unendlich. Ein exakter Geschwindigkeitswert hat dann immer die Wahrscheinlichkeit Null. In diesem Fall muss an Stelle der Wahrscheinlichkeit die Wahrscheinlichkeitsdichte treten, die wir in diesem Fall mit $p(v)$ bezeichnen können und die so definiert ist, dass die Wahrscheinlichkeit, dass Teilchen mit einer Geschwindigkeit in einem Intervall der Breite dv um den Wert v herum anzutreffen, durch $p(v)dv$ gegeben ist. Das Boltzmann-Gesetz hat dann entsprechend die Form $p(v) \sim \exp(-E(v)/k_B T)$.

Bei hohen Temperaturen sind Systeme meist nicht im Grundzustand. Dies liegt an der Entropie.

Die Tendenz von Systemen, bevorzugt niederenergetische Zustände anzunehmen, haben wir bereits im vorigen Kapitel beobachtet, haben aber auch gesehen, dass bei höheren Temperaturen andere Strukturen möglich sind. Wir haben dort allerdings nicht erklärt, warum sich nicht auch bei beliebig hohen Temperaturen immer eine Struktur einstellt, die die Energie minimiert. Das Boltzmann-Gesetz scheint dies zu fordern, denn der Zustand niedrigster Energie hat immer die höchste Wahrscheinlichkeit.

Die Ursache hierfür ist die *Entropie*. Neben ihrer Tendenz, ihre Energie zu minimieren, haben Systeme bei einer bestimmten Temperatur auch noch die zweite Tendenz, ihre Entropie zu maximieren. Um dies genauer zu verstehen, müssen wir zunächst einmal klären, was die Entropie ist. Wie wir sehen werden, hängt sie eng mit dem Boltzmann-Gesetz zusammen.

Die Entropie stellt eine Verbindung zwischen der mikroskopischen Anordnung der Atome eines Systems und den makroskopisch beobachteten Größen her. Als Beispiel betrachten wir ein ideales Gas, in dem die Atome nicht miteinander wechselwirken. Makroskopisch gesehen kann ein solches Gas durch die Größen Druck, Temperatur und Volumen vollständig beschrieben werden. Wir wissen zwar, dass sich die Gasatome innerhalb des Gases in ständiger Bewegung befinden, können die Einzelheiten dieser Bewegung mit makroskopischen Versuchen aber nicht messen. Die Entropie eines Systems ist ein Maß dafür, wie viele Möglichkeiten es gibt, einen bestimmten makroskopischen Zustand (oder kurz *Makrozustand*) durch Anordnung der einzelnen Atome (also durch unterschiedliche Mikrozustände) zu erreichen. Dass das Gas die Tendenz hat, seine Entropie zu maximieren, bedeutet also, dass es bevorzugt Zustände einnimmt, die auf möglichst viele verschiedene Weisen durch Anordnung der Atome zu erreichen sind.

Die Entropie ist ein Maß dafür, wie viele Mikrozustände es zu einem Makrozustand gibt.

Häufig wird die Entropie auch als Maß für die Unordnung eines Systems bezeichnet. Nach dem eben Gesagten können wir dies leicht verstehen: Die Anordnung der Atome in einem Gas wäre sicherlich am geordnetsten, wenn sich alle Atome in einem kleinen Bereich des Behälters regelmäßig anordnen würden, der Rest des Behälters aber leer wäre. Die Zahl der Möglichkeiten, eine solche Anordnung zu erreichen, ist natürlich um Vieles kleiner als die Zahl der Möglichkeiten, eine Gleichverteilung der Atome zu erreichen, bei der sich in jedem Bereich des Behälters ungefähr gleich viele Atome befinden. Ein ähnliches Phänomen lässt sich auch im täglichen Leben bei der Benutzung eines Schreibtisches beobachten: Es gibt im Wesentlichen nur eine Anordnung, in der ein Schreibtisch perfekt aufgeräumt ist (wobei diese Anordnung allerdings für verschiedene Personen verschieden sein mag), aber sehr viele unaufgeräumte Anordnungen. Nimmt man ein Buch vom Schreibtisch und legt es anschließend wieder zurück, ohne die Ordnung zu berücksichtigen, so ist es sehr unwahrscheinlich, dass das Buch wieder genau am richtigen Platz landen wird. Im Laufe der Zeit nimmt deshalb die Unordnung des Schreibtisches zu. Trotz dieser Anschauung ist der Begriff der »Unordnung« natürlich problematisch, weil er subjektiv ist.

Entropie und Unordnung.

Aufgabe 2.1: Betrachten Sie einen mit N wechselwirkungsfreien Gasatomen gefüllten Behälter im thermischen Gleichgewicht und vernachlässigen Sie alle äußeren Kräfte. Teilen Sie den Behälter gedanklich in M gleich große Bereiche. Wie groß ist die Wahrscheinlichkeit, dass einer der Bereiche leer ist?

Schätzen Sie als Beispiel ab, wie wahrscheinlich es ist, dass in dem Raum, in dem Sie sich gerade befinden, ein bestimmtes Volumen der Größe $1\,\mathrm{mm}^3$ von keinem Atom besetzt ist. Hinweis: Bei Raumtemperatur und Normaldruck nimmt ein Mol eines Gases ein Volumen von $24{,}47\,l$ ein. $\square$

Wir können mit dem Boltzmann-Gesetz an einem Beispiel leicht verstehen, warum die Entropie dafür sorgt, dass Systeme sich bei höheren Temperaturen

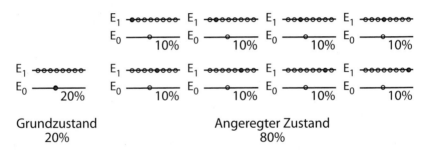

Bild 2.3: Die Wahrscheinlichkeit eines angeregten Zustandes kann höher sein als die des Grundzustandes, wenn es für den angeregten Zustand mehr Mikrozustände gibt. Im Beispiel ist das System mit 20% Wahrscheinlichkeit im Grundzustand, mit 10% Wahrscheinlichkeit in jedem der angeregten Zustände. Die Gesamtwahrscheinlichkeit des angeregten Zustandes ist dann 80%.

Warum Systeme bei erhöhter Temperatur meist nicht im Grundzustand sind.

meist nicht im Grundzustand befinden: Wir betrachten ein System, das $N + 1$ verschiedene Zustände annehmen kann, von denen einer der Grundzustand mit Energie E_0 ist, während die anderen N Zustände alle dieselbe höhere Energie $E_1 > E_0$ besitzen. Der Grundzustand ist nach dem Boltzmann-Gesetz um den Faktor $\exp(-(E_0 - E_1)/k_B T)$ wahrscheinlicher als jeder einzelne der anderen Zustände, doch wenn es von diesen anderen Zuständen sehr viel mehr gibt, so kann die Wahrscheinlichkeit, das System im Grundzustand anzutreffen, trotzdem extrem klein werden. Bild 2.3 illustriert das an einem einfachen Beispiel.

Aufgabe 2.2: Rechnen Sie aus, wie groß der Wert N im System mit zwei Zuständen sein muss, damit bei einer bestimmten Temperatur die Wahrscheinlichkeit dafür, das System in einem angeregten Zustand zu finden, größer als die Wahrscheinlichkeit für den Grundzustand wird. $\square$

Die Gleichung für die Entropie.

Diese Überlegung lässt sich verallgemeinern und kann dann dazu dienen, die Entropie quantitativ zu definieren. Dies geschieht über die berühmte Gleichung

$$S = k \ln W \,, \tag{2.3}$$

die von Ludwig Boltzmann aufgestellt wurde und (als $S = k. \log W$) auf seinem Grabstein eingemeißelt wurde. Dabei ist W die Zahl der Möglichkeiten, den jeweiligen Makrozustand durch verschiedene Mikrozustände zu erreichen.

Wir haben bisher von Tendenzen eines Systems gesprochen, nämlich einerseits von seiner Tendenz, seine Energie zu minimieren, andererseits von seiner Tendenz, seine Entropie zu maximieren. Mikroskopisch können wir dies auch quantitativ erfassen, wie wir eben gesehen haben. Häufig ist es aber wünschenswert, sich bei der Betrachtung von Systemen auf makroskopische Größen zu beschränken. Dazu betrachten wir die innere Energie U eines Systems und seine

Entropie S.[3] Wir definieren eine neue Größe, die so genannte *Freie Energie F* als

$$F = U - TS \, . \tag{2.4}$$

Die Entropie geht also in die Freie Energie um so stärker ein, je höher die Temperatur T des Systems ist.

Für ein System im thermischen Gleichgewicht mit der Umwelt gilt, dass die Freie Energie minimiert wird. Bei niedrigen Temperaturen liefert die Entropie nur einen geringen Beitrag zur freien Energie, bei höheren Temperaturen wird ihr Beitrag immer größer, so dass sie schließlich das Systemverhalten dominiert.

Aufgabe 2.3: Zeigen Sie, dass für Aufgabe 2.2 dasselbe Ergebnis folgt, wenn man makroskopisch mit Hilfe der Freien Energie rechnet. Verwenden Sie Gleichung 2.3 für die Berechnung der Entropie. □

⚠ Bei der Verwendung der Freien Energie als Minimierungskriterium wurde angenommen, dass wir ein System bei einem festen Volumen betrachten. Reale Systeme liegen meist nicht mit einem festen Volumen, sondern bei einem bestimmten Druck vor, und können sich gegen des Außendruck ausdehnen, wobei Arbeit geleistet wird, oder sich zusammenziehen, wobei Energie gewonnen wird. In diesem Fall wird nicht die Freie Energie, sondern die so genannte *Freie Enthalpie G* minimiert, die als $G = F + pV$ definiert ist. Dabei sind p der Druck und V das Volumen des Systems. Dieser zusätzliche Term spielt bei Formgedächtnislegierungen eine Rolle, siehe Aufgabe 2.4.

⚠ Ist das System dagegen von der Umwelt abgeschlossen, so ist seine Energie konstant, da für ein abgeschlossenes System Energieerhaltung gilt. In diesem Fall wird die Entropie des Systems maximiert, d. h., das System nimmt die Atomanordnung größtmöglicher Entropie an, die mit dem gegebenen Energiewert vereinbar ist.

2.2.3 Phasenübergänge

Die hier angestellten Überlegungen erklären auch das Auftreten von *Phasenübergängen*, beispielsweise dem Übergang flüssig – flüssigkristallin – fest: Bei sehr hohen Temperaturen dominiert die Entropie das Verhalten, so dass sich ein Zustand einstellt, bei dem die Moleküle frei beweglich sind. Bei niedrigeren Temperaturen kann die Freie Energie dann zunächst durch die Bildung der flüssigkristallinen Mesophase verringert werden, wobei sich die Entropie durch die Orientierung der Moleküle zwar verringert, wegen der Beweglichkeit der Moleküle aber immer noch größer ist als im kristallinen Zustand. Deshalb stellt sich dieser erst bei noch niedrigeren Temperaturen ein. Bild 2.4 zeigt einer vereinfachte Darstellung der freien Energie eines Materials mit einer festen, einer flüssigkristallinen und einer flüssigen Phase.

Die Freie Energie misst das Wechselspiel aus Energie und Entropie.

Im thermischen Gleichgewicht ist die Freie Energie minimal.

Phasenübergänge entstehen, weil die Hochtemperaturphase eine höhere Entropie hat und deswegen bei hohen Temperaturen dominiert.

---

3 Die Entropie – genauer gesagt, Entropiedifferenzen – kann auch experimentell gemessen werden, ohne dass hierzu atomare Betrachtungen notwendig wären, siehe z. B. [13, 50].

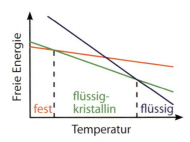

Bild 2.4: Freie Energie eines Flüssigkristalls in Abhängigkeit von der Temperatur.
Die Freie Energie jeder Phase ist $F_{ph} = U_{ph} - TS_{ph}$. In der Darstellung
wurde angenommen, dass die innere Energie und die Entropie nicht von
der Temperatur abhängen. Die feste Phase hat die geringste innere Energie, die flüssige Phase die größte. Umgekehrt ist die Entropie der flüssigen
Phase größer als die der flüssigkristallinen und der festen Phase, so dass
die Freie Energie abhängig von der Temperatur in unterschiedlichen Phasen minimal ist.

**Formgedächt-
nislegierungen
machen einen
Phasenüber-
gang im festen
Zustand durch.**

Und was hat das alles mit Formgedächtnislegierungen zu tun? Formgedächtnislegierungen zeichnen sich dadurch aus, dass sie im festen Zustand einen
Phasenübergang durchführen. Sie besitzen bei niedrigen Temperaturen eine bestimmte Kristallstruktur, bei höheren Temperaturen aber eine andere. Unter
den üblichen Werkstoffe kennt man solche Umwandlungen vom Eisen, das, je
nach Temperatur, als α-, γ- oder δ-Eisen vorliegen kann, oder vom Zinn, das
bei 13 °C eine Umwandlung vom Grauen zum Weißen Zinn durchführt, die
zum Zerfall von aus Zinn gefertigten Gegenständen führen kann (so genannte
»Zinnpest«).

⤳   Die Umwandlung vom metallischen, weißen Zinn oberhalb vom 13 °C zu grau-
em, nichtmetallischem Zinn unterhalb dieser Temperatur vollzieht sich im Allgemeinen sehr langsam. Sie wird aber historisch für zwei bedeutende Ereignisse verantwortlich gemacht: Zum einen soll der Russlandfeldzug von Napoleon Bonaparte
(1769–1821) im Jahr 1812 unter anderem deswegen gescheitert sein, weil die Knöp-
fe der Uniformjacken aus Zinn gefertigt wurden und im kalten russischen Winter
zerfielen [34]. Einhundert Jahre später, bei der Südpolexpedition von Robert Scott
(1868–1912), verlor die Expedition ihre Kerosinvorräte möglicherweise dadurch, dass
die verwendeten Kanister mit Zinn verlötet waren, so dass das Kerosin schließlich
austreten konnte. Beide Fälle sind jedoch nicht eindeutig bewiesen.

**Martensitische
Phasenüber-
gänge sind
diffusionslos.
Es gibt sie
auch bei
niedrigen
Temperaturen.**

Für die meisten Phasenübergänge ist es notwendig, dass Atome durch das Kristallgitter diffundieren, also Strecken von mehr als einer Gitterkonstante Länge zurücklegen. Derartige Phasenübergänge, wie der Phasenübergang im Zinn,
vollziehen sich bei niedrigen Temperaturen deshalb sehr langsam. Formgedächtnislegierungen dagegen führen diffusionslose Phasenübergänge durch, bei denen
die Wege, die die einzelnen Atome zurückzulegen haben, klein sind. Deshalb
können solche Umwandlungen auch bei niedrigen Temperaturen stattfinden, bei
denen normale Phasenübergänge auf Grund der langsamen Diffusion sehr lange

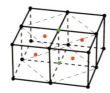
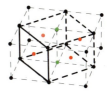

a: Einheitszelle
   Austenitphase

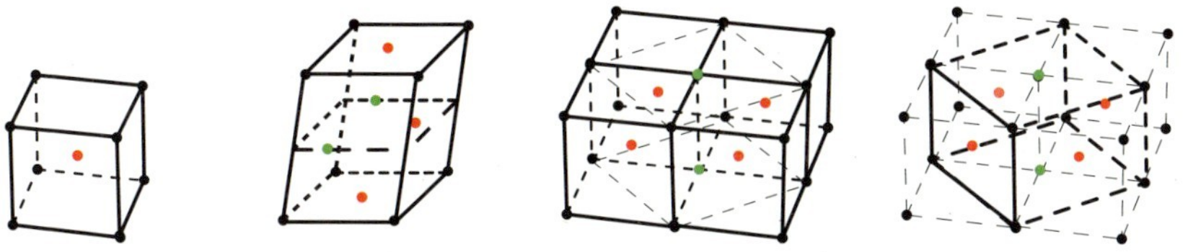

b: Einheitszelle
   Martensitpha-
   se

c: Umwandlung von
   Austenit in Mar-
   tensit I

d: Umwandlung
   von Austenit in
   Martensit II

Bild 2.5: Kristallstruktur von Nitinol. Dargestellt sind die beiden Einheitszellen der
Austenit- und Martensitphase sowie die Lage einer tetragonalen Zelle in-
nerhalb der Austenitphase, die beim Phasenübergang zur martensitischen
Einheitszelle wird. Die in Teilbild d. durchgezogen gezeichnete Ebene ist
die Basisebene der Martensitzelle: Titanatome sind – je nach Lage in der
Zelle – schwarz oder grün dargestellt, Nickelatome rot.

dauern würden. Man bezeichnet solche Umwandlungen auch als martensitisch
(nach Adolf Martens, 1850–1914), und die entsprechende Tieftemperaturphase
als Martensit.

Technisch eingesetzte Formgedächtnislegierungen bestehen meist aus einer
Verbindung von Nickel und Titan, weswegen sie auch als Nitinol bezeichnet
werden. (NOL steht dabei für das Naval Ordnance Laboratory, an dem diese
Legierungen entdeckt wurden.) In dieser Verbindung ist die Hochtemperaturphase eine kubisch raumzentrierte Phase, bei der Titan- und Nickelatome jeweils auf regelmäßigen einfach kubischen Untergittern liegen, siehe Bild 2.5 a.
Man bezeichnet diese Struktur als Cäsium-Chlorid-Struktur (CsCl-Struktur)
oder als B2-Struktur. In Analogie zum Stahl wird diese Phase als Austenit-
Phase bezeichnet, sie wird allerdings mit dem Buchstaben β gekennzeichnet.

> Eine wichtige Formgedächt-nislegierung ist die Nickel-Titan-Legierung Nitinol.

Die Tieftemperaturphase, die als Martensit- oder α-Phase bezeichnet wird,
hat eine relativ komplizierte monokline Struktur, die als B19'-Struktur bezeichnet wird (Bild 2.5 b).

Um zu verstehen, wie die Phasenumwandlung stattfinden kann, ohne dass
Atome ihre Plätze tauschen (also diffundieren) müssen, betrachten wir vier Einheitszellen des Austenitgitters siehe Bild 2.5 c. Die gestrichelte Linie zeigt, dass
die Anordnung innerhalb dieser Zellen der Anordnung in der Martensitphase
sehr ähnlich ist; die Zelle ist lediglich anders orientiert (Bild 2.5 d). Durch eine geringfügige Verschiebung der Atome kann deshalb aus der Austenit- die
Martensitphase entstehen. Dabei ist die Orientierung des neuen und des alten
Kristallgitters zueinander festgelegt.

> Nitinol hat eine Hochtem-peraturphase (Austenit) und eine Niedrigtempe-raturphase (Martensit).

Das Besondere an der Martensitphase ist, dass sie in verschiedenen Orientierungen vorliegen kann. In zwei Dimensionen kann man diese als α^+ und
α^- bezeichnen. In drei Dimensionen gibt es 24 verschiedene Orientierungsmög-
lichkeiten. Eine plastische Verformung innerhalb der α-Phase erfolgt, anders
als bei den meisten Metallen, nicht durch Versetzungsbewegung, sondern im

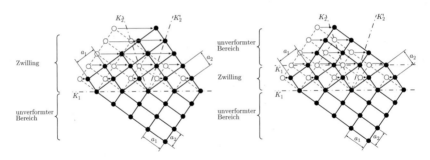

a: Darstellung eines Zwillings   b: Verformung durch ein Zwillings-
                                          band

Bild 2.6: Verformung durch Zwillingsbildung. Die Atome oberhalb der Zwillings-
ebene K_1 scheren bei dem verwendeten Verhältnis $a_1 : a_2$ um den Winkel $\angle(K_2, K_2') = 37°$ ab. Die Orientierung des Gitters rotiert dabei um
einen deutlich größeren Wert von $\alpha = 71°$. Scherwinkel in realen Kristallen
sind meist deutlich kleiner. Plastische Verformung in einem Metall kann
durch Bildung eines Zwillingsbandes zu Stande kommen. Dabei bilden sich
gleichzeitig zwei parallele, gegenläufige Zwillingsebenen, so dass der obere
Teil des Kristalls verschoben wird. (Aus [52].)

Die Martensit-
phase kann
zwischen
verschiedenen
Orientierungen
umklappen.
Dies passiert
bei plastischer
Verformung.

Wesentlichen durch *Zwillingsbildung*. Diese kann man sich als ein Umklappen
einzelner α-Bereiche in die jeweils entgegengesetzte Orientierung vorstellen, also beispielsweise $\alpha^+ \to \alpha^-$. Bild 2.6 veranschaulicht diesen Prozess an einem
zweidimensionalen Beispiel.

Kühlt man also eine Formgedächtnislegierung aus der austenitischen in die
martensitische Phase ab, so bilden sich zunächst verschiedene Orientierungen
der α-Phase. Durch plastische Verformung orientieren sich einige dieser α-
Phasenanteile durch Zwillingsbildung um. Erhöht man die Temperatur wieder,
so bildet sich wieder die ursprüngliche Austenitphase. Da die verschiedenen
Orientierungen der α-Phase alle zur selben Austenitphase gehören, bildet sich
dabei eine bei niedrigen Temperaturen aufgebrachte Verformung wieder zurück.
Dieser Vorgang ist in Bild 2.7 veranschaulicht. Dies erklärt bereits das zu Stande
kommen des Formgedächtniseffekts. Im folgenden Abschnitt sollen die einzelnen Effekte detaillierter diskutiert werden, bevor wir uns den Anwendungen
zuwenden.

Aufgabe 2.4: Wir haben gesehen, dass für den Formgedächtniseffekt ein
martensitischer Phasenübergang notwendig ist. Nicht jede Legierung mit einem
solchen Übergang eignet sich aber als Formgedächtnislegierung. Überlegen Sie,
welche Gründe dies haben könnte. □

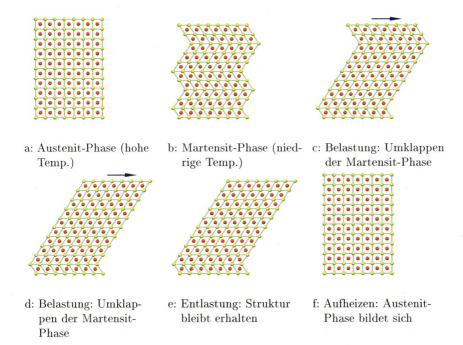

a: Austenit-Phase (hohe Temp.)

b: Martensit-Phase (niedrige Temp.)

c: Belastung: Umklappen der Martensit-Phase

d: Belastung: Umklappen der Martensit-Phase

e: Entlastung: Struktur bleibt erhalten

f: Aufheizen: Austenit-Phase bildet sich

Bild 2.7: Ein-Weg-Effekt. Bei Belastung der Martensitphase klappen einzelne Bereiche des Gitters um. Beim Aufheizen bildet sich wieder Austenit. Detaillierte Erläuterung im Text.

2.3   Erläuterung der Formgedächtnis-Effekte

Den Ein-Weg-Effekt haben wir bereits am Ende des vorigen Abschnittes erläutert. Hier soll noch einmal auf das Spannungs-Dehnungs-Diagramm aus Bild 2.1 eingegangen werden. Nach dem Abkühlen liegt das Material in der α-Phase vor. Verformt man es plastisch (Bereich II), so kommt die plastische Verformung nicht durch Versetzungsbewegung zu Stande, sondern durch Umklappen innerhalb der α-Struktur, also durch Zwillingsbildung. Es gibt deshalb keine Verfestigung, sondern das Spannungsniveau bleibt gleich. Dies geschieht so lange, bis alle α-Bereiche umgeklappt sind, in denen dies energetisch günstiger ist als die Versetzungsbewegung. Verformt man noch weiter, werden schließlich auch Versetzungen bewegt; diesen Bereich sollte man in Anwendungen jedoch vermeiden, da er zu irreversiblen Anteilen in der Verformung führt. Erwärmt man das System wieder, so bilden sich aus allen α-Bereichen wieder β-Bereiche, die alle dieselbe Orientierung aufweisen wie vor dem Abkühlen. Das Material nimmt also seine ursprüngliche Form wieder an.

Betrachten wir als nächstes die Superelastizität, siehe Bild 2.8. Dabei ist das Material anfänglich in der austenitischen Phase, aber nur knapp oberhalb der Umwandlungstemperatur. Legt man eine Spannung an das Material an, so würde eine plastische Verformung innerhalb der Austenitphase eine gewisse

Ein-Weg-Effekt: Umklappen bei niedriger Temperatur

Ein-Weg-Effekt: Rückverwandlung bei hoher Temperatur.

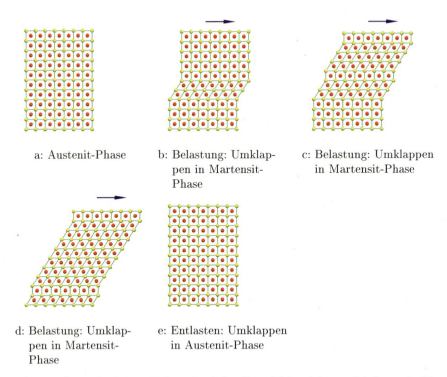

a: Austenit-Phase   b: Belastung: Umklap-   c: Belastung: Umklappen
                              pen in Martensit-   in Martensit-Phase
                              Phase

d: Belastung: Umklap-   e: Entlasten: Umklappen
   pen in Martensit-   in Austenit-Phase
   Phase

Bild 2.8: Superelastizität. Bei mechanischer Last bildet sich aus der Austenit-Phase
          die passend zur Last orientierte Martensit-Phase. Wird die Last entfernt,
          bildet sich wieder Austenit. Detaillierte Erläuterung im Text.

Superelas-
tizität:
Spannung
macht aus
Austenit
Martensit.

Energie benötigen. Es kann nun energetisch günstiger sein, statt einer plastischen Verformung in der Austenitphase geeignet orientierte Martensitbereiche
zu bilden, wenn die Erhöhung der inneren Energie bei Verformung in der Austenitphase größer ist als die Freie Energie der Martensitphase. Es bildet sich
dann spannungsinduzierter Martensit. Auch hier bleibt die Spannung während
der Umformung praktisch konstant (Bereich II). Entfernt man die Last wieder,
so ist die Freie Energie des Austenits wieder geringer und es bildet sich wieder
die Austenitphase. Dabei kommt es bei der Rückumwandlung zu einer gewissen
Verzögerung (Bereich III), so dass das Spannungsniveau etwas niedriger liegt
(Bereich IV).

Der Zwei-Weg-Effekt muss offensichtlich darauf beruhen, dass bei der Abkühlung des Austenits eine Martensitphase entsteht, die gegenüber der Austenit-
phase makroskopisch verformt ist. Doch wie soll das funktionieren? Es müsste
doch energetisch immer am günstigsten sein, die Martensitphase so zu bilden,
dass sie ohne Formänderung aus der Austenitphase entsteht.

Tatsächlich beruht dieser Effekt auf einem Trick, den man zunächst mit einem Ersatzmodell erklären kann [12]. Wir konstruieren einen Streifen aus einem
Formgedächtnismetall, der in der Austenitphase eine gerade Form annimmt, die

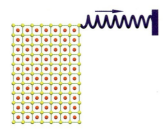 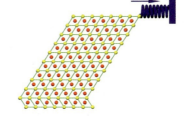

a: Austenit-Phase: Federkraft
   reicht zur Verformung nicht.

b: Martensit-Phase: Beim Abkühlen bildet sich bevorzugt die
   günstige Phase aus.

Bild 2.9: Extrinsischer Zwei-Weg-Effekt. Beim Abkühlen aus der Austenitphase
          bildet sich wegen der anliegenden Spannung bevorzugt Martensit einer
          Orientierung.

der Streifen sich »gemerkt« hat. Wir spannen diesen Streifen an einem Ende
ein und befestigen am anderen Ende eine Feder, die den Streifen zu verbiegen
versucht, deren Kraft aber zur Verformung des Austenits nicht ausreicht, siehe
Bild 2.9. Kühlt man nun unter die Umwandlungstemperatur ab, so würde sich
normalerweise die Martensitphase so bilden, dass sich die makroskopische Form
nicht ändert (Bild 2.7 a und 2.7 b). Wegen der anliegenden äußeren Spannung
ist es aber energetisch günstiger, wenn die Martensitphase eine Vorzugsorientierung besitzt. Meist ist es dabei so, dass zwar zunächst Martensitbereiche
mit beliebiger Orientierung entstehen, dass aber günstig orientierte Bereiche
schneller wachsen als ungünstig orientierte. Dieses ungleichmäßige Wachstum
der verschiedenen Orientierungen führt dann zu einer makroskopischen Verformung, wobei die Feder sich zusammenzieht. Erhitzt man das System wieder, so
bildet sich wieder die Austenitphase und nimmt ihre ursprüngliche Form wieder
an. Dabei übt sie eine entsprechende Kraft auf die Feder aus. Diesen Effekt bezeichnet man auch als »extrinsischen« Zwei-Weg-Effekt (lateinisch extrinsecus,
»außerhalb«).

Zwei-Weg-Effekt: Spannungen steuern die Martensit-Form.

Das Geheimnis des Zwei-Weg-Effektes beruht also auf der Verwendung von
Spannungen, um die Bildung der Martensitphase zu beeinflussen. Diese Spannungen können auch innerhalb es Materials als Eigenspannungen vorliegen, die
beispielsweise durch Versetzungsbewegung oder durch Abkühlen erzeugt werden können. In diesem Fall ist der Effekt »intrinsisch« (lateinisch intrinsecus,
»innerhalb«).

Um derartige intrinsische Spannungen in das Material einzubringen, muss
es »trainiert« werden: Dies kann beispielsweise durch wiederholte plastische
Verformung geschehen. Es wird also eine Last aufgebracht, die das Material
in die gewünschte Form bringt, dann wird die Last entfernt und das Material wird aufgeheizt (wobei also der Ein-Weg-Effekt genutzt wird) und wieder
abgekühlt. Wiederholt man einen solchen Zyklus etwa zehn bis zwanzig Mal,
so erzeugen die bei der plastischen Verformung ausgebildeten Versetzungen ein

Für den Zwei-Weg-Effekt muss man das Material trainieren, um Spannungen einzubringen.

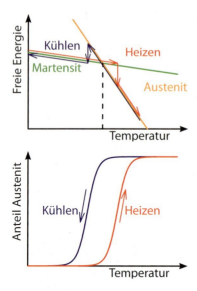

Bild 2.10. ⚡ Hysterese bei der Umwandlung von Austenit in Martensit. Wie in
Bild 2.4 ist angenommen, dass die innere Energie und die Entropie
selbst nicht von der Temperatur abhängen. Nähere Erläuterung im
Text.

inneres Spannungsfeld, das dann die Bildung der Martensitphase steuert.

⚡ Beim Zwei-Weg-Effekt findet der Phasenübergang bei der Abkühlung bei einer
niedrigeren Temperatur statt als bei der Aufheizung. Dieser Effekt ist vergleichbar mit der Unterkühlung von Wasser: Kühlt man reines Wasser sehr langsam unter
den Gefrierpunkt ab, so kann es auch unterhalb einer Temperatur von $0\,°C$ flüssig
bleiben, weil sich Eiskristalle nur an Kristallisationskeimen bilden können.

⚡ Bei Formgedächtnislegierungen ist dies ähnlich. Direkt am Punkt des Phasenübergangs ist die Freie Energie der beiden Phasen gleich groß, siehe Bild 2.10.
Die Umwandlung von der einen in die andere Phase würde bei dieser Temperatur deshalb sehr lange dauern. Senkt man die Temperatur weiter, dann nimmt die treibende
Kraft für den Phasenübergang zu.

⚡ Kühlt man eine Formgedächtnislegierung aus der Austenitphase ab, so beginnt
deshalb die Umwandlung in die Martensitphase normalerweise erst unterhalb
der eigentlichen Phasenübergangstemperatur. Heizt man anschließend wieder auf, so
ist die Übergangstemperatur höher als die eigentliche Phasenübergangstemperatur,
weil auch für diesen Prozess die treibende Kraft zunächst gleich Null ist. Es kommt
also zu einer Hysterese, siehe Bild 2.10. Die Breite der Hysterese in der häufig verwendeten Legierung Nitinol liegt bei etwa $50\,°C$ [46].

⚡ In einem superelastischen Material kommt es zu einer ähnlichen Verzögerung
bei der spannungsinduzierten Umwandlung. Deshalb ist das Spannungsniveau
des Plateaus bei der Entlastung niedriger als bei der Belastung. Ist diese Verzögerung
groß genug, so kann es auch dazu kommen, dass die Verformung nicht mehr reversibel
ist, sondern als plastische Verformung zurückbleibt. In diesem Fall muss man erst die

Bild 2.11: Stent zum Aufspreizen von Adern. Der Stent befindet sich im Innern ei-
          nes Katheters und spreizt sich beim Zurückziehen des Katheters in der
          Ader auf. An den Enden des Stents befinden sich Tantal-Plättchen, die
          einen guten Röntgenkontrast haben.

Temperatur erhöhen, um wieder Austenit zu bilden. Dies ist eine andere Möglichkeit,
den Ein-Weg-Effekt zu realisieren.

Schließlich bleibt noch die Frage zu klären, wie man dem Werkstoff die gewünschte Form für den Ein-Weg-Effekt oder die Superelastizität überhaupt
aufprägt. Wenn der Werkstoff ein Gedächtnis hat, wie wird dieses Gedächtnis
am Anfang »gesetzt«? Dazu wird der Werkstoff mechanisch bei hinreichend hoher Temperatur (bei Nitinol im Bereich von 500 °C) in die gewünschte Endform
gebracht. Er ist jetzt in der austenitischen Phase. Kriechvorgänge sorgen dafür, dass sich die bei der Verformung entstehenden Eigenspannungen abbauen
und der Werkstoff die gewünschte Form beibehält [26]. Dadurch ist jetzt die
erzwungene Form aufgeprägt und bleibt auch beim Abkühlen erhalten.

Die Form wird während einer Wärmebehandlung aufgeprägt.

2.4 Anwendungen

Hauptanwendungsgebiet für Formgedächtnislegierungen ist zur Zeit die Medizintechnik. In der minimal-invasiven Chirurgie, bei der Eingriffe in den Körper
möglichst klein gehalten werden sollen, werden superelastische Führungsdräh-
te in den Körper eingebracht, um beispielsweise Diagnosegeräte zu leiten. Die
Verwendung superelastischer Drähte hat dabei den Vorteil, dass diese einerseits
eine hohe Steifigkeit besitzen, aber andererseits nicht zum Knicken neigen, so
dass sie leichter geführt und auch wieder entfernt werden können.

Anwendungen in der Medizintechnik.

   Eine andere wichtige Anwendung sind so genannte Stents, die zum Aufspreizen von Adern dienen, die vom Kollaps bedroht sind, siehe Bild. 2.11. Dabei
handelt es sich um kleine, rohrförmig gewobene Metalldrähte, die im superelastischen Zustand stark zusammengedrückt und in einen Katheter eingebracht
werden. Innerhalb der Ader wird dann der Katheter zurückgezogen, und das
Röhrchen entfaltet sich und übt so einen gleichmäßigen Druck auf die Aderwän-
de aus. Bei diesen Stents kommt oft noch ein besonderer Funktionswerkstoff
zum Einsatz: Die Spitzen des Stents können mit kleinen Plättchen aus Tantal versehen werden. Tantal ist ein guter Absorber für Röntgenstrahlung und
erleichtert so die genaue Positionierung des Stents innerhalb des Körpers.

Stents aus Formgedächtnislegierungen halten Blutgefäße offen.

   Auch in der Zahntechnik sind superelastische Legierungen von Vorteil. Dort
werden sie als Spanndrähte in Zahnklammern verwendet. Der Vorteil liegt hier

Bild 2.12: Auf ein Signal hin brechender Verschluss (»Frangibolt«). Ein Zylinder
aus einer Formgedächtnislegierung wird durch Stromzufuhr erwärmt und
kann eine Schraube an einer Kerbe brechen lassen. Solche Verschlüsse
werden beispielsweise in der Raumfahrt eingesetzt, um Teile abzuspren-
gen oder Solarsegel auszufalten. (Mit freundlicher Genehmigung der TiNi
Aerospace, Inc.)

Superelastische Zahnspangen und Brillen nutzen das Spannungsplateau.

darin, dass große elastische Dehnungen möglich sind und dass, wenn der Zahn
dem Zug des Drahtes folgt, die Spannung wegen des Plateaus in der Spannungs-
Dehnungs-Kurve konstant bleibt. Derartige Spangen müssen deshalb seltener
nachgespannt werden. Brillengestelle mit superelastischen Bügeln aus Formgedächtnislegierungen können große Verformungen reversibel ertragen und können deswegen auch extremen Belastungen standhalten [63].

Chirurgische Klammern drücken Knochen zusammen.

Der Ein-Weg-Effekt wird für chirurgische Klammern bei der Knochenheilung
eingesetzt: Eine Klammer kann an zwei zu verbindenden Knochen befestigt
werden. Erwärmt sie sich auf Körpertemperatur, so verformt sie sich und drückt
so die beiden Knochenstücke zusammen.

Wie sprengt man einen Verschluss?

Eine Anwendung in der Raumfahrt sind auf ein Signal hin brechende Ver-
schlussmechanismen. Dabei wird eine Schraube mit einer Kerbe versehen und
dann von einem Zylinder aus einer Formgedächtnislegierung umschlossen, der
in der martensitischen Phase komprimiert wurde. Leitet man Strom ein, so
erwärmt sich der Zylinder und dehnt sich aus, so dass die Schraube bricht.[4]

Aktoren mit Formgedächt-nis.

Der Zwei-Wege-Effekt wird in der Praxis bisher recht wenig eingesetzt. Ein
Zwei-Weg-Aktor[5] mit externer Spannung (also einer rückstellenden Feder) wur-
de für das Öffnen und Schließen eines Ventils an einem Thermostaten eingesetzt.
Weitere denkbare Anwendungen sind Aktoren in der Mikrotechnik, beispiels-
weise zur Bewegung von Leseköpfen in Festplatten, Robotgreifer oder aktive
Endoskope.

Problem: Der Effekt verbraucht sich.

Ein Problem bei der Anwendung des Ein- und Zwei-Weg-Effekts ist, dass diese Effekte sich nicht beliebig oft wiederholen lassen. Bei jedem Phasenübergang
innerhalb des Materials bilden sich an den Grenzflächen zwischen den Phasen
Defekte. Diese verschieben die Übergangstemperatur, so dass sie nach einigen Tausend Zyklen um mehr als $20\,°C$ verschoben sein kann. Es wird deshalb
versucht, Legierungen zu entwickeln, die diesen Effekt nicht aufweisen [46].

---

4 Ein ähnlicher Effekt ließe sich prinzipiell auch einfach durch thermische Ausdehnung
  erzielen. Die hierbei erreichten Kräfte sind jedoch relativ klein, so dass große Temperaturänderungen notwendig wären.
5 Ein *Aktor* wandelt ein Signal in eine mechanische Bewegung um.

Ein Nachteil von Bauteilen aus Formgedächtnislegierungen ist, dass die Schaltung, da sie über eine Temperaturänderung erfolgt, meist relativ langsam ist. Insbesondere bei großen Bauteilen erfordert die Wärmekapazität der Bauteile entsprechend lange Aufheizzeiten. Der Vorteil dieser Legierungen liegt dafür darin, dass sich auch komplexe Formänderungen mit großen Deformationen und großen Kräften realisieren lassen. Im nächsten Kapitel werden wir eine andere Materialklasse kennenlernen, die sich genau umgekehrt verhält: Hier sind Deformationswege klein, dafür kann die Schaltung sehr schnell erfolgen.

Nachteil der Formgedächtnislegierungen: Temperaturänderungen erfordern hohe Schaltzeiten. Vorteil: Große Formänderungen möglich.

2.5   Schlüsselkonzepte

- Kristalline Festkörper können in unterschiedlichen Kristallstrukturen vorliegen. Diese werden durch ihre Einheitszelle beschrieben.

- Systeme im Kontakt mit einem Wärmebad der Temperatur T erreichen ein thermisches Gleichgewicht. In diesem Gleichgewicht kann man die Wahrscheinlichkeit eines Mikrozustands $\mathcal{Z}_i$ angeben durch das Boltzmann-Gesetz

$$p_i = \frac{1}{Z} e^{-E_i/k_B T} \, .$$

- In einem System bei Temperatur T schwankt die Energie durch thermische Fluktuationen um Beträge in der Größenordnung von $k_B T$.

- Die Entropie in einem abgeschlossenen System ist bestimmt durch die Zahl der möglichen Mikrozustände für einen bestimmten Makrozustand. Im thermischen Gleichgewicht ist der wahrscheinlichste Makrozustand deshalb der mit der höchsten Entropie.

- In einem System im thermischen Gleichgewicht (mit festem Volumen bei fester Temperatur) wird die Freie Energie minimiert.

- Phasenübergänge entstehen, weil unterschiedliche Phasen eine unterschiedliche Temperaturabhängigkeit der freien Energie besitzen können. Um die Freie Energie zu minimieren, kann ein System deshalb zwischen unterschiedlichen Phasen wechseln, wenn sich die Temperatur ändert.

- Bei hohen Temperaturen liegt ein System in der Phase mit der höchsten Entropie vor, bei niedrigen Temperaturen in der Phase mit der kleinsten Energie.

3 Piezoelektrika

Die im vorigen Kapitel diskutierten Formgedächtnislegierungen hatten viele Vorteile, beispielsweise die Möglichkeit große Formänderungen und auch große wirkende Kräfte zu realisieren. Sie haben aber auch einen entscheidenden Nachteil: Die Schaltung erfolgt über eine Temperaturänderungen und ist deshalb relativ langsam. Da unsere moderne Technik zu einem großen Teil auf der Manipulation elektrische Ströme und Felder beruht, wäre es natürlich wünschenswert, ein Material zu besitzen, das seine Form durch Anlegen eines elektrischen Feldes ändert. Solche Materialien gibt es tatsächlich; sie werden als *Piezoelektrika* bezeichnet (von gr. piezo, »ich drücke«, und elektron, »Bernstein«[1]).

Piezoelektrika können durch elektrische Spannung ihre Form ändern.

3.1 Phänomenologie

Ein leicht beobachtbarer Piezoeffekt wird in Zündvorrichtungen für Feuerzeuge verwendet. Dabei wird mit einem Hammer auf ein piezoelektrisches Material geschlagen, wobei zwischen den beiden Seiten des Materials eine hohe elektrische Spannung erzeugt wird. Die Spannung ist groß genug, um einen Zündfunken zu schlagen, der das brennbare Gas des Feuerzeuges entzündet. Der Vorteil eines Piezokristalls besteht darin, dass kein Feuerstein ausgewechselt werden muss, da sich der Piezoeffekt nicht verbraucht.

Verformt man also ein piezoelektrisches Material, so entsteht eine elektrische Spannung. Umgekehrt ergibt sich durch Anlegen einer elektrischen Spannung eine Formänderung. Anders als bei den Formgedächtnislegierungen sind die erzielten Formänderungen allerdings typischerweise sehr klein.

Der Piezoeffekt funktioniert also in beide Richtungen (siehe Bild 3.1): Wird eine elektrische Spannung durch eine mechanische Verformung des Materials erzeugt, spricht man vom direkten Piezoeffekt, im umgekehrten Fall, wo ein elektrisches Feld eine Formänderung verursacht, vom inversen Piezoeffekt.

Der Piezoeffekt wirkt in zwei Richtungen: Spannung erzeugt Formänderung; Formänderung erzeugt Spannung.

Entsprechend können Piezoelektrika als Sensoren (direkter Effekt) und als Aktoren (inverser Effekt) eingesetzt werden. Anwendungsbeispiele werden am Ende des Kapitels erläutert.

3.2 Elektrische Polarisation

Damit ein Material piezoelektrisch sein kann, müssen in seinem Inneren elektrische Ladungen vorhanden sein – ansonsten könnte es nicht auf ein elektrisches

---

1 Elektrische Phänomene wurden zuerst an Experimenten mit Bernstein entdeckt und haben daher ihren Namen erhalten.

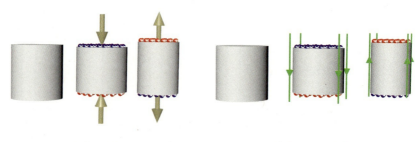

a: Direkter Effekt   b: Inverser Effekt

Bild 3.1: Piezoeffekt und inverser Piezoeffekt: Eine mechanische Verformung erzeugt
eine elektrische Spannung (direkter Piezoeffekt); ein angelegtes elektrisches
Feld erzeugt eine Verformung (inverser Piezoeffekt).

Feld reagieren. Nehmen wir zusätzlich an, dass es sich um ein kristallines Material handelt, so genügt es, wenn wir uns eine Einheitszelle des Materials ansehen.

Einheitszellen sind elektrisch neutral.

Die einfachste Möglichkeit für elektrische Ladungen innerhalb der Einheitszelle bestünde darin, einen Kristall direkt aus geladenen Atomen einer Sorte, also aus Ionen (vom gr. ionos, »Wanderer«), zusammenzusetzen. In diesem Fall besitzt allerdings jede Einheitszelle dieselbe elektrische Ladung, so dass es zu extrem starken Abstoßungskräften kommen würde, die zu einem explosionsartigen Verdampfen des Kristalls führen würden. Darüber hinaus würde das geladene Material im elektrischen Feld als Ganzes beschleunigt werden, sich dabei aber nicht unbedingt verformen. Die Einheitszelle muss also elektrisch neutral sein.

Aufgabe 3.1: Schätzen Sie grob ab, wie stark die Abstoßung in einem solchen Kristall wäre. Stellen Sie sich einen würfelförmigen Kristall aus einem Mol eines Materials vor, bei dem jedes Atom eine positive Ladung trägt. Teilen Sie den Kristall gedanklich in zwei Hälften und berechnen die abstoßende Kraft, die die eine Hälfte auf die andere ausübt. □

Damit sich eine elektrisch neutrale Einheitszelle verformen kann, wenn ein äußeres elektrisches Feld angelegt wird, muss die Zelle verschiedene elektrische Ladungen enthalten, die sich gegenseitig kompensieren. Die Zelle ist dann als Ganzes elektrisch neutral, enthält aber trotzdem eine Ladungsverteilung, die gerade so sein muss, dass ein von Außen angelegtes elektrisches Feld die Einheitszelle verzerrt.

Ladungen in einem Kristall entstehen durch Dipole.

Die einfachste Möglichkeit einer solchen Ladungsverteilung sind so genannte *Dipole* (lat. di, »zwei«, griech. polos, »Drehpunkt«). Ein Dipol ist aus zwei elektrischen Ladungen zusammengesetzt, die gleiche Stärke, aber entgegengesetztes Vorzeichen besitzen. Das elektrische Feld einer einzelnen Ladung ist kugelsymmetrisch; bei der positiven Ladung zeigt es von der Ladung weg (denn eine andere positive Ladung würde eine abstoßende Kraft erfahren), bei der negativen Ladung zeigt es zur Ladung hin. Bringen wir die Ladungen zusammen, so

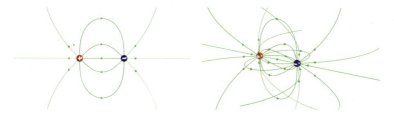

Bild 3.2: Elektrisches Feld eines Dipols in zwei- und dreidimensionaler Darstellung.

können wir das Feld, das sich ergibt, durch Überlagerung der beiden Einzelfelder (nach den Regeln der Vektoraddition) bestimmen (Bild 3.2). Dies ist das in Kapitel 1 eingeführte Superpositionsprinzip. Zwischen den beiden Ladungen verstärken sich die elektrischen Felder; weiter entfernt von ihnen überlagern sie sich und schwächen sich ab. Die Abschwächung ist dabei natürlich um so stärker, je dichter die beiden Ladungen beieinander liegen. Dies kann man sich leicht in dem Grenzfall überlegen, dass beide Ladungen direkt übereinander sitzen, da sich ihre Felder dann komplett aufheben würden.

Die Stärke eines Dipols misst man über das so genannte *Dipolmoment* $\vec{p}$: Dieses ist definiert als

$$\vec{p} = q\vec{d},$$

Das Dipolmoment gibt die Stärke des Dipols an.

wobei $\vec{d}$ den Abstandsvektor zwischen den beiden Ladungen und q die Stärke der Ladung bezeichnet. Das Dipolmoment ist ein Vektor, da das elektrische Feld des Dipols richtungsabhängig ist und sich ändert, wenn man den Dipol dreht. Der Vektor des Dipolmomentes zeigt dabei von der negativen zur positiven Ladung [1]. Das elektrische Feld einer Punktladung fällt umgekehrt proportional zum Quadrat des Abstands von der Punktladung ab, das eines Dipols umgekehrt proportional zur dritten Potenz des Abstandes. In großer Entfernung vom Dipol ist von dessen Feld nur noch sehr wenig zu spüren, da dann beide Ladungen nahezu am gleichen Ort zu sitzen scheinen.

Beim Piezoeffekt reagieren Dipole auf ein äußeres elektrisches Feld. Bringt man einen Dipol in ein konstantes elektrisches Feld, so richtet er sich parallel zum Feld aus. Dies kann man sich leicht an Hand eines Plattenkondensators (siehe Kapitel 1) überlegen: Die positive Ladung im Dipol wird von der negativ geladenen Platte angezogen und die negative Ladung von der positiv geladenen Platte. Entsprechend rotiert der Dipol so lange, bis er sich ausgerichtet hat, siehe Bild 3.3.[2] Der Schwerpunkt des Dipols bewegt sich allerdings nicht, da der Dipol von beiden Seiten des Kondensators gleich stark angezogen wird.

Dipole richten sich im elektrischen Feld aus.

Hinzu kommt, dass sich die Ladungen innerhalb des Dipols auch gegeneinander verschieben können, da hierdurch Energie gewonnen werden kann. In einem Molekül hängt die Stärke der Verschiebung dabei von der Bindungsstär-

In einem elektrischen Feld verschieben sich die Ladungen eines Dipols.

2 Diese Ausrichtung von Dipolen hatten wir bereits im Kapitel über Flüssigkristalle ausgenutzt, um ein Molekül in einem elektrischen Feld zur Rotation zu bringen.

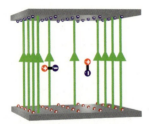

Bild 3.3: Ein Dipol in einem elektrischen Feld rotiert und richtet sich entsprechend dem anliegenden Feld aus.

ke zwischen den Ladungen ab. Wir werden uns dies weiter unten noch genauer ansehen, vorher müssen wir uns aber Gedanken darüber machen, wie die benötigten Dipole in der Einheitszelle zu Stande kommen können.

3.3   Atomaufbau und Bindung

3.3.1   Das Orbitalmodell

Für einen Piezokristall benötigen wir also eine Einheitszelle mit einer ungleichmäßigen elektrischen Ladungsverteilung. Um zu verstehen, wie solche Ladungsverteilungen entstehen, müssen wir uns zunächst einige Gedanken zum Aufbau der Materie machen. Die Darstellung in diesem Abschnitt geht etwas über das hinaus, was wir tatsächlich zum Verständnis der Piezoelektrika benötigen, wird uns aber in späteren Kapiteln nützlich sein.

Elektrisch neutrale Atome haben gleich viele Elektronen und Protonen.

Atome bestehen aus einem positiv geladenen Atomkern, der sich aus Protonen und Neutronen zusammensetzt, und aus Elektronen, die diesen Atomkern umgeben. Da die Protonen und Neutronen sehr stark aneinander gebunden sind, ändert sich die Zusammensetzung des Atomkerns in chemischen Reaktionen nicht, denn die benötigte Energie für Kernreaktionen ist sehr hoch. Die Anzahl der Protonen im Kern bestimmt seine elektrische Ladung (Neutronen sind elektrisch neutral) und damit auch, um welches Element es sich handelt. In einem elektrisch neutralen Atom ist die Zahl der Elektronen gleich der der Protonen.

Das Planetenmodell des Atoms: Elektronen kreisen um den Kern.

Häufig verwendet man zur Veranschaulichung der Atomstruktur ein Bild, das dem eines Planetensystems ähnelt (Bohr- oder Bohr-Sommerfeld-Modell genannt, nach Niels Henrik David Bohr, 1885–1962, Nobelpreis 1922, und Arnold Johannes Wilhelm Sommerfeld, 1868–1951): Dabei verhalten sich die Elektronen wie klassische Teilchen (siehe Modellbox 2) und umkreisen den Atomkern auf Bahnen in einem bestimmten Abstand. Elektronen auf Bahnen, die dicht am Kern verlaufen, werden stärker elektrisch angezogen als die auf weiter entfernten Bahnen und sind deshalb stärker gebunden. Deshalb sind es nur die am weitesten außen liegenden Elektronen, die sich an chemischen Reaktionen beteiligen.

Obwohl dieses Bild viele richtige Elemente enthält, ist es dennoch nicht geeignet, um alle Aspekte des Atomaufbaus und der chemischen Bindung zu verstehen. Insbesondere ist die Annahme, dass man sich Elektronen als kleine Kügelchen vorstellen kann, zu stark vereinfacht. Dass dieses Bild nicht korrekt sein kann, kann man sich wie folgt überlegen: Nach den Regeln der klassischen Physik strahlt eine beschleunigte elektrische Ladung Energie in Form elektromagnetischer Wellen ab. Ein Elektron, das sich wie ein klassisches Teilchen verhält und auf einer Kreisbahn um einen Atomkern umläuft, würde innerhalb eines Bruchteils einer Sekunde seine gesamte Energie als Strahlung abgeben und in den Atomkern stürzen. Dort hätte es die niedrigst-mögliche Energie, so dass dieser Zustand stabil wäre. In realen Atomen geschieht dies jedoch nicht und der Zustand, bei dem das Elektron im Kern lokalisiert ist, ist nicht der Zustand mit der niedrigsten Energie.

> Das Planetenmodell des Atoms ist extrem vereinfacht.

Der Grund dafür ist, dass Elektronen nicht den Regeln der klassischen Physik gehorchen, sondern denen der Quantenmechanik. In der Quantenmechanik ändert sich die Beschreibung von Elektronen fundamental: Sie werden nicht – wie klassische Teilchen – durch einen Ort und eine Geschwindigkeit beschrieben, sondern durch so genannte *Orbitale* (siehe Modellbox 3).

> Elektronen gehorchen nicht der klassischen Physik.

Orbitale geben die Wahrscheinlichkeit an, das Elektron bei einer Messung an einem bestimmten Ort vorzufinden. Ein Orbital ordnet also jedem Punkt des Raumes eine bestimmte Wahrscheinlichkeit zu. Ein Elektron, das an ein Proton gebunden ist und so ein Wasserstoffatom formt, hat eine gewisse Aufenthaltswahrscheinlichkeit am Ort des Atomkerns, aber auch eine Wahrscheinlichkeit, sich weiter vom Atomkern entfernt aufzuhalten. Die Wahrscheinlichkeit fällt nach außen hin allerdings stark ab. Bild 3.4 zeigt beispielhaft ein solches Orbital eines Wasserstoffatoms. In der Darstellung ist die Aufenthaltswahrscheinlichkeit über die Farbe dargestellt – das Elektron hat also eine hohe Wahrscheinlichkeit, sich in den stark eingefärbten Bereichen aufzuhalten. Mit einer geringen Wahrscheinlichkeit kann es aber auch weit vom Atomkern entfernt gefunden werden.

> Elektronen werden durch Orbitale beschrieben.

> Orbitale geben die Aufenthaltswahrscheinlichkeit an.

Streng genommen handelt es sich nicht um eine Wahrscheinlichkeit, sondern um eine Wahrscheinlichkeitsdichte. Die Wahrscheinlichkeit, das Elektron in einem kleinen Raumvolumen dV zu finden, ist durch $\int O(\vec{x})dV$ gegeben, wenn $O(\vec{x})$ der Wert der Orbitalfunktion am Ort $\vec{x}$ ist. Da das Elektron sich natürlich irgendwo aufhalten muss, gilt für ein Orbital immer

$$\int_V O(\vec{x})dV = 1\,, \tag{3.1}$$

wobei sich das Integral über den ganzen Raum erstreckt.

Die Aussage der hier skizzierten Orbitaltheorie enthält eine physikalische Revolution: Die Theorie ist *nicht* so zu verstehen, dass das Elektron sich tatsächlich zu jedem Zeitpunkt an einem Ort aufhält, der uns jedoch nicht bekannt ist. Natürlich kann man auch in einer klassischen Theorie von einer Aufenthaltswahrscheinlichkeit eines Teilchens sprechen. Mein wieder einmal nicht auffindbarer Kugelschreiber hat eine

Bild 3.4: Beispiel eines Orbitals im Wasserstoffatom. Die Aufenthaltswahrscheinlichkeit des Elektrons wird durch den Farbwert dargestellt. Das (nicht eingezeichnete) Proton des Atomkerns befindet sich in der Mitte des Orbitals.
Siehe auch Bild 3.7.

Modell: Orbitalmodell des Elektrons

Eigenschaften: Ein Elektron wird durch ein Orbital beschrieben, das jedem Punkt
des Raums eine Wahrscheinlichkeit zuweist, das Elektron dort zu finden.
Anwendung: Nahezu universell, Beschreibung von Atomen, Metallen, Halbleitern
etc.
Grenzen: Fundamentale Grenzen erst bei extremen Bedingungen (z. B. relativisti-
schen Geschwindigkeiten); das Modell ist aber manchmal unanschaulich, z. B. bei der
Beschreibung von Stoßprozessen. In diesem Buch werden meist nur zeitlich konstante
Orbitale betrachtet, dieses Modell hat Grenzen bei der Beschreibung zeitabhängiger
Prozesse.

Modell 3: Das Orbitalmodell des Elektrons

gewisse Aufenthaltswahrscheinlichkeit unter dem Bücherstapel auf meinem Schreibtisch oder unter der Computertastatur. Dies drückt aber lediglich meine Unkenntnis
seiner Position aus, und ich gehe trotzdem davon aus, dass er sich an einem bestimmten Ort befindet. Dies ist bei Elektronen anders, Elektronen können prinzipiell nicht
genauer als mit einer Wahrscheinlichkeitsverteilung beschrieben werden.[3]

Zeitlich
konstante
Orbitale haben
eine Energie.

In den meisten Fällen genügt es für unsere Zwecke, uns auf zeitlich konstante
Orbitale zu beschränken. In diesem Fall kann einem Orbital eine bestimmte

---

3 Bei dieser Erläuterung folgen wir der üblichen Interpretation der Quantenmechanik.
    Tatsächlich gibt es eine andere Möglichkeit, die Gleichungen der Quantenmechanik zu
    interpretieren, bei der das Elektron zwar immer an einem Ort lokalisiert ist, es aber
    prinzipiell unmöglich ist, diesen Ort zu jedem Zeitpunkt zu bestimmen. Dies ist die so
    genannte Pilotwellen-Darstellung der Quantenmechanik [40].

Energie zugeordnet werden. Kann der Zustand eines Elektrons durch ein zeitlich konstantes Orbital beschrieben werden (man sagt in diesem Fall auch »das Elektron befindet sich in diesem Orbital«), dann hat das Elektron also einen bestimmten Wert der Energie.[4] Man kann die unterschiedlichen – zeitlich konstanten – Orbitale eines Systems also durch ihre Energie charakterisieren. Das Orbital mit der niedrigsten Energie gehört zum Grundzustand, das mit der nächst-höheren Energie zum ersten angeregten Zustand usw. In vielen Fällen sind Übergänge zwischen den Orbitalen möglich (beispielsweise bei der Lichtabsorption oder -emission); das Elektron befindet sich dann vorher in einem Zustand, hinterher in einem anderen. Aus der Energiedifferenz der Orbitale kann man dann berechnen, welche Energie der Prozess benötigt oder freisetzt.

Die Energie eines Orbitals setzt sich aus zwei Beiträgen zusammen. Der eine Beitrag ist die potentielle Energie durch die Wechselwirkung mit einem elektrischen Feld. Ist der Wert des Orbitals (und damit der der Aufenthaltswahrscheinlichkeit) dort groß, wo sich positive Ladungen befinden, dann ist dies energetisch günstig. Der zweite Energiebeitrag wird um so größer, je größer die räumliche Änderung des Orbitals ist. Wenn es kein elektrisches Feld gibt, ist das günstigste Orbital also eins, das an jedem Punkt denselben Wert hat und sich räumlich nicht ändert. Mathematisch werden diese Energien in der sogenannten Schrödinger-Gleichung (Erwin Rudolf Josef Alexander Schrödinger, 1887–1961, Nobelpreis 1933) erfasst. Im Rahmen dieses Buchs brauchen wir uns mit dieser Gleichung nicht im Detail zu befassen, einige weitere Erläuterungen finden sich auf Seite 115.

> Energie eines Orbitals: potentielle Energie plus Energie durch räumliche Änderung.

3.3.2 Elektronenorbitale in Atomen

Betrachten wir als Beispiel ein Wasserstoffatom. Im energetisch günstigsten Fall ist das Elektron dicht am Kern lokalisiert, d. h., es besitzt dort eine sehr hohe Aufenthaltswahrscheinlichkeit, die sehr schnell nach außen abnimmt. Der Grund hierfür ist die elektrostatische Anziehung zwischen Kern und Elektron. Das Elektron kann jedoch nicht zu dicht am Kern lokalisiert sein, denn dann steigt seine Energie, weil sich das Orbital auf kleinem Raum stark ändert. Bild 3.5 veranschaulicht das. Das sich tatsächlich ausbildende Orbital mit der niedrigsten Energie (der Grundzustand) ist ein Kompromiss zwischen diesen beiden Forderungen.

> Das Orbital des Grundzustands im Wasserstoffatom ist um den Atomkern lokalisiert.

Ein Elektron, das an einen Atomkern gebunden ist, kann keine beliebigen Orbitale besitzen, sondern nur ganz bestimmte, zu denen genau bestimmte Energiewerte gehören. Man spricht dabei auch von einer *Quantisierung* der Energie (von lat. quantum, »Menge«).[5] Es gibt dabei unendlich viele solcher Orbitale, die nach ihrer Form und nach ihrer Energie klassifiziert werden können. Bild 3.6

> Die Energien von gebundenen Elektronen sind quantisiert.

---

4 Zeitabhängige Orbitale haben keinen eindeutigen Wert der Energie. Dies ist ein Beispiel für die Heisenbergsche Unschärferelation [40, 55], siehe auch Seite 115 (Werner Heisenberg, 1901–1976, Nobelpreis 1932).

5 Wir werden in Kapitel 5, in der Vertiefung auf Seite 116, an einem Beispiel sehen, wie es dazu kommt, dass nur bestimmte Energiewerte möglich sind.

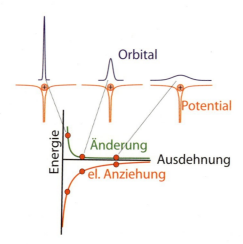

Bild 3.5: Energie eines Orbitals im Wasserstoffatom. Ein räumlich eng begrenztes Orbital hat eine niedrige elektrostatische Energie, aber eine hohe Energie durch die starke räumliche Änderung; ein weit ausgedehntes Orbital hat eine höhere elektrostatische Energie aber eine geringere Energie durch Ausdehnung. Das sich tatsächlich ausbildende Orbital ist ein Kompromiss aus beiden Forderungen.

zeigt die möglichen Energieniveaus für ein Elektron in einem Wasserstoffatom. Der Energienullpunkt ist dabei so gewählt, dass negative Energien einem gebundenen Zustand entsprechen. Der Zustand mit der niedrigsten Energie liegt bei einem Wert von $-13,6\,\text{eV}$; dies ist also die Energie, die man benötigt, um ein Elektron im Grundzustand aus dem Atom zu lösen und das Atom so zu ionisieren. Zwischen dem Grundzustand und dem Energienullpunkt liegen unendlich viele weitere Energieniveaus, die zu höheren Energien hin immer dichter werden. Es gibt also angeregte Zustände des Elektrons, bei denen dieses zwar noch an das Atom gebunden ist, aber eine höhere Energie als im Grundzustand besitzt. Die einzelnen Energieniveaus werden vom Grundzustand aus durchnummeriert.

Elektronenschalen. Anschaulich spricht man oft auch von *Elektronenschalen* und sagt beispielsweise, dass sich ein Elektron in der zweiten Schale befindet.

Höhere Elektronenschalen haben mehr Orbitalformen. Vom Grundzustand abgesehen, gehört zu jedem Energieniveau des Wasserstoffatoms nicht nur ein einziges Orbital, sondern mehrere. Diese Orbitale werden mit Buchstaben gekennzeichnet. Das Grundzustandsorbital wird als s-Orbital bezeichnet. Generell ist es so, dass bei jedem Energieniveau eine Orbitalform hinzukommt, nämlich das p-Orbital im zweiten Niveau, das d-Orbital im dritten, das f-Orbital im vierten und so weiter. (Höhere Orbitale werden fortlaufend mit den Buchstaben des Alphabets bezeichnet, also f, g, h etc.)

Im Wasserstoffatom gibt es unterschiedliche Orbitalformen. Bild 3.7 zeigt einige Orbitale des Wasserstoffatoms. Die s-Orbitale sind immer kugelsymmetrisch und haben somit eine einfache Form. Die nächstkomplizierteren Orbitale sind die hantelförmigen p-Orbitale, von denen es drei verschiedene gibt, dann die fünf d-Orbitale und so weiter.

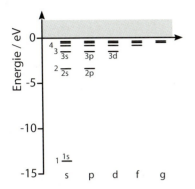

Bild 3.6: Energieniveaus von Wasserstoff. Zustände mit einer negativen Energie sind gebundene Zustände. Von diesen sind nur die untersten eingezeichnet; tatsächlich gibt es unendlich viele gebundene Zustände, deren Energien dicht am Nullpunkt liegen.

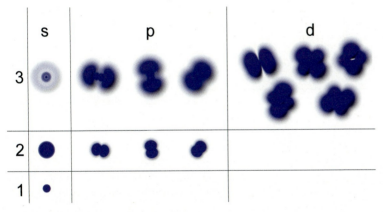

Bild 3.7: Orbitale und Energieniveaus von Wasserstoff. Die Bilder der Orbitale wurden mit dem Programm »Orbital Viewer« [36] erstellt.

Um ein Orbital eindeutig zu kennzeichnen, muss man sowohl seine Energie als auch seinen Orbitaltyp angeben. Man spricht also von einem $1s$-Orbital oder von einem $3p$-Orbital. Orbitale zu unterschiedlichen Energieniveaus unterscheiden sich dabei in ihrer Form, auch wenn sie denselben Buchstaben zur Bezeichnung besitzen. Beispielsweise sind sowohl das $1s$- als auch das $2s$-Orbital kugelsymmetrisch, doch das $2s$-Orbital ist deutlich größer als das $1s$-Orbital. Da das Elektron sich hier also weiter entfernt vom anziehenden Atomkern aufhält, ist die Energie dieses Orbitals entsprechend größer. Anders als beim $1s$-Orbital fällt die Wahrscheinlichkeit, das Elektron zu finden, beim $2s$-Orbital nicht einfach von innen nach außen ab, sondern besitzt bei einem bestimmten Abstand vom Zentrum einen Nulldurchgang, um dann wieder anzusteigen.

Kennzeichnung von Orbitalen.

Tabelle 3.1: Elektronenkonfigurationen ausgewählter Elemente

		K	L		M			N			
		$1s$	$2s$	$2p$	$3s$	$3p$	$3d$	$4s$	$4p$	$4d$	$4f$
1	H	1									
2	He	2									
3	Li	2	1								
4	Be	2	2								
5	B	2	2	1							
6	C	2	2	2							
7	N	2	2	3							
8	O	2	2	4							
9	F	2	2	5							
10	Ne	2	2	6							
11	Na	2	2	6	1						
17	Cl	2	2	6	2	5					
19	K	2	2	6	2	6		1			
20	Ca	2	2	6	2	6		2			
21	Sc	2	2	6	2	6	1	2			
22	Ti	2	2	6	2	6	2	2			
26	Fe	2	2	6	2	6	6	2			
28	Ni	2	2	6	2	6	8	2			
29	Cu	2	2	6	2	6	10	1			
30	Zn	2	2	6	2	6	10	2			

Diese Einteilung von Orbitalen nach s, p usw. gilt nur für Orbitale von Elektronen, die sich in einem kugelsymmetrischen Potential befinden, wie es das elektrische Potential des Atomkerns ist. Später werden wir Orbitale kennenlernen, die entstehen, wenn Elektronen sich in einem Kasten befinden. Diese Orbitale können *nicht* auf diese Weise klassifiziert werden, sondern werden nach einem anderen Schema nummeriert.

Elektronen-orbitale in den chemischen Elementen.

In Atomen mit mehreren Elektronen können die Orbitale genau wie beim Wasserstoff durchnummeriert werden; auch hier gibt es also beispielsweise $2s$- oder $4f$-Orbitale. Tabelle 3.1 zeigt die Elektronenanordnung einiger Elemente. Im Wasserstoffatom befindet sich das einzige Elektron im $1s$-Orbital; im Heliumatom befinden sich beide Elektronen in diesem Orbital. Man schreibt hierfür auch kurz $1s^2$, wobei die hochgestellte Zahl die Anzahl der Elektronen in diesem Orbital angibt. Lithium hat drei Elektronen, aber das dritte Elektron kann nicht ebenfalls in den $1s$-Zustand gehen, da dieser mit zwei Elektronen bereits besetzt ist.

Pauli-Prinzip: Jedes Orbital hat Platz für zwei Elektronen.

Allgemein gilt nämlich, dass ein bestimmtes Orbital nur zwei Elektronen aufnehmen kann. Diese Regel wird nach dem Physiker Wolfgang Pauli (1900–1958, Nobelpreis 1945) als *Pauli-Prinzip* bezeichnet.[6] Das Pauli-Prinzip ist von

---

6 Diese Formulierung des Pauli-Prinzips ist leicht vereinfacht. Eine exakte Erläuterung findet sich in Kapitel 9.

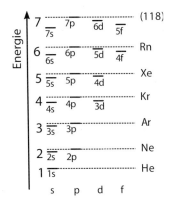

Bild 3.8: Verschiebung der Energieniveaus bei Atomen mit mehreren Elektronen.
Die gestrichelten Linien kennzeichnen die Grenzen zwischen den Perioden
des Periodensystems und entsprechen somit der Elektronenkonfiguration
der Edelgase. Die Abstände der Energien sind, anders als in Bild 3.6, nicht
maßstabsgetreu.

zentraler Bedeutung, wenn man das Verhalten von Systemen mit mehreren
Elektronen verstehen will, und wird uns in diesem Buch noch häufig begeg-
nen. Es führt dazu, dass in Systemen mit mehreren Elektronen nicht nur der
Grundzustand, sondern auch die höherenergetischen Zustände besetzt sind.

Das dritte Elektron des Lithiumatoms muss sich also nach dem Pauli-Prinzip
im 2s-Zustand befinden, da das 1s-Orbital mit zwei Elektronen bereits voll
besetzt ist. Im Beryllium ist dann die Elektronenkonfiguration $1s^2\,2s^2$. Nun
ist auch das 2s-Orbital besetzt, so dass beim nächsten Element (Bor) das 2p-
Orbital gefüllt ist. Da es drei verschiedene p-Orbitale gibt, können diese zusammen insgesamt 6 Elektronen aufnehmen.[7] So ergibt sich mit den Elementen
Kohlenstoff, Stickstoff, Sauerstoff, Fluor und Neon die zweite Zeile des Periodensystems.

Die Besetzung der Energieniveaus der zweiten Schale.

Dass im Lithiumatom das Elektron den 2s- und nicht den 2p-Zustand besetzt, liegt daran, dass sich die Elektronen gegenseitig beeinflussen. Elektronen,
die sich dichter am Kern befinden, schirmen die weiter außen liegenden Elektronen teilweise von der elektrischen Ladung des Kerns ab. Dadurch verschieben
sich die Energieniveaus. Beispielsweise ist in Bor, das drei Elektronen auf der
zweiten Schale besitzt, die Energie des 2p-Niveaus etwas höher als die des 2s-
Niveaus, weil ein Elektron im 2p-Niveau eine höhere Aufenthaltswahrschein-
keit in größerer Entfernung zum Atomkern hat und so durch die 1s-Elektronen
stärker von der elektrischen Ladung des Kerns abgeschirmt wird. Bild 3.8 zeigt,
wie sich die Energieniveaus der Orbitale in den verschiedenen Elementen durch
diesen Effekt gegeneinander verschieben.

In Atomen mit mehreren Elektronen verschieben sich die Niveaus.

Betrachten wir als nächstes die dritte Periode, angefangen mit dem Natrium
($1s^2\,2s^2\,2p^6\,3s^1$) bis hin zum Argon ($1s^2\,2s^2\,2p^6\,3s^2\,3p^6$). Man könnte erwarten,

---

7 Auf Seite 247 werden wir sehen, warum dies so ist.

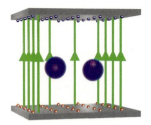

Bild 3.9: In einem elektrischen Feld verschiebt sich das Elektronenorbital gegen den Atomkern. Ein Dipol wird induziert.

Die Niveauver-
schiebung
erklärt, warum
es Nebengrup-
penelemente
gibt.

dass als nächstes die $3d$-Orbitale besetzt werden, doch dies passiert nicht. Die Verschiebung der Energieniveaus führt dazu, dass die Energie des $3d$-Orbitals über der des $4s$-Orbital liegt. Dieses wird deshalb zuerst besetzt. Erst danach werden die $3d$-Niveaus aufgefüllt. Da diese 10 Elektronen aufnehmen können, ergeben sich entsprechend 10 Elemente der so genannten *Nebengruppe*, bis dann beim Gallium auch das $3d$-Orbital voll ist und ein Elektron das $4p$-Orbital besetzt. In ähnlicher Weise führt das nachträgliche Auffüllen der f-Orbitale zu den Lanthaniden und Actiniden.

3.3.3   Dipole in Materie

Ein
elektrisches
Feld induziert
Dipole, weil
sich Orbitale
verschieben.

Wie bereits diskutiert, kann ein Material nur dann piezoelektrisch sein, wenn es elektrische Dipole enthält. Ein ungebundenes freies Atom (beispielsweise des Wasserstoffs) hat kein Dipolmoment, weil der Schwerpunkt der Ladungsverteilung des Orbitals und die Position des Atomkern zusammenfallen. Legt man ein elektrisches Feld an, so verschieben sich allerdings Atomkern und Orbital gegeneinander. Um dies im Detail zu verstehen, stellen wir uns vor, wir würden das Atom wieder in einen Plattenkondensator einbringen. Das Elektron wird nun von der positiven Seite des Kondensators angezogen, der Atomkern entsprechend von der negativ geladenen Seite, siehe Bild 3.9. Auf diese Weise wird

Induzierte
Dipole führen
zu keiner
Formänderung
im Kristall.

ein Dipolmoment *induziert* (lat. inducere, »einführen«). Da die Ladungen von Elektron und Kern entgegengesetzt gleich groß sind, wirkt auf beide exakt die gleiche Kraft; der Atomkern ist aber so viel schwerer als das Elektron, dass er sich nahezu nicht bewegt. Insgesamt verändern sich deshalb zwar die Verhältnisse innerhalb des Atoms, das Atom als ganzes verschiebt sich jedoch nicht, und das Atom führt auch keine Rotation aus. An diesem Argument kann man sehen, dass induzierte Dipolmomente nicht geeignet sind, um eine Verschiebung von Atomen innerhalb einer Einheitszelle zu erreichen.

Um die Atome innerhalb der Einheitszelle zu verschieben, brauchen wir *permanente* (lat. permanere, »fortdauern«) Dipole, also Dipole, die auch dann vorhanden sind, wenn das Material sich nicht in einem elektrischen Feld befindet.[8]

---

8 Die einzelnen Dipolmomente innerhalb der Einheitszelle können sich dabei so aufheben, dass die Zelle als Ganzes kein Dipolmoment besitzt, siehe z. B. Bild 3.16.

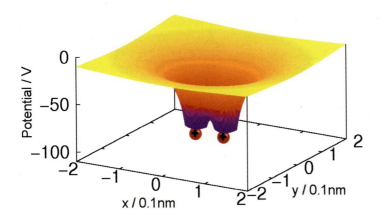

Bild 3.10: Elektrostatisches Potential zweier Wasserstoffkerne in zwei Dimensionen.

Die Ladungen innerhalb dieser Dipole können sich in diesem Fall gegeneinander verschieben und so eine Formänderung des Materials bewirken. Bevor wir uns genauer ansehen, wie dies geschieht, ist aber zunächst die Frage zu klären, woher derartige Dipolmomente kommen können. Offensichtlich ist es nicht möglich, permanente Dipole in einem elementaren Material zu haben, da dort alle Atome gleichberechtigt sind. Sie müssen also durch chemische Bindung zu Stande kommen.

Für den Piezoeffekt braucht man eine Ladungsverteilung.

Als Beispiel für eine chemische Bindung betrachten wir zunächst das einfachste aller Moleküle, das Wasserstoffmolekül, obwohl dieses kein permanentes Dipolmoment besitzt, da die beiden Wasserstoffatome identische Eigenschaften haben. Bild 3.10 zeigt das elektrostatische Potential, in dem sich die Elektronen bewegen.

Die chemische Bindung im Wasserstoffmolekül.

Solange die beiden Atomkerne weit voneinander entfernt sind, wird sich jedes Elektron bei »seinem« Wasserstoffatom aufhalten. Nähern sich die beiden Atome aneinander an, so wird es schließlich für die Elektronen energetisch günstiger, sich bevorzugt zwischen den Atomen aufzuhalten, weil sich dort das elektrostatische Potential der beiden Atome überlagert. Es bildet sich ein gemeinsames Orbital, das – wegen des Pauli-Prinzips – beide Elektronen aufnehmen kann, siehe Bild 3.11, links.

Orbitale können sich über mehrere Atome ausbreiten.

Zusätzlich bildet sich noch ein weiteres, energetisch ungünstiges Orbital, das eine besonders niedrige Aufenthaltswahrscheinlichkeit der Elektronen zwischen den beiden Wasserstoffkernen besitzt, siehe Bild 3.11, rechts. Dieses Orbital wird deshalb nicht besetzt. Bild 3.12 zeigt die Energie des bindenden und des nicht bindenden Orbitals als Funktion des Abstands der beiden Atome. Eine zu starke Annäherung der beiden Atome ist energetisch ungünstig, weil sich die Atomkerne elektrostatisch abstoßen. Deshalb bildet sich ein Minimum bei einem bestimmten Bindungsabstand.

Ein nichtbindendes Orbital

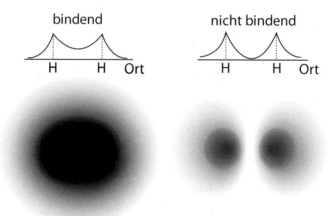

Bild 3.11: Elektronenorbitale im Wasserstoffmolekül. Zwischen den beiden Protonen bilden sich zwei Orbitale aus: Beim bindenden Orbital ist die Aufenthaltswahrscheinlichkeit der Elektronen zwischen den Protonen besonders groß, beim nicht bindenden Orbital verschwindet sie in der Mitte zwischen beiden Protonen.

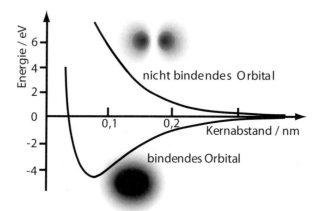

Bild 3.12: Energie des Wasserstoffmoleküls als Funktion des Abstandes der beiden Atomkerne (Protonen). Die Energie des bindenden Orbitals verringert sich zunächst, wenn sich die Atome annähern, doch bei zu starker Annäherung steigt die Energie wegen der elektrostatischen Abstoßung stark an. Das nicht bindende Orbital ist immer energetisch ungünstig.

Bild 3.13: Polare Bindung zwischen Lithium und Wasserstoff.

In sehr guter Näherung kann man die beiden sich bildenden Orbitale durch Kombination der 1s-Wellenfunktionen der beiden einzelnen Wasserstoffatome annähern. Beim bindenden Orbital werden die Wellenfunktionen addiert, so dass sich der Wert der Wellenfunktion und damit die Aufenthaltswahrscheinlichkeit zwischen den Atomen erhöht. Beim nicht bindenden Orbital wird die Differenz aus beiden Wellenfunktionen gebildet, so dass die Aufenthaltswahrscheinlichkeit zwischen den Atomen besonders klein ist. Dabei muss die Summe bzw. Differenz so normiert werden, dass die Gesamtwahrscheinlichkeit, das Elektron irgendwo zu finden, gleich 1 ist. Siehe auch Seite 117 zur Addition von Wellenfunktionen.

Das Wasserstoffmolekül ist zwar kovalent gebunden, besitzt aber kein Dipolmoment, da beide Bindungspartner identisch sind. Ein einfaches Beispiel für ein Molekül mit einem permanenten Dipolmoment ist die Verbindung Lithiumhydrid (LiH) [3]. Das äußere 2s-Elektron des Lithium kann sein Orbital auch in den Bereich des Wasserstoff erstrecken und mit dem 1s-Orbital »verschmelzen«. Es bildet sich wieder ein gemeinsames Orbital aus, das die beiden Elektronen aufnehmen kann. Anders als beim Wasserstoffmolekül ist die Aufenthaltswahrscheinlichkeit der beiden Elektronen jedoch nicht bei beiden Bindungspartnern gleich groß, sondern beim Wasserstoffatom höher als beim Lithiumatom, denn das äußere Elektron des Lithiumatoms ist nur schwach gebunden, da es sich ja in einem 2s-Zustand befindet. Die Elektronen haben also eine relativ hohe Aufenthaltswahrscheinlichkeit beim Wasserstoffatom und eine relativ geringe beim Lithiumatom. Deshalb ist das Lithiumatom positiv und das Wasserstoffatom negativ geladen (allerdings nicht mit der ganzen Größe einer Elektronenladung, da die Elektronen immer noch eine gewisse Aufenthaltswahrscheinlichkeit beim Lithiumatom haben). Diese entgegengesetzten Ladungen führen zu einer elektrostatischen Anziehung und damit zu einem zusätzlichen Energiegewinn. Eine solche Bindung bezeichnet man als polar.

Ein Dipolmoment entsteht bei ungleichen Bindungspartnern.

Tritt das Elektron komplett von einem Bindungspartner zum anderen über, so spricht man von einer Ionenbindung. Eine solche liegt beispielsweise beim Kochsalz (NaCl) vor.

Im Ionenkristall wechselt ein Elektron von einem Atom zum anderen.

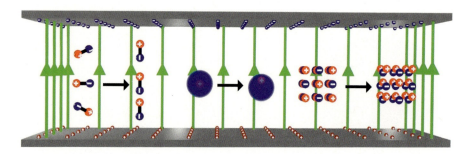

Bild 3.14: Materie in elektrischen Feldern. Vorhandene Dipole können rotieren; Elektronenorbitale können sich gegen den Atomkern verschieben; Ionen können sich gegeneinander verschieben.

3.4 Elektrische Eigenschaften von Isolatoren

3.4.1 Dielektrische Materialien

Nachdem wir diskutiert haben, wie Dipole in einem Material entstehen können, können wir uns dem Verhalten von Materie in einem elektrischen Feld zuwenden. Dazu betrachten wir ein konstantes elektrisches Feld, wie es beispielsweise von einem Plattenkondensator verursacht wird, in das wir einen Materialblock einbringen. In diesem Kapitel betrachten wir elektrische Isolatoren; das Verhalten von elektrischen Leitern wird in Kapitel 6 diskutiert.

Das elektrische Feld induziert in einem Isolator Dipole durch die relative Verschiebung von Orbitalen und Atomkernen und in einem Ionenkristall durch die Verschiebung der Ionen gegeneinander, siehe Bild 3.14. Zusätzlich können vorhandene Dipole rotieren.

Im elektrischen Feld entstehen Oberflächenladungen.

Im Mittel gleichen sich die positiven und negativen Ladungen im Inneren des Materials aus, da ja keine Ladungen zu- oder abfließen. Durch die Verschiebung der Ladungen gegeneinander entstehen aber Oberflächenladungen, die das elektrische Feld im Inneren des Dielektrikums abschwächen. Bild 3.15 veranschaulicht das. Die Abschwächung hängt dabei vom Material ab. Sie ist gegeben durch eine Materialkonstante, die so genannte elektrische *Suszeptibilität* χ. Ist das Feld im Inneren des Plattenkondensators mit festgelegter Ladungsdichte ohne Einbringen eines Materials $\vec{\mathcal{E}}_0$, so ist es mit Material gegeben durch

Das Feld im Inneren eines Materials wird abgeschwächt.

$$\vec{\mathcal{E}} = \frac{\vec{\mathcal{E}}_0}{1 + \chi}\,. \tag{3.2}$$

Häufig wird die Abkürzung $\varepsilon = 1 + \chi$, die so genannte *Permeabilität*, eingeführt.

In der Praxis kann man die Dipol-Ladungen innerhalb des Materials nicht direkt beobachten. Deshalb wurde im 19. Jahrhundert ein anderes Feld eingeführt, das nur durch freie Ladungen bestimmt wird, das $\vec{\mathcal{D}}$-Feld [1]. Vom Aspekt der fundamentalen Physik her ist diese Unterscheidung nicht besonders sinnvoll, aber in der Praxis ist sie oft nützlich. Deshalb wird in vielen Büchern der Elektrotechnik statt

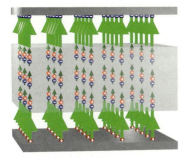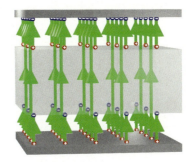

Bild 3.15: Ein elektrisches Feld induziert oder beeinflusst Dipole in einem Dielektrikum. Das Material selbst bleibt ungeladen, aber die Verschiebung der
Ladungen gegeneinander äußert sich in Form von Oberflächenladungen,
die das elektrische Feld abschwächen.

des elektrischen Feldes $\vec{\mathcal{E}}$ die so genannte *dielektrische Verschiebung* $\vec{\mathcal{D}}$ verwendet, für
die gilt:

$$\vec{\mathcal{D}} = \varepsilon_0(1+\chi)\vec{\mathcal{E}}. \tag{3.3}$$

Die hier eingeführte Permeabilität wird oft auch als relative Permeabilität bezeichnet, während der Begriff Permeabilität selbst dann für den Ausdruck $\varepsilon\varepsilon_0$
verwendet wird.

Bringt man ein elektrisch leitendes Material, in dem sich die Elektronen frei
bewegen können, in ein konstantes elektrisches Feld, so verschieben sich die elektrischen Ladungen so, dass das elektrische Feld im Inneren verschwindet (siehe
auch Bild 6.1). Dies kann man sich leicht dadurch erklären, dass jedes Feld im
Inneren des Leiters die dort vorhandenen Ladungsträger beschleunigen würde.
In nicht-leitenden Materialien bleibt jedoch immer ein Rest-Feld übrig. Derartige Materialien bezeichnet man als *Dielektrika* (griechisch dia, »hindurch« und
elektron, »Bernstein«). Dielektrika sind also elektrische Isolatoren. Dielektrika
sind
nicht-leitende
Materialien.

Da Dielektrika das Feld im Inneren eines Plattenkondensators verringern,
können sie eingesetzt werden, um die Kapazität, also die Fähigkeit zur La-
dungsaufnahme, von Kondensatoren zu erhöhen. Wird in einen Kondensator
ein Dielektrikum mit Permeabilität ε eingebracht, so erhöht sich seine Kapazität um einen Faktor ε. Dielektrika
werden in
Kondensatoren
eingesetzt.

Die Wechselwirkung mit dem elektrischen Feld spielt auch bei der Durch-
strahlung mit Licht eine Rolle und ist, wie wir im nächsten Kapitel sehen
werden, für die Lichtbrechung verantwortlich. Dabei ist zu beachten, dass die
Permeabilität von der Frequenz des elektrischen Feldes abhängt. Ist die Frequenz sehr groß, so können vorhandene permanente Dipole dem elektrischen
Feld auf Grund ihrer Trägheit nicht mehr folgen, es werden aber immer noch
Dipole induziert.

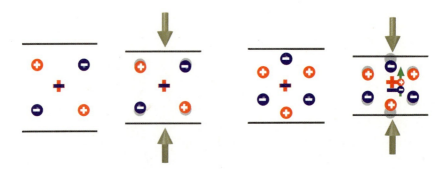

Bild 3.16: Einheitszelle für den Piezoeffekt. Eine einfache Einheitszelle wie die links
eingezeichnete führt nicht zu einem Piezoeffekt, da sich der Ladungs-
schwerpunkt der positiven Ladungen (+) und der negativen Ladungen
(-) nicht gegeneinander verschieben. Einen Effekt gibt es dagegen mit der
rechts dargestellten Zelle: Die Ladungsschwerpunkte verschieben sich gegeneinander, so dass ein Dipolmoment entsteht. Man erkennt auch, dass
eine in Querrichtung angelegte Kraft zu einem elektrischen Feld in senkrechter Richtung führen kann.

3.4.2   Piezoelektrische Materialien

Nachdem wir nun – endlich – etwas genauer verstanden haben, wieso einige
Materialien Dipole in ihrer Einheitszelle enthalten können, können wir uns nun
dem Piezoeffekt zuwenden. Dafür ist es notwendig, dass sich die Atome in der
Einheitszelle unter Druck so verschieben, dass sie ein Dipolmoment erzeugen.

Betrachten wir als einfaches Beispiel einen Kochsalzkristall in zwei Dimensionen. Die Ionen bilden hier ein einfaches Schachbrettmuster, so dass jedes
positive Ion von vier (in drei Dimensionen sechs) negativen Ionen umgeben ist.
In diesem Zustand existieren zwar zahlreiche Dipole im Innern des Materials,
doch in der Summe ist das Dipolmoment Null, denn betrachten wir zwei positive und zwei negative Ladungen, so liegen die Ladungsschwerpunkte der beiden
Ladungssorten genau übereinander (siehe Bild 3.16, links). Unter einer Druckkraft verformt sich der Kristall, so dass die Einheitszelle eine rechteckige Gestalt
bekommt. Diese Verformung führt aber nicht zu einem Dipolmoment, weil die
Ladungsschwerpunkte der Ladungen immer noch zusammenfallen. Legt man
umgekehrt ein elektrisches Feld an den Kristall an, so verschieben sich zwar
die Ionen innerhalb des Kristallgitters, aber die Einheitszelle als Ganzes ändert
ihre Form nicht.

Für ein piezoelektrisches Material wird eine etwas kompliziertere Einheitszelle benötigt, beispielsweise eine sechseckige Einheitszelle (Bild 3.16, rechts).
Unter einer Druckkraft verformt sich diese Zelle ungleichmäßig, da einige der
atomaren Bindungen auf Scherung, andere auf Druck belastet werden. Da die
Energie einer atomaren Bindung bei Verkleinerung des Bindungsabstandes sehr
schnell ansteigt, kann die auf Druck belastete Bindung nur wenig gestaucht

Im
Piezokristall
muss unter
Druck ein
Dipolmoment
entstehen.

Kochsalz ist
nicht
piezoelektrisch.

Piezoelektrika
haben eine
kompliziertere
Einheitszelle.

werden, während die auf Scherung belasteten Bindungen »weicher« sind. Die resultierende Verformung der Einheitszelle führt nun dazu, dass die Schwerpunkte der positiven und negativen Ladung in der Einheitszelle nicht mehr zusammenfallen. Damit bildet sich nun tatsächlich ein Dipolmoment innerhalb jeder Einheitszelle heraus, das Material ist also piezoelektrisch.

Legt man umgekehrt an diesen Kristall ein elektrisches Feld an, so gibt es ebenfalls einen Piezoeffekt, da sich einige Ionen leichter verlagern können als andere, so dass sich insgesamt die Einheitszelle verformt. Insgesamt sehen wir also, wie in einem geeigneten Kristall Kräfte zur Bildung elektrischer Dipolmomente und umgekehrt elektrische Felder zu einer Verformung der Einheitszelle und damit des Kristalls führen.

Wir haben bisher nur gesagt, dass die Einheitszelle in einem Piezoelektrikum kompliziert genug sein muss. Etwas genauer gilt, dass ein Material nur dann piezoelektrisch sein kann, wenn die Einheitszelle kein Symmetriezentrum besitzt. Dies ist folgendermaßen zu verstehen: Ein Kristall besitzt ein Symmetriezentrum in einem Punkt $\vec{p}$, wenn der Kristall sich nicht verändert, wenn man diesen Punkt als Koordinatenursprung wählt und dann die Vorzeichen aller Atomkoordinaten umdreht. Als Beispiel betrachten wir wieder den Kochsalzkristall (Bild 3.16): Wählt man als Koordinatenursprung die Position eines negativen Ions und kehrt die Koordinatenvorzeichen aller Atome um, so wird das positive Ion bei den Koordinaten $(1,0)$ auf $(-1,0)$ abgebildet, wo sich im ursprünglichen Gitter ebenfalls ein positives Ion befand. Entsprechendes gilt für alle anderen Ionen im Kristall. Dieses Material kann also nicht piezoelektrisch sein. Betrachtet man umgekehrt den Kristall mit der sechseckigen Struktur, so ist sofort offensichtlich, dass eine derartige Koordinateninvertierung um die Position einer der Ionen herum nicht zu einem mit dem Ursprungskristall identischen Kristall führt. Auch eine andere Position des Koordinatenursprungs hilft nicht – wählen wir beispielsweise den Mittelpunkt eines Sechseckes, so ist zwar der durch die Vorzeichenumkehr erzeugte Kristall immer noch ein Sechseckkristall mit identischen Positionen der Ecken der Sechsecke, aber dort, wo sich vorher positive Ionen befanden, sitzen nun negative und umgekehrt. Ein solcher Kristall besitzt also kein derartiges Symmetriezentrum und kann deshalb piezoelektrisch sein.

Bisher haben wir den Piezoeffekt nur auf der Größenskala einer einzelnen Einheitszelle betrachtet. Sehen wir uns einen (Ein-)Kristall als Ganzes an, so ergeben sich unter Druck Ladungen auf der Oberfläche des Kristalls, die zu einer entsprechenden elektrischen Spannung zwischen den beiden Kristallflächen führen, siehe Bild 3.17. Diese Spannung kann dazu verwendet werden, einen Strom zwischen beiden Kristallseiten fließen zu lassen; dabei werden dann entsprechende Ladungen an der Kristalloberfläche angelagert, die beim Entfernen der mechanischen Spannung die Oberfläche wieder verlassen.

In einem Piezo-Kristall entstehen elektrische Spannungen.

3.4.3 Der Piezomodul

Es wurde schon häufiger erwähnt, dass die erreichbaren Dehnungen beim Piezoeffekt relativ klein sind. Quantitativ lässt sich dies über den so genannten

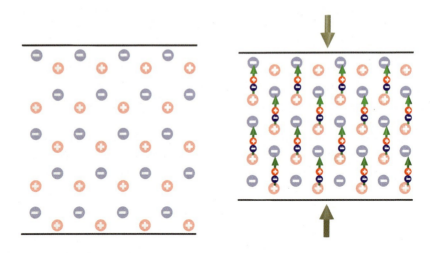

Bild 3.17: Unter Belastung verschieben sich die Ladungsschwerpunkte in einem Piezokristall und führen zu einem Dipolmoment im Inneren und entsprechenden Oberflächenladungen. Vergleiche auch Bild 3.15.

Der Piezomodul misst die Stärke des Piezoeffekts.

Piezomodul η (lat. modulus, »Maß«) erfassen. Dieser ist wie folgt definiert:

$$\varepsilon_M = \eta \mathcal{E} \,, \tag{3.4}$$

wenn ε_M die mechanische Dehnung[9] und $\mathcal{E}$ die angelegte elektrische Feldstärke bezeichnen. Die Einheit des Piezomoduls ist m/V, da das elektrische Feld die Einheit V/m hat und die Dehnung (definiert als Längenänderung bezogen auf die Ausgangslänge) selbst einheitenlos ist. Typische Werte für den Piezomodul liegen im Bereich von $\eta \approx 10^{-10}$ m/V. Legt man an einen Piezokristall von 1 cm Dicke eine Spannung von 1000 V an, ergibt sich eine Feldstärke von 10^5 V/m, also eine Dehnung von nur $\varepsilon_M \approx 10^{-5}$. Die Verzerrung der Einheitszelle ist also entsprechend klein. Um in der Praxis dennoch ohne Verwendung von Hochspannung zu nennenswerten Verformungen zu gelangen, werden mehrere elektrisch isolierte Schichten aus Piezokristallen übereinander gelagert. Alle diese Schichten können dann mit einer einzigen Spannungsquelle versorgt werden. In Aufgabe 3.4 werden wir hierfür ein Beispiel betrachten.

Für große Verformung werden hohe Spannungen benötigt.

Um die Größenordnung des Piezoeffektes zu verstehen, betrachten wir die elektrische Feldstärke, die ein Ion in einem Ionenkristall am Ort eines benachbarten Ions erzeugt. Da es uns hier nur auf Größenordnungen ankommt, genügt eine einfache

---

9 Der Index »M« dient dazu, die Dehnung von der elektrischen Permeabilität zu unterscheiden.

Abschätzung. Ein typischer Abstand zwischen zwei Atomen in einem Ionenkristall beträgt $3 \cdot 10^{-10}$ m. Das elektrische Feld einer Ladung q ist durch Gleichung (1.2) gegeben. Setzt man den Abstand der Ladungen und die Elementarladung von $1{,}60 \cdot 10^{-19}$ C ein, ergibt sich damit eine Feldstärke von etwa $1{,}6 \cdot 10^{10}$ V/m. Diese Feldstärke ist es, die den Abstand zwischen den Ionen bestimmt.[10] Um eine Verschiebung der Ionen zu erreichen, muss die Feldstärke also ebenfalls in dieser Größenordnung liegen, d. h., der Piezomodul muss von der Größenordnung her dem Inversen dieser Feldstärke entsprechen. Dies ist auch tatsächlich der Fall.

In Gleichung (3.4) wurde nur der Zusammenhang zwischen elektrischer Feldstärke und mechanischer Dehnung verwendet. Zusätzlich gibt es aber auch Dehnungen durch mechanische Spannungen. Nehmen wir an, dass für diese das Hookesche Gesetz [52] gilt, so ergibt sich

Piezoeffekt mit mechanischen Spannungen.

$$\varepsilon_M = \eta \mathcal{E} + \frac{\sigma}{Y} , \tag{3.5}$$

wobei σ die mechanische Spannung und Y der Elastizitätsmodul ist. Mit dieser Gleichung lassen sich dann entsprechend auch die Spannungen abschätzen, die sich erreichen lassen, wenn in einem piezoelektrischen Material ein Feld angelegt wird und die Dehnung behindert wird.

Die Gleichungen (3.4) und (3.5) sind skalare Gleichungen. Tatsächlich ist aber die elektrische Feldstärke ein Vektor und die Dehnung ein Tensor, denn der Piezoeffekt ist richtungsabhängig, wie man auch schon am Bild der Einheitszelle im Beispiel sehen kann. So führt das Anlegen eines elektrischen Feldes in senkrechter Richtung auch zu einer Verformung des Kristalls in Querrichtung. Der Piezomodul macht aus einem Tensor erster Stufe (also einem Vektor) einen Tensor zweiter Stufe. Er ist deshalb selbst ein Tensor dritter Stufe. Berücksichtigt man die Richtungsabhängigkeiten, so lautet Gleichung (3.5)

$$\varepsilon_M = \boldsymbol{\eta} \vec{\mathcal{E}} + \boldsymbol{Y}^{-1} \boldsymbol{\sigma} .$$

Die Spannung $\boldsymbol{\sigma}$ und die Dehnung ε_M sind dabei Tensoren zweiter Stufe, der Piezomodul $\boldsymbol{\eta}$ ist ein Tensor dritter und der Elastizitätstensor $\boldsymbol{Y}$ ein Tensor vierter Stufe.

Die geringe Größe des Piezomoduls bedeutet umgekehrt auch, dass sich durch kleine mechanische Verformungen sehr große elektrische Spannungen erzeugen lassen. Deshalb kann der am Anfang des Kapitels erklärte Piezozünder mit einem einfachen Hammerschlag auf einen Piezokristall elektrische Spannungen erzeugen, die groß genug sind, um einen Funkenüberschlag zu bewirken. Ein Funkenüberschlag in trockener Luft benötigt Feldstärken von etwa 3000 V/mm; die benötigten Spannungen liegen also in der Größenordnung mehrerer Kilovolt.

Kleine Dehnungen erzeugen hohe Spannungen.

Aufgabe 3.2: Ein ein Millimeter dicker Piezokristall aus einem Material mit einem Piezomodul von $\eta = 10^{-10}$ m/V und einem Elastizitätsmodul von $Y = 100\,\text{GPa}$ soll als Zünder in einem Feuerzeug verwendet werden. Wie groß

---

10 Wegen der Überlappung der Elektronenorbitale bei kleineren Abständen ergibt sich eine abstoßende Kraft, die dafür sorgt, dass die beiden Ionen nicht ineinanderstürzen.

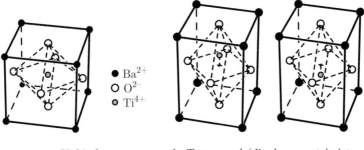

a: Kubisch

b: Tetragonal (die Asymmetrie ist stark überzeichnet). Das Ti^{4+}-Ion kann in zwei unterschiedlichen Positionen sitzen.

Bild 3.18: Einheitszellen von $BaTiO_3$

muss die mechanische Spannung sein, die vom Hammerschlag auf das Material ausgeübt wird, damit sich ein Zündfunke über eine Strecke von zwei Millimetern bilden kann? □

3.4.4   Pyroelektrika und Ferroelektrika

Pyroelektrika haben ein Dipolmoment in der Einheitszelle.

Die bisher besprochenen Piezoelektrika besaßen im unbelasteten Zustand kein Dipolmoment in ihrer Einheitszelle. Es gibt jedoch auch Materialien, bei denen dies anders ist, bei denen also der in Bild 3.17 rechts dargestellte Zustand schon im unbelasteten Fall vorliegt. Diese Materialien bezeichnet man als *pyroelektrisch* (griech. pyr, »Feuer«). Analog zu Magneten, die ein permanentes magnetisches Dipolmoment besitzen (siehe Kapitel 10) nennt man solche Materialien gelegentlich auch Elektrete.

Der Ausdruck »pyroelektrisch« impliziert einen Einfluss der Temperatur. Dieser kommt dadurch zu Stande, dass die Oberfläche des Materials normalerweise durch angelagerte Ionen neutralisiert ist. Erwärmt man das Material jedoch, werden diese Ionen wegen der thermischen Ausdehnung des Kristalls zum Teil entfernt, so dass das Dipolmoment beobachtet werden kann. Pyroelektrische Materialien können deshalb z. B. als Infrarotdetektor eingesetzt werden.

Ferroelektrika: Phasenübergang zwischen pyro- dem piezoelektrischem Zustand.

Einige Materialien besitzen einen Phasenübergang zwischen dem pyroelektrischen und dem piezoelektrischen Zustand. Diese Materialien werden (in Analogie zu den Ferromagneten) als *Ferroelektrika* (lat. ferrum, »Eisen«) bezeichnet.

Barium-Titanat ist ein Ferroelektrikum.

Ein Beispiel für ein solches Material ist Barium-Titanat, dessen komplizierte Kristallstruktur in Bild 3.18 gezeigt ist. Die Einheitszelle ist kubisch, wobei acht Ba^{2+}-Ionen in den Ecken des Würfels sitzen, ein Ti^{4+}-Ion in der Würfelmitte sitzt und sechs O^{2-}-Ionen sich an den Mittelpunkten der Seitenflächen befinden. Unterhalb einer kritischen Temperatur (Curie-Temperatur) ist das Ti-Ion aus der symmetrischen Mittelposition in eine der sechs möglichen Richtungen verschoben und erzeugt so ein Dipolmoment. Die Temperatur dieses

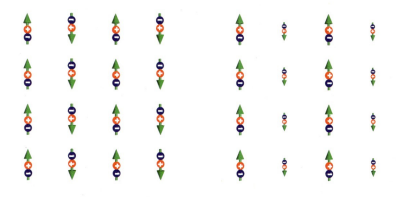

a: Antiferroelektrikum   b: Ferroelektrikum

Bild 3.19. Zweidimensionales Dipolmodell eines Antiferroelektrikums und eines Ferroelektrikums. Nach [13].

Phasenübergangs liegt bei 118 °C. In technischen Anwendungen wird häufig Blei-Zirkon-Titanat (kurz als PZT bezeichnet) verwendet, dessen Kristallstruktur ähnlich der des Barium-Titanats ist.

Aufgabe 3.3: Überzeugen Sie sich davon, dass die Einheitszelle von Barium-Titanat elektrisch neutral ist. □

Um den ferroelektrischen Effekt zu verstehen, können wir ein einfaches, zweidimensionales Modell betrachten [13], in dem wir uns zunächst auf die alternierende Abfolge von Titan- und Sauerstoff-Ionen in der Mitte der betrachteten Einheitszelle beschränken. Wir machen die vereinfachende Annahme, dass wir diese Kette als Abfolge von elektrischen Dipolen betrachten können. Offensichtlich ist es energetisch am günstigsten, wenn alle Dipole entlang dieser Kette sich parallel zueinander ausrichten. Die eindimensionale Kette von Atomen besitzt also eine Tendenz, alle Dipole gleichzurichten.

Betrachten wir als nächstes zwei benachbarte Ketten von Dipolen, so ändert sich das Bild: Jede einzelne dieser Ketten hat die Tendenz, alle ihre Dipole gleichzurichten. Nebeneinander liegende Dipole richten sich allerdings bevorzugt entgegengesetzt aus, wie man sich an Hand von Bild 3.2 überlegen kann. Für die benachbarten Ketten ist es deshalb energetisch günstiger, wenn sich ihre Dipole entgegengesetzt ausrichten, siehe Bild 3.19 a. Wir haben dann zwar einzelne Ketten, in denen die Dipole ausgerichtet sind, doch insgesamt haben wir kein Dipolmoment, da die Momente der Nachbarketten sich aufheben. Derartige Materialien bezeichnet man als *antiferroelektrisch*. Barium-Titanat gehört allerdings nicht zu dieser Gruppe, denn es besitzt ein Gesamt-Dipolmoment.

Im zweidimensionalen Modell von Barium-Titanat gibt es zwei verschiedene Ketten von Atomen, denn zwischen den Ketten aus Titan- und Sauerstoff-Ionen liegen noch – je nach der Schnittebene, die wir durch den dreidimensionalen Kristall legen – Ketten aus Barium- und Ketten aus Sauerstoff-Ionen. Diese können ebenfalls ein Dipolmoment besitzen, das aber schwächer ist als das der bisher betrachteten

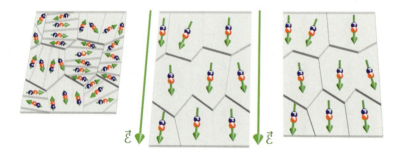

Bild 3.20: Polen eines ferroelektrischen Piezoelektrikums. Die Körner des Ferroelektrikums bestehen zunächst aus einzelnen Domänen mit unterschiedlicher
Orientierung der Dipolmomente. Durch Anlegen eines elektrischen Feldes werden die Dipolmomente orientiert und die einzelnen Körner werden
weitgehend einheitlich polarisiert. Diese Orientierung bleibt nach Entfernen des elektrischen Feldes weitgehend erhalten. Die Darstellung ist nicht
maßstabsgetreu. (Nach [24].)

»Hauptkette«. Die Dipole der Hauptkette richten diese zweite Kette in entgegengesetzter Richtung aus und die zweite Kette wiederum sorgt für eine erneut entgegengesetzte Ausrichtung der nächsten Hauptkette, so dass die Hauptketten insgesamt
gleichgerichtet sind und die dazwischen liegenden Ketten entgegengesetzt gerichtet
sind (Bild 3.19 b). Damit ergibt sich insgesamt ein großes Dipolmoment in Richtung des
Dipolmoments der Hauptketten.

Man kann gegen dieses Argument einwenden, dass die Hauptketten, wenn ihr
Dipolmoment stärker ist als das der Nebenketten, einander doch entsprechend
stärker beeinflussen müssten und sich deshalb doch entgegengesetzt zueinander ausrichten sollten. Dies ist jedoch nicht der Fall, weil das Feld einer periodischen Dipol-
kette exponentiell mit der Entfernung abnimmt. Obwohl also die Dipolmomente der
Hauptketten stärker sind, ist ihr Einfluss aufeinander gering, weil sie doppelt so weit
voneinander entfernt sind wie die Zwischenketten.

Der Phasenübergang in Ferroelektrika ist ähnlich zu den bisher betrachteten
Phasenübergängen: Die ausgerichteten Dipole besitzen natürlich eine geringere
Entropie als ungerichtete Dipole, weil es weniger Möglichkeiten zu ihrer Anordnung
gibt. Bei hohen Temperaturen geht die Ausrichtung deshalb verloren und es ergibt
sich ein ähnliches Bild wie für den martensitischen Phasenübergang in Formgedächtnislegierungen.

Polykristalline Ferroelektrika werden gepolt. Technisch eingesetzte Piezokristalle sind im Allgemeinen Ferroelektrika. Dies
hat den Vorteil, dass man polykristalline Materialien verwenden kann. Im Aus-
gangszustand ist jedes Korn innerhalb des Materials in mehrere Domänen unterteilt, in denen die Dipolmomente ausgerichtet sind, siehe Bild 3.20, links.
Diese Bereiche nennt man auch Domänen. Wird das Ferroelektrikum in ein
starkes elektrisches Feld gebracht, richten sich die Dipolmomente in den Körnern entsprechend dem äußeren Feld aus, und besitzen dadurch eine Vorzugsorientierung. Nach diesem Schritt, der als *Polen* bezeichnet wird, bleibt die
Vorzugsorientierung erhalten, wenn das äußere Feld entfernt wird. Beim Polen

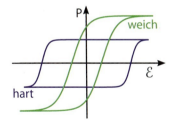

Bild 3.21: Elektrische Polarisation P als Funktion des elektrischen Feldes $\mathcal{E}$. Beim Umpolarisieren kommt es zu einer Hysterese. Vergleiche auch Bild 10.12, das das analoge Phänomen für ein ferromagnetisches Material zeigt.

wird der Kristall wegen des Piezoeffekts verzerrt. Wird das äußere Feld entfernt, bleibt ein Teil dieser Dehnung, die remanente Dehnung, im Material erhalten.

Bild 3.21 zeigt die Stärke der Polarisation P eines als Funktion des angelegten elektrischen Feldes. Man unterscheidet »weiche« Materialien, die sich leicht polarisieren lassen, und »harte« Material, die ihre Polarisation nur in starken Feldern ändern, ebenfalls analog zum Verhalten von Ferromagneten, siehe Kapitel 10. Da bei Entfernen des äußeren Feldes eine Polarisation zurückbleibt, kommt es beim Umpolarisieren des Materials zu einer Verzögerung, also einer Hysterese. Ein weiches Ferroelektrikum eignet sich deshalb gut für Anwendungen, bei denen sich die Polarisation häufig ändern muss, ein hartes Ferroelektrikum dagegen für solche, bei denen eine möglichst hohe und stabile Polarisation erreicht werden soll, auch wenn das äußere elektrische Feld entfernt wird. Weiche und harte Ferroelektrika.

3.5   Anwendungen

Da der Piezoeffekt in beide Richtungen wirkt (mechanische Verformung $\longleftrightarrow$ elektrische Spannung), können zwei prinzipiell verschiedene Anwendungsbereiche unterschieden werden, nämlich die Aktorik (aktive Formänderung auf ein Signal hin) und die Sensorik (Auslesen eines Signals, das durch Formänderung entsteht).

In der Aktorik (inverser piezoelektrischer Effekt) liegt der Vorteil der Piezomaterialien darin, dass diese sehr schnell geschaltet werden können. Beispielsweise verwenden einige Tintenstrahldrucker Piezokristalle, die sich so verformen, dass sie ein Tintentröpfchen aus einem Flüssigkeitstank ansaugen und dann mit hoher Geschwindigkeit ausstoßen. Anwendungen für piezoelektrische Aktoren.

Eine ähnliche Anwendung findet sich in Motoren. Dort können Piezokristalle zum Öffnen der Ventile in den Einspritzdüsen verwendet werden. Der Vorteil von Piezomaterialien liegt darin, dass diese so schnell geschaltet werden können, dass mehrere Einspritzvorgänge pro Arbeitstakt möglich sind, die genau gesteuert werden können. Dies verbessert den Wirkungsgrad des Motors und Piezokristalle bewegen Ventile.

Bild 3.22: Insektengroße Flugroboter (»robobee«). Die Flügel dieser Roboter werden durch piezoelektrische Aktoren angetrieben. Zur Zeit benötigen die Flugroboter allerdings noch eine Kabelverbindung, um die Aktoren mit Energie zu versorgen und um Daten mit einem Steuerrechner auszutauschen. Mit freundlicher Genehmigung von Kevin Ma und Pakpong Chirarattananon, Harvard University.

ermöglicht insbesondere auch eine vollständigere Verbrennung des Kraftstoffs und der sich bildenden Rußpartikel. Dies führt zu günstigen Abgaswerten.

Aufgabe 3.4: Für ein solches Piezo-Einspritzsystem werden 350 Plättchen von 0,08 mm Dicke übereinander gestapelt, wobei an jedes Plättchen 160 V Spannung angelegt werden. Dies ergibt einen Aktorenweg von 0,04 mm, der dazu ausreicht, eine Ventilnadel zu bewegen. Schätzen Sie den Piezomodul des Materials ab. □

Piezoelektrika in Elektronenmikroskopen. Eine Anwendung, bei der die geringen Verfahrwege tatsächlich sogar vorteilhaft sind, ist die genaue Positionssteuerung in Elektronen- und Rasterkraftmikroskopen. Bei diesen wird eine sehr feine Nadel über eine Materialoberfläche bewegt, wobei ein schwacher Strom in das Material fließt, dessen Stärke vom Abstand der Nadel zur Oberfläche abhängt. Mit solchen Mikroskopen ist es möglich, einzelne Atome im Bild darzustellen. Für eine genaue Steuerung der Nadel werden Piezomaterialien verwendet, da diese sehr kleine Verschiebungen im Nanometerbereich reproduzierbar erzeugen können.

Künstliche Muskeln. Eine weitere Anwendung sind »künstliche Muskeln«, bei denen ein Piezokristall eine Kraft erzeugt, um eine Struktur zu bewegen. Mit einem solchen Aktor können beispielsweise Flugroboter in Insektengröße realisiert werden [29], siehe Bild 3.22.

Schall und Ultraschall-Erzeuger. Auch Schall oder Ultraschall kann durch piezoelektrische Schwingungen erzeugt werden. In der Medizintechnik verwendet man mittels Ultraschall erzeugte Bilder, um verändertes Gewebe im Körper zu diagnostizieren, in der Fahrzeugtechnik oder bei Unterwasserfahrzeugen können Ultraschall-Signale erzeugt werden, um den Abstand zu Hindernissen zu messen (Sonar). Zum Detektieren der Signale verwendet man piezoelektrische Sensoren.

Piezoelektrika können auch als Sensoren (direkter Piezoeffekt) eingesetzt werden, beispielsweise in Mikrofonen oder als Klopfsensoren im Fahrzeug, die die Motortätigkeit kontrollieren. Sie werden auch in der Medizintechnik verwendet, um den Blutdruck oder die Atemfrequenz eines Patienten zu überwachen.

Anwendungen für piezoelektrische Sensoren.

Weiterhin können Piezokristalle auch verwendeten werden, um in geringen Mengen Strom zu erzeugen, beispielsweise für Tasten. Die mechanische Arbeit beim Drücken der Taste erzeugt eine Spannung in einem Piezoelektrikum, die abgegriffen werden kann. Solche Tasten können eingesetzt werden, um Lampen zu schalten: Das Drücken des Tasters erzeugt Strom für ein Funksignal, das die Schaltinformation an die Lampe übermittelt, ohne dass eine Kabelverbindung notwendig wäre. Diese Technik eignet sich insbesondere für die Sanierung älterer Gebäude, in denen ein Neuverlegen von Kabeln mit hohen Kosten verbunden wäre.

Stromerzeugung durch Piezoelektrika.

Zu den noch eher spekulativen Anwendungen zählen solche als »smart materials« im engeren Sinne. Beispielsweise wird daran gedacht, Flugzeugtragflächen mit Sensoren und Aktoren aus Piezomaterialien zu versehen, so dass diese ihre Form lastabhängig ändern können [58].

»Smart materials« passen sich der Last an.

Quarzkristalle sind piezoelektrisch, aber nicht ferroelektrisch. Quarz-Einkristalle werden häufig in Uhren eingesetzt. Legt man an einen solchen Kristall eine Wechselspannung an, so kehrt sich entsprechend dem Vorzeichen der Spannung auch die Verformung des Materials um; das Material wird also wechselseitig gedehnt und gestaucht und so zu Schwingungen angeregt. Da das Material elastisch ist, besitzt es eine Resonanzfrequenz für derartige Schwingungen. Damit können Frequenzen zwischen $1\,kHz$ und $50\,MHz$ sehr genau erzeugt werden. Ein besonderer Vorteil bei der Verwendung von Quarzkristallen liegt darin, dass es eine Kristallorientierung gibt, bei der die Resonanzfrequenz nur eine sehr schwache Temperaturabhängigkeit besitzt. Dies ist für Uhren natürlich wichtig, damit Stunden im Winter und Sommer gleich lang sind. Außerdem sind Quarzkristalle auch deswegen besonders geeignet, weil sie eine geringe innere Reibung besitzen und Schwingungen deshalb wenig gedämpft werden. Anders als bei den anderen Anwendungen verwendet man in diesem Fall tatsächlich Einkristalle.

Schwingquarze sorgen für genau gehende Uhren.

3.6   Schlüsselkonzepte

- Zwei entgegengesetzte gleich große Ladungen können einen Dipol bilden. Obwohl die Gesamtladung Null ist, bildet sich ein elektrisches Feld, wenn die Ladungen nicht räumlich zusammenfallen.

- Elektronen können durch Orbitale beschrieben werden. Ein Orbital ist eine Funktion, die jedem Punkt des Raumes die Wahrscheinlichkeit zuweist, das Elektron an diesem Punkt zu finden.

- Elektronen, die an Atome oder Moleküle gebunden sind, können nur ganz bestimmte Orbitalformen mit bestimmten Energien einnehmen. Atome und Moleküle besitzen deshalb quantisierte Energieniveaus.

- Ein Orbital kann nur von maximal zwei Elektronen besetzt sein (Pauli-Prinzip).

- Das sukzessive Besetzen immer höherer Energieniveaus erklärt die Struktur des Periodensystems.

- Chemische Bindungen entstehen, wenn die Orbitale benachbarter Atome sich überlappen und so ihre Energie reduzieren.

- Wird Materie in ein elektrisches Feld gebracht, so verschieben sich elektrische Ladungen innerhalb des Materials. Dadurch wird das Feld im Inneren reduziert. Die Suszeptibilität beschreibt die Stärke dieses Effekts.

4 Optische Werkstoffe (Gläser)

4.1 Phänomenologie

Gläser besitzen eine Vielzahl von Anwendungen – von so offensichtlichen Gebrauchsgegenständen des täglichen Lebens wie Fenstern oder Brillen hin zu komplizierten optischen Systemen in Teleskopen, Mikroskopen oder Kameras. Der entscheidende Anwendungsaspekt ist dabei natürlich die Durchsichtigkeit und die damit verbundene Brechkraft des Glases, also die Fähigkeit des Glases, unter einem Winkel auftreffende Lichtstrahlen abzulenken. Auch andere durchsichtige Werkstoffe, beispielsweise Polymere wie Polymethylmethacrylat (PMMA, »Plexiglas«), werden in der Optik häufig eingesetzt. In diesem Kapitel wollen wir uns mit der Frage beschäftigen, warum einige Materialien eigentlich durchsichtig sind und andere nicht, und wie sich Licht in durchsichtigen Medien ausbreitet.

Gläser brechen Licht.

Vorher betrachten wir eine der wichtigsten Anwendungen von Glaswerkstoffen, nämlich Glasfaserkabel. Diese dienen zur optischen Übertragung von Signalen und verdrängen, besonders im Telekommunikationsbereich, zunehmend die früher eingesetzten Kupferkabel.

Gegenüber Kupferkabeln besitzen Glasfaserkabel einen entscheidenden Anwendungsvorteil. Um diesen zu verstehen, müssen wir uns kurz mit den Grundprinzipien der Signalübertragung befassen. Für die Signalübertragung bedient man sich einer Welle mit einer bestimmten Frequenz, der Trägerfrequenz. Eine perfekte, sinusförmige Welle besitzt natürlich selbst noch keinen Informationsgehalt; dieser ergibt sich erst, wenn man die Welle *moduliert* (lat. modulatio, »Takt«). Dies kann beispielsweise über eine Veränderung der Amplitude geschehen. Betrachten wir als einfaches Beispiel eine digitale Signalübertragung, bei der die Amplitudenmodulation eine Rechteckform besitzt. Damit das Signal deutlich erkennbar ist, muss die Länge des Rechteckimpulses größer sein als die Wellenlänge der Trägerwelle, ansonsten verzerrt die Trägerwelle den Rechteckpuls bis zur Unkenntlichkeit, wie in Bild 4.1 dargestellt. Der Vorteil der Übertragung mit Lichtwellen besteht nun darin, dass diese sehr kurze Wellenlängen im Bereich einiger Hundert Nanometer besitzen, während Wellen, die durch Kupferkabel übertragen werden können, Wellenlängen im Millimeterbereich besitzen. Die Übertragungsrate von Lichtwellen ist also etwa zehntausend mal größer als die von Kupferkabeln.

Glasfaserkabel haben sehr hohe Signaldichten.

Kurze Wellenlänge = hohe Signaldichte.

Häufig betrachtet man an Stelle der Wellenlänge λ die Frequenz ν der betrachteten Welle. Beide hängen über die Beziehung $c = \nu\lambda$ zusammen (Gleichung (1.4)), wobei c die Lichtgeschwindigkeit ist. Kleine Wellenlängen bedeuten also hohe Frequenzen und umgekehrt. Da für die Modulation die Wellenlänge des Signals größer als die der Trägerwelle sein muss, ist demnach ihre

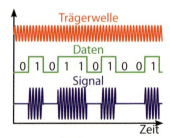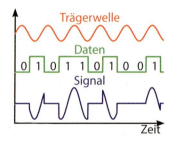

Bild 4.1: Darstellung eines Rechtecksignals über Modulation von Sinuswellen. Im
linken Teilbild ist die Frequenz der Sinuswellen deutlich höher als die des
Signals, im rechten sind beide vergleichbar.

Licht hat eine hohe Frequenz.   Frequenz geringer. Für eine hohe Übertragungsrate muss also die Frequenz der
Trägerwelle möglichst groß sein. Licht hat Frequenzen von etwa $10^{14}\,\mathrm{s}^{-1}$, es können also etwa 10^{13} Rechteckimpulse pro Sekunde übertragen werden, wenn jeder
Einzelimpuls aus zehn Wellenlängen bestehen soll. In Koaxialkabeln übertrag-
bare elektromagnetische Wellen haben dagegen Frequenzen von nur $10^{10}\,\mathrm{s}^{-1}$
($10\,\mathrm{GHz}$).

Wie wir später sehen werden, ist die Übertragungsgeschwindigkeit von Signalen
in einer Glasfaser von der Frequenz des Signals abhängig. Um zu sehen, wie sich
ein Signal in einer Glasfaser verhält, muss man deshalb die im Signal enthaltenen
Frequenzen analysieren. Das mathematisch Werkzeug hierfür ist die *Fourier-Analyse*,
benannt nach Jean Baptiste Joseph Fourier, 1768–1830.

Wir betrachten eine Signalfunktion $f(t)$, wobei t die Zeit und f die Stärke
des Signals zur Zeit t ist. In einer Fourier-Analyse wird die Funktion f als
Überlagerung von Sinus- und Kosinusfunktionen dargestellt[1]:

$$f(t) = \int\limits_{-\infty}^{\infty} \hat{f}(\nu)\left(\cos(2\pi t\nu) + i\sin(2\pi t\nu)\right)\mathrm{d}t = \int\limits_{-\infty}^{\infty} \hat{f}(\nu)e^{2\pi it\nu}\mathrm{d}t\,. \qquad (4.1)$$

Die Funktion $\hat{f}$ heißt dabei die Fourier-Transformierte von f; ν ist die Frequenz des
Signals.

Als Beispiel zeigt Bild 4.2 a eine Kosinusfunktion, die mit einer Gauß-Kurve
moduliert wurde, so dass die Funktion von Null aus ansteigt und dann wieder abfällt. Die zugehörige Fourier-Transformierte zeigt Bild 4.2 b. Die unmodulierte
Kosinusfunktion hat eine Frequenz von 2π Hz, die zugehörige Fourier-Transformierte
hat dementsprechend zwei Maxima, die bei ± 1 Hz liegen. Die Breite der Maxima der
Fourier-Transformierten hängt dabei von der Dauer des Signals ab – je größer diese
ist, desto schmaler ist das Maximum. Bild 4.2 c zeigt ein Signal mit einer größeren
Dauer, dessen Fourier-Transformierte (Bild 4.2 d) im Frequenzraum enger begrenzt
ist. Im Grenzfall einer reinen Sinus- oder Kosinusfunktion, also eines »Signals« mit

1 Unterschiedliche Bücher verwenden leicht unterschiedliche Konventionen für die Fourier-
Analyse, insbesondere bei den verwendeten Vorfaktoren und bei den Vorzeichen im
Exponenten. In diesem Buch kommt es aber nur auf ein qualitatives Verständnis an.

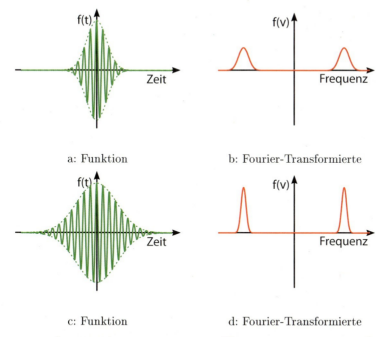

a: Funktion   b: Fourier-Transformierte

c: Funktion   d: Fourier-Transformierte

Bild 4.2. Beispiele für Fourier-Transformationen

unendlicher Dauer, ist die Fourier-Transformierte nur genau am entsprechenden Frequenzwert von Null verschieden.

Dass es ein Maximum der Fourier-Transformierten bei dem positiven und dem negativen Wert der Frequenz der Kosinusfunktion gibt, liegt daran, dass der Kosinus mathematisch aus zwei Exponentialfunktionen zusammengesetzt werden kann, denn es gilt ja $\cos\phi = (e^{i\phi}+e^{-i\phi})/2$. Die Fourier-Transformierte einer Exponentialfunktion $e^{i2\pi\nu t}$ hat nur eine Frequenzkomponente bei Frequenz ν. Dies entspricht genau dem Unterschied zwischen stehenden und laufenden Wellen, der in Kapitel 6 diskutiert wird, denn eine stehende Welle kann aus zwei laufenden zusammengesetzt werden.

Nehmen wir an, durch eine Glasfaser sollen Signale mit einer bestimmten Übertragungsrate gesendet werden, die aus einzelnen Gauß-Pulsen wie denen in Bild 4.2 a zusammengesetzt werden. Dann hat das Signal eine bestimmte Breite im Frequenzraum, die notwendig ist, um den Puls zu erzeugen. Diese Breite bezeichnet man als die Bandbreite des Signals. Je höher die Übertragungsrate ist, desto enger muss jeder einzelne Gauß-Puls sein, damit einzelne Signalpulse noch unterschieden werden können. Eine hohe Übertragungsrate erfordert also kurze Pulse und entsprechend eine hohe Bandbreite des Signals.

Statt an einer zeitlichen Welle kann man eine Fourier-Analyse genauso an einer räumlichen Welle durchführen. Die Zeitvariable t wird dann durch die Ortsvariable x ersetzt. In der Fourier-Transformierten steht dann an Stelle der Frequenz

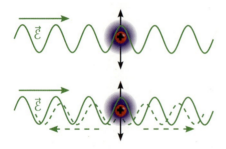

Bild 4.3: Wechselwirkung zwischen Licht und Materie. Das elektrische Feld der
einfallenden Lichtwelle regt die Elektronenorbitale zu Schwingungen an
(oben). Dadurch werden diese beschleunigt und senden ihrerseits eine elektromagnetische Welle aus, die im Allgemeinen gegenüber der einfallenden
Welle phasenverschoben ist.

der Kehrwert der Wellenlänge der jeweiligen Welle. Häufig wird stattdessen auch die
sogenannte Wellenzahl $k = 2\pi/\lambda$ verwendet, siehe auch Aufgabe 5.1 in Kapitel 5.
Auch eine Welle im Ortsraum kann wie die Welle in Bild 4.2 lokal begrenzt sein.
In diesem Fall spricht man oft auch von einem *Wellenpaket*.

4.2   Licht und seine Wechselwirkung mit Materie

4.2.1   Elektromagnetische Wellen und Atome

Wir hatten uns in Kapitel 1 mit Licht als elektromagnetischer Welle beschäftigt und uns kurz Gedanken über die Wechselwirkung von Licht mit Materie
gemacht.

Lichtwellen
induzieren
Dipole.

Betrachten wir noch einmal die Wechselwirkung einer Lichtwelle mit den
Atomen in einer dünnen Wand, siehe Bild 4.3. Die Lichtwelle regt die einzelnen Atome durch ihr elektrisches Wechselfeld zu Schwingungen an. Nach den
Überlegungen des vorigen Kapitels kann ein elektrisches Feld im Material bereits vorhandene (permanente) Dipole orientieren oder Dipole induzieren. Die
erste Möglichkeit hat eine Lichtwelle nicht, denn da ihre Frequenz sehr hoch ist
(im Bereich von 10^{14} Hz), kann sie im Material vorhandene Dipole nicht beeinflussen, weil deren Trägheit zu groß ist. Statt dessen werden Dipole induziert,
indem sich die Elektronenorbitale gegen die Atomkerne verschieben. Dies ist
deshalb möglich, weil die Elektronenmasse wesentlich geringer ist als die Masse
des ganzen Atoms, so dass die Trägheit der Orbitale entsprechend kleiner ist.
Es ergibt sich also eine erzwungene Schwingung der Orbitale.

Die induzierte
Schwingung ist
phasenverscho-
ben.

Wie bei jeder erzwungenen Schwingung ist die Frequenz des Schwingers
gleich der anregenden Frequenz, also der Frequenz der Lichtwelle. Durch die
Trägheit der Elektronen und durch Dämpfungsphänomene ist die erzwungene Schwingung aber gegenüber der ursprünglichen Schwingung verzögert, also
phasenverschoben. Die erzwungene Schwingung der Atome veranlasst diese wiederum, ihrerseits elektromagnetische Strahlung auszusenden, die dann ebenfalls

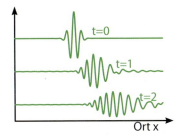

Bild 4.4: Ein anfangs räumlich begrenztes Signal (Wellenpaket) läuft auseinander, wenn die Ausbreitungsgeschwindigkeit von der Wellenlänge abhängt.

zur einfallenden Welle phasenverschoben ist. Diese Strahlung interferiert mit der einfallenden Strahlung. Insgesamt ergibt diese Interferenz eine Phasenverschiebung der ursprünglichen Welle, siehe Bild 1.9. Diese Phasenverschiebung lässt sich so interpretieren, dass die ursprüngliche Welle verzögert wurde.

Induzierte Dipole senden phasenverschobene Wellen aus.

4.2.2 Lichtbrechung

Wie wir gesehen haben wird eine Lichtwelle in einem realen Material, das aus vielen Atomlagen besteht, von jeder dieser Lagen phasenverschoben, also verzögert. Insgesamt ergibt sich damit eine Verzögerung der Welle, die sich so auswirkt, als wäre die Lichtgeschwindigkeit innerhalb des Materials herabgesetzt. Der Faktor, um den die Lichtgeschwindigkeit verringert erscheint, wird als *Brechungsindex n* bezeichnet, die Ausbreitungsgeschwindigkeit im Medium ist also c/n.

Die Lichtgeschwindigkeit ist in einem durchsichtigen Material verkleinert.

Der Brechungsindex hängt im Allgemeinen von der Frequenz ab, so dass sich Licht verschiedener Wellenlängen mit unterschiedlicher Geschwindigkeit durch das Material ausbreitet. Ein begrenzter Lichtimpuls, auch als *Wellenpaket* bezeichnet, der durch die Modulation einer Trägerwelle entsteht, enthält wegen der Modulation Anteile von Licht unterschiedlicher Frequenzen.[2] Hängt der Brechungsindex von der Frequenz ab, bewegen sich diese Frequenzanteile unterschiedlich schnell durch das Glas, so dass der Lichtimpuls breiter wird und auseinanderläuft, siehe Bild 4.4. Dieses Phänomen wird *Dispersion* genannt.

Dispersion durch unterschiedliche Ausbreitungsgeschwindigkeit.

Wegen der Dispersion muss die Übertragungsrate für ein Signal so gewählt werden, dass auch die auseinandergelaufenen Signalpulse immer noch klar voneinander getrennt werden können. Je größer die Dispersion ist, desto kleiner ist deshalb die mögliche Übertragungsrate. Auch der Übertragungsweg spielt hierbei natürlich eine Rolle, da das Signal mit zunehmender Distanz immer weiter zerläuft.

Die Dispersion begrenzt die Übertragungsrate.

Da die einzelnen Frequenzen innerhalb des Wellenpakets sich mit unterschiedlichen Geschwindigkeiten ausbreiten, stellt sich die Frage, welche Geschwindigkeit das Wellenpaket als ganzes besitzt. Diese Geschwindigkeit ist die so genannte

2 Ausführlich wurde dies in der Vertiefung zur Fourier-Analyse auf Seite 78 erläutert.

Gruppengeschwindigkeit. Sie gibt also die Ausbreitungsgeschwindigkeit des Signals an, beispielsweise für ein Wellenpaket wie in Bild 4.2.

 Betrachten wir zunächst eine einzelne unendlich ausgedehnte Welle, die in x-Richtung läuft. Die Welle kann über die Gleichung

$$\mathcal{E}(x,t) = \mathcal{E}_0 \cos(2\pi x/\lambda - 2\pi\nu t)$$
$$= \mathcal{E}_0 \cos(kx - \omega t)$$

dargestellt werden. Dabei ist $\mathcal{E}(x,t)$ der aktuelle Wert der Welle (beispielsweise des elektrischen Feldes in einer Lichtwelle), $\mathcal{E}_0$ ist die Amplitude, λ und ν sind Wellenlänge und Frequenz. In der zweiten Zeile wurden der Einfachheit halber die Wellenzahl $k = 2\pi/\lambda$ und die Kreisfrequenz $\omega = 2\pi\nu$ verwendet.

 Da für eine Welle die Gleichung $c = \nu\lambda$ gilt, lässt sich die Geschwindigkeit der Welle auch als $c = \omega/k$ schreiben. Dies ist die Geschwindigkeit, mit der sich ein einzelner Wellenberg bewegt.

 Als nächstes betrachten wir eine Überlagerung von zwei Wellen mit gleicher Amplitude, aber leicht unterschiedlicher Wellenlänge, ähnlich wie bei der Schwebung in Bild 1.9 d. Die entsprechende Gleichung für die Welle lautet dann

$$\mathcal{E}(x,t) = \mathcal{E}_0 \left(\cos(k_1 x - \omega_1 t) + \cos(k_2 x - \omega_2 t)\right),$$

siehe Bild 4.5 a. Diese Gleichung lässt sich – mit Hilfe der Additionsregeln für Kosinusfunktionen – umschreiben als

$$\mathcal{E}(x,t) = 2\mathcal{E}_0 \cos\left(\frac{k_1 + k_2}{2}x - \frac{\omega_1 + \omega_2}{2}t\right) \cos\left(\frac{k_1 - k_2}{2}x - \frac{\omega_1 - \omega_2}{2}t\right).$$

Die erste Funktion entspricht einer Welle mit dem Mittelwert der Wellenzahl und der Frequenz der beiden Ausgangswellen. Die zweite Funktion enthält die Differenzen der Wellenzahlen und Frequenzen; diese sind aber klein, wenn die beiden Ausgangswellen nur leicht unterschiedliche Wellenlänge haben. Man kann die Gesamtfunktion deshalb als eine Welle mit hoher Frequenz und kleiner Wellenlänge interpretieren, die durch eine zweite Welle mit niedriger Frequenz und großer Wellenlänge moduliert wird. Die modulierende Welle breitet sich mit einer Geschwindigkeit aus, die durch $v_g = (\omega_1 - \omega_2)/(k_1 - k_2)$ gegeben ist, siehe Bild 4.5 b.

 Allgemein kann man zeigen, dass die Gruppengeschwindigkeit durch

$$v_g = \frac{\mathrm{d}\omega}{\mathrm{d}k}$$

gegeben ist. Sie ist also gleich der Ableitung der Frequenz nach der Wellenzahl. Für Licht im Vakuum gilt immer $\omega = ck$; die Ausbreitungsgeschwindigkeit ist also unabhängig von der Wellenlänge. Deshalb breitet sich im Vakuum jedes Lichtsignal mit Lichtgeschwindigkeit aus, egal, aus welchen Frequenzen es zusammengesetzt ist. Diese Beziehung für die Gruppengeschwindigkeit wird uns im Zusammenhang mit Elektronenwellen in Halbleitern in Kapitel 7 wieder begegnen.

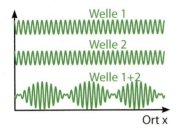

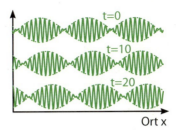

a: Addition zweier Wellen   b: Fortpflanzung der Gesamtwelle

Bild 4.5. ⟨2⟩⟨2⟩ Zwei Wellen mit leicht unterschiedlicher Frequenz und unterschiedlicher Wellenlänge addieren sich zu einer Gesamtwelle. Die Gesamtwelle pflanzt sich mit einer Geschwindigkeit fort, die nicht der Ausbreitungsgeschwindigkeit der einzelnen Wellen entspricht. Die Wellen wurden mit folgenden Zahlenwerten generiert: Welle 1, $k_1 = 1$,
$\omega_1 = 1$, $v(k_1) = 1$; Welle 2, $k_2 = 1{,}1$, $\omega_2 = 1{,}078$, $v(k_2) = 0{,}98$;
$v_g = 0{,}78$.

⟨2⟩ Im Kapitel über Piezoelektrika wurde die elektrische Permeabilität ε eingeführt,
die eine Aussage darüber macht, wie stark ein Dielektrikum ein elektrisches Feld
abschwächt. Die Permeabilität ist also ein Maß dafür, wie stark die Materie durch ein
anliegendes elektrisches Feld beeinflusst wird. Es ist deshalb nicht überraschend, dass
sie mit dem Brechungsindex zusammenhängt: Der Brechungsindex n eines Materials
bei einer Frequenz ω ist näherungsweise gegeben durch $n(\omega) = \sqrt{\varepsilon(\omega)}$. Die Permeabilität ist dabei von der Frequenz abhängig, weil bei hohen Frequenzen für die Atomkerne
und Orbitale wenig Zeit zur Verfügung steht, um sich umzuorientieren.

⟨2⟩⟨2⟩ Da eine elektromagnetische Welle auch noch eine Magnetfeld-Komponente
besitzt, geht auch die magnetische Permeabilität μ (siehe Kapitel 10) in
den Brechungsindex ein. Insgesamt lautet die Formel deshalb $n(\omega) = \sqrt{\varepsilon(\omega)\mu(\omega)}$. In
vielen Fällen ist aber $\mu(\omega) \approx 1$.

Diese Änderung der Geschwindigkeit einer Lichtwelle in Materie ist auch verantwortlich für das Phänomen der *Brechung*. Betrachten wir eine Lichtwelle, die
unter einem Winkel θ_1 auf Materie mit Brechungsindex n trifft (siehe Bild 4.6),
so ändert sich die Frequenz der Welle innerhalb des Materials nicht, denn die in-
duzierten Dipole unterliegen ja einer erzwungenen Schwingung, schwingen also
mit der gleichen Frequenz. Da sich aber die Lichtgeschwindigkeit von c zu c/n Das
effektiv ändert, ändert sich nach der Beziehung $c/n = \nu\lambda$ auch die Wellenlänge.   Snellius'sche
Dies ist nur möglich, wenn die Lichtwelle den Winkel, unter dem sie durch das   Brechungsge-
Material läuft, ändert. Für diesen Winkel θ_2 ergibt sich   setz.

$$\frac{\sin\theta_1}{\sin\theta_2} = n \quad \text{mit } \theta_1 \geq \theta_2 \,. \tag{4.2}$$

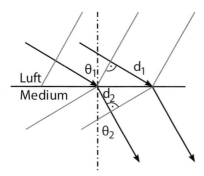

Bild 4.6: Lichtstrahlen (schwarz eingezeichnet) werden an der Grenzfläche zwischen
Luft und einem Medium mit Brechungsindex n gebrochen. In grün sind
die Maxima (Wellenberge) der elektromagnetischen Welle eingezeichnet.
An der Grenzfläche ist der Abstand der Wellenberge durch die Wellenlänge der einfallenden Welle festgelegt. Weil das Licht im Inneren des Mediums langsamer läuft, muss es dieselbe Zeit benötigen, um die Strecke d_1
und d_2 zu durchlaufen, da sich die Frequenz des Lichts nicht ändert. Es
gilt also $d_1/c = nd_2/c$. Also ist $n = d_1/d_2 = \sin\theta_1/\sin\theta_2$, wobei die zweite
Gleichung aus der Geometrie der beiden rechtwinkligen Dreiecke folgt.

Diese Beziehung wird nach Willebrord van Roijen Snell, 1580–1626, als *Snellius'sches Brechungsgesetz* bezeichnet.

Das Brechungsgesetz kann auch in einer anderen Form dargestellt werden,
nämlich mit dem so genannten Fermatschen Prinzip (nach Pierre de Fermat,
1601–1665). Dieses besagt, dass Licht zwischen zwei Punkten immer einen Weg nimmt,
für den die Laufzeit des Lichts minimal ist. Im Vakuum (oder einem homogenen
Medium) breitet sich Licht deshalb geradlinig aus; wenn Licht von einem Spiegel
reflektiert wird, so ist der kürzeste Weg zwischen Anfangs- und Endpunkt derjenige,
bei dem der Einfallswinkel gleich Ausfallswinkel ist.

Für die Lichtbrechung gilt, dass das Licht im Inneren eines Mediums mit Brechungsindex n mit einer Geschwindigkeit c/n läuft. Um die Laufzeit durch
eine Grenzfläche zu minimieren, läuft das Licht einen längeren Weg durch das Medium mit dem niedrigen Brechungsindex und einen kürzeren Weg durch das Medium
mit dem höheren Brechungsindex. Das Fermatsche Prinzip vernachlässigt die Wellen-
natur des Lichts und gilt deshalb nur dann, wenn alle betrachteten Strukturen groß
gegen die Lichtwellenlänge sind.

Bei näherer Betrachtung erscheint das Fermatsche Prinzip merkwürdig: Um
den Lichtweg zu bestimmen, müssen Anfangs- und Endpunkt bekannt sein;
der Lichtweg ergibt sich dann sozusagen nachträglich aus diesen Punkten. Dies scheint
zu bedeuten, dass das Licht schon beim Verlassen der Lichtquelle »weiß«, an welchem
Punkt es nachher ankommen wird, und scheint damit nicht deterministisch zu sein.
Das Fermatsche Prinzip kann jedoch aus dem Wellenmodell des Lichts hergeleitet
werden und ist demnach deterministisch, auch wenn dies in seiner Formulierung nicht
deutlich wird. Eine nähere Erläuterung hierzu findet sich in [13].

Das Snellius'sche Brechungsgesetz gilt unverändert, wenn das Licht vom Material in das Vakuum übertritt. Dabei ergibt sich allerdings für Winkelwerte mit $\sin\theta > 1/n$ ein Wert von $\sin\theta_0 > 1$, was mathematisch und physikalisch unsinnig ist. In diesem Fall kann das Licht tatsächlich nicht in das Vakuum eintreten, sondern wird an der Grenzfläche des Materials reflektiert. Man bezeichnet dies als *Totalreflexion*. Bei der Totalreflexion wird allerdings nicht die gesamte Lichtintensität reflektiert, sondern es kommt zu Absorptionsverlusten.

Trifft Licht unter flachem Winkel von innen auf die Grenzfläche zum Vakuum, kommt es zu Totalreflexion.

Die Totareflexion ist besonders für Glasfaserkabel wichtig, da sie dazu verwendet werden kann, um den Lichtstrahl auch dann innerhalb des Kabels zu halten, wenn dieses nicht gerade verläuft. In Glasfaserkabeln werden dabei typischerweise, wie wir weiter unten noch im Detail diskutieren werden, verschiedene Glassorten in Schichten umeinander angeordnet, die sich in ihren Brechungsindices unterscheiden. In diesem Fall gilt eine Erweiterung des Snellius'schen Gesetzes:

Totalreflexion zwischen zwei Materialien.

$$\frac{\sin\theta_1}{\sin\theta_2} = \frac{n_2}{n_1}, \tag{4.3}$$

wobei die Indices die beiden Materialien kennzeichnen.

4.2.3 Photonen

In diesem Kapitel sollte die Frage beantwortet werden, warum manche Materialien durchsichtig sind, andere aber nicht. Bisher haben wir jedoch eine Wechselwirkung von Licht mit Materie betrachtet, bei der die Lichtwelle zwar durch Interferenz verändert, aber nicht absorbiert wird. Mit der Frage der Absorption wollen wir uns nun beschäftigen.

Die zu klärende Frage lautet also, warum manche Materialien durchsichtig sind, andere nicht. Ein Material ist offensichtlich dann durchsichtig, wenn es sichtbares Licht nicht absorbiert.[3]

Warum sind manche Materialien durchsichtig?

Betrachten wir als Beispiel ein Wasserstoffatom in Grundzustand. Damit es Licht absorbieren kann, muss das Elektron eine Energie aufnehmen, die der Energiedifferenz des Grundzustands zu einem höherliegenden angeregten Zustand entspricht. Die Energie einer elektromagnetischen Welle ist proportional zum Quadrat des elektrischen und magnetischen Feldes, sie hängt also von der Amplitude der Felder ab. Man sollte demnach erwarten, dass die Lichtintensität darüber entscheidet, ob Licht absorbiert werden kann. Das ist jedoch nicht der Fall, die Lichtabsorption hängt vor allem von der Wellenlänge ab.

Hängt die Lichtabsorption vor allem von der Intensität ab?

Nein, die Wellenlänge ist entscheidend.

Ein Beispiel für die Wellenlängenabhängigkeit der Absorption liefert die Tatsache, dass man auch unter einer beliebig starken Glühlampe keinen Sonnenbrand bekommt. Ein Sonnenbrand entsteht dadurch, dass Moleküle in der Haut durch die auftreffende Lichtenergie geschädigt werden. Es ist aber nicht klar,

---

3 Genauer müsste man an dieser Stelle sagen »absorbiert oder reflektiert«, denn auch ein Spiegel ist undurchsichtig, obwohl er das auftreffende Licht nicht absorbiert. Mit der Reflexion von Licht werden wir uns weiter unten auseinandersetzen.

Sonnenbrand: Moleküle werden durch UV-Licht geschädigt, aber nicht durch sichtbares Licht.

wieso ultraviolette Strahlung einer bestimmten Energie einen Sonnenbrand verursachen kann, sichtbares Licht mit gleicher Energiemenge aber nicht. Die Absorption von Strahlung muss also von der Wellenlänge der Strahlung abhängen. Natürlich spielt auch die Intensität eine Rolle – wenn weniger Licht vorhanden ist, kann auch weniger Energie absorbiert werden. Entscheidend für die Frage, ob Licht überhaupt absorbiert werden kann, ist aber die Wellenlänge, nicht die Intensität.

⚡ Man könnte auf die Idee kommen, den Einfluss der Frequenz dadurch zu erklären, dass ein Elektron in einem Atom schwingt und Energie aus der Lichtwelle durch einen Resonanzprozess aufnimmt. Dadurch wäre eine Absorption nur möglich, wenn die Frequenz der Lichtwelle zur Eigenschwingfrequenz des Elektrons in seinem Anfangszustand passt. In diesem Fall müsste man allerdings erwarten, dass man ein Elektron, das sich z. B. im 1s-Zustand eines Wasserstoffatoms befindet, durch Licht einer bestimmten Frequenz in verschiedene höhere Energieniveaus (also z. B. solche der 2. oder 3. Schale) heben kann. Dies ist jedoch nicht der Fall, sondern es gibt für jeden Übergang genau eine Lichtfrequenz, die diesen Übergang ermöglicht.

Lichtabsorption kann im Modell der elektromagnetischen Wellen nicht erklärt werden.

Die Klärung dieser Frage (und verwandter Probleme) war eines der entscheidenden Probleme der Physik des 19. Jahrhunderts. Max Karl Ernst Ludwig Planck (1858–1947, Nobelpreis 1918) und Albert Einstein (1879–1955, Nobelpreis 1921) erkannten schließlich, dass nur eine radikale Änderung des Konzepts der Wechselwirkung zwischen Licht und Materie es ermöglichte, diese Frage zu beantworten. Obwohl die Betrachtung von Licht als elektromagnetischer Welle ein exzellentes Verständnis der Ausbreitung des Lichts ermöglicht, gilt dies nicht für seine Absorption. Planck postulierte, dass Licht nur in ganz bestimmten Energiemengen absorbiert (und auch emittiert) werden kann. Diese Lichtmengen werden als Lichtquanten oder *Photonen* (gr. Phos, »Licht«), manchmal auch als »Lichtteilchen«, bezeichnet. Photonen können immer nur als Ganzes absorbiert und emittiert werden.

Licht kann nur in Quanten absorbiert werden. Die Lichtquanten heißen Photonen.

Die Energiemenge eines Photons ist durch seine Frequenz gegeben. Es gilt

$$E = h\nu = h\frac{c}{\lambda}. \tag{4.4}$$

Die Plancksche Beziehung.

Dabei ist h eine Naturkonstante, das so genannte *Plancksche Wirkungsquantum*, auch Planck-Konstante genannt. Sie hat den Wert $h = 6{,}626 \cdot 10^{-34}$ Js. Lichtquanten des ultravioletten Lichts haben also einen höheren Energiegehalt als solche des sichtbaren oder des infraroten Lichts.

↝ Max Planck gilt zu Recht als einer der Urheber der Quantentheorie, weil er die Quantisierung der Lichtenergie zumindest für Emissions- und Absorptionsprozesse postulierte. Tatsächlich jedoch stand Planck der Atomtheorie generell kritisch gegenüber und glaubte an eine kontinuierliche Materie. Die Hypothese der Energiequantelung führte er als reines Gedankenexperiment ein und war zunächst nicht davon überzeugt, dass sie die physikalische Realität widerspiegelt [17].

Damit ergibt sich sofort ein Hinweis auf die Frage nach dem Zusammenhang zwischen Sonnenbrand und Lichtwellenlänge: Lichtquanten des sichtbaren Lichts

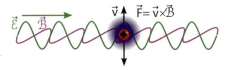

Bild 4.7: Entstehung des Lichtdrucks: Das elektrische Feld regt Elektronen zur Schwingung an, dadurch entsteht eine Lorentz-Kraft im magnetischen Feld der Lichtwelle.

besitzen nicht genügend Energie, um die empfindlichen Moleküle innerhalb der Haut zu schädigen. Diese Moleküle verändern sich nur dann, wenn sie eine hinreichend große Energiemenge auf einmal absorbieren.

⤳ Das Planck'sche Prinzip der Lichtabsorption scheint – für sich genommen – nicht besonders revolutionär oder schwierig zu verstehen. Erst wenn man versucht, es mit dem Bild von Licht als Welle in Einklang zu bringen, wird es problematisch: Wenn Licht sich bei der Absorption wie ein Teilchen mit einem bestimmten Energiegehalt verhält, wieso kann es sich dann bei der Ausbreitung wie eine Welle verhalten und Interferenzphänomene zeigen? Diese beiden Bilder sind schwer vereinbar. Man spricht deshalb auch vom *Welle-Teilchen-Dualismus.*

⤳ Eine korrekte Beschreibung des Lichtverhaltens gelingt im Rahmen des Formalismus' der Quantenmechanik. Diese Gleichungen besitzen jedoch keine unmittelbar anschauliche Interpretation, d. h., unser Vorstellungsvermögen ist nicht geeignet, sich eine Anschauung dieser Prozesse zu bilden. Dies ist nicht besonders verwunderlich: Unser Gehirn hat sich evolutionär entwickelt, um Fragen der Art »Wo gibt es was zu essen?« und »Wie entkomme ich diesem Säbelzahntiger?« zu beantworten. Ein Gehirn, dessen Struktur es erlaubt, die Frage »Was ist die Natur des Lichts?« anschaulich zu beantworten, bietet keine großen Evolutionsvorteile, da makroskopische Materie derartige Phänomene nicht zeigt. In den meisten Fällen ist die Vorgehensweise relativ einfach: Bei Ausbreitungsphänomenen betrachtet man Licht als Welle, bei Absorptions- und Emissionsphänomenen als Teilchen.

⤳ Wir haben hier vom Welle-Teilchen-Dualismus für die Beschreibung des Lichtes gesprochen. Wie das Verhalten von Elektronen zeigt, gilt ein ähnlicher Dualismus auch für Materie.

Licht trägt nicht nur Energie, sondern auch Impuls. Dieses Phänomen wird oft als Lichtdruck bezeichnet und könnte beispielsweise verwendet werden, um Raumfahrzeuge mit Hilfe des Sonnenlichts zu beschleunigen. (Hierzu wären allerdings Lichtsegel mit einer Ausdehnung von mehreren Quadratkilometern nötig.) Im Bild der elektromagnetischen Wellen ist die Impulsübertragung durch Licht leicht zu verstehen, siehe Bild 4.7: Das elektrische Feld regt Materie zu Schwingungen an. Damit bewegt sich die Materie senkrecht zum magnetischen Feld der Lichtwelle und erfährt so eine Lorentz-Kraft, die in Richtung der Lichtausbreitung wirkt.

Licht trägt auch einen Impuls.

Auch im Bild der Photonen ist der Impuls des Lichts leicht nachzuvollziehen: Wenn Photonen Teilchen sind, dann können sie natürlich auch Energie und Impuls transportieren. Bezieht man den Impuls auf die einzelnen Photonen,

---

Modell: Licht als Teilchen

Eigenschaften: Licht besteht aus einzelnen Teilchen, den Photonen. Jedes Photon trägt eine bestimmte Energie ($E = h\nu$) und einen bestimmten Impuls ($p = E/c$). Photonen können nur als Ganzes emittiert und absorbiert werden.
Anwendung: Absorption und Emission von Licht, Wirkungsweise von Lasern (Kap. 8.5)
Grenzen: Ausbreitung von Licht, Interferenz etc.

Modell 4: Licht als Teilchen.

Der Impuls eines Photons.

die absorbiert werden, so gilt

$$p = \frac{E}{c} = \frac{h}{\lambda} = \frac{h\nu}{c} = \hbar k\,.$$

Dabei ist p der Impuls und $k = 2\pi/\lambda$ die so genannte *Wellenzahl*. $\hbar = h/2\pi$ (zu lesen als »h-quer«) ist eine in der Quantenmechanik häufig verwendete Abkürzung.

Modellbox 4 gibt einen Überblick über das Teilchenmodell des Photons.

⤳   Photonen bewegen sich immer mit Lichtgeschwindigkeit und haben deswegen nach der speziellen Relativitätstheorie keine Ruhemasse. Man könnte versucht sein, deshalb nach der Formel $p = mv$ für den Impuls anzunehmen, dass sie deswegen auch keinen Impuls haben können. Diese Gleichung gilt jedoch in der Relativitätstheorie nicht.

Aufgabe 4.1: Betrachten Sie eine Halogenlampe mit einer Leistung von 50 W. Schätzen Sie die Zahl der Photonen ab, die pro Sekunde ausgesandt werden. Wenn Sie in einem Meter Entfernung stehen, wie viele Photonen fallen dann pro Sekunde auf Ihre Netzhaut? □

4.3   Lichtabsorption

4.3.1   Lichtabsorption in Atomen und Molekülen

Licht wird absorbiert, wenn es passende Energieniveaus gibt.

Dass Atome und Moleküle nur bestimmte Energiemengen absorbieren können, können wir an Hand des Atommodells im vorigen Kapitels verstehen. Dazu betrachten wir noch einmal die Energieniveaus des Wasserstoffatoms als Beispiel (siehe Bild 3.6). Nehmen wir an, das Elektron befinde sich im Grundzustand (1s). Strahlen wir Licht einer beliebigen Frequenz ein, so kann dieses nur dann absorbiert werden, wenn es ein Energieniveau gibt, dessen Energie genau um den Betrag $E = h\nu$ oberhalb der Energie des 1s-Niveaus liegt; andere Lichtwellenlängen können hingegen nicht absorbiert werden.

Im Wasserstoffatom sind dabei für die Absorption immer die Differenzen der höheren Energieniveaus zum 1s-Niveau relevant. Entspricht die eingestrahlte Lichtwellenlänge beispielsweise der Differenz der Energieniveaus zwischen dem

2*s*- und dem 3*p*-Niveau, so kann das Licht trotzdem nicht absorbiert werden, da das 2*s*-Niveau gar kein Elektron enthält.

⤳   Entsprechend dieser Überlegung absorbieren Atome Licht nur bei ganz bestimmten Frequenzen. Dies macht man sich in der Astronomie zu Nutze: Analysiert man das Licht der Sonne oder anderer Sterne, so »fehlen« im Lichtspektrum einzelne Wellenlängen; es sind schmale dunkle Bänder erkennbar, die Spektrallinien. Berechnet man aus den Lichtwellenlängen die entsprechenden Energien, so kann man herausfinden, welche chemischen Elemente in der Sternatmosphäre vorhanden sind. Umgekehrt kann man auch das von angeregten Atomen oder Molekülen ausgesandte Licht analysieren, siehe auch Aufgabe 8.1.

⚡⚡   Tatsächlich sind die Regeln für die Absorption etwas komplizierter. Es kommt hinzu, dass das Photon einen Spin besitzt (siehe Kapitel 9). Bei der Absorption eines Photons muss der Drehimpuls – wie bei jedem physikalischen Prozess – erhalten bleiben. Dies ist nur möglich, wenn der Übergang zwischen Orbitaltypen stattfindet, die in der horizontalen Achse der Darstellung in Bild 3.6 benachbart sind, also $s \leftrightarrow p \leftrightarrow d \leftrightarrow f \cdots$. In der Vertiefung auf Seite 111 wird dies weiter diskutiert.

Damit ein Material durchsichtig sein kann, darf es also keine Energieniveaus besitzen, deren Energiedifferenz einer Wellenlänge des sichtbaren Lichts entspricht und von denen das niedrigere Energieniveau mit einem Elektron besetzt ist.

> Durchsichtige Materialien dürfen keine Energieniveaus mit bestimmten Abständen besitzen.

4.3.2   Energieniveaus in Festkörpern: Das Bändermodell

Nach dem bisher gesagten könnte man folgern, dass Materialien nur einige bestimmte Lichtwellenlängen absorbieren können, zu denen es gerade Energieniveaus in passenden Abständen gibt. Dies ist jedoch nicht der Fall, denn anders als beim Wasserstoffatom gibt es in Festkörpern häufig nicht bloß wenige scharf abgegrenzte Energieniveaus, sondern breite Bereiche, in denen die Energie der Elektronen sich bewegen kann. Diese Bereiche bezeichnet man als *Bänder* und spricht entsprechend vom *Bändermodell* von Festkörpern.

Man kann dies in einem so genannten *Bänderdiagramm* darstellen, siehe Bild 4.8. Es gibt zwei Energiebereiche: Innerhalb des so genannten *Valenzbandes* befinden sich die Elektronen in den niedrigsten möglichen Energieniveaus. In Isolatoren sind alle Zustände in diesem Band gefüllt, und die Elektronen sind an ihre jeweiligen Atome gebunden. Sie sind deshalb unbeweglich. Führt man einem Elektron eine genügend hohe Energie zu, so wird es in den oberen Energiebereich, das *Leitungsband* angehoben. In diesem Zustand kann sich das Elektron durch das Material bewegen. Valenz- und Leitungsband sind also durch eine Energielücke, auch als *Bandlücke* bezeichnet, getrennt. Nur wenn die einem Elektron zugeführte Energie größer als die Bandlücke ist, kann dieses in das Leitungsband gehoben werden. In einem Metall sind die Verhältnisse anders; hier sind die besetzten und die unbesetzten Zustände nicht durch eine Bandlücke getrennt.[4]

> Das Bändermodell: Valenz- und Leitungsband.

> Isolatoren haben eine Bandlücke.

---

4 Die Begriffe »Valenz«- und »Leitungsband« werden in der Vertiefung auf Seite 136 weiter erläutert.

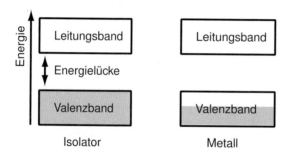

Bild 4.8: Einfaches Bändermodell eines Isolators und eines Metalls. Aufgetragen sind die erlaubten und verbotenen Energiebereiche. In einem Isolator ist das Valenzband voll besetzt, das Leitungsband ist leer. Anders als bei den Diagrammen in Kapitel 6 und 7 hat die horizontale Achse im einfachen Bändermodell keine Bedeutung.

Wir wollen im Folgenden kurz diskutieren, wie es zur Verbreiterung der Energieniveaus kommt, bevor wir uns mit der Lichtabsorption befassen. Wir hatten bereits in Kapitel 3 die kovalente Bindung am Beispiel des Wasserstoffmoleküls diskutiert. Dort hatten wir gesehen, dass sich die Orbitale bei Annäherung der Wasserstoffatome über beide Atome ausbreiten und dadurch ihre Energie absenken. Zusätzlich bildete sich ein weiteres Orbital mit erhöhter Bindungsenergie, siehe Bild 3.12.

Breite Energiebänder entstehen, wenn sich viele Atome verbinden.

Binden sich mehr als zwei Atome kovalent aneinander, so muss dieses Bild entsprechend erweitert werden: Es bilden sich dann unterschiedlich stark bindende und anti-bindende Orbitale aus, wie in Bild 4.9 veranschaulicht. Man kann sich dies so vorstellen, dass man jetzt mehrere Atomorbitale miteinander kombiniert und deshalb mehr Möglichkeiten besitzt, so dass einige Orbitale in bindender und einige in nicht bindender Weise zum Gesamtorbital kombiniert werden.

Ähnlich wie auf Seite 63 erläutert, können die Wellenfunktionen addiert oder subtrahiert werden, so dass sich entsprechend eine große oder kleine Aufenthaltswahrscheinlichkeit zwischen den Atomen ergibt. Je nachdem, wie man die Wellenfunktionen der Atome kombiniert, ergeben sich deshalb unterschiedlich große Werte für die Energie.

Aus Energieniveaus werden Bänder.

Wegen der großen Anzahl dieser Orbitale »verschmieren« ihre Energieniveaus zu quasi-kontinuierlichen Bändern.[5] In Abschnitt 6.5.3 wird dieses Phänomen noch einmal detaillierter diskutiert.

In Isolatoren wie Glas sind die entstehenden Bänder entweder vollständig besetzt oder vollständig leer. Dadurch gibt es eine Lücke zwischen dem Valenz- und dem Leitungsband.

---

5 Dieses »Verschmieren« kommt dadurch zu Stande, dass der Abstand zwischen den Niveaus extrem klein ist, so dass er immer sehr viel kleiner ist als die Energie thermischer Fluktuationen $k_B T$.

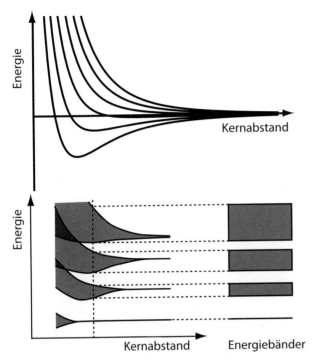

Bild 4.9: Entstehung von Bändern in einem Kristall. Oben: In einem System aus
N Atomen spaltet jedes Energieniveau in N Niveaus auf. Unten: Ist die
Zahl der Atome sehr groß, so »verschmieren« die einzelnen atomaren Energieniveaus der jeweiligen Zustände zu breiten Bändern, die sich, abhängig
vom Abstand der Atomkerne, überlappen können. Durch die verbreiterten
Energieniveaus entstehen Energiebänder mit dazwischenliegenden Energie-
lücken. Sind die Atome weit voneinander entfernt, so entsprechen die Energieniveaus denen der einzelnen Atome. Siehe auch Bild 6.32. Im oberen
Bild ist der Energienullpunkt so gewählt, dass die Energie weit entfernter,
isolierter Atome zu Null gesetzt wird; im unteren Teilbild entsprechen die
Linien bei großem Kernabstand den Energien der jeweiligen Elektronenorbitale. Nach [1].

Für die Durchsichtigkeit eines Materials ist entscheidend, dass zwischen den   Durchsichtige
besetzten und den unbesetzten Bändern eine Energielücke vorliegt, die größer   Materialien
ist als die Photonenenergie aller Wellenlängen des sichtbaren Lichts. Dies ist   haben eine
bei Gläsern der Fall. Ein Photon kann nur dann absorbiert werden, wenn seine   große
Energie ausreicht, um ein Elektron über die Bandlücke in einen unbesetzten   Bandlücke.
Zustand zu heben, siehe Bild 4.10.

In diesem und einigen der folgenden Bilder wird ein Photon als räumlich begrenztes Wellenpaket dargestellt. Diese Darstellung ist zwar anschaulich, ist
aber physikalisch nicht vollkommen korrekt. Tatsächlich ist ein einzelnes Photon eine komplexe quantenmechanische Überlagerung aus elektromagnetischen Wellen mit

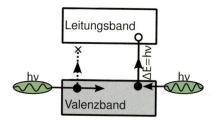

Bild 4.10: Ein Isolator mit einer Bandlücke kann ein Photon nur absorbieren, wenn die Energie des Photons größer ist als die der Bandlücke (rechts). Ist die Energie des Photons zu klein (links), dann gibt es keinen Zustand, den ein Elektron aus dem Valenzband durch Absorption des Photons erreichen könnte; das Photon wird nicht absorbiert.

Einfaches Bändermodell von Festkörpern

Eigenschaften: Elektronenorbitale breiten sich über mehrere Atome aus. Es bilden sich viele ausgedehnte Orbitale unterschiedlicher Energie. Energieniveaus verbreitern sich zu Bändern mit dazwischen liegenden Bandlücken.
Anwendung: Prinzipieller Unterschied Leiter/Isolator, Durchsichtigkeit von Isolatoren.
Grenzen: Keine Berücksichtigung des Elektronenimpulses (s. Abschnitt 6.3), keine quantitative Erklärung des Widerstands, Lichtabsorption in Metallen.

Modell 5: Einfaches Bändermodell von Festkörpern

unterschiedlichen Amplituden und Wellenlängen. Für gezielte Experimente mit Photonenzuständen wurde der Nobelpreis 2012 vergeben [22].

Metalle können Licht reflektieren, aber meist nicht absorbieren.

Man könnte nach diesem Modell annehmen, dass elektrische Leiter Licht absorbieren können, da sie ja keine Energielücke besitzen und deshalb auch bei Photonen mit niedriger Energie immer passende Zustände existieren, in die die Elektronen übergehen können. Das ist jedoch nicht korrekt. Elektrische Leiter können Licht reflektieren, wie wir in Abschnitt 4.4 sehen werden. Warum sie Licht nur schlecht absorbieren können, werden wir in Abschnitt 6.3 diskutieren. Modellbox 5 zeigt die Eigenschaften des Bändermodells in einer Übersicht.

4.3.3   Weitere Absorptionsphänomene

Durchsichtige Materialien können nicht polykristallin sein.

Noch eine andere Eigenschaft der Gläser ist für ihre Durchsichtigkeit wichtig: Ihre Struktur ist amorph, d. h., es gibt keine kristalline Fernordnung innerhalb eines Glases, siehe Bild 4.11. Dies ist deshalb wichtig, weil in einem kristallinen Material im Allgemeinen zahlreiche Bereiche mit unterschiedlicher Kristallausrichtung (so genannte Körner) vorliegen. In derartigen *polykristallinen* Materialien kommt es an den Grenzen zwischen den einzelnen Körnern zu Brechung und Absorption, die dazu führt, dass das Material undurchsichtig wird, siehe Bild 4.12. Dies gilt allerdings nur dann, wenn die Körner eine Größe haben, die

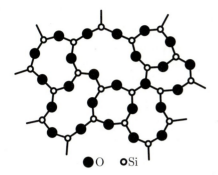

Bild 4.11: Amorphe Struktur eines Glases (aus [52]). Aufgrund der zweidimensionalen Darstellung sind je Siliziumatom nur drei Bindungen dargestellt.

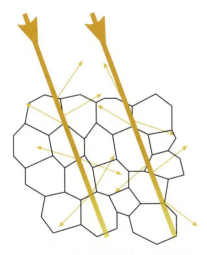

Bild 4.12: Reflexion an den Korngrenzen und an der Oberfläche eines polykristallinen Materials.

größer ist als die Lichtwellenlänge – nanokristalline Materialien können durchsichtig sein. Auch einkristalline Materialien, wie beispielsweise ein Diamant oder Bergkristall, können durchsichtig sein.

⤳   Den Einfluss der Mikrostruktur eines Materials auf die Durchsichtigkeit kann man durch ein alltägliches Phänomen veranschaulichen: Wird ein durchsichtiges, also amorphes, Polymer (beispielsweise eine Getränkeflasche) geknickt, so entstehen weißliche Bereiche, die zwar durchscheinend sind, das Licht aber streuen. Hierfür gibt es zwei Gründe [52]: Zum einen werden durch die Belastung die Polymerketten teilweise gestreckt und ordnen sich um, so dass sich einzelne kristalline Bereiche bilden. Zum anderen können auch Mikrorisse (so genannte crazes) entstehen, an denen das Licht gestreut wird.

⤳   Ähnlich wie amorphe Materialien sind auch Gase häufig durchsichtig. Dies liegt daran, dass die zwischenmolekularen Kräfte in Gasen zu klein sind, um eine Absorption eines Photons zu erlauben, während die Energieniveaus der Elektronen in den Gasmolekülen weiter auseinander liegen, da die kovalenten Bindungen relativ stark sind. Gase können allerdings infrarote und Mikrowellenstrahlung absorbieren. Dabei sind es Schwingungen der Atome gegeneinander, die durch die Strahlung angeregt werden. Deren Energieniveaus liegen deutlich unterhalb der Energie eines Photons des sichtbaren Lichts.

⤳   Die Erdatmosphäre ist für infrarote Strahlung deshalb relativ undurchsichtig. Der viel diskutierte Treibhauseffekt hängt ebenfalls hiermit zusammen: Sonnenstrahlung erreicht die Erdoberfläche und wird von dieser als Infrarotstrahlung (»Wärmestrahlung«, siehe Kapitel 8) zurückgeworfen. Je stärker die Atmosphäre diese Strahlung absorbiert, desto mehr Wärme bleibt auf der Erde gespeichert, anstatt ins Weltall abgestrahlt zu werden. Dabei haben die so genannten Treibhausgase (z. B. Kohlendioxid oder Methan) eine besonders hohe Absorptionsfähigkeit für Infrarotstrahlung.

⤳   Die Absorptionsfähigkeit von Wasser für Wellen mit Wellenlängen im Mikrometerbereich wird auch von Mikrowellenherden ausgenutzt, bei denen eingestrahlte Mikrowellen im Wasser absorbiert werden und so für eine Erwärmung sorgen.

⤳   Dass die Gase der Luft durchsichtig sind, kann auch in anderer Weise interpretiert werden: Zum Sehen eignen sich offensichtlich nur solche Wellenlängen der elektromagnetischen Strahlung, die durch die Atmosphäre dringen können. Die Evolution hat deshalb unsere Augen entsprechend in einem Frequenzbereich »entwickelt«, in dem es auch etwas zu sehen gibt. Neben dem Wellenlängenbereich etwa des sichtbaren Lichts lässt die Atmosphäre auch Radiowellen mit Wellenlängen im Zentimeterbereich nahezu ungehindert passieren; diese Wellenlängen sind jedoch zu groß, um für biologische Organismen besonders nützlich zu sein, da sich mit ihnen nur relativ große Gegenstände abbilden lassen. Sie sind aber die Grundlage für Radarsysteme.

Rayleigh-Streuung: Streuung an Objekten kleiner als die Lichtwellenlänge.

Es gibt noch ein weiteres Phänomen, das die Lichtdurchlässigkeit eines Materials beeinflussen kann: Licht kann an Objekten gestreut werden, die kleiner sind als die Lichtwellenlänge. Dies ist die so genannte Rayleigh-Streuung (nach Lord John William Strutt Rayleigh, 1842–1919). Die Rayleigh-Streuung kann als Wechselwirkung zwischen einer Lichtwelle und einem einzelnen Atom oder Molekül, das als Dipol wirkt, verstanden werden, wobei sich zwar die Richtung der Lichtwelle, nicht aber ihre Energie ändert.[6] Sie ist stark wellenlängenabhängig und nimmt bei kürzeren Wellenlängen zu. Sie ist auch der Grund, warum der Himmel blau erscheint, denn das kurzwellige blaue Licht wird stärker gestreut als das langwellige rote Licht. Das gestreute Licht wird zwar nicht absorbiert, kann sich aber nicht ungehindert durch das Material ausbreiten und verringert so ebenfalls die Transmission des Lichts. In Gläsern mit ihrer amorphen Struktur sind oft lokale Schwankungen der Dichte für die Rayleigh-Streuung verantwortlich [54].

---

6 Im Bild der Photonen entspricht dies einer elastischen Streuung.

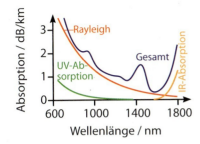

Bild 4.13: Absorptionsspektrum einer Glasfaser. Aufgetragen ist die Absorption in db/km gegen die Wellenlänge. Detaillierte Erläuterungen der einzelnen Absorptionsmechanismen im Text. (Nach [11].)

4.3.4 Lichtabsorption in Gläsern

Gläser besitzen starke Bindungen der Atome aneinander, die dazu führen, dass es eine breite Lücke zwischen den besetzten und den unbesetzten Energieniveaus der Elektronen gibt. Entsprechend sind sie durchsichtig. Trotzdem wird natürlich ein Teil des Lichts in Gläsern gestreut oder absorbiert. Für die Anwendung beispielsweise in Glasfaserkabeln ist eine möglichst hohe Durchsichtigkeit von Gläsern notwendig, so dass die Ursachen für Transmissionsverluste genau analysiert werden müssen. *(Gläser haben große Bandlücken.)*

Die Absorption einer Glasfaser wird typischerweise in Dezibel pro Kilometer (dB/km) gemessen. Diese Einheit ist wie folgt zu verstehen: Dezibel ist eine logarithmische Einheit für das Verhältnis zweier Größen A_1 und A_2. Dieses Verhältnis V kann in Dezibel ausgedrückt werden als $V\,[\mathrm{dB}] = 10\log_{10}(A_1/A_2)$. Der Verlust in einem Lichtwellenleiter ist natürlich proportional zur Intensität und steigt mit der Länge des Übertragungsweges entsprechend an. Ein Verlust von $4\,\mathrm{dB/km}$ bedeutet, dass nach einem Kilometer die Signalstärke um einen Faktor $10^{4/10} = 2{,}5$ gesunken, die Intensität ist also entsprechend auf $1/2{,}5 = 0{,}40$ gesunken. Damit beträgt die Dämpfung 60%. *(Die Lichtabsorption wird meist in Dezibel pro Kilometer angegeben.)*

Aufgabe 4.2: Berechnen Sie die Absorption in Dezibel pro Kilometer, wenn das Signal auf einer Strecke von einem Kilometer 10% an Intensität verliert. □

Typische Absorptionsraten in einem Glasfaserkabel liegen im Bereich 10%/km. Diesen Wert kann man sich anschaulich machen, wenn man sich vorstellt, Wasser hätte dieselbe Verlustrate: In diesem Fall könnte man bei einer Schiffsfahrt über den Pazifik an jeder Stelle den Grund noch erkennen. Obwohl diese Verlustraten also sehr gering sind, sind sie dennoch zu groß, um ohne Signalverstärkung Signale über weite Strecken (beispielsweise den Atlantischen Ozean) zu transportieren. Eine Möglichkeit, solche Signalverstärker zu konstruieren, werden wir uns in Abschnitt 8.5 ansehen. *(Glasfaserkabel haben sehr niedrige Absorptionsraten.)*

Bild 4.13 zeigt ein typisches Absorptionsspektrum einer Glasfaser. Betrachtet man das Spektrum qualitativ, so fällt auf, dass es zunächst einen generellen Trend gibt, bei dem die Absorption mit zunehmender Wellenlänge abnimmt. *(Die Absorption hängt von der Wellenlänge ab.)*

Eine Ursache hierfür ist die Rayleigh-Streuung, die insgesamt die Absorption der Glasfaser dominiert [54]. Darüber hinaus können Gläser UV-Strahlung absorbieren, weil die Photonen des ultravioletten Lichts genügend Energie besitzen, um Elektronen über die Bandlücke zu heben. Eine weitere Ursache für Lichtabsorption sind Verunreinigungen durch Metallionen, beispielsweise Eisen, Kupfer, Vanadium und Chrom (siehe auch Abschnitt 5.2). Gläser mit möglichst geringer Absorption müssen deshalb möglichst rein sein.

Bei kleinen Wellenlängen dominiert die Rayleigh-Streuung. Bei großen Wellenlängen werden Atome zu Schwingungen angeregt.

Die Bindung der Atome in einem Glas hat meist polaren Charakter. Ist die Frequenz des Lichts niedrig genug, so können die elektrisch geladenen Atome innerhalb des Glases durch das elektrische Feld zu Schwingungen gegeneinander angeregt werden. Aus diesem Grund steigt die Absorption bei Wellenlängen oberhalb von etwa 1,6 µm wieder an. Hinzu kommen stärker lokalisierte Absorptionsbänder, die dadurch zu Stande kommen, dass im Glas vorhandene OH^--Ionen zu Schwingungen angeregt werden können.

Größte Durchsichtigkeit im Bereich von 1,2–1,6 µm.

Der günstigste Bereich für die Signalübertragung mit den niedrigsten Absorptionsverlusten liegt bei Wellenlängen im Bereich von etwa 1,2 µm–1,6 µm. Dieser Bereich wird dementsprechend oft zur Signalübertragung in Glasfaserkabeln verwendet. Sind sehr hohe Signaldichten erforderlich, werden allerdings auch kürzere Wellenlängen eingesetzt.

4.4   Reflexion

Bisher haben wir uns nur mit der Absorption und der Brechung von Licht befasst. Zusätzlich wird Licht aber auch von Materialien reflektiert. Besonders gute Reflektoren sind die Metalle.

Metalle haben frei bewegliche Elektronen.

Metalle verhalten sich in vieler Hinsicht, als ob es in ihnen frei bewegliche Elektronen gäbe (siehe auch Kapitel 6). Diese freien Elektronen sind für die gute elektrische Leitfähigkeit der Metalle verantwortlich. Bereits in Abschnitt 3.4.1 haben wir gesehen, dass sich in einem Leiter bei Anlegen eines elektrischen Feldes die Elektronen so bewegen, dass sie das elektrische Feld aus dem Inneren des Leiters verdrängen. Da die Elektronen im Metall sich wie freie Teilchen verhalten, folgen sie dem elektrischen Feld der Lichtwelle praktisch ohne Zeitverlust, so dass es, anders als bei dielektrischen Medien, nicht zu einer Phasenverschiebung kommt. Die bewegten Elektronen senden deshalb eine elektromagnetische Welle aus, die der einfallenden Welle exakt entgegengesetzt ist. Strahlen wir also eine elektromagnetische Welle auf ein Metall, so kann diese nicht in das Metall eindringen, denn das elektrische Feld der Welle bewegt die Elektronen so, dass ihr Feld dem äußeren Feld entgegenwirkt.

Freie Elektronen folgen dem Feld ohne Verzögerung.

Tatsächlich zeigt das hier angeführte Argument nur, dass ein zeitlich veränderliches elektrisches Feld ausgesandt wird und sagt selbst nichts über den Magnetfeldanteil der Welle. Es ist jedoch nicht möglich, diese beiden Anteile zu entkoppeln, also nur eine rein magnetische Welle im Materialinnern zu haben.

Dievon den bewegten Ladungen ausgesandte Welle wirkt also im Inneren des Leiters (und damit gegebenenfalls auch hinter dem Leiter) der einfallenden

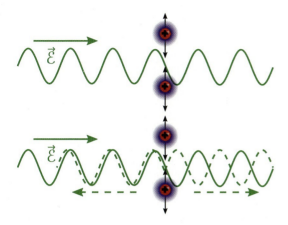

Bild 4.14: Reflexion einer senkrecht einfallenden Welle an einem Metall. Die Elektronen der Oberfläche werden durch die Welle zu Schwingungen angeregt und senden eine Welle in das Innere des Metalls, die mit der einfallenden Welle interferiert und diese auslöscht. Aus Symmetriegründen senden sie in die andere Richtung ebenfalls eine Welle aus, die einer reflektierten Welle entspricht. Um mit den anderen Bildern dieses Kapitels konsistent zu sein, sind die Elektronen als kugelförmige Orbitale dargestellt, auch wenn dies nicht den wahren Verhältnissen in einem Metall entspricht (siehe Kapitel 6).

Welle entgegen, d. h., sie interferiert destruktiv mit ihr. Betrachten wir lediglich die sich bewegenden Ladungsträger an der Metalloberfläche, so sehen wir eine zweidimensionale Fläche, in der die Ladungsträger phasengleich oszillieren.[7] Da im Inneren des Leiters kein elektrisches Feld vorliegt, können wir folgern, dass die Elektronen eine Welle senkrecht zur Oberfläche emittieren. Solange wir nur diese Elektronen betrachten, ist die Situation auf beiden Seiten der Leiteroberfläche aber vollkommen symmetrisch – wenn eine Welle in Richtung des Leiterinneren ausgesandt wird, so muss eine identische Welle auch in die andere Richtung ausgesandt werden. Bild 4.14 veranschaulicht dies. Die beschleunigten Elektronen reflektieren also die einfallende Welle.

Die von den Elektronen ausgesandte Welle löscht die einfallende Welle im Metallinneren aus und führt zur Reflexion.

Mit dem gleichen Argument kann man auch verstehen, warum für die Reflexion immer das Gesetz »Einfallswinkel gleich Ausfallswinkel« gilt: Fällt Licht schräg auf den Leiter, so sind die Schwingungen der Elektronen nicht mehr in Phase miteinander. Diese Phasenverschiebung muss dazu führen, dass die einfallende Welle nicht in das Material eindringen kann. Mit demselben Argument wie zuvor folgt deshalb, dass die Elektronen eine Welle in die Richtung aussenden, in die die ursprüngliche Welle gelaufen wäre, sowie eine weitere Welle spiegelbildlich zu dieser.

Warum Einfallswinkel gleich Ausfallswinkel ist.

Die hier angeführten Argumente sind nur unter zwei Voraussetzungen gültig: Zum einen muss die Abschirmung durch die Elektronen so gut sein, dass die Di-

Grenzen der Metallreflexion.

---

7 Dies gilt, solange die Lichtwelle senkrecht einfällt.

cke der Oberflächenschicht, in der die Elektronen oszillieren, klein ist gegen die Wellenlänge. Wäre dies nicht der Fall, so würde das angeführte Symmetrieargument nicht gelten. Zum anderen haben wir angenommen, dass die Elektronen dem zeitlich veränderlichen elektrischen Feld beliebig schnell folgen können. Bei sehr hohen Frequenzen ist dies jedoch nicht mehr der Fall. Im ultravioletten Bereich sind Metalle deshalb oft durchsichtig.[8]

Dies liegt daran, dass die Elektronen in einem Metall nicht vollkommen frei beweglich sind. Dies ist nur eine Näherung – wäre sie korrekt, wären Metalle perfekte elektrische Leiter. Für eine quantitative Betrachtung muss der Widerstand der Elektronen berücksichtigt werden. Hierzu kann zum Beispiel das Konzept der Relaxationszeit (Kapitel 6) verwendet werden. Damit ergibt sich, dass die Elektronen bei sehr hohen Frequenzen (im Bereich des ultravioletten Lichts) dem elektrischen Feld der einfallenden Welle nicht mehr schnell genug folgen können und deshalb durchsichtig sind. Ausführliche Diskussionen finden sich beispielsweise in [13] oder in [28].

Auch in Dielektrika sorgt die Mitbewegung der Elektronen im elektrischen Feld der Lichtwelle für eine gewisse Reflexion, die jedoch meist deutlich schwächer ist als in Metallen. Dielektrika können deshalb Licht reflektieren, wie jede Glasscheibe beweist.

Entspiegelung von Gläsern durch Reflexion.

Für viele optische Anwendungen (Kameralinsen, Brillen etc.) ist es wünschenswert, die Lichtreflexion am Glas möglichst gering zu halten. Dies gelingt mittels einer Beschichtung, bei der die Interferenz zwischen der an der Ober- und an der Unterseite der Schicht reflektierten Welle insgesamt zu einer Auslöschung der Reflexion führt. Da diese Auslöschung nur für eine bestimmte Wellenlänge perfekt funktioniert, haben derart entspiegelte Gläser häufig einen leicht farbigen Schimmer.

Wir betrachten als Beispiel ein Glas mit einem (relativ hohen) Brechungsindex von 1,9, das mit einer Schicht aus Magnesiumfluorid $MgFl_2$ (Brechungsindex 1,38) beschichtet ist, siehe Bild 4.15. An der Grenzfläche Luft–Magnesiumfluorid wird ein Teil des Lichts reflektiert, der Rest tritt in die Magnesiumfluoridschicht ein. An der Grenzfläche Magnesiumfluorid–Glas wird wiederum ein Teil des Lichts reflektiert. Die beiden reflektierten Wellen sind jedoch nicht in Phase, da die an der zweiten Grenzfläche reflektierte Welle eine größere Strecke zurücklegt, die, bei senkrechtem Lichteinfall, der doppelten Schichtdicke entspricht. Damit sich die beiden reflektierten Wellen auslöschen können, muss die doppelte Schichtdicke also der halben Lichtwellenlänge entsprechen, die Schichtdicke muss also ein Viertel der Lichtwellenlänge betragen. Dabei ist die Lichtwellenlänge innerhalb der Schicht relevant, die Schichtdicke ist also $d = \lambda/4n_{\text{Schicht}}$.

Man erkennt an diesem Argument, dass die Auslöschung des einfallenden Strahls nur bei einer bestimmten Wellenlänge funktioniert; je stärker die Wellenlängen abweichen, desto mehr Licht wird dennoch reflektiert. Wählt man die Schichtdicke

---

8 Beim Kauf von verspiegelten Sonnenbrillen ist deshalb unbedingt darauf zu achten, dass diese auch UV-Strahlung filtern und ein entsprechendes Zeichen tragen – ansonsten kann die Netzhaut geschädigt werden, weil sich die Pupille wegen des reduzierten sichtbaren Lichts weitet und so besonders große Mengen an UV-Strahlung die Netzhaut erreichen.

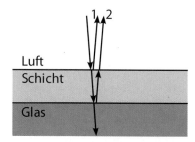

Bild 4.15. Beschichtung eines Glases zur Entspiegelung. Strahl 1 wird an der Grenzfläche zwischen Luft und der Schicht reflektiert, Strahl 2 an der inneren Grenzfläche zwischen Schicht und Glas. Der Gangunterschied der beiden Strahlen muss genau einer halben Wellenlänge entsprechen, damit sie sich gegenseitig auslöschen. Zur besseren Sichtbarkeit sind die Lichtstrahlen unter einem kleinen Winkel zur Senkrechten eingezeichnet; beträgt die Schichtdicke genau ein Viertel der Lichtwellenlänge, so ergibt sich vollständige Auslöschung tatsächlich nur für senkrecht einfallende Strahlen.

in der Mitte des optischen Spektrums, so werden also rote und blaue Anteile des Lichts besonders stark reflektiert, so dass sich eine violette Färbung des Spiegelbildes ergibt. Für eine bessere Lichtauslöschung ist es möglich, mehrere anti-reflektierende Schichten übereinander zu legen.

Magnesiumfluorid eignet sich deshalb als Anti-Reflexionsschicht, weil sein Brechungsindex zwischen dem von Luft und dem des verwendeten Glases liegt. Die Stärke der reflektierten Welle an einer Grenzfläche hängt vom Verhältnis n_1/n_2 der beiden Brechungsindices ab. Ist die Reflexion relativ klein, so muss also gelten

$$\frac{n_{\text{Luft}}}{n_{\text{MgF}_2}} = \frac{n_{\text{MgF}_2}}{n_{\text{Glas}}},$$

und da der Brechungsindex von Luft nahezu exakt 1 beträgt, muss also der Brechungsindex der Schicht gleich der Wurzel des Brechungsindex des Glases sein. Bei $n_{\text{Glas}} = 1{,}9$ ergibt sich $n_{\text{Schicht}} = 1{,}378$, was nahezu perfekt mit dem Brechungsindex von MgF_2 übereinstimmt. Zusätzlich besitzt Magnesiumfluorid eine gute mechanische Beständigkeit.

4.5 Anwendungen

Wie bereits erläutert, sind Glasfasern eine der wichtigsten technischen Anwendungen von Glaswerkstoffen. Ein entscheidender Aspekt bei der Konstruktion von Glasfasern besteht darin, sicherzustellen, dass das Lichtsignal die Glasfaser nicht verlassen kann, auch wenn diese nicht vollkommen gerade, sondern gekrümmt verläuft. Hierfür bedient man sich der Totalreflexion. Alle Glasfasertypen beinhalten deshalb einen Kern, der der eigentlichen Signalübertragung dient und der von einem Mantel aus einer Glassorte mit niedrigerem Brechungsindex umgeben ist.

Glasfasern verwenden Totalreflexion.

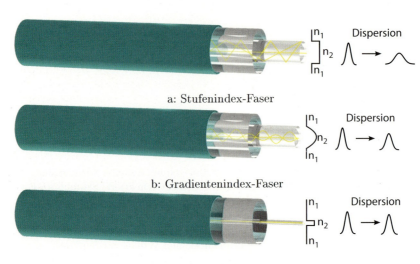

a: Stufenindex-Faser

b: Gradientenindex-Faser

c: Monomode-Faser

Bild 4.16: Verschiedene Typen von Glasfasern

Aufgabe 4.3: Totalreflexion gibt es ja auch zwischen Glas und Luft. Warum genügt es nicht, eine einzelne Glassorte zur Signalübertragung zu nehmen? ☐

Die einfachste Variante, bei der dieses Prinzip umgesetzt wird, ist die so genannte *Stufenindex-Faser* oder Multimode-Faser, bei der ein homogener Kern aus einer Glassorte mit einem Mantel aus einer Sorte mit deutlich niedrigerem Brechungsindex umgeben wird, siehe Bild 4.16 a. In Glasfasern zur Signalübertragung hat dieser Kern typischerweise einen Durchmesser von etwa 50 µm–100 µm. Signale, die in einem nicht zu steilen Winkel in die Faser eintreten, werden durch Totalreflexion in der Faser gehalten. Der entscheidende Nachteil einer solchen Faser liegt darin, dass es starke Laufzeitunterschiede der verschiedenen Lichtwege gibt: Ein Strahl, der die Faser zentral ohne Reflexionen durchquert, ist wesentlich schneller am Ziel als einer, der zahlreiche Reflexionen erleidet. Ein anfänglich scharfer Signalpuls verläuft deshalb bereits nach kurzer Zeit. Dieses Zerlaufen des Signalpulses durch unterschiedliche Laufwege bezeichnet man als Modendispersion. Die Modendispersion führt dazu, dass sich Stufenindex-Fasern nur für vergleichsweise kurze Signalwege oder niedrige Übertragungsraten eignen.

Ein weiterer Nachteil der Stufenindex-Faser ist die Tatsache, dass bei jeder Totalreflexion ein geringer Teil der Lichtintensität durch Absorption verloren geht, so dass die Strahlintensität geschwächt wird.

Dieses Problem lässt sich umgehen, wenn man die Lichtwellen, die die kürzeren Wege zurücklegen, abbremst. Dazu verwendet man eine *Gradientenindex-Faser*, bei der der Brechungsindex von innen nach außen stetig abnimmt, siehe Bild 4.16 b. Wellen, die nach außen laufen, werden dadurch nicht einfach an einer Grenzfläche totalreflektiert, sondern durch sukzessive Beugung in ihrer

Die Stufenindex-Faser hat eine hohe Dispersion.

Die Dispersion der Gradientenindex-Faser ist kleiner.

Bahn umgebogen. In diesem Fall gelangen alle Lichtwellen, unabhängig von ihrem Weg, nahezu gleichzeitig ans Ende der Faser.

⟨≷⟩ ⟨≷⟩ Dieses Verhalten des Lichts lässt sich mit dem oben erwähnten Fermatschen
         Prinzip leicht verstehen: Da die Lichtgeschwindigkeit graduell nach Außen hin zunimmt, haben gekrümmte Lichtwege die gleiche Laufzeit wie ein Weg durch das Zentrum der Faser.

Auch bei der Gradientenindex-Faser kann ein Zerlaufen des Lichtsignals allerdings nicht völlig vermieden werden kann, weil der Brechungsindex innerhalb der Faser, wie oben erläutert, von der Wellenlänge abhängt. Man bezeichnet dies als *Materialdispersion*. Das Auseinander- und wieder Zusammenlaufen der einzelnen Lichtwellen kann deshalb nur für eine bestimmte Wellenlänge optimiert werden; bei anderen Wellenlängen ergeben sich Unterschiede in den Laufstrecken und somit ebenfalls eine Aufweitung eines anfänglich scharfen Impulses.

Ein noch besseres Verhalten der Faser ergibt sich, wenn man sie so dünn macht, dass nur noch der direkte Weg des Lichts durch die Faser möglich ist (Bild 4.16 c). Hierzu muss der Faserdurchmesser in der Größenordnung der Lichtwellenlänge liegen. Solche Fasern werden als *Monomode-Fasern* oder *Einwellenlichtleiter* bezeichnet. Die Dispersion in Monomode-Fasern ist wesentlich geringer als in den beiden anderen Fasertypen, da es keine unterschiedlichen Lichtlaufwege gibt.

Monomode-Fasern haben sehr geringe Dispersion.

Auch Monomode-Fasern sind aber nicht vollkommen dispersionsfrei. Dies liegt zum einen an der Materialdispersion, die zum Auseinanderlaufen eines anfänglich scharf begrenzten Lichtpulses führt, siehe Bild 4.4. Zusätzlich gibt es noch eine weitere Dispersionsursache, die *Wellenleiterdispersion*: Sie kommt dadurch zu Stande, dass sich bei Fasern mit einem sehr dünnen Kern das elektromagnetische Feld der Lichtwelle teilweise auch in das umliegende Material mit niedrigerem Brechungsindex hinein ausbreitet. Bei geeignet konstruierten Fasern können sich Materialdispersion und Wellenleiterdispersion teilweise kompensieren, so dass die Dispersion insgesamt sehr gering ist. Bei Monomode-Fasern ist deshalb die Absorption (oft auch als Dämpfung bezeichnet) die entscheidende Kenngröße.

Welchen Fasertyp man für eine bestimmte Anwendung vorsieht, hängt von der jeweiligen Problemstellung ab. Die höchsten Übertragungsraten erreicht man mit Monomode-Fasern, die geringsten mit Stufenindex-Fasern. Mit Monomode-Fasern und den in Abschnitt 8.5 erläuterten Verstärkern lassen sich Unterseekabel herstellen, die eine Kapazität von mehreren Terabit pro Sekunde besitzen.

⟨≷⟩ Quantitativ kann die mögliche Übertragung in einer Faser mit Hilfe des Band-
     breiten-Längenprodukts ausgedrückt werden. Es ist definiert als das Produkt aus der Faserlänge und der maximalen Bandbreite. Da ein Signal wegen der Dispersion um so weiter auseinander läuft, je größer die zurückgelegte Strecke ist, ist das Bandbreiten-Längenprodukt eine Kennzahl für eine Glasfaser. Ein typischer Wert für eine Stufenindex-Faser liegt bei 50 MHz km [25]. Bei einer Faserlänge von 500 m darf

Bild 4.17: Schnittmodell eines Weitwinkelobjektivs von Carl Zeiss. Mit freundlicher
Genehmigung der Carl Zeiss AG.

die Bandbreite des Signals also 100 MHz nicht überschreiten. Bei Gradientenindex-
Fasern liegt der Wert bei etwa 5 GHz km, bei Monomode-Fasern sogar bei bis zu
50 GHz km.

Auch in
optischen
Systemen muss
man
Dispersion
vermeiden.

Für den Einsatz von Gläsern in optischen Systemen, beispielsweise Linsen für
Kameras, ist es ebenfalls wichtig, Dispersion zu vermeiden, da ansonsten weiße Lichtpunkte mit farbigen Rändern abgebildet werden. Dies geschieht durch
ausgeklügeltes Hintereinanderschalten von mehreren Linsen mit verschiedenen
Brechungsindices und unterschiedlicher Form. Dies dient auch dazu, die optischen Verzerrungen durch einzelne Linsen auszugleichen. Bild 4.17 zeigt als
Beispiel einen Querschnitt durch ein Weitwinkelobjektiv. Für die Konstruktion
solcher Objektive ist es wichtig, den Brechungsindex der verwendeten Gläser
möglichst genau einstellen zu können. Gläser mit hoher Brechkraft haben dabei
den Vorteil, dass die verwendeten Linsen weniger stark gekrümmt sein müssen.
Die Zugabe von Germanium, Phosphor oder Bleioxid erhöht den Brechungsindex von Gläsern, während Bor oder Fluor ihn verringert. Gleichzeitig ist
angestrebt, die Dichte der Gläser gering zu halten, um das Gewicht der Linsen
zu reduzieren.

4.6   Schlüsselkonzepte

- Trifft Licht auf Materie, so werden Elektronenorbitale zu Schwingungen angeregt. Dadurch wird eine Lichtwelle ausgesandt, die mit der einfallenden Lichtwelle interferiert. Durch die Interferenz kann die einfallende Lichtwelle ausgelöscht werden (Reflexion), oder ihre Ausbreitungsgeschwindigkeit innerhalb des Mediums kann herabgesetzt werden.

- Die geringere Lichtgeschwindigkeit in einem Medium ist für die Lichtbrechung verantwortlich.

- Die Absorption von Licht kann durch das Modell der Photonen erklärt werden. Danach besteht Licht aus Teilchen mit einer Energie

$$E = h\nu = h\frac{c}{\lambda}\,.$$

- Photonen tragen auch einen Impuls

$$p = \frac{E}{c} = \frac{h}{\lambda} = \hbar k\,.$$

Dabei ist k die Wellenzahl.

- Licht kann in einem Material absorbiert werden, wenn es Energieniveaus gibt, deren Differenz ΔE der Energie $h\nu$ des zu absorbierenden Photons entspricht. Der Zustand mit der niedrigeren Energie muss dabei besetzt sein.

- In einem Festkörper können die Orbitale der einzelnen Atome zu unterschiedlichen Orbitalformen verschmelzen. Dadurch verbreitern sich die Energieniveaus zu Energiebändern.

- Energiebänder können Bandlücken besitzen, also Energiewerte, zu denen es keine möglichen Zustände gibt. In einem Isolator sind alle Zustände unterhalb einer Energielücke besetzt, oberhalb der Energielücke unbesetzt. In einem elektrischen Leiter trennt keine Bandlücke die besetzten von den unbesetzten Zuständen.

5   Farbstoffe

Außer nachts, wenn alle Katzen grau sind, ist unsere optische Wahrnehmung durch Farben gekennzeichnet. Wir verwenden Farben zum Schmuck, zur Kenntlichmachung und Markierung, aber auch, beispielsweise beim aus der Chemie bekannten Lackmustest, zur Detektion. Auch in der Natur sind farbige Stoffe häufig; der bekannteste Vertreter ist das Blattgrün (Chlorophyll, gr. chloros, »gelb-grün«, und phylos, »Blatt«), das von Pflanzen verwendet wird, um Lichtenergie in chemische Energie umzuwandeln.

5.1   Was ist eine Farbe?

»Farbe« ist keine rein physikalische Eigenschaft des Lichts, da die Farbwahrnehmung auch durch die Physiologie des Auges und des Gehirns beeinflusst wird. Dies kann man leicht an einem Experiment verdeutlichen. Dazu betrachte man zunächst eine gleichmäßig gefärbte Fläche mit einer relativ kräftigen Farbe, beispielsweise grün, für eine längere Zeit (etwa eine Minute) mit möglichst starrem Blick. Schaut man hinterher eine weiße Fläche an, so erscheint diese schwach rötlich verfärbt. Nach kurzer Zeit normalisiert sich die Farbwahrnehmung wieder.

Farbe entsteht durch ein Wechselspiel von Physik und Physiologie.

Die Physiologie des Farbsehens ist sehr komplex und immer noch Gegenstand aktiver Forschung. In diesem Kapitel wollen wir uns mit der physikalischen Seite der Farbe befassen und verstehen, wieso verschiedene Materialien unterschiedliche Farben besitzen.

Wir verwenden zunächst das Modell von Licht als elektromagnetischer Welle. Betrachten wir den einfachsten Fall von Licht einer einzigen Wellenlänge, dem *monochromatischen Licht* (nach griechisch monos, »ein« und chroma, »Farbe«). Solches Licht erscheint in einer kräftigen Farbe, die von der Wellenlänge abhängt. Beispielsweise wird Licht mit einer Wellenlänge von $450\,\mathrm{nm}$ als blau wahrgenommen, solches mit einer Wellenlänge von $650\,\mathrm{nm}$ als rot (siehe Tabelle 5.1).

Monochromatisches Licht hat nur eine Wellenlänge.

Die Wellenlängen der elektromagnetischen Strahlung sind natürlich nicht auf den sichtbaren Bereich begrenzt. Bild 5.1 zeigt ein Spektrum der Wellenlängen, das sich über 23 Zehnerpotenzen erstreckt.

Im Allgemeinen ist Licht jedoch nicht monochromatisch, sondern enthält eine Mischung aus zahlreichen Wellenlängen oder ein kontinuierliches Spektrum. Sind alle Wellenlängen mit ungefähr gleicher Intensität vertreten, so wird das Licht als farblos wahrgenommen; je nach Intensität erscheint ein Körper, der Licht in dieser Weise reflektiert, als weiß, grau oder, falls nur sehr wenig Licht reflektiert wird, als schwarz.

Licht, in dem alle Wellenlängen vorhanden sind, erscheint farblos.

Tabelle 5.1: Farbeindruck für monochromatisches Licht und zugehörige Komplementärfarben.

Wellenlänge (nm)	Farbe	Komplementärfarbe
400–435	Violett	Gelbgrün
435–490	Blau	Gelb
490–500	Blaugrün	Rot
500–560	Grün	Purpur
560–580	Gelbgrün	Violett
580–595	Gelb	Blau
595–605	Orange	Grün-blau
605–750	Rot	Blaugrün

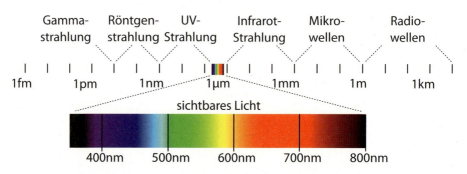

Bild 5.1: Das elektromagnetische Spektrum

Die Komplementärfarbe entsteht, wenn Licht einer Farbe im Lichtspektrum fehlt.

Aus dem vorigen Kapitel wissen wir, dass viele Materialien nur ganz bestimmte Lichtwellenlängen absorbieren können. Fällt weißes Licht auf ein solches Material, so fehlt im Lichtspektrum des reflektierten Lichts der entsprechende Wellenlängenbereich. Das Material erscheint auch in diesem Fall farbig, wobei der Farbeindruck aber nicht der fehlenden Wellenlänge entspricht. Die tatsächlich wahrgenommene Farbe wird als *Komplementärfarbe* (lat complementum, »Ergänzung«) bezeichnet. Beispielsweise ist Blau die Komplementärfarbe von Gelb. Nimmt man also einen blauen Farbeindruck wahr, so kann dieser auf zwei Arten entstehen: Er kann entweder durch Licht im Wellenlängenbereich von etwa 450 nm (»blaues Licht«) hervorgerufen werden, oder durch Licht mit einem gleichmäßigen Intensitätsspektrum, bei dem Wellenlängen im Bereich 590 nm nicht vorhanden sind, wie in Bild 5.2 dargestellt.

»Satte« Farben haben schmale Absorptions- oder Emissionsbereiche.

Zusätzlich zum eigentlichen Farbeindruck nehmen wir Farben auch mit einer anderen Qualität wahr, die als »Sättigung« bezeichnet wird: Farben können als mehr oder weniger kräftig erscheinen. Generell gilt, dass »satte« Farben in Reflexion durch schmaler Absorptionsbänder hervorgerufen werden, matte Farben durch breite Absorptionsbänder. Für direkt erzeugtes Licht gilt entsprechend die Umkehrung: Hier erscheinen Farben als besonders kräftig, die ein eng begrenztes Spektrum besitzen, und als matt, wenn das Spektrum breiter ist. Die Spektren, die in Bild 5.2 dargestellt sind, führen also zu satten Farbeindrücken.

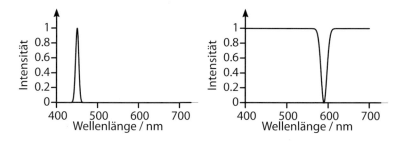

Bild 5.2: Lichtspektren, die einen blauen Farbeindruck erzeugen. Im linken Teilbild liegt ein Lichtspektrum mit einem Maximum im Bereich des blauen Lichts vor, im rechten Teilbild fehlt im Lichtspektrum die Komplementärfarbe des blauen Lichts. Die Darstellung ist nur schematisch zu verstehen, da das menschliche Auge nicht in allen Wellenlängenbereichen gleich empfindlich ist.

Um einen Farbstoff herzustellen, ist es also notwendig, ein Material zu finden, dass die jeweilige Komplementärfarbe absorbiert. Je nach den Details der Absorption lassen sich dabei verschiedene Farbeindrücke erzeugen.

⤳ Das menschliche Auge verfügt über zwei unterschiedliche Typen von Sinneszellen: Stäbchen und Zapfen[1]. Die sehr lichtempfindlichen Stäbchen sind für das Dunkelsehen zuständig und werden weiter unten kurz diskutiert werden. Sie sind nicht farbempfindlich, so dass wir nachts keine Farben wahrnehmen können. Für das Farbsehen sind die Zapfen zuständig. Es gibt drei unterschiedliche Zapfentypen, die eine Empfindlichkeit in unterschiedlichen Spektralbereichen besitzen. Man bezeichnet sie als L, M und S für lange, mittlere und kurze (»short«) Wellenlängen. L-Zapfen haben ein Empfindlichkeitsmaximum bei einer Wellenlänge von 564 nm, M-Zapfen bei 534 nm und L-Zapfen bei 420 nm.

⤳ Der Farbeindruck entsteht aus der Anregung der drei Zapfentypen. Man kann die Anregung jedes Zapfentyps mit einer Zahl zwischen Null (keine Anregung) und Eins (maximale Anregung) angeben. Die Summe der Anregungen der drei Zapfentypen ist für den Helligkeitseindruck verantwortlich. Wenn man nur den Farbeindruck charakterisieren will, kann man annehmen, dass das Licht immer dieselbe Helligkeit hat und entsprechend die Summe aller drei Anregungen auf 1 normieren, so dass nur zwei unabhängige Größen übrig bleiben.

⤳ Da die drei Typen nicht nur Licht genau einer Wellenlänge absorbieren, sondern sich die Absorptionsspektren überlappen, sind nicht alle denkbaren Anregungen der Zapfentypen möglich – beispielsweise ist es nicht möglich, nur die M-Zapfen anzuregen, aber die L- und S-Zapfen nicht. Man kann alle möglichen Anregungen der Zapfentypen in ein Diagramm eintragen und jeweils kennzeichnen, welche Farbe ein Betrachter wahrnimmt. Dies ist die so genannte Normfarbtafel oder Normbeobachter-Darstellung, siehe Bild 5.3. Hat beispielsweise die Anregung der L-Zapfen den Wert 0,6

---

1 Der häufig verwendete Begriff »Zäpfchen« ist in der Biologie in Ungnade gefallen und sollte nicht mehr verwendet werden.

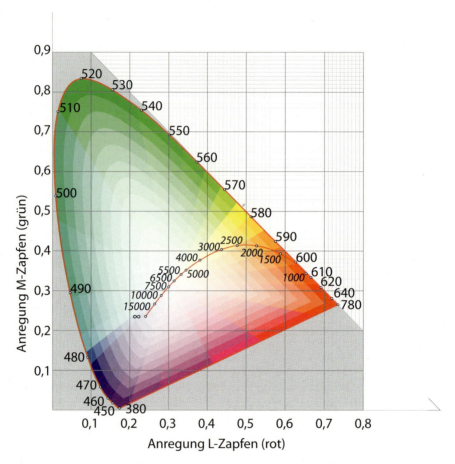

Bild 5.3. ⤳Normfarbtafel. Aufgetragen ist der Farbeindruck, der entsteht, wenn
die L- und M-Zapfen mit bestimmter Stärke angeregt werden. Die eingezeichnete Kurve im Inneren des Feldes entspricht dem Farbeindruck
eines Schwarzen Strahlers (siehe Abschnitt 8.2.1) mit der entsprechenden Temperatur (in Kelvin). Detaillierte Erläuterung im Text. Nach
einer Vorlage von Torge Anders, mit freundlicher Genehmigung.

und die der M-Zapfen den Wert 0,3 (die Anregung des S-Zapfens ist dann 0,1), so nimmt man einen blassroten Farbeindruck wahr.

⤳   Regt man die Zapfen mit monochromatischem Licht an, so ergeben sich Punkte auf dem Rand des Bereichs, die das Spektrum von rot nach blau überstreichen. Diese Punkte korrespondieren mit besonders intensiven und kräftigen Farben. Die beiden Endpunkte des Spektrums bei rot und blau werden durch die sogenannte Purpurlinie verbunden; um Farbeindrücke auf dieser Linie oder im Inneren des Bereichs zu erzeugen, kann man allerdings kein monochromatisches Licht verwenden. Werden alle drei Typen gleich angeregt, so entsteht ein weißer Farbeindruck.

⤳   Betrachtet man die Darstellung der Normfarbtafel oder auch das elektromagnetische Spektrum selbst, so erkennt man, dass der gelbe Bereich vergleichsweise schmal ist. Dies liegt daran, dass die Absorptionsmaxima der L- und M-Zapfen sehr dicht beieinander liegen. In diesem Wellenlängenbereich führen also leicht unterschiedliche Wellenlängen bereits zu stark unterschiedlichen Farbeindrücken, so dass Licht mit Wellenlängen in diesem Bereiche gut farblich aufgelöst werden kann.

⤳   Die Farbwahrnehmung ist bei verschiedenen Tierarten unterschiedlich ausgeprägt: Fische, Amphibien, Reptilien und Vögel verfügen über vier Zapfentypen, können also vier Grundfarben wahrnehmen. Evolutionär sind auf dem Weg zu den Säugetieren zwei dieser vier Typen verloren gegangen (vermutlich, weil die ersten Säugetiere nachtaktiv waren), so dass die meisten Säugetierarten eine eingeschränkte Farbwahrnehmung haben. Die Primaten, die darauf angewiesen waren, farbige Früchte zwischen grünen Blättern erkennen zu können, haben dann einen der beiden noch vorhandenen Zapfentypen so variiert, dass sie drei unterschiedliche Zapfentypen besitzen, von denen zwei, wie erläutert, relativ ähnliche Absorptionsspektren haben.

Damit ein Material Licht einer bestimmten Wellenlänge λ absorbieren und somit als Farbstoff wirken kann, muss es, wie im vorigen Kapitel erläutert, Energieniveaus besitzen, deren Differenz durch

$$E = \frac{hc}{\lambda} = h\nu \tag{5.1}$$

gegeben ist. Zusätzlich muss das niedrigere der beiden Niveaus mit einem Elektron besetzt sein, während das höhere Niveau nicht voll besetzt sein darf, denn andernfalls würde das Pauli-Prinzip den Übergang verhindern.

Licht wird absorbiert, wenn das Material passende Energieniveaus hat.

⚠   Zusätzlich ist es wichtig, dass das Elektron im höheren der beiden Energieniveaus immer noch an das jeweilige Atom oder Molekül gebunden ist, ansonsten würde die Lichteinstrahlung den Farbstoff sofort zerstören. Das Elektron fällt nach kurzer Zeit wieder in das niedrigere Niveau zurück, wobei es seine Energie entweder durch Lichtaussendung abgibt (dies führt zu Fluoreszenz oder Phosphoreszenz, wie weiter unten erläutert wird) oder an seine Umgebung abgibt, beispielsweise als mechanische Schwingungsenergie. Dies führt zu einer Temperaturerhöhung.

5.2   Farbige Gläser

Farbige Gläser lassen sich herstellen, indem man dem Glas Ionen von Übergangsmetallen hinzufügt, da diese energetische Übergänge im Bereich des sicht-

Farbige Gläser enthalten oft Metallionen.

baren Lichts besitzen. Kobaltionen bewirken beispielsweise ein Blaufärbung, Nickelionen eine Grünfärbung.

Eine andere Möglichkeit, gefärbtes Glas herzustellen, beruhen auf der Einlagerung feiner metallischer Partikel, deren Größe im Bereich der Lichtwellenlänge liegt. Diese Partikel können Licht reflektieren, dessen Wellenlänge größer als die Partikelgröße ist, Licht kleinerer Wellenlängen bleibt dagegen unbeeinflusst. Dies ist ähnlich zur Rayleigh-Streuung (siehe Abschnitt 4.3.3) und wird als Mie-Streuung bezeichnet. Zusätzlich kann Licht von diesen Teilchen auch absorbiert werden.

Auch halbleitende Materialien (beispielsweise Cadmiumsulfid CdS) können zur Glasfärbung verwendet werden. Mit der Lichtabsorption in Halbleitern beschäftigen wir uns detailliert in Kapitel 7.

Warum Rubin rot erscheint.

Auch die Farben von Edelsteinen kommen durch Einlagerung von Ionen zu Stande. Wir wollen dies am Beispiel des Rubins noch etwas detaillierter untersuchen, weil die Energieniveaus des Rubins auch für die spätere Diskussion des Rubinlasers von Bedeutung sind. Rubin besteht aus einer Aluminiumoxid-Matrix (Al_2O_3), in der einige Aluminiumionen durch Chrom (Cr^{3+}) substituiert sind. Die Energieniveaus der eingelagerten Chromionen zeigt Bild 5.4. Es gibt hierbei drei Absorptionsbereiche, einen im roten, einen im grünen und einen im blauen Bereich. Die zugehörigen Energieniveaus werden als E_2, E_3 und E_4 bezeichnet, der Grundzustand ist E_1. Die Absorption im roten Bereich ist allerdings sehr schwach, so dass Licht hauptsächlich im blauen und grünen Bereich absorbiert wird. Der Rubin erscheint deshalb rot. Absorbiert ein Rubin blaues Licht, so wird ein Elektron in das Energieniveau E_4 gehoben. Dieses Elektron verbleibt jedoch nicht in dem angeregten Niveau, sondern fällt wieder zurück in einen Zustand niedrigerer Energie. Dabei hat es prinzipiell drei Möglichkeiten, nämlich den Übergang in die Niveaus E_1, E_2 und E_3. Von besonderem Interesse ist hier der Übergang in den Zustand E_2. Dieser Übergang erfolgt nicht durch Abstrahlung von Licht, sondern durch Übertragung der Energie an den umgebenden Kristall. Anschließend fällt das Elektron vom Zustand E_2 zurück in den Grundzustand E_1, wobei es rotes Licht emittiert. Die rote Farbe des Rubins kommt also nicht nur durch die Absorption blauer und grüner Lichtwellenlängen zu Stande, sondern wird noch zusätzlich durch die Emission von rotem Licht verstärkt. Dieses Phänomen bezeichnet man als *Fluoreszenz* (lat. fluor, »Fluss«, abgeleitet vom Namen des fluoreszierenden Minerals Fluorit, das in der Metallherstellung als Flussmittel verwendet wurde).

Fluoreszenz: Ein angeregtes Elektron fällt unter Lichtaussendung in den Grundzustand.

Phosphoreszenz: verzögerte Fluoreszenz.

Eine Besonderheit des Zustandes E_2 ist, dass er relativ stabil ist. Aus dem Energieniveau E_4 fällt das Elektron nahezu sofort in ein niedrigeres Niveau, beispielsweise E_2; die Verweildauer liegt im Nanosekundenbereich. Das Energieniveau E_2 ist dagegen relativ stabil, d.h., das Elektron bleibt eine Weile (einige Millisekunden) in diesem Niveau, bevor es in den Grundzustand zurückfällt. In anderen Materialien kann diese Verweildauer noch wesentlich länger sein und mehrere Stunden betragen. In diesem Fall sendet das Material also noch einige Zeit nach der Bestrahlung Licht aus. Diese so genannte *Phosphoreszenz* wird beispielsweise verwendet, um Leuchtziffern von Uhren herzustellen.

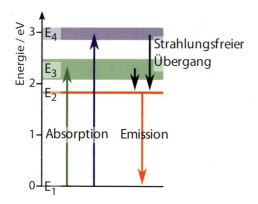

Bild 5.4: Energieniveaus eines Rubins.

Zustände wie die im Rubin oder in phosphoreszierenden Materialien, die eine hohe Stabilität besitzen, bezeichnet man häufig auch als *metastabil*. Übergänge zwischen diesen Zuständen und dem Grundzustand werden als *verbotene Übergänge* bezeichnet, obwohl sie nicht vollkommen ausgeschlossen, sondern nur relativ unwahrscheinlich sind.

Es stellt sich natürlich die Frage, was die stark unterschiedliche Verweildauer der Elektronen verursacht, die immerhin um mehr als zwölf Zehnerpotenzen schwanken kann. Detailliert lässt sich dies nur mit Hilfe quantenmechanischer Rechnungen beantworten, doch die Stabilität einiger Zustände, wie beispielsweise des angeregten Zustandes des Rubins, lässt sich relativ einfach verstehen, wenn man berücksichtigt, dass Photonen einen Drehimpuls (Spin) besitzen. (Siehe auch S. 89.) Bei einem Übergang, bei dem ein Photon ausgesandt wird, muss der Drehimpuls erhalten bleiben. Da das Photon Drehimpuls mitträgt, muss sich der Drehimpuls des Elektrons entsprechend ändern. Elektronen in einem Atom tragen zwei verschiedene Sorten von Drehimpuls, nämlich zum einen ihren Eigendrehimpuls (Spin, siehe Kapitel 9), und zum anderen einen Bahndrehimpuls (siehe Kapitel 10), den man sich anschaulich im einfachen Planetenmodell der Elektronen vorstellen kann. Beispielsweise ist der Bahndrehimpuls in einem Wasserstoffatom für alle s-Orbitale gleich Null, für alle p-Orbitale gleich $h/2\pi$. Übergänge zwischen dem $2s$- und dem $1s$-Orbital ändern den Bahndrehimpuls nicht und sind deshalb verboten, da bei Aussendung eines Photons die Drehimpulserhaltung verletzt würde.

In vielen Fällen kann ein solcher Übergang aber trotzdem stattfinden, wobei der fehlende Drehimpuls beispielsweise durch Umklappen des Spins des beteiligten Elektrons zur Verfügung gestellt werden kann. In solchen Fällen ist der Übergang zwar nicht mehr komplett ausgeschlossen, aber immer noch sehr unwahrscheinlich. Entsprechend kann die Verweildauer eines Elektrons im angeregten Zustand sehr groß sein. Auch beim Rubin muss beim Übergang vom angeregten Zustand E_2 in den Grundzustand ein Elektronenspin umklappen.

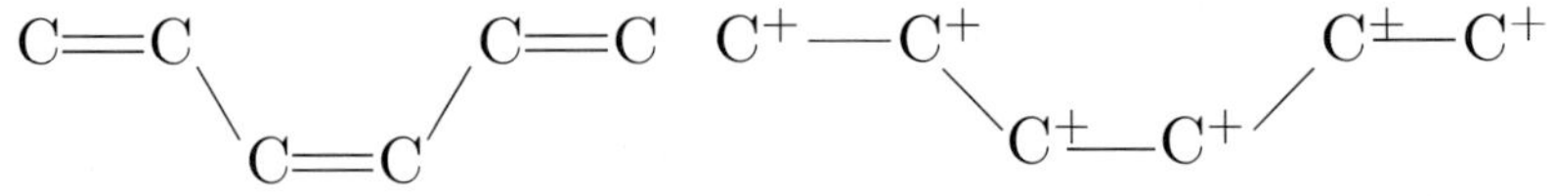

$$C=C \diagdown_{\textstyle C=C} \diagup^{\textstyle C=C} \qquad C^+-C^+ \diagdown_{\textstyle C^\pm-C^+} \diagup^{\textstyle C^\pm-C^+}$$

Bild 5.5: Molekül aus einer Kette aus sechs Kohlenstoffatomen. Links: Alternierende Einfach- und Doppelbindungen. Rechts: Alle Elektronen in Doppelbindungen wurden entfernt, so dass eine Ionenkette übrig bleibt. Der Einfachheit halber wurden die Wasserstoffatome im Molekül nicht mitgezeichnet; Atome in der Kettenmitte haben je ein Wasserstoffatom gebunden, Atome an den Enden zwei.

5.3 Organische Farbstoffe

5.3.1 Das Kastenpotential

Viele Farbstoffe sind organische Moleküle.

Die meisten Farbstoffe, wie sie beispielsweise in Textilien Anwendung finden, sind organischer Natur, d. h., sie sind Moleküle auf Kohlenstoffbasis. In diesem Abschnitt wollen wir an Hand eines einfachen Modells untersuchen, wie in einem solchen Molekül Farbigkeit entstehen kann. Das verwendete Modell wird im nächsten Kapitel auch dazu dienen, das Verhalten von Metallen zu verstehen.

Organische Farbstoffe haben alternierende Einfach- und Doppelbindungen.

Farbstoffmoleküle besitzen meist eine chemische Struktur, in der Einfach- und Doppelbindungen alternierend auftreten. Betrachten wir ein Molekül mit N Kohlenstoffatomen, wobei N eine gerade Zahl ist, siehe Bild 5.5, links.

Die Elektronen in den Doppelbindungen bestimmen die höchsten besetzten Energieniveaus.

Gesucht ist die Energie des höchsten mit einem Elektron besetzten und des niedrigsten unbesetzten Zustandes, denn deren Energiedifferenz bestimmt die Absorption im Molekül.[2] Diese Energie ist bestimmt durch diejenigen Elektronen, die in den Doppelbindungen gebunden sind. Um das Verhalten dieser Elektronen zu verstehen, können wir ein einfaches Modell betrachten, in dem wir zunächst alle Elektronen in Doppelbindungen entfernen. Zurück bleibt eine Kette aus N einfach positiv geladenen Kohlenstoffionen mit jeweils einem (beziehungsweise an den Enden zwei) gebundenen Wasserstoffatomen (Bild 5.5, rechts). Fügen wir nun das erste Elektron wieder dem System hinzu, so »sieht« dieses Elektron im wesentlichen das anziehende Potential der N Kohlenstoffionen.

Näherungen: Vom Molekül zum Kasten.

Um das Problem leichter lösbar zu machen, verwenden wir einige Näherungen. Zunächst vernachlässigen wir die Bindungswinkel und stellen uns vor, dass die einzelnen Kohlenstoffatome entlang einer geraden Linie angeordnet sind, siehe Bild 5.6. Damit können wir das Problem als ein eindimensionales Problem betrachten. Die Elektronen befinden sich also in einem räumlich veränderlichen Potential entlang einer Linie. Innerhalb des Moleküls ist es für ihre Orbitale

---

2 Natürlich gibt es auch Übergänge zwischen niedrigeren besetzten, und höheren unbesetzten Zuständen. Die Differenz zwischen den beiden hier betrachteten Niveaus ist die kleinstmögliche Energiedifferenz. Wir werden im Folgenden sehen, dass diese meist im sichtbaren oder sogar im ultravioletten Bereich des Spektrums liegt; andere Übergänge liegen also nahezu immer im Ultravioletten und sind deshalb für die Farbigkeit irrelevant.

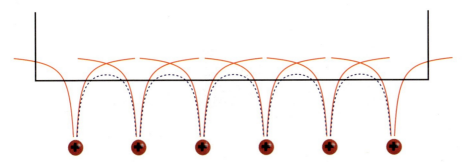

Bild 5.6: Annäherung des elektrischen Potentials einer Ionenkette aus sechs Ionen durch ein einfaches Kastenpotential. In rot sind die Coulomb-Potentiale der einzelnen Ionen eingezeichnet, die blaue, gestrichelte Linie zeigt jeweils die Überlagerung der Potentiale benachbarter Ionen, die fett gedruckte Linie zeigt die Näherung als Kasten.

energetisch günstiger, wenn sie dort einen höheren Wert haben, wo sich die Kohlenstoff-Ionen befinden. Am linken und rechten Rand des Moleküls steigt ihre Energie an, denn dort würden sie das Molekül verlassen. In einer – zugegebenermaßen groben – Näherung können wir das Potential der Kohlenstoff-Ionen als entlang des Moleküls konstant ansehen. Man bezeichnet diese Potentialform auch als *Kastenpotential*. Das Elektron (bzw. sein Orbital) ist also innerhalb des »Kastens« eingesperrt und kann diesen wegen der unendlich hohen Wände nicht verlassen. Im Inneren des Kastens ist das Potential konstant, die Position hat also keinen Einfluss auf die potentielle Energie des Orbitals. Dieses Potential ist nun so einfach, dass die Energieniveaus und die Elektronenorbitale mit den Methoden der Quantenmechanik direkt berechnet werden können.[3]

Ein einfaches Modell: Das Kastenpotential.

Das Potential ist deswegen quasi-eindimensional, weil seine Ausdehnung in Querrichtung sehr viel kleiner ist als entlang der Molekülachse. Die Elektronenorbitale in dieser Richtung sind deshalb Grundzustandsorbitale, da die angeregten Orbitale eine deutlich höhere Energie besitzen würden, siehe Gleichung (6.11).

5.3.2   Orbitale und Energieniveaus des Kastenpotentials

Für die Energieniveaus ergibt sich folgende Gleichung:

$$E_n = \frac{n^2 h^2}{8mL^2} \,.$$

(5.2)

Die Energieniveaus im Kastenpotential.

---

3 In den vorigen Kapiteln haben wir die Energieniveaus von Molekülen beschrieben, indem wir untersucht haben, wie sich die Energie der Elektronen einzelner Atome ändert, wenn man sie annähert. Hier gehen wir einen anderen Weg und nähern das Molekül direkt mit Hilfe des Kastenpotentials. In Abschnitt 6.5.3 werden wir sehen, wie diese beiden unterschiedlichen Beschreibungsmethoden miteinander in Einklang gebracht werden können.

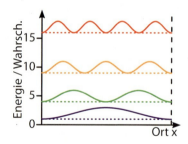

Bild 5.7: Aufenthaltswahrscheinlichkeit eines Elektrons im Kastenpotential für die vier niedrigsten Zustände. Aufgetragen ist jeweils die Wahrscheinlichkeit, das Elektron am Ort x zu finden. Die Höhe der Null-Linie der Orbitale gibt die Energie des jeweiligen Zustands an.

Dabei ist h die Planck-Konstante, m die Elektronenmasse, L die Länge des Kastens und $n = 1, 2, \ldots$ eine beliebige positive Zahl, die man auch die *Quantenzahl* nennt. Das niedrigste Energieniveau hat also den Wert $h^2/8mL^2$, das nächst-höhere den Wert $4h^2/8mL^2$ etc. Da die Energie mit dem Quadrat der Quantenzahl wächst, wird der Abstand der Energieniveaus mit höheren Energien immer größer.

Orbitale im Kastenpotential haben Maxima und Minima und sehen wellenartig aus.

Die zugehörigen Orbitale, also die Aufenthaltswahrscheinlichkeiten der Elektronen, haben eine einfache Form. Für die Aufenthaltswahrscheinlichkeit $O_n(x)$ des n-ten Energieniveaus in einem Kasten, der sich von $x = 0$ bis $x = L$ erstreckt, gilt

$$O_n(x) = \frac{2}{L} \sin^2 \frac{n\pi x}{L} \,, \tag{5.3}$$

die Orbitale sehen also wellenartig aus. Bild 5.7 zeigt die Orbitale zu den niedrigsten vier Energien. Es ist dabei üblich, die Orbitale übereinander zu zeichnen, und zwar in einem Abstand, der dem jeweiligen Energieniveau entspricht. Man erkennt, dass die Orbitale eine wellenartige Form haben. Die Zahl der Schwingungsbäuche ist dabei durch die Quantenzahl n gegeben; das Orbital des Grundzustands hat einen Schwingungsbauch, das des ersten angeregten Zustandes zwei usw. Da die Wellenlänge einer Welle gleich dem Abstand eines Nulldurchgangs zum übernächsten Nulldurchgang ist, entspricht die Wellenlänge der Elektronwelle der doppelten Periodenlänge der Orbitale, sie beträgt also $2L$ für den Grundzustand ($n = 1$), L für den ersten angeregten Zustand ($n = 2$), $(2/3)L$ für den zweiten angeregten Zustand ($n = 3$).

Der Wert eines Orbitals ist immer positiv.

Das Orbital gibt die Wahrscheinlichkeit an, das Elektron an einem Ort zu finden. Natürlich können Wahrscheinlichkeiten niemals negativ werden, so dass der Wert des Orbitals an jedem Punkt des Raumes positiv oder Null ist, und es mag merkwürdig erscheinen, dass es eine Differentialgleichung geben soll, die eine solche Größe beschreiben kann. Ähnliche Größen gibt es aber auch in anderen Bereichen der Physik: bei einer schwingenden Seilwelle oder Saite nehmen die Auslenkung und die Geschwindigkeit der Teilchen der Saite positive und negative Werte an, denn die Saite schwingt ja in beide Richtungen. Die Energiedichte allerdings, die proportional zum Quadrat der Geschwindigkeit und der lokalen Dehnung ist, ist immer positiv.

Man könnte also vermuten, dass es auch beim Elektron im Kastenpotential eine Größe wie die Auslenkung oder die Geschwindigkeit geben muss, die quadriert wird, um den Wert des Orbitals zu erhalten. Dies ist auch tatsächlich der Fall. Man nennt diese Größe – ziemlich einfallslos – die *Wellenfunktion*. In der Quantenmechanik und der Festkörperphysik wird meist mit der Wellenfunktion gearbeitet, nicht mit den Orbitalen. In diesem Buch wird die Wellenfunktion allerdings in die vertiefenden Abschnitte verbannt.

Elektronen werden meist mit Wellenfunktionen beschrieben, nicht mit Orbitalen.

 Die Aufenthaltswahrscheinlichkeit $O(x)$ wird durch die Wellenfunktion $\psi(x)$ nach der Gleichung

$$O(x) = |\psi(x)|^2 \tag{5.4}$$

bestimmt. $\psi(x)$ ist dabei eine komplexwertige Funktion, die an jedem Raumpunkt definiert ist, $|\psi(x)|^2 = \psi^*\psi$ ist ihr Betragsquadrat, wobei das Symbol * das Komplex-Konjugierte bezeichnet

 Dass die Wellenfunktion komplexe Werte annehmen kann, mag erstaunlich erscheinen, denn reale Messgrößen können natürlich niemals komplexwertig sein. Die Wellenfunktion selbst ist jedoch keine beobachtbare Größe, sondern ein mathematisches Element in einer Modellbeschreibung. Beobachtbare Größen, wie beispielsweise Energien, sind immer reell.

 Die Wellenfunktion verhält sich ähnlich wie eine elektromagnetische Welle, d. h., auch für sie gibt es eine partielle Differentialgleichung, die ihr Verhalten und ihre Ausbreitung beschreibt. Diese Gleichung ist die bereits in Abschnitt 3.3.1 erwähnte Schrödinger-Gleichung.

 Wir beschränken uns zunächst auf die zeitunabhängige Schrödinger-Gleichung, die ausreicht, um die Energieniveaus in einem System zu berechnen. Mit dieser Gleichung können also Zustände von Elektronen beschrieben werden, die zeitlich konstant sind. Damit verbunden ist auch eine konstante Energie der Elektronenzustände. Die globalen Eigenschaften von Übergängen zwischen zwei Zuständen können so ebenfalls betrachtet werden, da sich der eine Zustand von der Zeit $t = -\infty$ bis $t = 0$ erstreckt und der andere von $t = 0$ bis $t = \infty$. Die Details des Übergangs (also beispielsweise die genaue Änderung der räumlichen Verteilung der Aufenthaltswahrscheinlichkeit) können so allerdings nicht erfasst werden.

 Die Schrödinger-Gleichung macht zwei zentrale Aussagen über die Energie eines Elektrons, das durch eine bestimmte Wellenfunktion beschrieben wird (siehe auch Abschnitt 3.3): Wellenfunktionen haben eine niedrige Energie, wenn ihre zweite Ableitung klein ist und wenn die Aufenthaltswahrscheinlichkeit des Elektrons in Bereichen niedriger potentieller Energie groß ist.[4] Eine Folgerung aus der ersten Aussage ist, dass Wellenfunktionen möglichst ausgedehnt sein müssen, um eine niedrige Energie zu besitzen, denn wenn die Wellenfunktion eng lokalisiert ist, dann muss sie vom Wert Null auf einen Maximalwert stark ansteigen und dann wieder abfallen, so dass ihre zweite Ableitung an einigen Stellen große Werte annimmt. Dieser Term, der die

---

4 Dabei wird jeweils übr den ganzen Raum integriert.

Änderung der Wellenfunktion misst, hängt mit der kinetischen Energie des Elektrons zusammen.

Um die beiden Energieterme anschaulich zu verstehen, wollen wir kurz die uns schon bekannten Fälle betrachten. Untersuchen wir zunächst den Grundzustand des Wasserstoffatoms: Die Wellenfunktion (siehe Bild 3.7 auf Seite 57, das das Orbital zeigt) ist in dem Bereich konzentriert, wo die Anziehung durch das Proton am größten ist. Auf der anderen Seite erhöht eine zu starke Konzentration der Wellenfunktion die Energie wieder, weil der Wert der zweiten Ableitung steigt, so dass sich ein Kompromiss einstellt. Die Wellenfunktion steigt deshalb von außen kommend zunächst an, erreicht ihren Maximalwert am Ort des Protons und fällt dann wieder ab. Die Form der Wellenfunktion im Grundzustand ist also mit den oben angegebenen Regeln im Einklang.

Als zweites betrachten wir wieder das eindimensionale Kastenpotential. Im Inneren des Kastens ist das Potential konstant, die Energie ließe sich also dadurch minimieren, dass auch die Wellenfunktion einen konstanten Wert besitzt, denn dann wäre die zweite Ableitung der Funktion überall gleich Null.

Da aber das Potential am Rand des Kastens abrupt auf einen unendlich großen Wert ansteigt, muss die Wellenfunktion hier den Wert Null annehmen. Mit einer im Inneren des Kastens konstanten Wellenfunktion würde sich so ein abrupter Sprung am Rand ergeben, der zu einem hohen Wert der zweiten Ableitung und damit zu einer entsprechenden Energieerhöhung führen würde. Im Grundzustand ist der Verlauf der Wellenfunktion deshalb glatter, und sie steigt sanft (sinusförmig) vom Rand des Kastens zur Mitte hin an und fällt dann wieder ab. Die Wellenfunktion für das n-te Energieniveau ist

$$\psi_n = \sqrt{\frac{2}{L}} \sin(n\pi x/L) \,, \tag{5.5}$$

wenn sich der Kasten von $x = 0$ bis $x = L$ erstreckt.[5] Die Wellenfunktion in einem eindimensionalen Kastenpotential ist also eine Sinuswelle, wobei die Wellenlänge mit steigender Energie der Wellenfunktion abnimmt. Die Quantenzahl n gibt direkt die Anzahl der Schwingungsbäuche der Welle an. Dies ist in Einklang mit der obigen Aussage, dass die Wellenfunktion eine um so niedrigere Energie besitzt, je weniger stark sie sich lokal ändert.

Für ein beliebiges, ortsabhängiges aber zeitlich konstantes Potential $V(x)$ lautet die Schrödinger-Gleichung für den räumlichen Anteil der Wellenfunktion[6]

$$-\frac{\hbar^2}{2m} \frac{\partial^2}{\partial x^2} \psi(x) + V(x)\psi(x) = E\psi(x) \,. \tag{5.6}$$

Dabei ist E die Energie der Wellenfunktion. Der erste Term, der die zweite Ableitung der Wellenfunktion enthält, misst die Änderung der Wellenfunktion mit dem Ort und entspricht der kinetischen Energie. Das Potential $V(x)$ hängt vom betrachteten Problem ab; beim Wasserstoffatom ist $V(x)$ das Coulomb-Potential des Wasserstoffkerns.

---

5 Gleichung (5.3) enthielt die entsprechende Beziehung für das Quadrat der Wellenfunktion.

6 Im Folgenden betrachten wir nur Situationen, in denen kein Magnetfeld wirkt, da ansonsten die Schrödinger-Gleichung eine etwas veränderte Form annimmt.

Im Kastenpotential mit unendlich hohen Wänden ist $V(x)$ im Inneren Null und an den Rändern des Kastens unendlich. Deshalb muss $\psi(x)$ am Rand des Kastens verschwinden und im Inneren gilt, dass die Wellenfunktion und ihre zweite Ableitung zueinander proportional sind. Diese Forderung lässt sich nur für bestimmte Werte von E erfüllen, so dass die Energie quantisiert ist. Generell gilt, dass gebundene Zustände quantisierte Energiewerte besitzen.

Die bisher betrachteten Orbitale im Wasserstoffatom oder im Kastenpotential sind zeitlich konstant. Dies gilt jedoch nicht für die Wellenfunktion, die immer eine Zeitabhängigkeit besitzt. Ist $\psi(x)$ eine Lösung für den räumlichen Anteil der Wellenfunktion zur Energie E, dann hat die Gesamt-Wellenfunktion $\Psi(x,t)$ die Form

$$\Psi(x,t) = \psi(x)e^{-iEt/\hbar}.$$

Es ist dabei in der Physik üblich, den räumlichen Anteil der Wellenfunktion mit dem Kleinbuchstaben ψ und die Gesamtwellenfunktion einschließlich der Zeitabhängigkeit mit dem Großbuchstaben Ψ zu bezeichnen.

Man erkennt, dass auch im stationären Fall die Gesamt-Wellenfunktion eine Zeitabhängigkeit besitzt. Die Aufenthaltswahrscheinlichkeit ist durch $|\Psi|^2$ gegeben, wobei die Funktion zu einer Zeit t ausgewertet wird. Für stationäre Zustände ist die Aufenthaltswahrscheinlich somit zeitunabhängig, weil sich die beiden komplex konjugierten Exponentialterme wegheben, es genügt also, nur den räumlichen Anteil der Wellenfunktion zu betrachten, der reell ist.

Die Gesamtwellenfunktion im Kastenpotential für den n-ten Zustand hat entsprechend die Form.

$$\Psi_n(x,t) = \sqrt{\frac{2}{L}} \sin \frac{n\pi x}{L} e^{-iEt/\hbar}. \tag{5.7}$$

Diese Lösungen entsprechen stehenden Wellen, da sich die Knoten der Sinusfunktionen räumlich nicht verschieben. Der Impuls eines Elektrons in einem solchen Zustand ist gleich Null, da die Wellenfunktion aus einer nach links und einer nach rechts laufenden Welle zusammengesetzt werden kann, siehe die Vertiefung auf Seite 138 und Abschnitt 6.4.4.

Für einen stationären Zustand ist also die Aufenthaltswahrscheinlichkeit zeitlich konstant. Ein solcher Zustand kann natürlich nicht verwendet werden, um zum Beispiel ein Elektron zu beschreiben, das sich von einem Ort zu einem anderen bewegt. Wie schon mehrfach erwähnt wurde, können Lösungen der Schrödinger-Gleichung überlagert werden, beispielsweise, um Wellenpakete zu erhalten. Ein Beispiel hierfür ist die Kombination von Wellenfunktionen im Kastenpotential, um Wellenpakete zu konstruieren (siehe Seite 152).

Um zu sehen, warum dies möglich ist, verwenden wir die zeitabhängige Schrödinger-Gleichung. Sie lautet

$$-\frac{\hbar^2}{2m}\frac{\partial^2}{\partial x^2}\Psi(x,t) + V(x)\Psi(x,t) = -i\hbar\frac{\partial}{\partial t}\Psi(x,t). \tag{5.8}$$

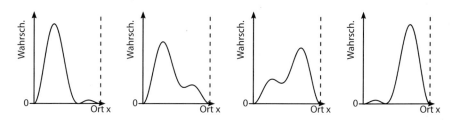

Bild 5.8. Zeitabhängiges Orbital im Kastenpotential zu vier verschiedenen Zeiten. Durch eine Überlagerung der Wellenfunktionen zum Zustand $n = 1$ und $n = 2$ entsteht ein Orbital, bei dem die Aufenthaltswahrscheinlichkeit von der Zeit abhängt.

Durch Einsetzen kann man sich überzeugen, dass die Summe zweier Lösungen der Gleichung ebenfalls eine Lösung ist. Auch für die Schrödinger-Gleichung gilt also ein Superpositionsprinzip. Dabei muss man allerdings darauf achten, dass Wellenfunktionen immer normiert sein müssen, damit die Gesamtwahrscheinlichkeit gleich 1 ist.

Betrachten wir als Beispiel die Wellenfunktionen Ψ_1 und Ψ_2 zu den beiden niedrigsten Energieniveaus im Kastenpotential nach Gleichung (5.7). Wir bilden jetzt die Summe aus beiden Funktionen $\Psi_{\mathrm{ges}} = c(\Psi_1 + \Psi_2)$, wobei c der Normierungsfaktor ist. Für diese Funktion ist die Aufenthaltswahrscheinlichkeit $|\Psi_{\mathrm{ges}}|^2$ nicht mehr zeitlich konstant, sondern verändert sich periodisch, wie Bild 5.8 zeigt.

In der gleichen Weise können auch mehrere Wellenfunktionen kombiniert werden. Analog zu den Überlegungen aus Kapitel 4 (siehe z. B. Bild 4.2 a) können so also durch Linearkombination Wellenpakete konstruiert werden.

Eine ausführliche Diskussion der Schrödinger-Gleichung und der Überlagerung von Wellenfunktionen findet sich in Büchern zur Quantenmechanik, beispielsweise [40, 55].

5.3.3 Lichtabsorption in organischen Farbstoffen

Die Elektronen füllen die Energieniveaus des Kastenpotentials.

Höchster besetzter Zustand: $N/2$.

Die Energieniveaus des Farbstoffmoleküls nach Gleichung (5.2) werden von den N Elektronen der Reihe nach aufgefüllt. Das Pauli-Prinzip sorgt dabei dafür, dass jedes Niveau nur zwei Elektronen aufnehmen kann, so dass das höchste besetzte Niveau die Energie $E_{N/2}$ besitzt. Bild 5.9 veranschaulicht das Auffüllen der Energieniveaus. Den höchsten besetzten Zustand bezeichnet man auch als HOMO (»highest occupied molecular orbital«, höchstes besetztes Molekülorbital), den niedrigsten unbesetzten als LUMO (»lowest unoccupied molecular orbital«, niedrigstes unbesetztes Molekülorbital). Um die Energie zu berechnen, benötigen wir noch die Länge des Kastenpotentials. Die mittlere Bindungslänge zwischen Kohlenstoffatomen, die alternierend einfach und doppelt gebunden sind, kann beispielsweise am ringförmigen Benzolmolekül (C_6H_6) gemessen werden; sie beträgt $d = 0{,}139\,\mathrm{nm}$. In einem Molekül aus N Kohlenstoffatomen ist der Abstand zwischen den beiden Randatomen also $(N-1)d$; da sich jedoch

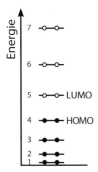

Bild 5.9: Auffüllen der Energieniveaus im Kastenpotential mit N (im Beispiel 8) Elektronen.

das Kastenpotential ein wenig über den Molekülrand heraus erstreckt, kann als Gesamtlänge näherungsweise $L = Nd$ angesetzt werden.

Aufgabe 5.1: Zeigen Sie, dass der absolute Wert der Energie des HOMO-Orbitals von der Anzahl der Kohlenstoffatome des Moleküls unabhängig ist. Häufig wird – insbesondere bei der Beschreibung von Metallen – die sogenannte Wellenzahl $k = 2\pi n/L$ an Stelle der Quantenzahl n verwendet. Zeigen Sie, dass auch die Wellenzahl des HOMO-Orbitals von der Anzahl der Kohlenstoffatome unabhängig ist und schreiben Sie die Energie als Funktion der Wellenzahl. □

Die niedrigst-mögliche Energiedifferenz liegt zwischen dem HOMO- und dem LUMO-Orbital, da der Übergang ja wegen des Pauli-Prinzips von einem besetzten in einen unbesetzten Zustand erfolgt. Sie beträgt demnach $\Delta E = E_{N/2+1} - E_{N/2}$.[7] Damit ergibt sich für die Energiedifferenz

Die Absorption des Farbstoffs im Kastenpotentialmodell.

$$\Delta E = \frac{h^2}{8md^2 N^2}\left((N/2 + 1)^2 - (N/2)^2\right) \tag{5.9}$$

$$= \frac{h^2}{8md^2}\frac{N+1}{N^2} \tag{5.10}$$

$$\lambda = \frac{8mcd^2}{h}\frac{N^2}{N+1}, \tag{5.11}$$

wenn λ die Wellenlänge der absorbierten Strahlung bezeichnet. Der Vorfaktor $8mcd^2/h$ hat einen Wert von 64 nm. Damit ergibt sich beispielsweise für $N = 6$ eine Absorptionswellenlänge von 330 nm. Gemessen wurde für dieses Molekül ein Wert von 268 nm. Weitere Werte finden sich in Tabelle 5.2.

---

7 In Aufgabe 5.1 wurde gezeigt, dass die Energie des HOMO-Orbitals von der Zahl der Kohlenstoffatome im Molekül unabhängig ist. Für die hier betrachtete Energiedifferenz gilt das jedoch nicht, denn je größer die Zahl der Kohlenstoffatome ist, desto dichter rücken die Energieniveaus zusammen.

Tabelle 5.2: Theoretische und gemessene Absorptionswellenlängen für einfache Farbstoffmoleküle $C_N H_{N+2}$ mit alternierenden Einfach- und Doppelbindungen.

N	Theor. λ	Gemessenes λ
4	204 nm	217 nm
6	330 nm	268 nm
8	454 nm	330 nm

Die theoretischen Werte liegen also in der richtigen Größenordnung; mehr kann aus dieser Abschätzung nicht erwartet werden, da relativ viele Näherungen verwendet wurden: Die Potentiale der Atome wurden stark vereinfacht, die Wechselwirkung der Elektronen miteinander wurde vernachlässigt, das Molekül wurde als eindimensionales System angenommen.

Aufgabe 5.2: Für die Farbe eines Farbstoffmoleküls ist meist der hier betrachtete Übergang zwischen dem HOMO- und dem LUMO-Orbital entscheidend, weil er der größten Wellenlänge entspricht. Berechnen Sie für ein Molekül mit N Kohlenstoffatomen, welcher Übergang die zweitgrößte Absorptionswellenlänge hat. □

Farbstoffmole-
küle können
durch
Seitengruppen
verändert
werden.

Reale Farbstoffe lassen sich dadurch in ihrer Farbigkeit beeinflussen, dass man Gruppen anfügt, die entweder ein zusätzliches besetztes Orbital oberhalb des höchsten besetzten Orbitals hinzufügen, oder ein freies unterhalb des niedrigen unbesetzten. In beiden Fällen lässt sich so die Energiedifferenz verringern. Beispiel für die erste Sorte sind solche Gruppen, die freie Elektronenpaare besitzen, beispielsweise OH oder NH_2-Gruppen. Sie heißen entsprechend Auxochrome (lat. auxilium, »Hilfe«, griech. chroma, »Farbe«). Die andere Sorte sind elektronenanziehende Gruppen (CHO, CN), die Antiauxochrome (griech. ant, »entgegen«) genannt werden. Der Teil des Moleküls, der die relevante Elektronenkette zur Verfügung stellt (also der Teil mit den Doppel- und Einfachbindungen) heißt Chromophor (griech. phorein, »tragen«). Durch Wechselspiel dieser drei Molekülteile lassen sich entsprechend viele Farbstoffmoleküle erzeugen. Führt man beispielsweise in die 6-Kohlenstoff-Kette an einem Ende eine COH-Gruppe (Antiauxochrom) und am anderen Ende eine N-$(CH_3)_2$-Gruppe ein, so entsteht aus dem vorher bei 268 nm absorbierenden Molekül eins, das bei 422 nm absorbiert und damit gelb ist [65].

Breite Absorp-
tionsbänder
durch
Schwingungen
und
Rotationen.

Die Absorption in Farbstoffen erfolgt häufig nicht mit genau definierten Energien, so dass nur eine ganz bestimmte Wellenlänge absorbiert werden kann, sondern in breiteren Bändern. Dies liegt daran, dass die Energieniveaus in komplexen Farbstoffen um verschiedene Schwingungs- und Rotationszustände der Moleküle erweitert werden. Ein Teil der zu absorbierenden Energie kann auf diese Zustände übertragen werden und so die Absorptionslinien verbreitern. In Kapitel 8 werden wir sehen, dass sich dies bei der Konstruktion von Farbstofflasern ausnutzen lässt.

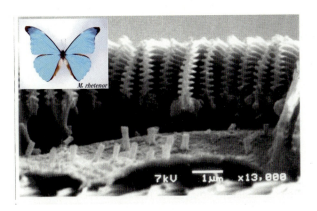

Bild 5.10: Mikrostruktur eines Schmetterlingsflügels der Art *Morpho rhetenor*. Das einfallende Licht wird an den Rillen an den Schuppen der Flügel reflektiert. Durch Interferenz werden einige Wellenlängen ausgelöscht, so dass eine Farbe entsteht. (Aus [30], mit freundlicher Genehmigung von Prof. S. Kinoshita und der Redaktion der Zeitschrift Forma.)

5.4   Interferenzfarben und photonische Kristalle

Eine andere Möglichkeit, Farben zu erzeugen, ist die selektive Reflexion und Interferenz bestimmter Wellenlängen. Dieses Phänomen ist uns bereits bei den Flüssigkristall-Thermometern in Abschnitt 1.4.3 begegnet. Es ist verantwortlich für die Farben von Ölfilmen und Seifenblasen, aber auch für verschiedene Farben in der Natur beispielsweise die blau und grün schillernden Farben von Pfauenfedern, Schmetterlingsflügeln oder den Panzern einiger Käfer.

Farben können auch durch Interferenz entstehen.

Betrachten wir als Beispiel einen Schmetterlingsflügel. Dieser besteht aus Schuppen, die Rillen enthalten, deren Abstand ungefähr einer Lichtwellenlänge entspricht, siehe Bild 5.10. Licht wird von benachbarten Rillen reflektiert, wobei konstruktive Interferenz dann entsteht, wenn die Lichtwellenlänge ein Vielfaches des Laufwegunterschiedes beträgt. Da der Laufwegunterschied auch vom Winkel abhängt, in dem das Licht relativ zur Struktur einfällt, ändern sich die Farben abhängig vom Betrachtungswinkel, was zum »Schillern« der Farben führt.

Schmetterlingsflügel schillern, weil sie Interferenzfarben erzeugen.

Die bisher betrachteten Interferenzstrukturen waren eindimensional, aber auch zwei- oder gar dreidimensionale Strukturen sind denkbar, wie in Bild 5.11 dargestellt. Solche Materialien werden als photonische Kristalle bezeichnet. Ist die Lichtwellenlänge in der Größenordnung der Periodizität dieser Strukturen, so wird das Licht stark reflektiert, kann also nicht in das Material eindringen. Andere Wellenlängen werden dagegen durchgelassen. Photonische Kristalle sind eine relativ neue Entwicklung und werden seit einigen Jahren intensiv erforscht. Mögliche Anwendungen liegen insbesondere in der optischen Signalverarbeitung, beispielsweise zur Konstruktion neuartiger Leuchtdioden, Laser oder Lichtwellenleiter.

Interferenz in zwei oder drei Dimensionen.

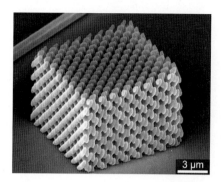

Bild 5.11: Struktur eines dreidimensionalen photonischen Kristalls. Mit freundlicher Genehmigung der Nanoscribe GmbH, www.nanoscribe.de.

Interferenz tritt auf, wenn die Lichtwellenlänge zur Strukturgröße passt.

All diesen Interferenzeffekten ist gemeinsam, dass ein Effekt nur dann auftritt, wenn die Lichtwellenlänge in der Größenordnung der Periodizität der Struktur liegt; bei anderen Wellenlängen ergibt sich kein Effekt, da sich dann die Reflexionen und Interferenzen der einzelnen Komponenten herausmitteln. Dieses Prinzip wird uns bei den Metallen im nächsten Kapitel in ganz ähnlicher Weise wiederbegegnen.

5.5   Anwendungen

Anforderungen an Farbstoffe.

Die große Vielfalt an Farbstoffen kommt nicht nur durch die große Zahl an wahrnehmbaren Farbtönen zu Stande, sondern auch durch die sonstigen Eigenschaften, die von Farbstoffen gefordert werden. Textilfasern beispielsweise müssen gut an der jeweils zu färbenden Fasersorte (Baumwolle, Leinen, Seide, etc.) haften, ohne sich bei Kontakt mit Wasser und Waschmitteln wieder zu lösen. Dazu werden oft solche Farbstoffe ausgewählt, die mit der Stofffaser eine chemische Verbindung eingehen können (so genannte Reaktivfarbstoffe), so dass für verschiedene Faserarten oft auch verschiedene Farbstoffe benötigt werden. Weitere für die Farbstoffauswahl wichtige Kriterien sind Wetterbeständigkeit (etwa in Autolacken, in denen im Allgemeinen Pigmente, also feste Farbstoffpartikel enthalten sind), Haftung, Ungiftigkeit und Umweltverträglichkeit.

Azofarbstoffe sind eine wichtige Farbstoffgruppe.

Farbstoffe werden häufig nach ihrer chemischen Struktur charakterisiert. Zu den bedeutendsten Farbstoffen gehören die so genannten Azofarbstoffe, die durch eine Azogruppe (N_2) gekennzeichnet sind. Meist verbindet diese Gruppe zwei aromatische Ringe, so dass sich die im vorigen Abschnitt diskutierten alternierenden Doppel- und Einfachbindungen ausbilden können, wie in Bild 5.12 a zu sehen. Azofarbstoffe absorbieren meist im kurzwelligen Bereich des Spektrums, ergeben also Farben im Bereich Gelb bis Rot; inzwischen sind jedoch auch blaue Azofarbstoffe synthetisierbar. Ein wichtiger Grund für ihre weite Verbreitung ist die Tatsache, dass sie sich relativ kostengünstig herstellen lassen. Die zu Grunde liegende chemische Reaktion beruht auf einer Kombination aus zwei Reaktanden, die jeweils eine NH_2-Gruppe enthalten. Diese beiden

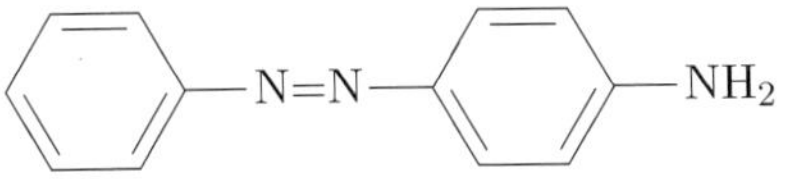

a: *p*-Amino-Azobenzol

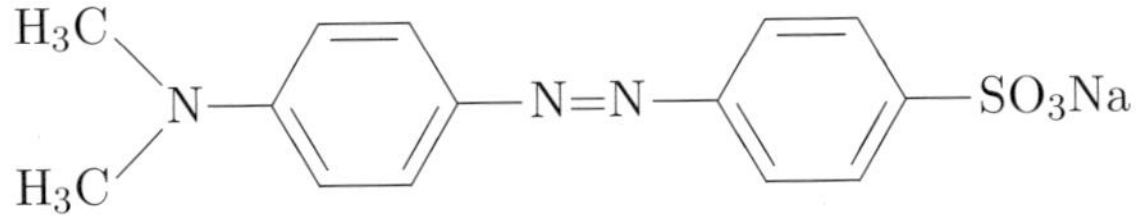

b: Methylorange

Bild 5.12: Beispiel zweier Azofarbstoffe

Gruppen verbinden sich dann in einer Zwei-Schritt-Reaktion zur Azogruppe. Dadurch ist es möglich, durch Auswahl der beiden Reaktanden ein weites Spektrum an verschiedenen Farbstoffen zu erzeugen.

Farbstoffe können auch als Indikatoren verwendet werden. In der Chemie verwendet man solche Indikatoren beispielsweise, um den pH-Wert einer Lösung anzuzeigen. Ein Beispiel hierfür ist der Farbstoff Methylorange in Bild 5.12 b. Ist die Umgebung basisch, so ist der Farbstoff auf Grund seiner Azogruppe orange; im sauren Milieu lagert er am rechten der beiden Stickstoffatome ein H^+-Ion an, wodurch sich seine Absorption verschiebt und der Farbstoff rot erscheint. Eine solche Änderung der Farbe durch chemische Reaktion wird als Chemichromismus bezeichnet.

Ähnlich zum Chemichromismus ist der Photochromismus, bei dem sich die Farbe eines Moleküls durch Lichteinstrahlung verändert, meist durch Strahlung im Ultraviolettbereich. Derartige Farbstoffe können beispielsweise zum Sonnenschutz oder in optischen Speichern verwendet werden.

⤳   Ein ähnlicher Effekt tritt beim Dunkelsehen im menschlichen Auge auf. Die für das Sehen im Dunkeln zuständigen Rezeptoren im menschlichen Auge, die Stäbchen, enthalten ein Molekül namens Rhodopsin, das aus einem Protein und einem Farbstoffmolekül, dem cis-Retinal, besteht. Dieses Molekül absorbiert Licht mit einem relativ breiten Absorptionsband, das sein Maximum bei einer Wellenlänge von 502 nm hat. Unter Lichteinwirkung zerfällt Rhodopsin in das Protein und ein Molekül namens trans-Retinal. Dabei wird Energie freigesetzt, die schließlich als Impuls in das Sehzentrum des Gehirns gesendet wird. Um aus dem trans-Retinal wieder Rhodopsin bilden zu können, muss dieses zunächst wieder in cis-Retinal umgewandelt werden. Diese Reaktion wird durch ein Enzym katalysiert und kann nur im Dunkeln stattfinden. Bei hellem Licht verbraucht sich also das Rhodopsin relativ schnell, da das sich bildende trans-Retinal nicht lichtempfindlich ist. Erst bei relativ schwacher Lichteinstrahlung erfolgt die Reaktion von trans- in cis-Retinal, und die Stäbchen erlangen ihre Lichtempfindlichkeit zurück. Dies ist der Grund, warum das Auge einige Zeit benötigt, um im Dunkeln die optimale Sehfähigkeit zu erreichen.

⤳   Retinal ist ein Molekül, das der Körper nicht selbst synthetisieren kann. Es kann allerdings aus Vitamin A, das eine sehr ähnliche Struktur hat, aufgebaut

Farbstoffe können als chemische Indikatoren dienen.

werden. Deshalb ist eine genügende Zufuhr von Vitamin A (oder Provitamin A) für gute Nachtsehfähigkeit unerlässlich.

Farbstoffe für brennbare CDs. Auch Farbstoffe, die nicht im sichtbaren, sondern im infraroten Bereich des Spektrums absorbieren, sind von technischem Interesse. Beispielsweise dienen sie als Basis für die optische Datenspeicherung mit brennbaren CDs oder DVDs. Brennbare CDs enthalten einen Polymerfilm, in den infrarotabsorbierende Farbstoffe eingelagert sind. Bei Bestrahlung mit infrarotem Laserlicht (siehe auch Kapitel 8) absorbieren die Farbstoffe das Licht und führen so zu einem lokal begrenzten Aufschmelzen des Polymers, wobei sich eine kleine Grube im Polymerfilm bildet, die mit einem Laser abgetastet werden kann. Man verwendet dabei infrarotes Licht, da es in diesem Frequenzbereich besonders günstig herstellbare Halbleiterlaser gibt.

Aufgabe 5.3: Ein Laser zum Auslesen von CDs hat eine Wellenlänge von 780 nm. Damit Datenpunkte ausgelesen werden können, müssen diese eine Größe haben, die im Bereich der Wellenlänge liegt. Schätzen Sie die Speicherkapazität einer CD ab. In einer DVD werden Laser mit Wellenlänge 635 nm verwendet. Um wie viel steigt hierdurch die Speicherkapazität? □

5.6   Schlüsselkonzepte

- Monochromatisches Licht mit einer Wellenlänge zwischen etwa 400 nm und 800 nm erscheint farbig.

- Materialien erscheinen farbig, wenn sie einen Teil des sichtbaren Lichts absorbieren und einen Teil reflektieren. Wird Licht einer Wellenlänge absorbiert, erscheint das Material in der entsprechenden Komplementärfarbe.

- Fluoreszierende und phosphoreszierende Materialien absorbieren Licht einer Wellenlänge, wobei Elektronen in angeregte Zustände (höhere Energieniveaus) gehoben werden. Diese Elektronen fallen dann in mehreren Schritten in der Grundzustand zurück, wobei Licht einer kürzeren Wellenlänge ausgesandt wird.

- Organische Farbstoffe besitzen alternierende Einfach- und Doppelbindungen. Sie können in einem vereinfachten Modell mit einem Kastenpotential beschrieben werden.

- Die Energieniveaus im Kastenpotential der Länge L sind gegeben durch

$$E_n = \frac{n^2 h^2}{8mL^2} \, .$$

Die Quantenzahl n nummeriert die unterschiedlichen Zustände durch.

- Zu jedem Energieniveau gehört ein Elektronenorbital, das eine $\sin^2$-Form besitzt.

6   Elektrische Leiter

Unsere moderne Technik beruht zu einem großen Teil auf der Fähigkeit, elektrischen Strom nahezu perfekt manipulieren zu können. Dies ist nur deshalb möglich, da elektrischer Strom leicht und ohne große Verluste transportiert werden kann. Materialien, die hierzu in der Lage sind, werden als elektrische Leiter bezeichnet. Obwohl es auch elektrisch leitfähige Polymere gibt, handelt es sich bei elektrischen Leitern im Allgemeinen um Metalle.

Neben ihrer hervorragenden elektrischen Leitfähigkeit zeichnen sich Metalle noch durch andere Eigenschaften aus: Sie sind gute Wärmeleiter, sind mechanisch gut verformbar (also duktil) und zeigen einen typischen metallischen Glanz. Alle diese Eigenschaften sind durch die spezielle Art der Bindung in Metallen bestimmt, die so charakteristisch ist, dass sie als *metallische Bindung* bezeichnet wird. Da zum Verständnis der metallischen Bindung relativ viele neue Konzepte benötigt werden, wollen wir uns dem Problem schrittweise nähern, indem wir drei verschiedene Modelle betrachten, die zunehmend genauer werden. Das erste dieser Modelle, das *Drude-Modell*, betrachtet ein Metall nach den Regeln der klassischen Physik; die beiden anderen Modelle sind quantenmechanischer Art. Das so genannte *Sommerfeld-Modell* ähnelt stark dem im vorigen Kapitel betrachteten Farbstoffmodell eines Kastenpotentials. Obwohl dieses Modell in der Lage ist, einige der Probleme, die im Drude-Modell auftauchen werden, zu lösen, gibt es auf andere Fragen keine Antwort. Dies wird erst mit dem dritten Modell, dem *Bloch-Modell* möglich sein. In diesem Modell werden wir dann nicht nur die metallische Bindung verstehen können, sondern auch das Verhalten von Halbleitern und Isolatoren. Es schlägt damit die Brücke zwischen dem Sommerfeld-Modell einerseits und dem Bändermodell, wie wir es im Zusammenhang mit Bild 4.9 diskutiert haben, andererseits.

Bevor wir uns mit der Bindung in Metallen näher auseinandersetzen, sollen kurz einige wichtige Aspekte der elektrischen Leitung erläutert werden.

6.1   Phänomenologie der elektrischen Leitung

Die elektrische Leitung in Metallen beruht auf der Bewegung von Elektronen. Der Einfachheit halber beschränken wir uns meist auf Systeme, die aus quasieindimensionalen Objekten (beispielsweise Drähten) aufgebaut sind. Wenn ein elektrischer Strom durch einen Draht fließt, bewegen sich Elektronen längs des Drahtes. Die Zahl der durch einen Drahtquerschnitt fließenden Elektronen gibt die Stärke des Stroms an. Fließen N Elektronen in einer Zeit t durch einen Drahtquerschnitt, so ist die Stromstärke I im Draht gegeben durch

$$I = \frac{Ne}{t},$$
(6.1)

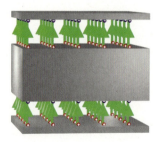

Bild 6.1: Wird ein Metall in das Innere eines Plattenkondensators gebracht, so verschieben sich die Ladungen innerhalb des Metalls so, dass Oberflächenladungen entstehen, die das äußere elektrische Feld kompensieren. Das
Innere des Leiters ist feldfrei.

wobei e die Elementarladung des Elektrons ($1{,}602 \cdot 10^{-19}$ C) ist. Häufig wird
an Stelle des Stroms die Stromdichte, also der auf die Querschnittsfläche A
bezogene Strom $j = I/A$, betrachtet.

Zusätzlich hat der elektrische Strom auch eine Richtung, die durch die Richtung
der Elektronengeschwindigkeit bestimmt ist. In dem hier betrachteten Fall verläuft der Strom immer in Richtung des Drahtes, so dass die Laufrichtung über das
Vorzeichen bestimmt werden kann. In einem Block aus einem Leitermaterial ist der
Strom an jedem Punkt durch einen Vektor gegeben. Dies ist analog zur Strömung
einer Flüssigkeit in einem schmalen Rohr bzw. einem Bottich.

Im Inneren eines elektrischen Leiters verschwindet (im statischen Fall) das elektrische Feld.

Die Bewegung der Elektronen in einem Leiter wird durch ein elektrisches Feld
verursacht, das auf die Elektronen nach Gleichung (1.1) eine Kraft ausübt.
Wir betrachten zunächst wieder das homogene elektrische Feld eines geladenen
Plattenkondensators: Positionieren wir einen Quader aus leitendem Material
zwischen den Platten des Plattenkondensators, siehe Bild 6.1, so wird zunächst
ein Strom fließen, bis die beiden gegenüberliegenden Seiten elektrisch geladen
sind.[1] Das von den geladenen Enden aufgebaute elektrische Feld wirkt dabei
dem Feld des Plattenkondensators entgegen, so dass auf die Elektronen im Inneren des Leiters keine Kraft mehr wirkt. Dies ist ähnlich zu einem dielektrischen
Material, siehe Bild 3.14, doch im Fall eines elektrischen Leiters wird das Feld
im Inneren des Materials nicht nur abgeschwächt, sondern verschwindet vollständig. Das Innere des Leiters ist also feldfrei, so dass auf die Elektronen im
Leiter keine äußere Kraft durch das Feld mehr wirkt.

Eine Spannungsquelle sorgt für ein elektrisches Feld in einem Leiter.

Damit ein dauerhafter elektrischer Strom in einem Leiter fließen kann, darf
also das elektrische Feld im Inneren des Leiters nicht verschwinden. Man benötigt deshalb eine Spannungsquelle, die für ein elektrisches Feld im Inneren

1 Wir vernachlässigen dabei Effekte an den senkrecht zu den Kondensatorplatten stehenden Seiten des Quaders.

Bild 6.2: Funktionsprinzip eines Dynamos zur Erzeugung von Wechselstrom: Eine
Drahtschleife dreht sich in einem konstanten magnetischen Feld, so dass
das Magnetfeld in der Schleife zeitlich variiert und ein Strom induziert
wird.

des Leiters sorgt, indem sie eine Potentialdifferenz zwischen den Enden des Leiters aufrecht erhält.[2] Das Feld verschwindet dann im Inneren des Leiters nicht.
Ein einfaches Beispiel für eine solche Spannungsquelle ist ein Dynamo, siehe
Bild 6.2. Hier wird eine Drahtschleife in einem Magnetfeld rotiert, so dass sich
der magnetische Fluss durch die Schleife zeitlich ändert. Dieses zeitlich veränderliche Magnetfeld induziert dann eine Spannung in der Drahtschleife, die zu
einem Stromfluss führt.

In einem idealen Leiter würde eine anliegende elektrische Spannung die Elektronen immer weiter beschleunigen. Tatsächlich geschieht dies jedoch nicht, da
die Elektronenbewegung innerhalb des Leiters behindert wird. Reale elektrische Leiter wirken somit als *Widerstände*. Die physikalische Ursache für den
elektrischen Widerstand zu verstehen ist eines der zentralen Themen dieses
Kapitels.

Der elektrische Widerstand begrenzt den Strom.

Legt man an einen elektrischen Widerstand R eine Spannung V an, so fließt
ein zu dieser Spannung proportionaler Strom I. In sehr guter Näherung gilt die
Beziehung

$$I = \frac{V}{R},$$ (6.2)

Das Ohmsche Gesetz: Spannung und Strom sind proportional.

die als *Ohmsches Gesetz* (nach Georg Simon Ohm, 1789–1854) bezeichnet wird.
Die Einheit des Widerstands ist das Ohm Ω. Das Ohmsche Gesetz sagt damit
auch aus, dass schon bei sehr kleinen angelegten Spannungen ein Strom fließt.
Es gibt also keine Mindestspannung, die überwunden werden müsste, um in
einem Metall einen Stromfluss in Gang zu bringen. Daraus kann man folgern,
dass die Ladungsträger innerhalb des Metalls nicht gebunden sind, sondern sich
wie freie Teilchen verhalten.

Für stationäre Prozesse, bei denen die Stromstärke zeitlich konstant ist,
gelten einfache Regeln für Spannung und Stromstärke: Da Elektronen nicht
verloren gehen können und da sie sich auch nicht in einem Bauteil in beliebiger Menge anstauen können, ist die Zahl der Elektronen, die in ein Bauteil
hineinfließen, gleich der Zahl der Elektronen, die hinausfließen. An einer elek-

Die Kirchhoffschen Regeln für Spannungen und Ströme.

---

2 Das Feld ist ja die räumliche Änderung der Spannung.

trischen Verzweigung muss entsprechend gelten, dass die Summe aller einflie-
ßenden Ströme gleich der Summe aller ausfließenden Ströme ist (so genannte 1.
Kirchhoffsche Regel, nach Gustav Robert Kirchhoff, 1824–1887). Weiterhin gilt,
dass entlang jedes geschlossenen Pfades die Summe über den Spannungsabfall
an allen Komponenten gleich Null ist (2. Kirchhoffsche Regel). Dabei müssen
Spannungsquellen negativ gerechnet werden.

⤳   Die Begriffe »Spannung« und »Strom« kann man sich durch eine Analogie mit
dem Strömen von Wasser veranschaulichen: Fließt Wasser von einem höher
gelegenen Becken durch eine Leitung in ein tiefer gelegenes, dann entspricht die Was-
sermenge, die pro Zeiteinheit fließt, dem elektrischen Strom, die Höhendifferenz der
Becken entspricht der elektrischen Spannung. An dieser Analogie sieht man unmittelbar ein, dass es sehr hohe Ströme bei geringen Spannungen geben kann (eine sehr
große Wasserleitung verbindet die zwei Becken, der Widerstand ist klein) und umgekehrt sehr große Spannungen mit nur geringen Strömen (die Becken unterscheiden
sich in der Höhe stark, die Leitung zwischen ihnen ist aber sehr dünn, der Widerstand
ist groß). Auch die beiden Kirchhoffschen Regeln lassen sich leicht aus der Analogie
zum Fließen von Wasser einsehen.

6.2   Das Drude-Modell

Das
Drude-Modell:
Ein ideales
Gas von
Elektronen
bewegt sich im
Metall.

Das *Drude-Modell* der metallischen Bindung (benannt nach Paul Karl Ludwig
Drude, 1863–1906) betrachtet ein Metall als aus zwei Komponenten bestehend,
nämlich einem *Elektronengas* sowie positiven Ionenrümpfen. Die Motivation für
dieses Modell beruht darauf, dass man sich vorstellt, die Metallatome würden
die äußeren, relativ schwach gebundenen Elektronen abgeben, so dass Ionen
zurückbleiben. Diese freien Elektronen verhalten sich im Drude-Modell wie
Teilchen der klassischen Physik (siehe Modellbox 2, Seite 14). Sie bilden ein
gewöhnliches Gas und bestimmen die Eigenschaften des Metalls, während die
zurückbleibenden Metallionen für die elektrische Neutralität sorgen. In diesem
Modell ist sofort einsichtig, warum es keine Mindestspannung gibt, um Stromfluss zu ermöglichen, denn da die Elektronen sich im Wesentlichen wie freie
Teilchen verhalten, können sie sich problemlos durch das Metall bewegen. Man
versteht auch, warum ein Metall Licht reflektiert, denn wie wir in Abschnitt 4.4
gesehen haben, ist es für die Lichtreflexion notwendig, dass die Elektronen im
Material einem anliegenden elektromagnetischen Wechselfeld ohne Zeitverlust
folgen können.

Widerstand
entsteht durch
Stöße mit den
Ionenrümpfen.

Wären die Elektronen allerdings vollkommen frei, so wäre das Metall in
diesem Modell ein unendlich guter elektrischer Leiter. Man stellt sich deshalb
vor, dass Stöße der Elektronen mit den Ionenrümpfen die Ausbreitung der
Elektronen behindern.[3]

---

3 In allen hier betrachteten Modellen wird die gegenseitige elektrostatische Abstoßung der
Elektronen vernachlässigt. Diese Näherung einander nicht beeinflussender Elektronen ist
erstaunlicherweise relativ gut [2], siehe die Vertiefung in Abschnitt 6.4.5.

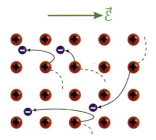

Bild 6.3: Das Drude-Modell. Elektronen werden an den Ionenrümpfen gestreut und vom äußeren elektrischen Feld beschleunigt.

Genauer formuliert, beruht das Drude-Modell auf den folgenden drei Annahmen, siehe Bild 6.3:

1. Elektronen verhalten sich wie ein Gas aus freien Teilchen, wobei sie gelegentlich Kollisionen mit den Ionenrümpfen erleiden. Zwischen den Kollisionen sind sie frei, werden also in einem elektrischen Feld nach Gleichung (1.1) beschleunigt.

2. Bei den Kollisionen erhalten die Elektronen eine neue Geschwindigkeit, die vom alten Geschwindigkeitswert unabhängig ist; der vorherige Wert der Geschwindigkeit spielt dabei keine Rolle. Diese Annahme ist plausibel, da die Ionenrümpfe wesentlich schwerer sind als die Elektronen. Trifft ein Elektron also auf ein Ion, so bestimmt die Bewegung des Ions zum Zeitpunkt der Kollision die Geschwindigkeit des Elektrons nach der Kollision. Entsprechend wird Energie zwischen Elektron und Ion übertragen. Dies sieht man auch daran, dass ein Stromfluss zu einer Temperaturzunahme in einem Metall führt.

3. Die mittlere Zeit zwischen zwei Kollisionen ist 2τ, wobei die Größe τ als *Relaxationszeit* bezeichnet wird. Zu jedem Zeitpunkt liegt also die letzte Kollision aller Elektronen im Mittel um eine Zeitspanne τ zurück.

Mit diesen Annahmen lässt sich nun zeigen, dass sich tatsächlich das Ohmsche Gesetz, also die Proportionalität von Spannung und Strom, ergibt.

Der Strom im Draht ergibt sich aus der mittleren Geschwindigkeit der Elektronen, die man auch als Driftgeschwindigkeit bezeichnet. Direkt nach einem Stoß ist die mittlere Geschwindigkeit der Elektronen Null, da die Elektronen bei einem Stoß ihren alten Geschwindigkeitswert »vergessen« (siehe Annahme 2). Ihre mittlere Geschwindigkeit wird also nur durch die Beschleunigung im elektrischen Feld bestimmt (Annahme 1). Diese Geschwindigkeit ist um so größer, je mehr Zeit zur Verfügung steht, um die Elektronen zu beschleunigen, je größer also die Relaxationszeit (Annahme 3) ist.

Um den Widerstand eines Drahtes quantitativ zu berechnen, betrachten wir den Strom durch einen Draht der Querschnittsfläche A und Länge L, an den ein elektrisches Feld angelegt wird.

Die drei Annahmen des Drude-Modells.

Der Strom wird durch die Elektronenbeschleunigung zwischen zwei Stößen bestimmt.

⚡ Ist n die Dichte der Elektronen in diesem Draht (die Zahl der Elektronen pro Volumenelement) und $\langle \vec{v} \rangle$ die mittlere Geschwindigkeit der Elektronen, so fließt pro Zeiteinheit eine Ladung von $-ne\langle \vec{v} \rangle$ durch eine Einheitsfläche senkrecht zu $\langle \vec{v} \rangle$, wobei e wieder die Elementarladung bezeichnet. Die Ladung pro Zeiteinheit ist die Stromdichte $\vec{j} = -ne\langle \vec{v} \rangle$. Um den Strom $I = \vec{j}A$ im Draht zu berechnen, ist es also notwendig, die mittlere Geschwindigkeit der Elektronen zu bestimmen.

⚡ In einem elektrischen Feld der Stärke $\vec{\mathcal{E}}$ wirkt auf ein Elektron die Kraft $\vec{F} = -e\vec{\mathcal{E}}$. Die mittlere Geschwindigkeit eines Elektrons nach einem Stoß mit einem Ionenrumpf ist gleich Null. In einer Zeit τ bekommt es die Geschwindigkeit $\vec{v} = -e\vec{\mathcal{E}}\tau/m$ in Richtung des elektrischen Feldes. Dies ist die mittlere Elektronengeschwindigkeit zwischen zwei Stößen. Erzeugen wir das elektrische Feld im Draht dadurch, dass wir eine Spannungsdifferenz zwischen den beiden Drahtenden anlegen, so zeigt das Feld und auch der Strom in Richtung des Drahtes. Wir können also diese Größen als Skalare statt als Vektoren betrachten, was die Rechnung vereinfacht.

Die Stromdichte im Drude-Modell.

Die Stromdichte ergibt sich aus dieser Rechnung zu

$$j = \frac{ne^2\tau\mathcal{E}}{m}. \tag{6.3}$$

Erwartungsgemäß ist die Stromdichte proportional zur Elektronendichte n – je mehr Elektronen beschleunigt werden können, desto größer ist der Strom. Sie ist auch proportional zum angelegten elektrischen Feld $\mathcal{E}$, da dieses die Kraft auf die Elektronen und damit die Beschleunigung bestimmt, und zur Relaxationszeit, die die Zeitdauer der Beschleunigung angibt, bis die Elektronen ihre Geschwindigkeit wieder »vergessen«. Die Masse der Elektronen steht im Nenner, da die Beschleunigung und damit die Geschwindigkeit der Elektronen nach dem 2. Newtonschen (Sir Isaac Newton, 1642–1727) Axiom durch die Kraft pro Masse gegeben ist. Dass die Ladung der Elektronen quadratisch eingeht, kann man ebenfalls leicht einsehen: Die Ladung bestimmt einerseits die Kraft nach Gleichung (1.3), zum anderen trägt jedes Elektron mit seiner Ladung zum Strom bei.[4]

Herleitung des Ohmschen Gesetzes.

Da das elektrische Feld als Spannung pro Länge definiert ist, ist somit der Strom proportional zur angelegten Spannung. Für die Spannung gilt $V = \mathcal{E}L$, für den Strom $I = jA$. Damit ergibt sich

$$\frac{I}{A} = \frac{ne^2\tau V}{mL} \quad \text{oder} \quad I = \frac{ne^2\tau A}{mL}V = \frac{V}{R}. \tag{6.4}$$

Die Größe $ne^2\tau A/mL$ ist also eine Proportionalitätskonstante zwischen der Spannung und der Stromstärke und entspricht damit dem Kehrwert des elektrischen Widerstands des Materials. Damit haben wir das Ohmsche Gesetz, also die Proportionalität zwischen Spannung und Strom, gezeigt. Ein entscheiden-

---

4 Man könnte versucht sein zu glauben, dass die Rechnung in der Vertiefung unnötig ist, da man das Ergebnis ja auch – wie hier gezeigt – direkt anschaulich erklären kann. Die genaue Rechnung ist aber erforderlich, um zu sehen, ob sich noch zusätzliche konstante Faktoren ergeben.

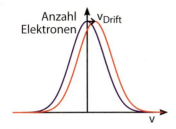

Bild 6.4: Geschwindigkeitsverteilung der Elektronen nach dem Drude-Modell ohne und mit anliegendem elektrischen Feld. Die Geschwindigkeit aller Elektronen ist bei anliegendem elektrischen Feld um einen kleinen Betrag verschoben. Diese Modellvorstellung der klassischen Physik ist allerdings nicht korrekt, siehe auch Bild 6.20. Die Darstellung ist nicht maßstabsgetreu.

des Ergebnis dabei ist, dass tatsächlich keine Mindestspannung benötigt wird, um in einem Metall einen Stromfluss in Gang zu bringen.

Bezieht man den Widerstand auf ein Element mit einer Einheitslänge und Einheitsquerschnittsfläche, so ergibt sich der spezifische Widerstand

$$\varrho = \frac{RA}{L} = \frac{m}{\tau n e^2} \, . \tag{6.5}$$

Der spezifische Widerstand ist durch Elektronendichte und Relaxationszeit bestimmt.

Die Einheit des spezifischen Widerstandes ist das Ohm-Meter (Ωm). Häufig verwendet man an Stelle des spezifischen Widerstandes auch die spezifische Leitfähigkeit, deren Einheit Siemens pro Meter (Ernst Werner von Siemens, 1816–1892) ist ($1\,\mathrm{S} = 1/\Omega$).

Da man die Ladungsträgerdichte in Metallen messen kann, kann man mit ihrer Hilfe und mit Messwerten für die spezifische Leitfähigkeit die Relaxationszeit in Metallen abschätzen. Diese liegt meist in der Größenordnung von 10^{-14} s– 10^{-15} s. Damit ergibt sich die mittlere Geschwindigkeit der Elektronen in Richtung des elektrischen Feldes gemäß $v = -e\mathcal{E}\tau/m = -\mathcal{E}\,0{,}175\,\mathrm{mm/s} \ldots 1{,}75\,\mathrm{mm/s}$, wenn $\mathcal{E}$ in V/m gemessen wird, also ein sehr kleiner Wert.

Die mittlere Geschwindigkeit der Elektronen im Drude-Modell ist niedrig.

Die Gesamt-Geschwindigkeit der Elektronen im Metall ist allerdings wesentlich höher, denn der oben ausgerechnete Wert gibt ja nur den Anteil der Geschwindigkeit an, der durch die Beschleunigung im elektrischen Feld zu Stande kommt, also die Driftgeschwindigkeit. Dieser ist die Elektronengeschwindigkeit überlagert, die diese durch die Stöße mit den Ionenrümpfen erhalten. Bild 6.4 veranschaulicht die Geschwindigkeitsverteilung der Elektronen im Drude-Modell entlang eines Drahtes. Sie entspricht der Verteilung, die sich auch in einem Gas einstellt. Ohne anliegendes Feld bewegen sich gleich viele Elektronen in beide Richtungen, die Verteilung ist symmetrisch. Mit elektrischem Feld verschiebt sich die Verteilung als Ganzes entsprechend der anliegenden Spannung. Wir werden allerdings später sehen, dass diese Modellvorstellung nicht korrekt ist.

Die Geschwindigkeitsverteilung im Drude-Modell: Driftgeschwindigkeit plus thermische Geschwindigkeit.

Aufgabe 6.1: Wenn die Driftgeschwindigkeit der Elektronen so niedrig ist, warum dauert es dann nicht eine gewisse Zeit, bis eine Lampe nach Betätigen des Lichtschalters angeht? □

Aufgabe 6.2: Nach den Überlegungen aus Abschnitt 2.2.2 steht einem Elektron, das sich in einem Atomgitter bei Temperatur T bewegt, durch thermische Fluktuationen eine Energie in der Größenordnung $k_B T$ zur Verfügung. Berechnen Sie unter dieser Annahme einen typischen Wert der Geschwindigkeit eines Elektrons bei Raumtemperatur und bei einer Temperatur von $3\,\mathrm{K}$. Verwenden Sie die oben angegebenen Werte für die Relaxationszeit, um daraus abzuleiten, wie dicht die Stoßpartner des Elektrons beieinander liegen (die so genannte »mittlere freie Weglänge«). □

6.2.1   Anwendungen des Drude-Modells

Obwohl das Drude-Modell selbst keine Vorhersagen bezüglich der Relaxationszeit und damit des spezifischen Widerstandes von Materialien machen kann, erlaubt es doch zu verstehen, dass verschiedene Metalle sich in ihrer Leitfähigkeit drastisch unterscheiden können, da sehr gut vorstellbar ist, dass verschiedenartige Ionenrümpfe Elektronen verschieden gut streuen.[5]

Die
Leitfähigkeit
realer Metalle.
   Als Beispiel sollen hier zwei häufig verwendete Leiterwerkstoffe verglichen werden, nämlich Aluminium und Kupfer. Kupfer hat eine spezifische Leitfähigkeit von $61 \cdot 10^6\,\mathrm{S/m}$, Aluminium eine von $38 \cdot 10^6\,\mathrm{S/m}$, so dass Kupfer sich zunächst besser als Leiterwerkstoff eignet. Entsprechend wird Kupfer dort eingesetzt, wo ein niedriger Widerstand besonders wichtig ist, beispielsweise in Hochspannungskabeln, siehe Bild 6.5. Häufig ist aber nicht die Leitfähigkeit des Materials allein ausschlaggebend für den Einsatz, sondern auch weitere Eigenschaften. Für Leichtbauanwendungen ist beispielsweise das Verhältnis von Leitfähigkeit zu Dichte des Materials interessant. Diese beträgt beim Aluminium $2700\,\mathrm{kg/m^3}$, beim Kupfer $8960\,\mathrm{kg/m^3}$, so dass Aluminium pro Masse die höhere Leitfähigkeit besitzt. Aluminium besitzt darüber hinaus auf der Oberfläche eine Aluminiumoxidschicht, die das Material zwar relativ oxidationsbeständig macht, aber die Lötbarkeit beeinträchtigt, während auf der anderen Seite Kupfer weniger duktil als Aluminium ist, so dass Aluminium leichter verformt und durch Quetschverbindungen kontaktiert werden kann. Darüber hinaus ist Kupfer teurer als Aluminium [44].

Aufgabe 6.3: Neben ihrem offensichtlichen Einsatz zum Stromtransport können elektrische Leiter auch zu anderen Zwecken verwendet werden. Ein Beispiel hierfür sind widerstandsbasierte Dehnmessstreifen. Ein Dehnmessstreifen dient zur Messung von Dehnungen in verformten Proben und wird in der Werkstoffprüfung häufig verwendet. Eine Möglichkeit, einen solchen Dehnmessstreifen zu konstruieren, besteht darin, die Längenänderung eines Metalldrahtes zur

---

5 Wir werden allerdings später sehen, dass diese Vorstellung so nicht richtig ist.

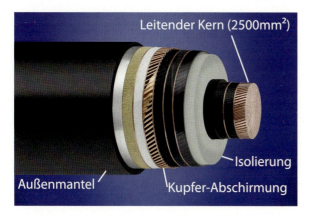

Bild 6.5: Aufbau eines 400 kV-Hochspannungskabels. Mit freundlicher Genehmigung der Nexans Deutschland GmbH.

Messung zu verwenden, da diese mit einer Änderung des Widerstandes einher geht. Berechnen Sie zunächst den Widerstand eines Drahtes mit Länge l, Querschnittsfläche A und Elektronendichte n als Funktion der Gesamtzahl der Elektronen. Berechnen Sie anschließend die Ableitung des Widerstandes nach der Länge und beziehen Sie diese auf den Ausgangswiderstand. $\square$

Aufgabe 6.4: Betrachten Sie einen Draht aus einem elektrischen Leiter. Wird ein Ende des Drahtes aufgeheizt, so dass sich ein Temperaturgradient zwischen den beiden Enden des Drahtes ausbildet, dann entsteht eine Spannungsdifferenz zwischen den Drahtenden. Überlegen Sie mit Hilfe des Drude-Modells qualitativ, warum das so ist. $\square$

6.2.2   Probleme des Drude-Modells

Im Bereich der Konstruktionswerkstoffe lassen sich viele Materialeigenschaften von Metallen dadurch verbessern, dass man an Stelle reiner Metalle Legierungen verwendet. Elastizitätsmoduln von Legierungen ergeben sich beispielsweise häufig über eine einfache Mischungsregel, entsprechen also den jeweiligen Anteilen der beiden Elemente [52]. Man könnte erwarten, dass Ähnliches auch für den spezifischen Widerstand von Legierungen gilt. Nach dem Drude-Modell ist diese Erwartung dadurch gerechtfertigt, dass die Relaxationszeit damit zusammenhängt, wie stark die jeweiligen Elemente als Streuzentren wirken. Legiert man also zu einem Material mit hohem spezifischen Widerstand eines mit niedrigerem Widerstand hinzu, so sollte der Widerstand sinken, da es mehr Atome mit niedrigem Streuquerschnitt gibt.

Legierungen haben oft günstige Eigenschaften.

Tatsächlich beobachtet man allerdings etwas anderes: Der Widerstand von Legierungen ist nahezu immer größer als nach der einfachen Mischungsregel erwartet. Als Beispiel zeigt Abbildung 6.6 den spezifischen Widerstand im System Silber/Gold. Der Widerstand der Legierung liegt dabei stark über dem

Warum haben Legierungen hohe Widerstände?

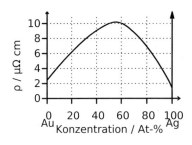

Bild 6.6: Spezifischer Widerstand im Legierungssystem Silber/Gold. Der Widerstand ist für die reinen Substanzen niedriger als für einen Mischkristall und folgt keiner Mischungsregel(nach [41]).

der beteiligten Elemente. Dies ist ein deutlicher Hinweis darauf, dass das im Drude-Modell verwendete Bild der Ionenrümpfe als Streuzentren nicht korrekt sein kann.

Warum ist der elektrische Widerstand von Metallen bei niedrigen Temperaturen so klein?

Ein weiteres Problem ergibt sich aus der Temperaturabhängigkeit des spezifischen Widerstandes. Dieser steigt mit der Temperatur deutlich an; bei sehr kleinen Temperaturen kann der Widerstand sehr niedrige Werte annehmen.[6] Der Restwiderstand wird dabei durch die Verunreinigungen und Störstellen innerhalb des Metalls bestimmt. Auch dies ist zunächst überraschend, denn es deutet darauf hin, dass die thermischen Schwingungen der Ionenrümpfe ihre Streuwirkung auf die Elektronen extrem verstärken und dass sie im Grenzfall verschwindender Temperatur tatsächlich gar keine Streuwirkung mehr besitzen. Auch dies ist mit dem Drude-Modell nicht zu erklären.

Betrachtet man das Elektronengas bei einer bestimmten Temperatur, so kann man die Geschwindigkeitsverteilung der Elektronen (analog zu der eines idealen Gases) berechnen, siehe Bild 6.4. Daraus und aus der Relaxationszeit kann man die Strecke abschätzen, die ein Elektron zwischen zwei Stößen typischerweise zurücklegt, siehe Aufgabe 6.2. Bei sehr niedrigen Temperaturen ergibt sich ein typischer Wert von einigen Nanometern.

Misst man allerdings den elektrischen Widerstand dünner Drähte mit Durchmessern im Bereich einiger Mikrometer bei sehr niedrigen Temperaturen, so stellt man fest, dass der elektrische Widerstand mit abnehmendem Durchmesser deutlich ansteigt [60]. Dies zeigt, dass die Bewegung der meisten Elektronen durch Stöße mit dem Rand des Drahtes stark beeinflusst wird. Liegt die mittlere freie Weglänge aber um Größenordnungen unter dem Durchmesser des Drahtes, dann sollten die meisten Elektronen durch Stoßprozesse gestreut werden, bevor sie den Rand des Drahtes erreichen können. Tatsächlich ist die mittlere freie Weglänge also wesentlich größer als durch das Drude-Modell vorhergesagt.

Ein anderes Problem des Drude-Modells ergibt sich bei der Betrachtung der

---

6 Dies ist nicht zu verwechseln mit der Supraleitfähigkeit der meisten Metalle bei extrem niedrigen Temperaturen; diese wird in Kapitel 9 diskutiert werden.

Drude-Modell von Metallen

Eigenschaften: Metalle bestehen aus Ionenrümpfen, die von einem Gas aus Elektronen umgeben sind. Die Elektronen verhalten sich wie klassische Teilchen und streuen an den Ionenrümpfen.
Anwendung: Herleitung des Ohmschen Gesetzes, Zusammenhang Leitfähigkeit und Elektronendichte bzw. Relaxationszeit
Grenzen: Vorhersage von Relaxationszeiten, Wärmekapazität und Farbe von Metallen, Widerstand von Legierungen

Modell 6: Das Drude-Modell eines Metalls

thermischen Eigenschaften von Metallen. Da die Elektronen sich in diesem Modell wie ein Gas verhalten, sollten sie auch einen entsprechenden Beitrag zur Wärmekapazität liefern. Die mittlere Geschwindigkeit (Driftgeschwindigkeit) der Elektronen sollte von der Temperatur abhängen, da die Elektronen durch Stoßprozesse mit den Ionenrümpfen im thermischen Gleichgewicht sind. Um also ein Metall aufzuheizen, sollte nicht nur Energie notwendig sein, um die thermischen Schwingungen der Ionenrümpfe zu verstärken, sondern auch, um die freien Elektronen zu beschleunigen. Dies wird jedoch nicht beobachtet. Vielmehr leisten die Elektronen nahezu gar keinen Beitrag zu Wärmekapazität eines Metalls.

Das Elektronengas trägt fast nichts zur Wärmekapazität in Metallen bei.

Einige Halbleitermaterialien verhalten sich so, als würde in ihnen der elektrische Strom von positiven Ladungsträgern getragen. Auch dies ist mit dem Drude-Modell nicht zu verstehen. Wir werden in Kapitel 7 diskutieren, wie dieser Effekt zu Stande kommt.

Woher kommen positive Ladungsträger in Halbleitern?

Einen Überblick über die Annahmen und Grenzen des Drude-Modells gibt Modellbox 6.

6.3   Noch einmal das Bändermodell

Aus den Kapiteln 3 und 4 über Piezoelektrika und Gläser wissen wir bereits, dass es in diesen Materialien eine Energielücke gibt, d. h. zur Anregung von Elektronen aus dem Valenzband ist eine gewisse Mindestenergie erforderlich. Legt man an solche Materialien eine elektrische Spannung an, so fließt nur dann ein Strom, wenn diese Spannung so groß ist, dass das elektrische Feld Elektronen aus den gebundenen Zuständen losreißen kann, denn eine Änderung der Besetzung innerhalb des Valenzbandes ist wegen des Pauli-Prinzips nicht möglich. In Abschnitt 3.4.3 wurde in der Vertiefung auf Seite 68 abgeschätzt, wie groß ein elektrisches Feld sein muss, um einen nennenswerten Einfluss auf einen Ionenkristall zu haben. Die Feldstärken, die notwendig sind, um ein Elektron von einem Atom loszureißen, liegen in ähnlichen Größenordnungen. Solange die an ein solches Material angelegten Spannungen also klein sind, verschwindet die elektrische Leitfähigkeit nahezu vollständig. Lediglich oberhalb einer kritischen Feldstärke, die ausreicht, um Elektronen von ihren Atomen loszureißen, kommt

Materialien mit einer Bandlücke sind Isolatoren.

es zum so genannten dielektrischen Durchbruch, bei dem die elektrische Leitfähigkeit des Materials stark ansteigt.

In einem Metall sind die Verhältnisse offensichtlich anders: Hier kann auch schon bei sehr kleinen Spannungen ein Strom fließen, und die Stromstärke ist (nach dem Ohmschen Gesetz) proportional zur anliegenden Spannung. Dies deutet darauf hin, dass es in Metallen keine Energielücke gibt, dass also besetzte und unbesetzte Energieniveaus direkt aneinandergrenzen. Dies lässt sich mit dem Bänderdiagramm aus Kapitel 4 veranschaulichen, siehe Bild 4.8. In einem Isolator sind alle Zustände unterhalb der Bandlücke besetzt. Die Elektronen in diesen Zuständen tragen keinen Strom. Um einen Strom durch einen solchen Kristall zu leiten, muss also ein Elektron in das Leitungsband gehoben werden. In Metallen dagegen ist das Valenzband nicht voll gefüllt, so dass die unbesetzten Zustände direkt an die besetzten Zustände grenzen. Es genügt schon sehr wenig Energie, um ein Elektron von einem unbesetzten in einen besetzten Zustand zu heben, so dass eine Stromleitung möglich ist.

Metalle haben keine Bandlücke; das Valenzband ist nur teilweise besetzt.

Die Begriffe Valenz- und Leitungsband führen manchmal zu Verwirrung. In Abschnitt 4.3.2, Bild 4.8, haben wir als Valenzband in einem Isolator das voll besetzte Band bezeichnet, als Leitungsband das darüber liegende leere Band. Dazwischen befindet sich die Bandlücke. In einem Metall ist dagegen das Valenzband nur teilweise gefüllt, was widersinnig erscheinen mag, denn die obere Hälfte des Valenzbandes ist ja bereits diejenige, die zur elektrischen Leitung beiträgt, so dass man sie eigentlich doch Leitungsband nennen sollte. Der Grund für diese etwas seltsame Bezeichnungsweise ist der Folgende: Das Valenzband ist dasjenige Band, das durch die Bindung aus den höchsten besetzten Energieniveaus der einzelnen Atome entsteht, siehe Bild 4.9. In einem Isolator sind diese Niveaus soweit besetzt, dass zwischen dem Band, das aus ihnen entsteht, und dem nächsten Band eine Bandlücke entsteht. In einem Metall ist das höchste besetzte Niveau jedes Atoms weniger als zur Hälfte gefüllt. Schließen sich die Orbitale zu Bändern zusammen, so ist im Metall das entstandene Band also ebenfalls nur teilweise besetzt. Dieser Zusammenhang wird weiter unten in Bild 6.23 noch deutlicher werden.

Warum sind Metalle nicht schwarz?

Eine Beobachtung widerspricht zunächst dieser Annahme: Wenn es keine Energielücke in Metallen gibt, dann sollten diese, nach den Überlegungen der beiden vorigen Kapitel, in der Lage sein, Licht aller Wellenlängen zu absorbieren. Tatsächlich sind Metalle jedoch keine guten Absorber für Licht, obwohl sie, wie bereits in Abschnitt 4.4 diskutiert, Licht reflektieren. Lediglich einige wenige Metalle wie Kupfer oder Gold zeigen eine charakteristische Farbe, die auf Absorption im Material hindeutet.

Der Grund für diese Diskrepanz liegt darin, dass wir bisher bei der Behandlung der Frage nach der Absorption von Licht nur die Energieerhaltung berücksichtigt haben. Wir haben also lediglich gefragt, ob zwei Energieniveaus im passenden Abstand zueinander vorhanden sind, von denen das niedrigere besetzt ist. Zusätzlich zur Energieerhaltung gibt es jedoch auch noch eine Impulserhaltung.

Absorbiert ein Elektron ein Photon, so muss der Impuls des Elektrons nach

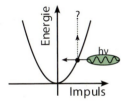

Bild 6.7: Beziehung zwischen Energie und Impuls für freie Elektronen. Ein freies
Elektron kann kein Photon absorbieren, weil dessen Impuls nahezu verschwindet und es im Diagramm keinen energetischen Zustand direkt oberhalb des aktuellen Zustands des Elektrons gibt.

der Absorption der Summe der Impulse von Elektron und Photon vor der Absorption entsprechen. (Der Lichtimpuls wurde auf Seite 87 erläutert.) Für unsere Überlegungen an dieser Stelle ist lediglich die Größe dieses Impulses wichtig,
der für ein Photon mit Energie E gegeben ist durch $p = E/c$, wobei c die
Lichtgeschwindigkeit ist.

Der Photonenimpuls bei der Lichtabsorption muss berücksichtigt werden.

Der Impuls p des Elektrons hängt, wenn wir es als einfaches Teilchen nach
den Regeln der klassischen Physik betrachten, nach folgender Gleichung von
seiner kinetischen Energie E ab:

Das Energie-Impuls-Diagramm eines freien Elektrons.

$$E = \frac{1}{2}mv^2 = \frac{p^2}{2m}\,, \tag{6.6}$$

wenn v die Elektronengeschwindigkeit und m die Elektronenmasse bezeichnen.
Bild 6.7 zeigt ein entsprechendes Energie-Impuls-Diagramm.

Setzt man plausible Zahlenwerte für die Photonenergie ein, so ergibt sich,
dass der Photonimpuls verglichen mit dem Elektronenimpuls bei entsprechen-
der Energie verschwindend klein ist, so dass sich der Impuls des Elektrons praktisch nicht ändert. Damit ein freies Elektron also ein Photon absorbieren kann,
müsste es im Energie-Impuls-Diagramm einen Zustand geben, der senkrecht
oberhalb des Zustandes liegen muss, in dem sich das Elektron befindet. Ein
solcher Zustand existiert jedoch nicht, so dass ein freies Elektron kein Photon
absorbieren kann.

Freie Elektronen können keine Photonen absorbieren.

Betrachtet man ein Elektron, das anfänglich in Ruhe ist und ein Photon absorbieren soll, so muss seine kinetische Energie nach der Absorption der Energie
des Photons entsprechen. Setzt man die obigen Beziehungen zwischen Energie und
Impuls ein, so ergibt sich

$$p_{\text{Elektron}} = \sqrt{2mE_{\text{Photon}}} = \sqrt{2mcp_{\text{Photon}}}\,. \tag{6.7}$$

Die Impulserhaltung verlangt jedoch zusätzlich

$$p_{\text{Elektron}} = p_{\text{Photon}}\,. \tag{6.8}$$

Beide Beziehungen lassen sich offensichtlich nicht gleichzeitig erfüllen, so dass ein
freies Elektron kein Photon absorbieren kann.

Befindet sich das Elektron in einem Kristallgitter, so besteht die Möglichkeit, dass der fehlende Impuls durch eine thermische Schwingung des Kristallgitters zur Verfügung gestellt wird, so dass es eine – wenn auch relativ kleine – Wahrscheinlichkeit der Absorption eines Photons gibt. Dies wird im Kapitel 7 eine Rolle spielen, wenn wir die Lichtabsorption in Halbleitern betrachten.

Kristallgitter-schwingungen können Impuls an ein Elektron übertragen.

Man könnte nun argumentieren, dass wir den Impuls auch bei der Lichtabsorption in den vorigen Kapiteln hätten berücksichtigen müssen. Dies ist jedoch nicht der Fall, da in einem Kastenpotential mit unendlich hohen Wänden die Elektronenorbitale stehenden Wellen entsprechen, so dass ihr Impuls immer gleich Null ist. Dieser Unterschied zwischen stehenden und laufenden Wellen wird weiter unten detaillierter diskutiert werden. Physikalisch kann der Unterschied so interpretiert werden, dass ein Elektron in einem Kasten an den Kasten gebunden ist und so Impuls an den Kasten abgeben könnte. Im Farbstoffmolekül wird dann Impuls auf das gesamte Molekül übertragen. Ähnliches gilt bei der Absorption von Licht in Atomen – hier kann der sehr schwere Atomkern Impuls aufnehmen, ohne dass sich seine Energie dabei nennenswert ändert.

Das Bänderdia-gramm braucht eine Impulsachse.

Man erkennt also, dass unser einfaches Bänderdiagramm um eine Dimension erweitert werden muss, wenn der Impuls der Elektronen berücksichtigt werden soll. Die Abszisse des Diagramms hatte bisher keine Bedeutung und kann dazu verwendet werden, den Elektronenimpuls zu kennzeichnen.

6.4   Das Sommerfeld-Modell

6.4.1   Das dreidimensionale Kastenpotential

Vom Farbstoff-molekül zum Metall.

In Kapitel 5 haben wir ein Farbstoffmodell kennengelernt, das einen organischen Farbstoff als einfaches Kastenpotential betrachtet. Dieses Kastenpotential kam durch die Ionenrümpfe der C^+-Ionen zu Stande, die übrig blieben, nachdem wir alle Elektronen in Doppelbindungen aus dem Molekül (gedanklich) entfernt hatten. Dieses Modell eignet sich auch zur Beschreibung eines eindimensionalen Metalls. Hierzu betrachten wir eine Kette aus Metallatomen, die jeweils ein Elektron aus ihrer äußersten Elektronenschale an das Elektronengas abgeben, ganz ähnlich wie im Drude-Modell. Zurück bleibt eine lange Kette positiver Ionenrümpfe, die wieder als Kastenpotential genähert werden kann.

Das Sommerfeld-Modell: Ein dreidimensio-nales Kastenpotenti-al.

Reale Metalle sind in allen drei Raumrichtungen ausgedehnt. Entsprechend muss man das Modell auf drei Dimensionen erweitern. Dieses Modell eines Metalls wird nach Arnold Johannes Wilhelm Sommerfeld (1868–1951) als *Sommerfeld-Modell* bezeichnet. Wie zuvor wird der Einfluss der Ionenrümpfe zunächst vernachlässigt und nur angenommen, dass die Elektronen auf das Innere des Metalls, also einen dreidimensionalen »Kasten« beschränkt sind. (Der Einfluss der Ionenrümpfe auf die elektrische Leitfähigkeit wird nachträglich hinzugefügt, wie wir weiter unten sehen werden.)

Berechnet man die Energieniveaus in einem zwei- oder dreidimensionalen Kasten, so sind diese nicht mehr durch eine, sondern durch zwei oder drei

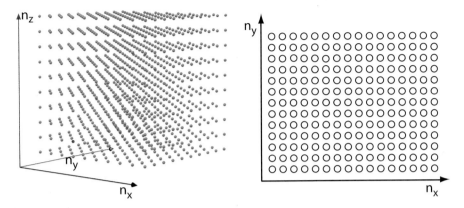

Bild 6.8: Links: Veranschaulichung der Zustände in drei Dimensionen. Der Zustand
(4,1,2) ist hervorgehoben. Rechts: Darstellung in zwei Dimensionen.

ganze Zahlen gekennzeichnet, nämlich für jede Raumrichtung eine. Es ergibt
sich

Die Energieniveaus im Kastenpotential.

$$1 \text{ Dim}: E = \frac{h^2}{8mL^2} n^2 \quad n \in \mathbb{N}^* \tag{6.9}$$

$$2 \text{ Dim}: E = \frac{h^2}{8mL^2} (n_x^2 + n_y^2) \quad n_i \in \mathbb{N}^*, \tag{6.10}$$

$$3 \text{ Dim}: E = \frac{h^2}{8mL^2} (n_x^2 + n_y^2 + n_z^2) \quad n_i \in \mathbb{N}^*, \tag{6.11}$$

wobei $\mathbb{N}^*$ die Menge der positiven ganzen Zahlen ist und die Zahlen n_i wie beim eindimensionalen Kastenpotential als Quantenzahlen bezeichnet werden.

Der Grundzustand hat also in drei Dimensionen eine Energie von $(1 + 1 + 1)h^2/(8mL^2)$, der erste angeregte Zustand die Energie $(1 + 1 + 4)h^2/(8mL^2)$ und so weiter. Am ersten angeregten Zustand erkennt man bereits, dass es für diesen drei Möglichkeiten gibt, denn jede der Zahlen n_x, n_y und n_z kann gleich 2 sein. Nach dem Pauli-Prinzip hat der erste angeregte Zustand deshalb Platz für 6 Elektronen.

Zustände brauchen in drei Dimensionen drei Quantenzahlen.

Um die möglichen Zustände zu veranschaulichen, kann man eine dreidimensionale Darstellung verwenden, in der die Quantenzahlen n_x, n_y und n_z auf den Achsen aufgetragen werden. Bild 6.8 zeigt dies und die Vereinfachung auf zwei Dimensionen, da die dreidimensionale Darstellung leicht unübersichtlich werden kann.

Darstellung der Zustände im Raum der Quantenzahlen.

Meist trägt man auf den Achsen nicht direkt die Quantenzahlen n_i auf, sondern statt dessen die Wellenzahl k_i, für die gilt:

Das reziproke Gitter: Darstellung der Zustände im k-Raum.

$$k_i = \frac{2\pi n_i}{L}. \tag{6.12}$$

Die Darstellung sieht dann genauso aus, allerdings beträgt der Abstand zwischen den einzelnen Punkten dann entsprechend nicht 1, sondern $2\pi/L$. Diese Darstellung wird auch als Darstellung im k-Raum oder als Darstellung im *reziproken Gitter* bezeichnet. Es ist in der Festkörperphysik immer wichtig zu wissen, ob eine Grafik im reziproken Gitter oder im »gewöhnlichen« Ortsraum dargestellt ist; insbesondere bei der Diskussion von Halbleitern werden beide Darstellungen häufig kommentarlos nebeneinander gestellt. (In Kapitel 7 werden ebenfalls beide Darstellungen nebeneinander verwendet, allerdings nicht kommentarlos.)

Bei der Darstellung im reziproken Gitter wird grundsätzlich berücksichtigt, dass die Zustände auf die 1. Brillouin-Zone beschränkt sind. Die genaue Form der ersten Brillouin-Zone hängt dabei vom Kristallgittertyp ab. Für die hier verwendeten einfach kubischen Gitter ist das reziproke Gitter ebenfalls einfach kubisch; das reziproke Gitter zum kubisch flächenzentrierten Gitter ist das kubisch raumzentrierte und umgekehrt. Eine ausführliche Erläuterung, wie man reziproke Gitter erstellt, findet sich beispielsweise in [2, 31].

Aufgabe 6.5: Berechnen Sie die Werte der sieben niedrigsten Energieniveaus in einem dreidimensionalen Kastenpotential. Wie viele Elektronen kann jedes der Niveaus aufnehmen? □

Auffüllen der Zustände mit niedrigster Energie.

Analog zum Farbstoffmolekül besetzen auch bei einem Metall die Elektronen Zustände mit möglichst niedriger Energie, wobei das Pauli-Prinzip dafür sorgt, dass jeder Zustand (also jeder Punkt im reziproken Gitter) maximal zwei Elektronen aufnehmen kann. Das höchste besetzte Niveau zu kennzeichnen ist in einem Metall allerdings zunächst etwas schwieriger als in einem Farbstoff, denn dazu müssen in drei Dimensionen drei Quantenzahlen angegeben werden, wobei mehrere verschiedene Quantenzustände dieselbe Energie besitzen können.

Aufgabe 6.6: Die Formel für die Energieniveaus eines dreidimensionalen Kastenpotentials können wir verwenden, um den Bindungseffekt einer metallischen Bindung zu verstehen. Dazu betrachten wir ein vereinfachtes System aus acht Atomen, deren Potential wir jeweils als würfelförmig ansehen wollen. Berechnen Sie die Gesamtenergie der Elektronen, wenn Sie acht einzelne Kastenpotentiale der Länge L mit je einem Elektron besetzen und vergleichen Sie sie mit der Gesamtenergie der Elektronen in einem Kasten der Länge $2L$. □

In zwei Dimensionen: Linien konstanter Energie sind Kreise.

Fermienergie: Grenze zwischen besetzten und unbesetzten Zuständen.

Die Energie der Zustände hängt nach Gleichung 6.11 quadratisch von den Quantenzahlen ab. Bild 6.9 zeigt die Energie der Quantenzustände in 2 Dimensionen. Man erkennt, dass sich ein Paraboloid ergibt; Linien konstanter Energie sind deshalb Viertelkreise. Um alle Energieniveaus in diesem Bild zu kennzeichnen, deren Energie unterhalb eines bestimmten Wertes E_F liegt, kann man also einen Viertelkreis einzeichnen. Alle Niveaus innerhalb dieses Kreises besitzen eine niedrigere Energie als E_F, alle außerhalb besitzen eine höhere Energie.

Füllt man die Zustände also mit Elektronen auf, so werden die besetzten von den unbesetzten Zuständen in zwei Dimensionen durch eine solche Kreislinie getrennt, wie in Bild 6.10, rechts, dargestellt. Da die Zahl der Elektronen in einem Metall in der Größenordnung von 10^{23} liegt, liegen die Niveaus sehr

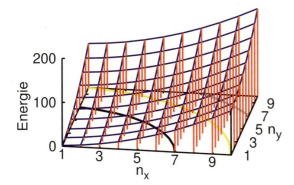

Bild 6.9: Energie der Quantenzustände im zweidimensionalen Sommerfeld-Modell für Quantenzahlen mit $n_i \leq 10$. Die Energie ist in Einheiten von $h^2/(8mL^2)$ aufgetragen. Ebenfalls eingezeichnet sind drei Linien mit konstanter Energie.

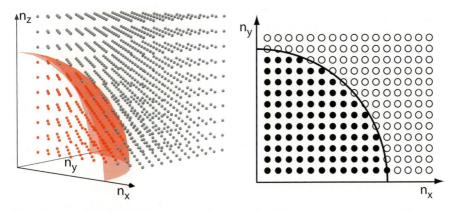

Bild 6.10: Die Fermienergie im Raum der Zustände. In drei Dimensionen ist die Grenze zwischen besetzten und unbesetzten Zuständen die Oberfläche einer (Achtel-)Kugel; in zwei Dimensionen ergibt sich ein Viertelkreis. Die Darstellung ist schematisch zu verstehen; in einem realen Metall ist die Zahl der besetzten Zustände innerhalb der Fermikugel sehr hoch.

dicht beieinander. Dies erlaubt es, näherungsweise davon auszugehen, dass die Energieniveaus ein Kontinuum bilden, in dem jeder Zustand ein bestimmtes Volumen einnimmt. Die besetzten und die unbesetzten Niveaus in einem Metall werden dann durch einen bestimmten Wert der Energie getrennt. Diese Grenzenergie wird nach Enrico Fermi (1901–1953, Nobelpreis 1938) als *Fermienergie* bezeichnet. Typische Fermienergien in Metallen haben eine Größe von einigen Elektronenvolt.

In drei Dimensionen: Die besetzten Zustände bilden die Fermikugel.

In drei Dimensionen ergibt sich das gleiche Bild, nur dass hier der Kreis durch eine Kugel (bzw. der Viertelkreis durch eine Achtelkugel) ersetzt wird. Man spricht deshalb auch von der *Fermikugel* (bzw. Achtelkugel), die alle Zustände mit einer Energie kleiner als die Fermienergie umschließt. Ihre Oberfläche heißt wenig einfallsreich *Fermifläche*.

Die Fermienergie hängt von der Elektronendichte ab.

Nach Gleichung (6.11) hängen die Energieniveaus in einem Kastenpotential von der Größe des Kastens ab. Man könnte deshalb annehmen, dass auch die Fermienergie von der Größe des Kastens abhängt. Dies ist jedoch – für ein hinreichend großes Volumen – nicht der Fall, da die Zahl der Energieniveaus proportional zu L^3 steigt, die Anzahl der Elektronen aber auch. Die Fermienergie hängt somit von der Elektronendichte ab, wie wir weiter unten in Übungsaufgabe 6.8 nachweisen werden.

Physikalische Effekte sind meist von den Zuständen nahe der Fermifläche bestimmt.

Für Übergänge zwischen Zuständen sind vor allem die Zustände direkt an der Fermifläche relevant, weil hier kleine Energien genügen, um ein Elektron in einen anderen Zustand zu bringen (während man eine vergleichsweise große Energie bräuchte, um ein Elektron weit aus dem Inneren der Fermikugel in einen unbesetzten Zustand außerhalb zu heben). Das ist analog zum vorigen Kapitel, in dem wir gesehen haben, dass es auch bei Farbstoffmolekülen die Grenze zwischen den besetzten und den unbesetzten Energieniveaus ist, die die Farbe bestimmt. Anders als dort liegen hier die Energieniveaus aber so dicht, dass ein Elektron direkt an der Fermioberfläche nur eine sehr geringe Energie benötigt, um in einen unbesetzten Zustand zu gelangen.

6.4.2   Elektronenorbitale in Metallen

Orbitale in mehreren Dimensionen als Überlagerung eindimensionaler Orbitale.

Wie wir gesehen haben, ergibt sich die Energie der Elektronenzustände in einem zwei- oder dreidimensionalen Kastenpotential einfach als Summe aus den Termen für die Energie des eindimensionalen Kastenpotentials. Die Orbitale (also die Aufenthaltswahrscheinlichkeit) der Elektronen im mehrdimensionalen Kastenpotential sind dementsprechend ebenfalls einfach Überlagerungen der eindimensionalen Orbitale, die allerdings multipliziert werden. (*Hinweis:* Diese Aussage gilt nur für das Kastenpotential, sie ist keine allgemeingültige Aussage für Orbitale in beliebigen Situationen.)

Die Orbitale haben Wellenform.

Für den Fall von zwei Dimensionen ist dies in Bild 6.11 dargestellt. Man erkennt, dass die Orbitale wieder Wellenform aufweisen.

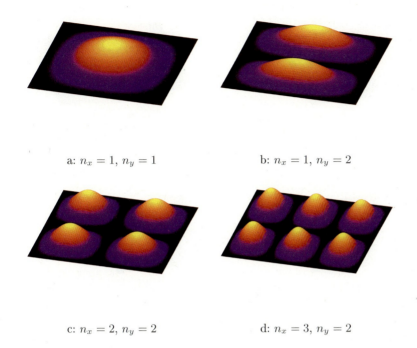

a: $n_x = 1$, $n_y = 1$ b: $n_x = 1$, $n_y = 2$

c: $n_x = 2$, $n_y = 2$ d: $n_x = 3$, $n_y = 2$

Bild 6.11: Beispiele für Orbitale in einem zweidimensionalen Kastenpotential.

 Die dreidimensionale Wellenfunktion ergibt sich durch Multiplikation der eindimensionalen Wellenfunktionen in den jeweiligen Raumrichtungen, also

$$\psi_{n_x,n_y,n_z}(x,y,z) = \left(\frac{2}{L}\right)^{3/2} \sin(n_x \pi x/L)\sin(n_y \pi z/L)\sin(n_z \pi z/L). \qquad (6.13)$$

Der Wert des Vorfaktors ergibt sich dabei aus der Forderung, dass das Integral über die Aufenthaltswahrscheinlichkeit $|\psi|^2$ gleich Eins sein muss. Bild 6.12 zeigt Beispiele für Wellenfunktionen in zwei Dimensionen.

Aufgabe 6.7: Viele Mineralien erhalten ihre Farbe durch so genannte Farbzentren. Ein Farbzentrum entsteht in einem ionischen Kristall, wenn ein negativ geladenes Ion fehlt und durch ein einzelnes Elektron ersetzt ist. Dieses verhält sich dann näherungsweise wie ein Elektron in einem Kastenpotential, dessen Länge der doppelten Gitterkonstanten entspricht. Ein NaCl-Kristall mit einem Farbzentrum erscheint gelb. Die absorbierte Strahlung, die zur gelben Farbe des NaCl-Kristalls führt, gehört zum Elektronenübergang mit der niedrigsten Energie. Überlegen Sie nach diesem einfachen Modell, welche Farbe ein KCl-Kristall mit Farbzentren haben müsste. Die Gitterkonstante von NaCl beträgt 0,56 nm, die von KCl 0,63 nm. $\square$

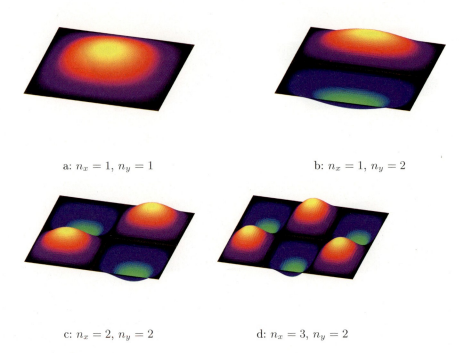

a: $n_x = 1$, $n_y = 1$ b: $n_x = 1$, $n_y = 2$

c: $n_x = 2$, $n_y = 2$ d: $n_x = 3$, $n_y = 2$

Bild 6.12. Beispiele für Wellenfunktionen in einem zweidimensionalen Kastenpotential. Siehe auch Bild 6.11

6.4.3   Die Wärmekapazität von Metallen

Warum Elektronen kaum zur Wärmekapazität beitragen.

Mit dem Sommerfeld-Modell können wir bereits eines der Probleme des Drude-Modells lösen: Wie oben erläutert, leisten die Elektronen des Elektronengases in einem Metall nahezu keinen Beitrag zur Wärmekapazität, was im Drude-Modell nicht zu verstehen war. Das Sommerfeld-Modell unterscheidet sich in seiner Vorhersage drastisch vom Drude-Modell. Um dies zu verstehen, betrachten wir das Metall im Grundzustand ohne angelegtes elektrisches Feld.

Das Boltzmann-Gesetz im Drude-Modell.

Wir nehmen zunächst die Regeln der klassischen Physik an. Bei Temperatur Null würden sich alle Elektronen im Zustand mit der niedrigsten Energie (mit $E = 0$ und $k = 0$) befinden. Für die thermodynamische Besetzung von Zuständen durch ein einzelnes Elektron gilt das Boltzmann-Gesetz, d. h., die Wahrscheinlichkeit, dass ein Zustand mit Energie E besetzt ist, ist gegeben durch $p \sim \exp -E/k_B T$. Würden Elektronen nicht dem Pauli-Prinzip genügen, so würden sie sich gegenseitig nicht bei der Besetzung der Energieniveaus stören.[7] In diesem Fall wäre also die Besetzungszahl, d. h. die Anzahl der Elektronen in einem Energieniveau, ebenfalls proportional zu $\exp -E/k_B T$. Diese Überlegung liegt auch dem oben gezeigten Bild 6.4 der Geschwindigkeitsvertei-

---

7 Dabei vernachlässigen wir wieder die elektrostatische Abstoßung der Elektronen.

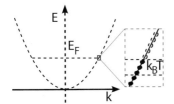

Bild 6.13: Vergleich der Fermienergie mit der thermischen Energie. Bei Raumtemperatur ist eine typische thermische Energie $k_B T$ wesentlich kleiner als die Fermienergie.

lung zu Grunde. Der Grundzustand wäre also mit vielen Elektronen besetzt, die angeregten Zustände mit einer exponentiell abnehmenden Zahl. Dies ist das (falsche) Bild des Drude-Modells.

Berücksichtigt man das Pauli-Prinzip, so gilt dieses einfache Bild nicht mehr. Da jeder Zustand nur von zwei Elektronen besetzt werden kann, kann die Besetzungszahl eines Zustandes nicht größer als 2 sein, egal wie niedrig seine Energie ist. Alle Zustände bis hin zur Fermienergie sind deswegen mit zwei Elektronen voll besetzt. Elektronen in Zuständen mit sehr geringer Energie sind also von ebenfalls besetzten Zuständen umgeben. Sie können nur dann thermisch angeregt werden, wenn sie genügend Energie bekommen, um das Innere der Fermikugel zu verlassen. Typische Werte der Fermienergie in einem Metall liegen bei einigen Elektronenvolt, während die Energie durch thermische Fluktuationen etwa durch $k_B T$ gegeben ist; bei Raumtemperatur entspricht dies etwa 25 meV (Bild 6.13). Die Wahrscheinlichkeit, dass ein Elektron mit Energie weit unterhalb der Fermienergie so viel Energie erhält, dass seine Energie über die Fermienergie ansteigt und es einen freien Zustand erreicht, ist demnach verschwindend klein. Nur diejenigen Elektronen mit Energien dicht an der Fermienergie können Energie aufnehmen, siehe Bild 6.14 Man bezeichnet diesen Bereich um die Fermienergie herum auch als *Fermikante*.

> Das Pauli-Prinzip: Innerhalb der Fermikugel sind alle Zustände besetzt.

> Nur Elektronen an der Fermikante können thermisch angeregt werden.

Da nur ein kleiner Teil der Elektronen Zustände an der Fermikante besetzt, ist der Beitrag der Elektronen zu Wärmekapazität gering. Die Wärmeleitfähigkeit eines Metalls wird jedoch ebenso wie die elektrische Leitfähigkeit stark durch diese Elektronen bestimmt, weil sie sehr hohe Geschwindigkeiten erreichen (siehe auch Bild 6.20).

Mathematisch wird das Pauli-Prinzip in thermodynamischen Überlegungen in der sogenannten Fermi-Dirac-Statistik (Paul Adrien Maurice Dirac, 1902–1984, Nobelpreis 1933) erfasst. Die Besetzungszahl ist in diesem Fall proportional zu $1/(\exp E/k_B T + 1)$. Vergleicht man dies mit dem Boltzmann-Faktor $\exp -E/k_B T$, so erkennt man, dass der zusätzliche Summand 1 im Nenner dafür sorgt, dass die Besetzungszahl nicht größer als 1 werden kann. Da die niederenergetischen Zustände mit deutlich weniger Elektronen aufgefüllt werden können als im Fall ohne Pauli-Prinzip, die Elektronen aber irgendwo bleiben müssen, werden entsprechend höherenergetische Niveaus aufgefüllt. Bei sehr hohen Energien verschwindet der Unterschied zwischen der Boltzmann- und der Fermi-Dirac-Formel.

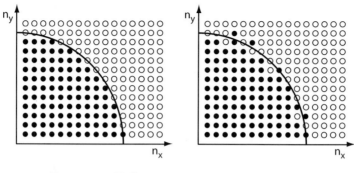

a: Temperatur Null   b: Endliche Temperatur

Bild 6.14: Fermikugel bei Temperatur Null und bei endlicher Temperatur (schematische Darstellung, in einem Metall ist die Zahl der Zustände wesentlich höher). Nur Elektronen an der Fermikante können durch thermische Energie angeregt werden.

6.4.4   Periodische Randbedingungen

Orbitale im Kastenpotential sind am Rand immer Null.

Betrachten wir die Orbitale im Kastenpotential, so fällt auf, dass sie am Rand des Kastenpotentials immer verschwinden. Dies ist angesichts unserer Konstruktion nicht verwunderlich, da ein Wert der Aufenthaltswahrscheinlichkeit ungleich Null außerhalb des Kastens eine unendlich hohe Energie bedingen würde. Es bedeutet jedoch, dass diese Orbitale denkbar ungeeignet sind, um Phänomene der elektrischen Leitung zu beschreiben, denn unsere so beschriebenen Elektronen können niemals den Leiter verlassen. Auf den ersten Blick ist es jedoch gar nicht so einfach, dieses Problem zu lösen, denn wenn wir unseren Metallwürfel etwa mit einem Draht kontaktieren wollen, um die Zu- und Abfuhr von Elektronen zu ermöglichen, so müssen wir dann zusätzlich das Orbital der Elektronen innerhalb dieses Drahtes berücksichtigen, was das Problem nur an das Ende des Drahtes verlagert.

Periodische Randbedingungen: Ein Ausschnitt eines unendlich großen Metalls.

Wir können das Problem umgehen, indem wir uns vorstellen, dass wir einen sehr großen Metallwürfel betrachten und uns von diesem nur einen repräsentativen Ausschnitt der Kantenlänge L irgendwo in der Mitte ansehen. Wir nehmen an, dass wir das gesamte Metall aus lauter solchen absolut identischen Ausschnitten zusammensetzen. Betrachten wir ein beliebiges Orbital innerhalb dieses Ausschnitts, dann muss sich dieses vom linken zum rechten Rand stetig fortsetzen. Bild 6.15 veranschaulicht diese Randbedingung für ein Orbital in zwei Dimensionen. Damit haben wir alle Oberflächeneffekte eliminiert. Diese Methode der Beschreibung des Systemrandes wird als *periodische Randbedingung* bezeichnet.

Diese Annahme ist natürlich nicht ganz richtig, denn Volumenelemente an der Oberfläche zeigen ja einen Anstieg des Potentialwertes, da hier das Ende des Kastenpotentials liegt, während solche in der Mitte dies nicht tun. Ein Volumenelement, das exakt in der Mitte des Gesamtvolumens liegt, hat demnach nicht ganz

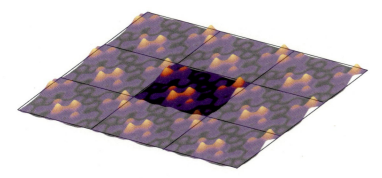

Bild 6.15: Periodische Randbedingungen: Ein unendliches Volumen wird aus identischen Gebieten zusammengesetzt, in denen die Orbitale ebenfalls jeweils identisch sein müssen.

dieselben Eigenschaften wie seine Nachbarelemente, da diese etwas dichter an der Kastenbegrenzung liegen. Im Grenzfall eines sehr großen (bzw. unendlich großen) Metallwürfels geht dieser Effekt jedoch gegen Null.

Die periodische Randbedingung gilt natürlich nicht nur für das Potential, sondern muss auch für die Wellenfunktion gelten.

Wir können uns dieses Verfahren auch anders veranschaulichen. Dazu betrachten wir ein eindimensionales Kastenpotential, das einen Draht der Länge L beschreiben soll. Unsere Beschreibung der Wellenfunktion soll zwei Dinge ermöglichen: Zum einen sollen Elektronen durch den Draht hindurchfließen können, zum anderen soll es aber keine Grenz- oder Endpunkte des Drahtes geben, an denen die Wellenfunktion immer verschwindet. Dies lässt sich dadurch erreichen, dass wir den Draht zu einem Kreis biegen. Jetzt können Elektronen durch den Draht beispielsweise im Uhrzeigersinn fließen, ohne jemals den Draht zu verlassen. Da es in Drahtrichtung auch keine Grenzfläche mehr gibt, gibt es entsprechend auch keinen Ort mehr, an dem die Wellenfunktion verschwinden muss.

Man kann sich natürlich fragen, wie man an einen geschlossenen Drahtring eine Spannung anlegen soll. Normalerweise legt man die Spannung ja zwischen den Drahtendpunkten an, aber durch die Kreisform sind die beiden Drahtendpunkte miteinander identisch, so dass dies nicht mehr möglich ist. Ein Strom ließe sich aber beispielsweise durch Einbringen eines Magneten in den Drahtring induzieren. Betrachten wir nur, welche Wellenfunktionen und Zustände innerhalb des Drahtes existieren, so brauchen wir uns mit diesen – eher technischen – Details nicht zu befassen, da diese die prinzipiellen physikalischen Eigenschaften des Systems nur unwesentlich beeinflussen.

Um den Unterschied zwischen dem Kastenpotential mit unendlich hohen Wänden und dem mit periodischen Randbedingungen besser zu verstehen, betrachten wir zunächst ein verwandtes Problem, nämlich Wellen auf einem gespannten Seil, siehe Bild 6.16. Bei einer stehenden Welle kann sich ein einzelner Schwingungsbauch zwischen den Endpunkten ausbilden. Verlangt man für die Seilwelle periodische Randbedingungen und betrachtet so ein quasi unendliches Seil, so ist die größte mögliche Wellenlänge gleich der Länge des periodischen

Randbedingungen: Die Seilwellen-Analogie.

Periodische Seilwelle: Zahl der Schwingungsbäuche ist gerade.

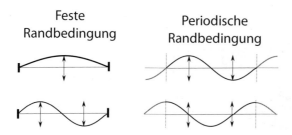

Bild 6.16: Seilwelle mit fester und periodischer Randbedingung

Seilstücks. Eine Welle mit nur einem Schwingungsbauch ist nicht mehr zulässig, weil diese dann an den Enden einen »Knick« aufweisen würde. Die größte zulässige Wellenlänge ist damit halb so groß wie bei der stehenden Welle.

Eine konstante Welle ist möglich.

Anders als bei der Seilwelle mit fester Einspannung sind nicht nur Sinus-, sondern auch Kosinus-Wellen möglich, wie Bild 6.16 zeigt. Zusätzlich gibt es auch eine »Welle« (nicht im Bild), bei der das gesamte Seil konstant nach oben oder unten ausgelenkt wird, die also eine unendliche Wellenlänge besitzt – da das Seil in diesem Fall nicht verformt wird, ist die Energie in diesem Fall gleich Null.

Laufende Elektronenwellen: Das Vorzeichen von n gibt die Richtung an.

Das Bild der Seilwelle lässt sich auf die Elektronenorbitale übertragen. Die Orbitale gehören jetzt nicht mehr zu stehenden, sondern zu laufenden Wellen. Wellen mit positiven Werten der Quantenzahl n laufen in positive, Wellen mit negativen Werten in negative Richtung.[8]

Der Elektronenimpuls im Gitter.

Die laufenden Elektronenwellen tragen damit auch einen Impuls. Der Impuls eines Elektrons ist gegeben durch die Beziehung

$$p = \frac{hn}{L} = \hbar k \quad \text{in einer Dimension} \tag{6.14}$$

$$\vec{p} = \frac{h\vec{n}}{L} = \hbar\vec{k} \quad \text{in drei Dimensionen} . \tag{6.15}$$

Der Vektor $\vec{n}$ ist $\vec{n} = (n_x, n_y, n_z)$. Auch hier wird statt der Quantenzahlen n häufig die Wellenzahl $k = 2\pi n/L$ bzw. in drei Dimensionen der Wellenvektor verwendet, der also dem Impuls des Elektrons proportional ist.[9] Gelegentlich wird auch k bzw. $\vec{k}$ selbst als Impuls oder als Gitterimpuls des Elektrons bezeichnet. In Aufgabe 5.1 wurde die Wellenzahl bereits für das eindimensionale Kastenpotential eines Farbstoffmoleküls eingeführt.

Dass $\vec{k}$ (oder $\hbar\vec{k}$) nicht als Impuls, sondern nur als *Gitterimpuls* bezeichnet werden darf, ist im reduzierten Zonenschema unmittelbar einsichtig, da wir

---

8 Dabei ist etwas Vorsicht geboten: Die Orbitale der laufenden Wellen zu einem bestimmten Wert von n sind räumlich konstant und entstehen durch Überlagerung von Sinus- und Kosinusfunktionen. Mathematisch korrekt lässt sich dies nur mit Hilfe der Wellenfunktion beschrieben und ist deshalb in den vertiefenden Abschnitten dieses Kapitels erläutert.

9 Die gleiche Formel gilt auch für Photonen, siehe Seite 87.

dort die Energie-Impuls-Kurven einfach »zurückgeklappt« haben, also davon ausgehen, dass der Wert von k nur bis auf ein Vielfaches von $2\pi/a$ festliegt (siehe z.B. [2, Kap. 8]). Physikalisch kann man sich dies so erklären, dass ein Elektron einen Impuls so auf das gesamte Ionengitter überträgt, dass alle Ionen um denselben Betrag beschleunigt werden. Da das Ionengitter praktisch nahezu unendlich schwer ist, ist die Geschwindigkeitsänderung des Ionengitters dann vernachlässigbar klein. In den meisten Fällen verhält sich der Gitterimpuls wie ein gewöhnlicher Impuls und wird deswegen in diesem Buch der Einfachheit halber meist auch so behandelt. Eine Ausnahme ist die Diskussion des Zusammenhangs zwischen Geschwindigkeit und Impuls in Halbleitern, siehe Seite 179.

 Die Wellenfunktion im Fall periodischer Randbedingungen ergibt sich als Linearkombination aus zwei gegeneinander verschobenen Wellenfunktionen des Kastenpotentials, da die Forderung, dass die Wellenfunktion am Rand des Kastens verschwindet, ja nun nicht mehr erfüllt sein muss. Entsprechend kombiniert man eine Sinus- und eine Kosinusfunktion über die Formel $e^{ikx} = \cos kx + i \sin kx$. Der Impuls einer solchen Wellenfunktion ist gegeben durch $p = \hbar k$, d. h., die Wellenfunktion entspricht jetzt einer laufenden Welle. Anders als im Fall des Kastenpotentials ist die Aufenthaltswahrscheinlichkeit bei einer solchen laufenden Welle im gesamten Raum konstant. Umgekehrt kann aus zwei laufenden Wellen mit entgegengesetztem k-Wert eine stehende Welle kombiniert werden, da $\sin kx = (e^{ikx} - e^{-ikx})/2i$ ist. Diese Tatsache wird weiter unten verwendet, um die Entstehung der Bandlücke zu erläutern. Siehe hierzu auch den Abschnitt über die Fourier-Analyse auf Seite 78.

Die Gesamtwellenfunktion Ψ_n für den Fall mit periodischen Randbedingungen hat in einer Dimension die Form

$$\Psi_n(x,t) = \frac{1}{\sqrt{L}} e^{i(kx - Et/\hbar)},$$

wobei L die Länge des betrachteten periodischen Bereichs ist.

Wie bei der Seilwelle sind Wellen mit einer ungeraden Anzahl von Schwingungsbäuchen innerhalb des periodischen Kastens nicht zulässig. Die größte zulässige Wellenlänge (abgesehen von der konstanten Welle) ist deshalb nur halb so groß wie beim Kasten mit unendlichen Wänden und stehenden Wellen. Entsprechend ändert sich der Vorfaktor der Energieniveaus von $1/8L^2$ zu $1/2L^2$. Die Energieniveaus des dreidimensionalen Kastenpotentials mit periodischen Randbedingungen sind dann

Periodische Randbedingungen: aus $8L^2$ wird $2L^2$.

$$E = \frac{h^2}{2mL^2}(n_x^2 + n_y^2 + n_z^2) \quad n_i \in \mathbb{Z}, \tag{6.16}$$

$$= \frac{h^2}{2mL^2}\vec{n}^2 = \frac{\hbar^2 \vec{k}^2}{2m}, \tag{6.17}$$

wobei jetzt die Werte der n_i auch negativ oder Null sein können. Verwendet man die obige Gleichung für den Impuls, so ergibt sich $E = \vec{p}^2/2m$. Diese Beziehung gilt auch für die kinetische Energie eines klassischen Teilchens, siehe Gleichung (6.6).

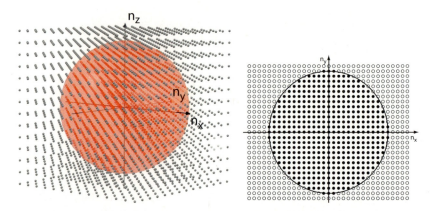

Bild 6.17: Fermienergie im Kastenpotential mit periodischen Randbedingungen. Links, dreidimensionaler Fall: Die Grenze zwischen besetzten und unbesetzten Zuständen ist die Oberfläche einer Kugel, der Fermikugel. Rechts, zweidimensionaler Fall: Die Grenze zwischen besetzten und unbesetzten Niveaus ist durch einen Kreis gekennzeichnet.

Die Achtelkugel wird zur vollen Fermikugel.

Für das Kastenpotential mit Wänden haben wir gesehen, dass sich die Zustände in ein n_x, n_y, n_z-Diagramm einzeichnen lassen, in dem die besetzten Zustände innerhalb einer Achtelkugel, der Fermikugel, liegen. Da bei periodischen Randbedingungen auch ein Zustand mit Energie Null sowie negative Werte der n_i zugelassen sind, ist die Fermifläche nun eine Kugel bzw. in zwei Dimensionen ein Kreis, siehe Bild 6.17.

Aufgabe 6.8: Berechnen Sie den Radius der Fermikugel für gegebene Fermienergie in einem Metallwürfel der Kantenlänge L mit periodischen Randbedingungen. Verwenden Sie das Ergebnis, um zu zeigen, dass die Fermienergie nur von der Elektronendichte abhängt, also von der Anzahl der Elektronen im Elektronengas pro Volumen. Kupfer hat eine Dichte freier Elektronen von $8{,}47 \cdot 10^{28}\,\mathrm{m}^{-3}$. Berechnen Sie die Fermienergie von Kupfer. $\square$

6.4.5 Elektrische Leitung im Sommerfeld-Modell

Mit dem Drude-Modell war es uns gelungen, das Ohmsche Gesetz herzuleiten. Wenn das Sommerfeld-Modell dem Drude-Modell überlegen sein soll, so sollte es auch in diesem Modell möglich sein, die Proportionalität von Spannung und Strom nachzuweisen.

Das Ohmsche Gesetz im Sommerfeld-Modell.

Hierzu betrachten wir zunächst wieder ein eindimensionales System. In diesem gilt die Beziehung

$$E = \frac{\hbar^2 k^2}{2m}\,, \tag{6.18}$$

wenn wir die obige Definition der Wellenzahl k verwenden. Bild 6.18 a zeigt die Energie als Funktion der Wellenzahl (bzw. des Impulses $\hbar k$) für diesen Fall.

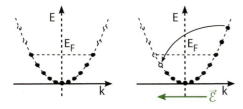

a: Eindimensionales Modell ohne und mit
   elektrischem Feld

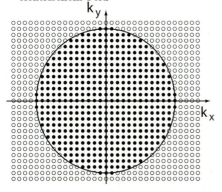
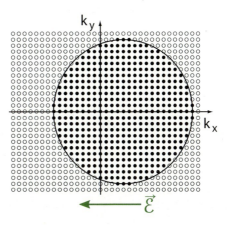

b: Zweidimensionales Modell

Bild 6.18: Ohmsches Gesetz für Elektronen im Kastenpotential mit periodischen
           Randbedingungen (schematische Darstellung).

Ohne angelegtes elektrisches Feld sind alle Zustände bis hin zur Fermienergie
E_F besetzt, und zwar sowohl für positive als auch für negative Werte von k,
also für nach rechts und nach links laufende Elektronenwellen. Legen wir ein
elektrisches Feld an, so werden die Elektronen beschleunigt, d. h., ihr Impuls
und damit ihr Wellenvektor verändert sich. Im Folgenden nehmen wir an, dass
die Elektronen in positive x-Richtung beschleunigt werden, dass sich also die
Werte der Wellenzahl durch das Feld erhöhen. Die Elektronen[10] mit dem höchsten Wert von k (also mit dem höchsten Impuls) können ihren Impuls erhöhen,
da die Zustände zu höheren Impulsen unbesetzt sind. Damit ist ihr Zustand
unbesetzt, so dass die Elektronen mit den nächst-niedrigeren Impulsen in die
höheren Impulszustände »nachrücken« können. Insgesamt verschieben sich also die besetzten Zustände im Diagramm nach rechts. Während der Mittelwert
aller Impulse vorher gleich Null war, ist er jetzt größer als Null, die Elektronen
bewegen sich also bevorzugt in eine Richtung und es fließt ein Strom.

   In einem perfekten elektrischen Leiter würden die Elektronen immer weiter beschleunigt werden, die besetzten Zustände würden sich also unbegrenzt

*Das elektrische
Feld verschiebt
die besetzten
Zustände.*

---

10 Wegen des Pauli-Prinzips gibt es immer zwei Elektronen zu jedem erlaubten Wert
   von k.

Der elektrische Widerstand begrenzt die Verschiebung.

nach rechts verschieben.[11] Um einen Leiter mit einem endlichen Widerstand zu erhalten, müssen wir, ähnlich wie im Drude-Modell, annehmen, dass es Stoß-prozesse gibt, die die Elektronen in ihrer Bewegung beeinflussen. Genau wie dort nehmen wir auch hier an, dass diese Stoßprozesse durch eine Relaxations-zeit τ beschrieben werden können. Die Stoßprozesse können dann Elektronen von einem Zustand in einen anderen befördern. Allerdings ist der Impulszustand eines Elektrons, anders als im Drude-Modell, nicht beliebig, denn ein Stoßpro-zess kann ein Elektron nur in einen Zustand bringen, der nicht bereits von zwei Elektronen besetzt ist, da das Pauli-Prinzip wirkt. Stoßprozesse verringern die Energie der Elektronen oder lassen sie unverändert, denn ansonsten würden wir beobachten, dass sich der Leiter abkühlt, da Energie aus den Schwingungen der Ionenrümpfe an die Elektronen übertragen würde. Deshalb können Elektronen im wesentlichen nur in Zustände mit gleicher oder niedrigerer Energie gestreut werden.[12]

Im zwei- oder dreidimensionalen Modell ergibt sich ein ähnliches Bild (siehe Bild 6.18 b): Die Fermikugel (in zwei Dimensionen eigentlich ein Fermikreis) verschiebt sich als Ganzes in eine Richtung. Entsprechend werden Elektronen vor allem vom Rand der Fermikugel aus in freie Zustände gestreut.

Um die Wirkung der Streuprozesse genauer zu verstehen, betrachten wir Zu-stände am Rand der verschobenen Fermikugel, siehe Bild 6.19. Zustände mit gleicher oder niedrigerer Energie können wir dadurch markieren, dass wir eine Kugel bzw. einen Kreis durch den gerade betrachteten Zustand zeichnen. Die im Bild grau schattierten Bereiche kennzeichnen unbesetzte Zustände mit niedrigerer Energie. Man erkennt, dass es um so mehr Möglichkeiten für die Elektronenstreuung gibt, je größer die Energie eines Elektrons ist. Die größte Zahl an Möglichkeiten hat entsprechend ein Elektron mit dem maximalen Betrag des Wellenvektors, wie rechts im Bild einge-zeichnet. Freie Niveaus gibt es vor allem bei negativen k-Werten auf der anderen Seite des Diagramms. Die Elektronen werden also in diese Niveaus transportiert, d. h., die Stoßprozesse kehren ihre Impulskomponente in Feldrichtung nahezu vollständig um, ähnlich wie in einer Dimension in Bild 6.18 a.

Wie stoßen sich unendliche Wellen an Ionenrümpfen?

Man könnte jetzt – zu Recht – einwenden, dass das Bild von Elektronen, die sich an Ionenrümpfen stoßen, nicht zum Bild der unendlich ausgedehnten Elektro-nenwelle passt und dass hier zwei Modellvorstellungen unzulässig vermischt wer-den. Eine genauere Betrachtung erlaubt es allerdings, dieses Bild doch zu recht-fertigen. Da diese Betrachtung aber etwas komplizierter ist und das Konzept der Wellenfunktion verwendet, wird sie im folgenden vertiefenden Abschnitt erläutert.

 Dazu betrachtet man Überlagerungen von einzelnen Elektronenwellen. Bisher haben wir nur Elektronenzustände betrachtet, die zu einem bestimmten Wert

---

11 Wir werden weiter unten sehen, dass dieses Bild nicht ganz richtig ist.

12 Durch thermische Fluktuationen ist es natürlich möglich, dass Elektronen bei einem Stoß ein wenig Energie hinzugewinnen, aber wie wir oben gesehen haben ist dieser Ener-giebetrag klein gegen die Fermienergie.

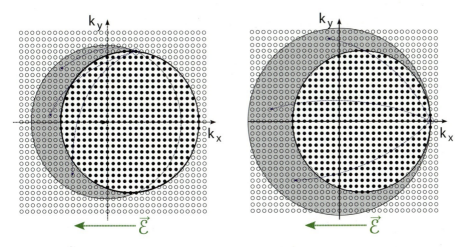

Bild 6.19. Streuprozess von Elektronen im elektrischen Feld. Elektronen können nur in unbesetzte Zustände mit niedrigerer Energie gestreut werden (grau schattierter Bereich). Detaillierte Erläuterung im Text.

der Energie gehören und bei denen sich die Orbitale zeitlich nicht ändern. Diese Zustände sind aber nicht die einzig möglichen. Generell gilt in der Quantenmechanik, dass Zustände auch überlagert werden können; die Summe zweier möglicher Wellenfunktionen ist ebenfalls eine mögliche Wellenfunktion (Superpositionsprinzip). In der Vertiefung auf Seite 117 ist dies näher erläutert.[13]

In Kapitel 4, Seite 78 haben wir gesehen, dass man durch Überlagerung ebener Wellen (in einer Fourier-Transformation) auch lokalisierte Funktionen erzeugen kann, siehe Bild 4.2. Entsprechend kann man auch im Sommerfeld-Modell ein Wellenpaket konstruieren, dass in einem Bereich des Gitters lokalisiert ist und sich mit einem bestimmten mittleren Impuls bewegt. Ein solches Wellenpaket ist dann nicht zeitlich konstant, so dass es sich durch das Metall bewegen kann, und hat deswegen auch keinen exakt definierten Wert der Energie, siehe auch Seite 115.

Betrachten wir als Beispiel einen sehr großen Kasten, der durch ein Kastenpotential beschrieben werden kann und der kein Elektron enthält. Injizieren wir ein Elektron an einer Stelle des Kastens, so ist es nicht plausibel anzunehmen, dass die Aufenthaltswahrscheinlichkeit des Elektrons sich sofort im gesamten Kasten so ändert, dass sie einem der Orbitale wie in Bild 5.7 oder 6.11 entspricht. Vielmehr sollte man erwarten, dass die Aufenthaltswahrscheinlichkeit des Elektrons am Ort der Injektion groß ist und an weit entfernten Orten klein. Dies lässt sich erreichen, wenn man das Elektron durch ein an diesem Ort lokalisiertes Wellenpaket beschreibt. Dieses Paket läuft dann im Laufe der Zeit auseinander, ähnlich wie in Bild 4.4.

Ähnlich kann man sich auch die Wechselwirkung mit einer Störstelle im Kristallgitter veranschaulichen: Auch hier kann man entsprechend die Wellenfunktionen der besetzten Zustände so kombinieren, dass aus ihnen Wellenpakete entstehen. Ist eins dieser Pakete am Ort der Störstelle lokalisiert, so kann es mit dieser wechselwirken.

13 Dabei muss man allerdings entsprechend normieren, damit die Gesamtwahrscheinlichkeit, ein Elektron an irgendeinem Ort zu finden, gleich 1 ist, siehe Gleichung (3.1).

⚡ Bisher haben wir immer Zustände mit einem genau definierten Wert des Gitterimpulses k betrachtet und gesehen, dass vor allem Zustände an der Fermikante wichtig sind. Damit diese Überlegungen auch dann noch gültig bleiben, wenn man Wellenpakete betrachtet, muss die Breite δk des Wellenpakets im Impulsraum klein gegen die Fermienergie sein, so dass alle Zustände, die zum Wellenpaket beitragen, näherungsweise denselben Impuls $k \pm \delta k$ haben. Ähnlich wie in Bild 4.2 folgt daraus, dass das Wellenpaket räumlich ausgedehnt sein muss und sich über einen Bereich erstreckt, der viele Gitterkonstanten groß ist. Das Wellenpaket ist also groß gegen den Abstand zweier Atome, aber dennoch in einem kleinen Bereich des Gitters lokalisiert.

⚡ Ein solches Wellenpaket verhält sich dann ähnlich wie Elektron im Drude-Modell und kann mit Stoßpartnern wechselwirken. Eine ausführliche quantitative Diskussion findet sich in [2, Kap. 12].

Die Herleitung des Ohmschen Gesetzes ist sehr ähnlich zur Herleitung im Drude-Modell.

⚡ Dazu müssen wir wieder die mittlere Geschwindigkeit (Driftgeschwindigkeit) der Elektronen berechnen. Die Kraft auf ein einzelnes Elektron ist – auch in der Quantenmechanik – durch $F = -e\mathcal{E}$ gegeben, wobei $\mathcal{E}$ wieder das elektrische Feld ist und wir in einer Dimension rechnen. Nach dem Newtonschen Axiom ist die Kraft gleich der Änderung des Impulses $F = dp/dt$. Damit ergibt sich $dp = -e\mathcal{E}\, dt$. Im Mittel über alle Elektronen liegt für jedes Elektron der letzte Stoß eine Relaxationszeit τ in der Vergangenheit; der mittlere Impuls, den die Elektronen durch das elektrische Feld aufnehmen, ist also $\langle p \rangle = -e\mathcal{E}\tau$. Für den Stromtransport ist nicht der Impuls, sondern die mittlere Geschwindigkeit $\langle v \rangle$ der Elektronen entscheidend, die durch $\langle v \rangle = \langle p \rangle / m$ gegeben ist. Es ergibt sich also, identisch zur Herleitung im Drude-Modell, $\langle v \rangle = -e\mathcal{E}\tau/m$. Das Ohmsche Gesetz folgt daraus genau wie oben.

⚡ In Bild 6.18 b haben wir gesehen, dass sich die Fermikugel im k-Raum (dem reziproken Gitter) bei Anlegen eines elektrischen Feldes verschiebt. Aus dem berechneten Wert für $\langle v \rangle$ ergibt sich für den Verschiebungsvektor $\delta \vec{k} = -e\vec{\mathcal{E}}\tau/\hbar$. Dabei wurde jetzt auch der Vektorcharakter des Wellenvektors und des elektrischen Feldes berücksichtigt.

Die Geschwindigkeitsverteilung im Sommerfeld-Modell: Nur wenige Elektronen tragen tatsächlich den Strom.

Dass die Herleitung des Ohmschen Gesetzes der im Drude-Modell sehr ähnlich ist, ist nicht weiter verwunderlich: Wir interessieren uns hier ja nur für die mittlere Geschwindigkeit der Elektronen, also für den Anteil der Geschwindigkeit, der vom elektrischen Feld verursacht wird. Dieser ist in beiden Modellen gleich. Die Modelle unterscheiden sich jedoch drastisch in der absoluten Geschwindigkeitsverteilung der Elektronen. Bild 6.20 zeigt einen qualitativen Vergleich der Geschwindigkeitsverteilungen der Elektronen im Drude- und im Sommerfeld-Modell. Die Geschwindigkeitsverteilung im Drude-Modell ergibt sich direkt aus dem Boltzmann-Gesetz, so dass Zustände mit niedriger kinetischer Energie stark bevorzugt sind. Wird ein Feld angelegt, verschiebt sich im Drude-Modell, wie oben erläutert, die Geschwindigkeit aller Elektronen um einen kleinen Betrag. Im Sommerfeld-Modell treten wesentlich höhere Geschwindigkeiten auf, weil das Pauli-Prinzip verbietet, dass die meisten Elektronen sich in Zuständen mit niedriger Geschwindigkeit aufhalten. Dadurch verschiebt sich die Verteilung ebenfalls in Richtung höherer Geschwindigkeiten, der Unterschied macht

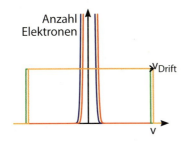

Bild 6.20: Qualitativer Vergleich der Geschwindigkeitsverteilung der Elektronen nach dem Drude-Modell und nach dem Sommerfeld-Modell. Im Sommerfeld-Modell ändert sich die Verteilung der Elektronen nur direkt an der Fermikante. Die Darstellung ist nicht maßstabsgetreu; typische Geschwindigkeiten der Elektronen an der Fermikante liegen bei 1000 km/s und sind damit um viele Größenordnungen höher als die Driftgeschwindigkeit bei üblichen Spannungen oder typische Geschinwidgkeiten im Drude-Modell.

sich aber nur an der Fermikante bemerkbar. Gegenüber der Situation ohne anliegendes elektrisches Feld sind es also insgesamt nur wenige Elektronen, die ihre Geschwindigkeit geändert haben, doch diese Elektronen haben eine sehr hohe Absolutgeschwindigkeit.

Bezüglich der Leitfähigkeit macht das Sommerfeld-Modell also dieselben Vorhersagen wie das Drude-Modell. Seine Überlegenheit beweist es beispielsweise bei der Betrachtung der thermischen Eigenschaften, wie oben schon erläutert wurde. Darüber hinaus macht es plausibel, warum die Abstoßung zwischen den Elektronen in einem Metall meist vernachlässigt werden kann: Dazu betrachten wir einen Streuprozess von zwei beliebigen Elektronen. Da alle Zustände in der Fermikugel besetzt sind, müssen sich die Elektronen nach der Streuung beide in einem Zustand an der Fermikante befinden. Wegen der Energieerhaltung bedeutet das, dass nur Elektronen streuen können, die sich auch vor dem Stoß beide an der Fermikante befinden. Zusätzlich sorgt die Impulserhaltung für eine weitere Einschränkung möglicher Streuprozesse.[14] Eine Streuung von zwei Elektronen ist deshalb sehr unwahrscheinlich.

Warum Elektronen sich im Metall kaum beeinflussen.

Bedenkt man, dass die Zustände der Elektronen diskret sind, dass also ihre Energiewerte um einen endlichen Betrag auseinander liegen, so scheint daraus zu folgen, dass doch eine Mindestspannung notwendig ist, um die Elektronen vom Energieniveau direkt an der Fermikante in das nächsthöhere Niveau anzuheben, im Widerspruch zur experimentellen Beobachtung, dass schon bei sehr kleinen Spannungen ein Strom fließt. Dies ist prinzipiell zwar richtig, durch die sehr große Zahl der Zustände liegen diese allerdings extrem dicht beieinander, so dass der Abstand zwischen

14 In der Vertiefung in Abschnitt 9.2.1 wird dieses Problem im Zusammenhang mit einer anziehenden Wechselwirkung zwischen den Elektronen noch einmal in ähnlicher Weise diskutiert.

zwei benachbarten Energieniveaus an der Fermikante immer klein gegen thermische Energien $k_B T$ ist.

⚡ Diese Überlegung gilt allerdings nicht mehr, wenn es sich um sehr kleine metallische Systeme handelt. In diesem Fall ist die Zahl der Zustände klein und der energetische Abstand zwischen dem höchsten besetzten und dem niedrigsten unbesetzten Zustand kann – insbesondere bei niedrigen Temperaturen – deutlich größer als eine typische thermische Energie sein. In derartigen Systemen, die man als Quantenpunkte bezeichnet, verhalten sich die Elektronen ähnlich wie in Farbstoffmolekülen.

6.4.6   Probleme des Sommerfeld-Modells

Das Sommerfeld-Modell ist dem Drude-Modell zwar in einigen Punkten überlegen, aber es kann nicht alle der Probleme lösen, die in Abschnitt 6.2.2 aufgeführt wurden.

Auch das Sommerfeld-Modell erklärt den Widerstand von Legierungen und die Temperaturabhängigkeit des Widerstands nicht.

Eins dieser Probleme ist der unerwartet hohe Widerstand von Legierungen. Genau wie im Drude-Modell sollten auch im Sommerfeld-Modell einige Ionen stärkere Streuzentren sein als andere und es sollte deshalb eine Art Mischungsregel gelten. Ebenso ist nicht einzusehen, warum der elektrische Widerstand bei niedrigen Temperaturen stark absinkt, denn die Ionenrümpfe sollten ja nach wie vor als Streuzentren wirken können.

⚡ Auf Seite 134 haben wir gesehen, dass Experimente mit dünnen Drähten zeigen, dass die mittlere freie Weglänge der Elektronen deutlich größer ist als durch das Drude-Modell vorhergesagt. Berechnet man die mittlere freie Weglänge mit den Mitteln des Sommerfeld-Modells bei niedrigen Temperaturen (bei denen die Relaxationszeit wegen des niedrigeren Widerstands größer ist als bei Raumtemperatur), so ergibt sich eine gute Übereinstimmung mit den Messwerten. Allerdings ist unklar, warum die Elektronen Strecken von vielen Hundert oder Tausend Atomabständen zurücklegen können, ohne sich mit den Ionenrümpfen zu stoßen. Dies ist ein weiterer deutlicher Hinweis darauf, dass das einfache Bild der Ionenrümpfe als Stoßpartner nicht korrekt sein kann.

Außerdem bleibt auch die Ursache für die Farbe von Kupfer oder Gold ungeklärt.

Warum gibt es überhaupt Isolatoren?

Es ist auch unbefriedigend, dass das Modell nicht für jedes Material gilt, denn die Bandlücke zwischen besetzten und unbesetzten Energieniveaus in Isolatoren ist mit dem Modell nicht zu erklären. Schließlich lässt sich auch die oben erwähnte Tatsache, dass manche Halbleiter sich verhalten, als besäßen sie positive Ladungsträger, nicht verstehen. Um diese Fragen zu beantworten, benötigen wir eine Erweiterung des Modells.

Die wichtigsten Eigenschaften des Sommerfeld-Modells sind in Modellbox 7 zusammengefasst.

Sommerfeld-Modell von Metallen

Eigenschaften: Die Ionenrümpfe eines Metalls bilden ein Kastenpotential. Elektronen besetzen die niederenergetischen Zustände des Kastenpotentials (Fermikugel). Elektrische Felder verschieben die Fermikugel, Elektronen streuen an den Ionenrümpfen.

Anwendung: Herleitung des Ohmschen Gesetzes, Zusammenhang Leitfähigkeit und Elektronendichte bzw. Relaxationszeit, Wärmekapazität von Metallen, Metalle sind nicht schwarz.

Grenzen: Farbe von Metallen, Widerstand von Legierungen, Modell beschreibt nur Metalle

---

Modell 7: Das Sommerfeld-Modell eines Metalls

6.5   Das Bloch-Modell

6.5.1   Einfluss der Ionenrümpfe

Das Sommerfeld-Modell beschreibt die Elektronen eines Metalls als ein freies Elektronengas. Es vernachlässigt also jede Wechselwirkung zwischen den Elektronen und den Ionenrümpfen zunächst völlig und berücksichtigt diese dann indirekt wieder über den Relaxationszeit-Ansatz. Man sollte jedoch erwarten, dass die Ionenrümpfe auch einen Einfluss auf die Energie und die Form der Orbitale haben und so das einfache Bild des Kastenpotentials und der daraus folgenden Fermikugel verändern. Mit diesem Einfluss wollen wir uns nun auseinandersetzen. Das so erweiterte Modell bezeichnen wir als *Bloch-Modell* nach Felix Bloch (1905–1983, Nobelpreis 1952). (In der Festkörperphysik wird das Modell auch oft als »Modell der quasi-freien Elektronen« bezeichnet.)

Das Bloch-Modell berücksichtigt die Ionenrümpfe direkt.

Um den Einfluss der Ionenrümpfe auf die Energie der Elektronenzustände zu untersuchen, betrachten wir die Aufenthaltswahrscheinlichkeit der Elektronen. Da wir keine festen Wände mehr haben, die den Nulldurchgang der Aufenthaltswahrscheinlichkeit festlegen, können zusätzlich zu den $\sin^2$-Funktionen auch $\cos^2$-Funktionen als Orbitale vorliegen, wie in Abschnitt 6.4.4 erläutert. Wir nehmen an, dass der Einfluss der Ionenrümpfe auf die Elektronenzustände nur schwach ist. In diesem Fall kann man (mit dem mathematischen Werkzeug der Störungstheorie [55]) zeigen, dass sich die Orbitale der Elektronen nicht ändern, sondern nur ihre Energieniveaus sich verschieben.

Was ist der Einfluss der Ionenrümpfe?

Betrachten wir solche Orbitale für verschiedene Wellenzahlen k in einer Dimension (siehe Bild 6.21), so erkennen wir, dass die Maxima der Aufenthaltswahrscheinlichkeit meist nicht mit den Positionen der Ionenrümpfe korreliert sind. An einigen Punkten verringert sich die Energie, weil ein Maximum mit dem Ort eines Ions zusammenfällt, an anderen erhöht sie sich, wenn das Maximum zwischen zwei Ionen liegt. Insgesamt ergibt sich in diesen Fällen deshalb keine Änderung der Elektronenenergie. Eine einfache mechanische Analogie ist das Ineinandergreifen zweier Zahnräder mit großer Zahnzahl: Ein Inandergreifen ist nur dann möglich, wenn die Abstände der Zähne auf beiden Zahnrädern miteinander kompatibel sind, ansonsten kann zwar ein Zahn in die Lücke des

Wie ändert sich die Energie der Orbitale?

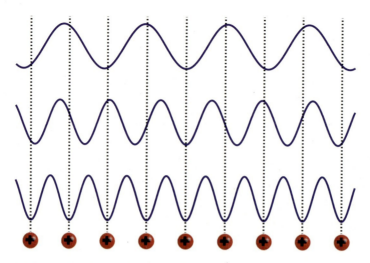

Bild 6.21: Wechselwirkung zwischen Elektronenorbital und Ionenrümpfen. Eine
Energieänderung ergibt sich nur bei geeigneter Wellenlänge.

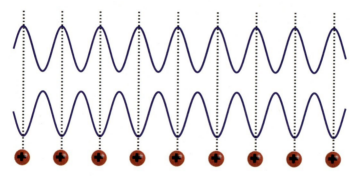

Bild 6.22: Wechselwirkung zwischen Elektronenorbital und Ionenrümpfen bei geeigneter Wellenlänge. Liegen die Maxima des Orbitals an der Position der
Ionenrümpfe, so wird die Energie verringert, im umgekehrten Fall wird
sie vergrößert.

anderen Zahnrades greifen, ein benachbarter jedoch nicht.

Ein Effekt kommt jedoch immer dann zu Stande, wenn die Wellenlänge gleich
dem Abstand der Ionenrümpfe (der Gitterkonstante) ist, siehe Bild 6.22. In diesem Fall fällt entweder das Maximum oder das Minimum der Aufenthaltswahrscheinlichkeit immer mit einer Ionenposition zusammen, und die Energie des
Elektrons ist deshalb entsprechend größer oder kleiner als ohne Ionenrümpfe.
Bei diesen Wellenlängen kommt es deshalb zu einer Verschiebung der Energieniveaus. In den Kapiteln 1 und 5 haben wir einen analogen Effekt bei der
Wechselwirkung von Licht mit Strukturen gesehen: Es kommt immer dann zu
einer starken Wechselwirkung, wenn die Wellenlänge und die Strukturlänge

Antwort: Gar
nicht, außer,
wenn
Wellenlänge
und Gitterkon-
stante
zusammenpas-
sen.

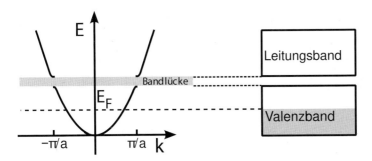

Bild 6.23: Bandlücke im Energie-Impuls-Diagramm. Die eingezeichnete Fermienergie entspricht der für ein einwertiges Metall (also eines mit einem Elektron in der äußersten Schale, z. B. Lithium). Ebenfalls dargestellt ist der Vergleich mit dem einfachen Bändermodell aus Bild 4.8.

zusammenpassen.

Weiter oben wurde erläutert, dass mit periodischen Randbedingungen die Wellenfunktion (bzw. ihr räumlicher Anteil) die Form e^{-ikx} hat, so dass die Aufenthaltswahrscheinlichkeit eines Elektrons räumlich konstant ist. Durch Linearkombination lassen sich jedoch aus zwei Wellen mit entgegengesetzten Wellenzahlen $+k$ und $-k$ stehende Wellen der Form $\sin kx$ und $\cos kx$ erzeugen, siehe Seite 149. Die Aufenthaltswahrscheinlichkeit ist dann entsprechend proportional zu $\sin^2 kx$ und $\cos^2 kx$ und besitzt Maxima oder Minima an den Positionen der Ionenrümpfe.

Trägt man dies in das Energie-Impuls-Diagramm ein, wobei wir auf der Abszisse die Wellenzahl k als Variable wählen, so ergibt sich ein Effekt bei $k = \pi/a,\ 2\pi/a, \ldots$. Bild 6.23 zeigt dies im Energie-Impuls-Diagramm: Die Parabel wird an den Stellen mit $k = \pm\pi/a$ aufgespalten. Genauso ergibt sich eine Aufspaltung bei größeren Werten, nämlich bei $k = \pm l\pi/a$, wobei l eine beliebige ganze Zahl ist. Es ergibt sich ein Energiebereich, für den es keinen möglichen Zustand der Elektronen gibt. Einen solchen Bereich haben wir bereits in Kapitel 4 kennengelernt und als *Bandlücke* bezeichnet. Diese Überlegung macht also deutlich, wie es zu einer Bandlücke kommen kann.

Das Bänderdiagramm bekommt eine Lücke.

Für ein Metall mit einem äußeren Elektron ergibt sich scheinbar keine Änderung gegenüber dem Sommerfeld-Modell, denn die Fermienergie liegt weit entfernt von der Bandlücke, und die Energie-Impuls-Parabel ist dort nicht wesentlich beeinflusst. Tatsächlich existiert jedoch ein entscheidender Unterschied: Im Sommerfeld-Modell hatten wir angenommen, dass prinzipiell jeder Ionenrumpf als Streuzentrum wirken kann. Wir sehen nun, dass dies nicht der Fall ist: Auf Grund der Periodizität der Ionenanordnung haben die Ionenrümpfe auf die Elektronenzustände in einem Metall gar keinen Einfluss, außer in der Nähe der Bandlücke, wo aber keine besetzten Zustände liegen. Die Ionenrümpfe selbst streuen die Elektronen eines Metalls also gar nicht, und ein Metall mit einem perfekten Ionengitter wäre tatsächlich ein unendlich guter elektrischer Leiter.

Periodisch angeordnete Ionen beeinflussen die elektrische Leitung nicht.

⚡ Betrachtet man Bild 6.23, so könnte man erwarten, dass zweiwertige Metalle Isolatoren sein müssten, denn in ihnen ist ja das unterste Band mit zwei Elektronen je Atom besetzt und somit müsste es gefüllt sein. Dies ist auch tatsächlich richtig, allerdings nur in einer Dimension. In drei Dimensionen überlappen sich die Bänder, die zu den verschiedenen Richtungen des $\vec{k}$-Vektors gehören, in komplizierter Weise, so dass das Valenz- und das Leitungsband teilweise überlappen. Bild 6.28 veranschaulicht die größere Komplexität in zwei Dimensionen. Eine detaillierte Diskussion hierzu findet sich in [2, Kapitel 9].

Die Relaxationszeit wird durch Gitterstörungen bestimmt.

Auch im Bloch-Modell kann die Elektronenstreuung durch einen Relaxationszeitansatz beschrieben werden. Die Relaxationszeit wird dabei aber nicht durch die periodisch angeordneten Ionenrümpfe beeinflusst, sondern nur durch Störungen des perfekten Kristallgitters.

Widerstand durch Gitterschwingungen.

Elektronen werden also nicht an Ionenrümpfen gestreut, die exakt auf ihren Positionen im Gitter sitzen. Durch thermische Fluktuationen bewegen sich die Ionenrümpfe jedoch bei endlicher Temperatur um ihre Gleichgewichtslage herum und stören so die perfekte Gitteranordnung. An solchen schwingenden Ionenrümpfen kann jetzt Elektronenstreuung erfolgen. Dies erklärt, warum der elektrische Widerstand in Metallen mit der Temperatur zunimmt und bei niedrigen Temperaturen sehr kleine Werte annimmt.

Widerstand durch Störstellen und Fremdatome.

Darüber hinaus streuen die Elektronen auch an Fehlstellen des Gitters, beispielsweise Fremdatomen und Leerstellen des Gitters, oder an Versetzungen und Korngrenzen. Je mehr Fremdatome vorhanden sind, desto stärker ist die Streuung an diesen Atomen. Legierungen haben deshalb einen höheren Widerstand haben als nach einfachen Mischungsregeln zu erwarten wäre, denn jedes Fremdatom in einem ansonsten regelmäßigen Gitter wirkt als Streuzentrum. Technisch kann man den erhöhten Widerstand von Legierungen ausnutzen, um Widerstandswerkstoffe herzustellen.

⚡ Wie auf Seite 156 erläutert, ist im Sommerfeld-Modell nicht zu erklären, warum die mittlere freie Weglänge von Elektronen in dünnen Drähten mit dem Drahtdurchmesser vergleichbar sein kann. Im Bloch-Modell ist dies unmittelbar einsichtig: Da Elektronen sich nur an Störstellen im Gitter stoßen, können sie in reinen Metallen bei niedrigen Temperaturen viele Hundert oder tausend Atomabstände ohne einen Stoßprozess zurücklegen.

Aufgabe 6.9: Betrachten Sie ein Metall, in dem die Elektronen zwei unterschiedlichen Streuprozessen unterworfen sein können, beispielsweise der Streuung durch Gitterschwingungen und durch Fremdatome. Zeigen Sie mit Hilfe des Relaxationszeitansatzes, dass in diesem Fall der elektrische Widerstand die Summe der Widerstände der einzelnen Mechanismen ist. □

Aufgabe 6.10: Wie erläutert haben Legierungen einen höheren Widerstand als reine Metalle. Nehmen Sie an, dass (wie in Aufgabe 6.9 gezeigt) der Widerstand einer Legierung sich als Summe zweier unabhängiger Terme ergibt, von denen der eine die thermischen Gitterschwingungen und der zweite den Einfluss

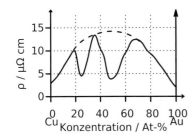

Bild 6.24: Spezifischer Widerstand im Legierungssystem Kupfer/Gold. Der Widerstand folgt einer ähnlichen Linie wie in Bild 6.6 (gestrichelt). Bei Konzentrationen, in denen sich die Atome regelmäßig anordnen (bei 25 Atom-%,
Cu$_3$Au, sowie bei 50 Atom-%, Cu Au), sinkt der Widerstand deutlich ab.
(Nach [44])

der Verunreinigungen durch Legierungselemente beschreibt. Nehmen Sie verein-
fachend an, dass der Einfluss der Gitterschwingungen linear mit der Temperatur
steigt, während der Einfluss der Verunreinigungen temperaturunabhängig ist.
Berechnen Sie die relative Temperaturabhängigkeit des Widerstandes und zeigen Sie, dass sie um so kleiner wird, je größer der Einfluss der Fremdatome ist.
□

Es gibt allerdings Ausnahmen von der Regel, dass der Widerstand von Legierungen hoch ist: In einigen Legierungen nehmen die Legierungselemente ge-
ordnete Gitterplätze ein, so dass sich wieder eine nahezu perfekte regelmäßige
Anordnung ergibt. In diesem Fall wirken dann wieder nur solche Atome als
Streuzentren, die nicht auf den korrekten Gitterplätzen sitzen. Ein Beispiel hierfür zeigt Bild 6.24 für das Legierungssystem Kupfer/Gold. In diesem System
gibt es Zusammensetzungen, bei denen Kupfer und Gold regelmäßig zu einander angeordnet sind (so genannte Supergitter-Anordnung), beispielsweise in
der Verbindung Cu$_3$Au. Der spezifische Widerstand nimmt für solche relativen
Konzentrationen stark ab, weil die Legierungselemente größtenteils regelmäßig
angeordnet sind und so nicht als Streuzentren wirken.

> Legierungen
> mit periodisch
> angeordneten
> Atomen haben
> kleine
> Widerstände.

Das Bloch-Modell ist dem Sommerfeld-Modell also deutlich überlegen, was
seine Vorhersagen bezüglich der Leitfähigkeit von Metallen betrifft.

6.5.2 Reduziertes Zonenschema

Die Farbe einiger Metalle können wir allerdings immer noch nicht verstehen:
Betrachten wir Bild 6.23, so gibt es zur Lichtabsorption nun eine Möglichkeit,
nämlich den Übergang an der Bandlücke bei $k = \pi/a$. In einem Metall ist dieser
Übergang allerdings nicht möglich, denn zur Absorption müsste der Zustand
unterhalb der Bandlücke besetzt, der oberhalb der Bandlücke aber unbesetzt
sein, wodurch das Material zum Isolator würde.

> Die Farbe von
> Metallen muss
> noch erklärt
> werden.

Es sieht also so aus, als müsse das Bloch-Modell noch erweitert werden.
Dies ist jedoch tatsächlich nicht nötig – die erforderliche Änderung ist eine

Es gibt eine
Mindest-
Wellenlänge
für Elektronen-
wellen.

direkte Folge der Periodizität des Kristallgitters. Diese sorgt dafür, dass Elektronenwellen keine Wellenlänge besitzen können, die kleiner ist als die doppelte Gitterkonstante. Es gilt also immer $k \leq \pi/a$.

Da diese Änderung der Interpretation mathematisch etwas aufwändiger ist, wollen wir sie im Folgenden durch eine Analogie näher untersuchen.

Hierzu betrachten wir einen Effekt, der beispielsweise aus Western-Filmen bekannt ist. Beschleunigt eine Postkutsche in einem solchen Film, so zeigen die (aus Speichen aufgebauten) Räder einen interessanten Effekt: Zunächst erhöht sich ihre Geschwindigkeit erwartungsgemäß, doch dann scheint das Rad plötzlich stehenzubleiben und schließlich kehrt sich die Geschwindigkeit des Rades sogar um und es scheint rückwärts zu laufen. Erhöht sich die Geschwindigkeit noch weiter, so bleibt das Rad erneut stehen und läuft dann schließlich wieder vorwärts, allerdings mit derselben Geschwindigkeit wie bei der anfänglichen Beschleunigung. Ähnliche Effekte lassen sich auch an Hubschrauber-Rotoren oder Flugzeug-Propellern beobachten.[15]

Um diesen Effekt zu verstehen, betrachten wir ein vereinfachtes Modell eines Rades mit nur einer Speiche. In einem Film werden von diesem Rad Bilder mit einem bestimmten Zeitabstand (1/24 Sekunde) aufgenommen. Solange die Umdrehungsfrequenz des Rades klein gegen die Aufnahmefrequenz ist, erscheint die Bewegung normal, siehe Bild 6.25. Sobald sich das Rad aber in 1/12 Sekunde einmal vollständig dreht, liegt die Speiche des Rades in zwei aufeinanderfolgenden Bildern an exakt gegenüberliegenden Positionen. Dieser Wechsel zwischen zwei Positionen kann vom Betrachter nicht als durch eine Rotation herrührend interpretiert werden, so dass das Rad still zu stehen scheint. Bei einer weiteren Erhöhung der Geschwindigkeit legt die Speiche pro Zeitintervall mehr als eine halbe Umdrehung zurück. Die einfachste Interpretation dieser Bildfolge, der das Auge auch folgt, ist die, dass sich das Rad rückwärts dreht. Dreht sich schließlich die Speiche einmal in 1/24 Sekunde um das Rad, so scheint dieses erneut still zu stehen, um dann, bei einer weiteren Erhöhung der Geschwindigkeit, wieder langsam in Vorwärtsrichtung zulaufen.

Insgesamt ergibt sich also folgendes Bild: Geschwindigkeiten von mehr als einer halben Umdrehung des Rades in eine Richtung werden als Geschwindigkeiten in die andere Richtung interpretiert, und eine Erhöhung der tatsächlichen Geschwindigkeit bewirkt in diesem Bereich eine Verringerung der scheinbaren Geschwindigkeit.Um den Zusammenhang mit Elektronwellenfunktionen im Kristallgitter zu verstehen, stellen wir das Phänomen noch etwas anders dar, nämlich in einem Diagramm der Zeit gegen die x-Koordinate der Spitze der Speiche. Diese ändert sich sinusförmig. Da aber nur endlich viele Punkte dieser Sinuswelle durch den Film erfasst werden, erscheint bei genügend hoher Frequenz eine Welle mit niedriger Wellenlänge und hoher Frequenz als Welle mit großer Wellenlänge und niedriger Frequenz. Bild 6.26 zeigt dies an einem Beispiel. Dieses Phänomen wird als aliasing bezeichnet (lat. alias, »das andere«).

---

15 Da der Effekt inzwischen hinlänglich bekannt ist, wird er in modernen Filmen meist dadurch vermieden, dass die Belichtungszeit der Einzelbilder im Film soweit erhöht wird, dass die Bewegung der Speichen oder Rotorblätter verwischt erscheint. Ein ähnlicher Stroboskop-Effekt kann bei Drehprozessen auftreten: Dreht sich eine Drehbank mit einer Frequenz von 50 Hz und wird sie mit einer Leuchtstoffröhre beleuchtet, deren Helligkeit ebenfalls mit dieser Frequenz schwankt (siehe Abschnitt 8.3), so kann die Drehbank scheinbar still stehen. Aus Sicherheitsgründen müssen deshalb Drehbänke immer so beleuchtet werden, dass ein solcher Effekt nicht auftreten kann, beispielsweise durch mehrere Leuchtstoffröhren mit gegeneinander phasenverschobenen Helligkeitsmaxima oder durch andere Lampentypen.

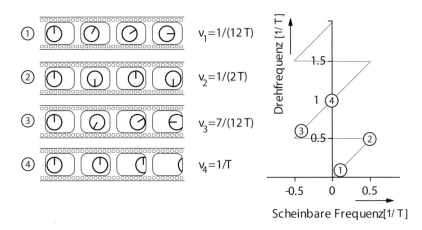

Bild 6.25. Ein Rad, das gefilmt wird, kann sich scheinbar rückwärts drehen. Ist T der zeitliche Abstand zwischen zwei Einzelbildern, dann dreht sich das Rad im obersten Teilbild mit einer Frequenz von $1/12T$. Bei einer Frequenz von $1/2T$ (zweites Teilbild) scheint das Rad stillzustehen. Bei einer Frequenz von $7/12T$ dreht sich das Rad scheinbar rückwärts. Erhöht man die Frequenz weiter, wird das Rad scheinbar langsamer, bis es bei einer Frequenz von $1/T$ wieder still steht. Verwendet man statt der Frequenz die Winkelgeschwindigkeit $\omega = 2\pi\nu$, so liegt diese immer zwischen $-\pi/T$ und π/T.

Es ist von großer technischer Bedeutung für die Digitalisierung von Signalen, da hier die zur Digitalisierung verwendeten Messpunkte hinreichend dicht beieinander liegen müssen, um zu vermeiden, dass eine Sopranstimme plötzlich als Bass erscheint.

Wie überträgt sich nun dieses Phänomen auf das Bloch-Modell? Der zeitlichen Periodizität des Filmes entspricht die räumliche Periodizität des Ionengitters. Eine Elektronwelle, deren Wellenlänge kleiner ist als die Gitterkonstante, erscheint im Gitter wie eine Elektronenwelle mit größerer Wellenlänge. Liegt die Wellenzahl k der Welle zwischen π/a und $2\pi/a$, so entspricht diese Welle auf dem Gitter einer Welle mit einer Wellenzahl zwischen $-\pi/a$ und 0. Dem Wert $2\pi/a$ entspricht also der Wert Null – dies ist analog zum Stehenbleiben des Rades, wenn die Umdrehungsfrequenz der Aufnahmefrequenz entspricht.

Die obige Analogie veranschaulicht zwar das Prinzip, nach dem die Wellenzahlen auf den Bereich zwischen $-\pi/a$ und π/a eingeschränkt werden können, doch sie ist nicht exakt: Anders als beim Beispiel des Films ist der Raum kontinuierlich, nicht diskret, und es ist das Potential der Ionenrümpfe, das eine periodische Struktur besitzt.

Mathematisch lässt sich (mit Hilfe der Schrödinger-Gleichung) zeigen, dass in einem periodischen Potential mit Periodenlänge a der räumliche Anteil jeder zeitunabhängigen Wellenfunktion die Form

$$\psi(x) = e^{ikx}u(x)$$

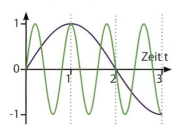

Bild 6.26. ⚡ Aliasing eines Signals. Wird ein hochfrequentes Signal (grün) nur an endlich vielen Punkten abgetastet, dann ist es von einem niederfrequenten Signal (blau) nicht zu unterscheiden.

hat, wobei $u(x)$ eine periodische Funktion mit Periode a ist. Diese Beziehung (bzw. ihre Entsprechung in drei Dimensionen) ist das so genannte *Bloch-Theorem*.

⚡⚡ Betrachten wir eine Wellenfunktion $\psi(x) = e^{ikx}u(x)$ mit $k > \pi/a$, so kann diese umgeschrieben werden als $\psi(x) = e^{ik'x}u'(x)$, wobei k' innerhalb des Bereiches $-\pi/a$ und π/a liegt. Da die Wellenzahl k um ein Vielfaches von $2\pi/a$ verschoben wurde, besitzt der entsprechende Faktor $e^{n2\pi x/a}$ selbst ebenfalls die Periode a und kann deshalb zur Funktion u hinzugefügt werden.

Die Kurven im Bändermodell werden »zurückgeklappt«. Die Konsequenz dieser Einschränkung der möglichen Wellenlängen ist, dass wir uns für die Betrachtung der Beziehung zwischen Energie und Impuls auf den k-Werte-Bereich zwischen $-\pi/a$ und π/a beschränken können. Dieser Bereich wird auch als 1. Brillouin-Zone (Lèon Brillouin, 1889–1969) bezeichnet. Diejenigen Kurvenanteile, die über die erste Brillouin-Zone hinausgehen, können in diese k-Zone »zurückgeklappt« werden, wie in Bild 6.27 dargestellt. Man nennt diese Darstellung das *reduzierte Zonenschema*. Die Gesamtheit der Energie-Impuls-Kurven eines Materials wird auch als *Bandstruktur* oder Bänderdiagramm bezeichnet.

In mehreren Dimensionen wird die Bandstruktur kompliziert. Die bisherigen Überlegungen zur Bandstruktur waren auf eine Dimension beschränkt. In mehreren Dimensionen sorgt das »Zurückklappen« der Energie-Impuls-Kurve dafür, dass sehr komplizierte Bänderdiagramme entstehen können, da der Wellenvektor $\vec{k}$ ein dreidimensionaler Vektor ist. Die Energiebänder müssen über den verschiedenen Koordinaten k_i aufgetragen werden, ähnlich wie in Bild 6.9. Für eine vollständige Darstellung der Bandstruktur eines dreidimensionalen Materials wäre eine Darstellung in vier Dimension nötig. Dies ist natürlich nicht ohne weiteres möglich. Um trotzdem einen Eindruck der dreidimensionalen Struktur zu geben, kann die Energie-Impuls-Beziehung nur entlang ausgewählter Richtungen im Kristall dargestellt werden.

⚡ Um die Bandstruktur in mehreren Dimensionen zu veranschaulichen, betrachten wir zunächst ein zweidimensionales Metall, in dem die Bandlücke verschwindend klein ist. Die Energie als Funktion des Impulses ist dann ein Paraboloid wie in Bild 6.9 dargestellt. Die höher liegenden Bänder in der 1. Brillouin-Zone, die sich

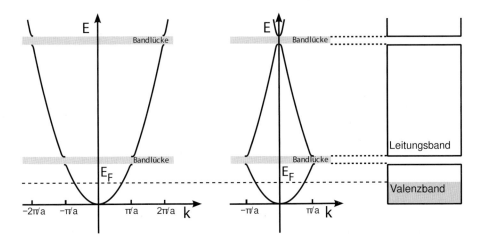

Bild 6.27: Eindimensionales Energie-Impuls-Diagramm im ausgedehnten und reduzierten Zonenschema. Ebenfalls dargestellt ist der Vergleich mit dem
einfachen Bändermodell aus Bild 4.8.

durch das »Zurückklappen« ergeben, kann man dadurch berücksichtigen, dass man
weitere Paraboloide einzeichnet, die jeweils um $\pm 2\pi/a$ in der k_x- und k_y-Richtung
versetzt sind.

Bild 6.28 zeigt den einzelnen Paraboloid bei $k_x = k_y = 0$ (Bild 6.28 a), ähnlich
wie wir ihn in Bild 6.9 konstruiert haben. Betrachten wir zunächst nur das Zurückklappen in k_x-Richtung, so können wir drei Paraboloide einzeichnen, die ihren
Ursprung bei $k_y = 0$ und $k_x = -2\pi/a, 0, 2\pi/a$ haben (Bild 6.28 b). Berücksichtigt
man auch noch das Zurückklappen in k_y-Richtung, dann ergibt sich Bild 6.28 c. Hier
sind jetzt neun Paraboloide eingezeichnet, die ihren Ursprung bei $k_x, k_y = 0, \pm 2\pi/a$
haben. Man erkennt, dass die Darstellung bereits in zwei Dimensionen recht unübersichtlich wird. Darstellungen dieser Art werden deshalb in der Praxis nicht verwendet,
zumal es in drei Dimensionen unmöglich wäre, die entstehenden Strukturen (die dann
Hyperparaboloide wären) zu zeichnen.

Um dennoch einen Eindruck der Bandstruktur bekommen zu können, legt man
Schnitte entlang unterschiedlicher Ebenen. Betrachtet man beispielsweise den
Bereich $k_x = [-\pi/a, \pi/a]$ und $k_y = [0, \pi/a]$, also die Hälfte der 1. Brillouin-Zone,
ergibt sich Bild 6.28 d. Die eingezeichnete durchgezogene Linie entspricht dabei der
(zurückgeklappten) Parabel aus Bild 6.27. Man erkennt, dass sich zusätzliche Bänder
bilden, die durch die weiteren Paraboloide bei $k_y \neq 0$ zu Stande kommen.

Schneidet man entlang unterschiedlicher Richtungen, dann ergeben sich Kurven,
die die wesentlichen Aspekte der Bandstruktur wiedergeben, siehe Bild 6.28 e
und 6.28 f. Da diese Kurven um den Mittelpunkt der Brillouin-Zone symmetrisch
sind, zeichnet man meist nur eine Hälfte der jeweiligen Bilder. Insgesamt ergeben
sich so Kurven, in denen die Energie als Funktion des k-Vektors in unterschiedlichen
Schnittebenen aufgetragen ist.

Bild 6.29 zeigt die Bandstruktur in drei Dimensionen für ein einfach kubisches
Gitter. Die Buchstaben auf der horizontalen Achse kennzeichnen unterschiedli-

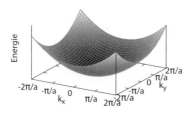

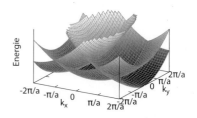

a: Energie als Funktion des k-Vektors

b: Energie als Funktion des k-Vektors
für drei »Startpunkte« $k_y = 0$ und
$k_x = -2\pi/a, 0, 2\pi/a$

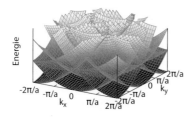

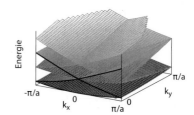

c: Energie als Funktion des k-Vektors
$k_x, k_y = -2\pi/a, 0, 2\pi/a$

d: Energie in der 1. Brillouin-Zone

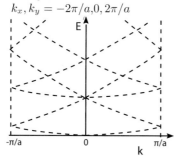

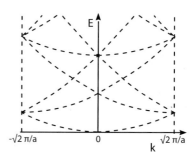

e: Schnitt entlang der k_x-Achse

f: Schnitt entlang der Diagonale
$k_x = k_y$

Bild 6.28. Konstruktion des zweidimensionalen Energie-Impuls-Diagramms. Erläuterung siehe Text.

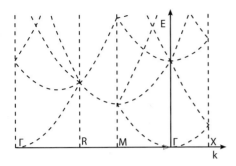

a: Einfach kubisch

Bild 6.29: Dreidimensionale Bandstruktur (unter Vernachlässigung der Bandlücke)
für die einfach kubische Gitterstruktur. Die Buchstaben bezeichnen unterschiedliche Punkte innerhalb des reziproken Gitters. Der Punkt »Γ«
beispielsweise kennzeichnet den Punkt mit Gitterimpuls Null (in einem
Metall also den Mittelpunkt der Fermikugel); der Punkt »X« entspricht
einem $\vec{k}$-Vektor von $(\pi/a,0,0)$.

che Punkte innerhalb des reziproken Gitters. Glücklicherweise ist es für viele
Anwendungen unnötig, sich im Detail mit den unterschiedlichen Richtungen
innerhalb der reziproken Gitters auseinanderzusetzen.

    Mit dieser Veränderung ist nun prinzipiell einzusehen, warum es in einem
Metall Lichtabsorption geben kann: Dazu muss im richtigen Abstand senkrecht
oberhalb eines besetzten Elektronzustandes ein freies Energieniveau vorliegen.
In der Bandstruktur gibt es verschiedene übereinander liegende Zustände. Bei
den meisten Metallen ist der Abstand zwischen den einzelnen Linien, den *Bändern*, zu groß, um die Absorption von Licht zu ermöglichen, aber einige Metalle
wie Kupfer und Gold haben eine hinreichend kleine Lücke zwischen den Bändern.

    Bild 6.30 a, links, zeigt die Bandstruktur, die sich für ein einwertiges kubisch
flächenzentriertes Metall ergeben würde, bei dem der Einfluss der Ionenrümpfe
verschwindend klein ist. Die Bandstruktur von Kupfer (Bild 6.30 b) zeigt eine
deutliche Ähnlichkeit zu dieser Struktur, die dadurch begründet ist, dass Kupfer ein 4s-Elektron auf seiner äußersten Elektronenschale hat und sich somit wie
ein einfaches Metall mit einem freien Elektron pro Atom verhält. Die zusätzlich
vorhandenen d-Elektronen leisten aber ebenfalls einen Beitrag zur Bandstruktur und verursachen die zahlreichen Zwischenbänder im Bereich des Valenzbandes. Wie im Bild zu erkennen ist, sind verschiedene Übergänge zwischen Valenz-
und Leitungsband durch Photonenabsorption möglich. Diese führen dazu, dass
Kupfer Photonen mit einer Energie von mehr als 2 eV absorbieren kann. Diese Photonenenergie entspricht orangefarbenem Licht. Kupfer absorbiert Photonen des sichtbaren Lichts mit Energien oberhalb dieses Grenzwertes (also
im Spektralbereich zwischen orange und blau) und erscheint deshalb rot. Die
Bandstruktur von Gold ist der des Kupfers sehr ähnlich, lediglich die kleinste

Bandstruk-
turen in drei
Dimensionen.

Die
Bandstruktur
erklärt die
Farbe von
Metallen.

Die
Bandstruktur
von Kupfer.

Zusätzliche
Bänder
erlauben die
Absorption
von sichtbarem
Licht.

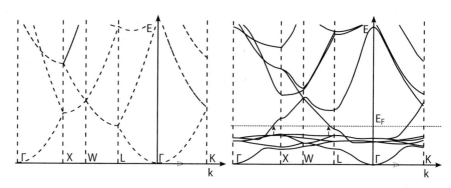

a: Kubisch flächenzentriert   b: Kupfer

Bild 6.30: Bandstruktur von Kupfer im Vergleich zur Bandstruktur eines Metalls
mit gleicher Kristallstruktur aber nur einem Elektron im Valenzband und
mit verschwindender Wechselwirkung zwischen Elektronen und Kristallgitter. Im Kupfer sorgen die zusätzlichen d-Elektronen für weitere Bänder. Kupfer ist rot, weil durch Übergänge aus diesen Bändern Photonen
des blauen Lichts absorbiert werden können. (Nach [2, 6].)

**Das
Bändermodell
ist der
Schlüssel zum
Verständnis
von Leitern
und
Halbleitern.**

mögliche Absorptionsenergie ist etwas größer, so dass Gold gelb erscheint.[16]
Die Darstellung im Bändermodell ermöglicht eine detaillierte Untersuchung
der elektronischen Struktur von Materialien. Im nächsten Kapitel werden wir
sehen, dass die Details der Bandstruktur das Verhalten von Halbleitern entscheidend bestimmen.

Eine andere Möglichkeit, die dreidimensionale Struktur zu verdeutlichen, besteht darin, nur die Fermifläche im Raum der Wellenvektoren zu zeichnen. Diese
ist ja eine zweidimensionale Oberfläche und deshalb graphisch darstellbar. Bild 6.31
zeigt einige Beispiele. Die Darstellung ist oft nützlich, weil die Leitungseigenschaften
im Wesentlichen durch die Elektronen an der Fermikante bestimmt sind. Im Bild
erkennt man, dass Natrium eine Fermifläche hat, die der idealen Fermikugel stark
ähnelt. Beim Kupfer sorgen die zusätzlichen Elektronen in den d-Bändern für eine
Verformung der Fermikugel an einigen Stellen. Im Rhenium weicht die Fermifläche
von der eines idealen Metalls stark ab; hier sind auch höhere Bänder (die durch das
Zurückklappen in die 1. Brillouin-Zone entstehen) an der Fermifläche beteiligt.

Modellbox 8 gibt einen Überblick über die Eigenschaften des Bloch-Modells.

Aufgabe 6.11: Wir haben in diesem und den vorigen Kapiteln unterschiedliche Modelle verwendet, um Metalle zu beschreiben. Erstellen Sie eine Tabelle,
in der die Modelle, ihre Annahmen, Vorhersagen bzgl. Leitfähigkeit, Lichtabsorption etc. sowie die jeweils auftretenden Probleme zusammengestellt sind.
□

---

16 Anders als bei den meisten anderen farbigen Substanzen kommt also die kräftige Farbe der Metalle nicht dadurch zu Stande, dass nur ein schmaler Wellenlängenbereich
absorbiert wird, sondern dadurch, dass nahezu alle Wellenlängen unterhalb einer Grenz-
wellenlänge absorbiert werden können.

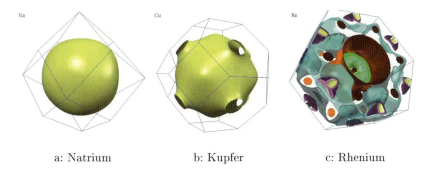

a: Natrium   b: Kupfer   c: Rhenium

Bild 6.31. ♐ Fermiflächen einiger ausgewählter Metalle. Die Farben entsprechen
den unterschiedlichen Bändern.
Entnommen von http://www.phys.ufl.edu/fermisurface/ [7], mit
freundlicher Genehmigung.

Bloch-Modell von Metallen, Halbleitern und Isolatoren

Eigenschaften: Die Ionenrümpfe eines Metalls bilden ein periodisches Potential in einem Kasten. Periodisch angeordnete Ionenrümpfe verursachen eine Bandlücke. Es bildet sich eine Bandstruktur. In Metallen besetzen Elektronen die niederenergetischen
Zustände innerhalb der Bandstruktur. Ein angelegtes elektrisches Feld verschiebt die
besetzten Zustände.
Anwendung: Herleitung des Ohmschen Gesetzes, Zusammenhang Leitfähigkeit und
Elektronendichte bzw. Relaxationszeit, Wärmekapazität von Metallen, Farbe von Metallen, Widerstand von Legierungen
Grenzen: Wechselwirkung zwischen Elektronen, Supraleitung (Kap 9).

Modell 8: Das Bloch-Modell eines Metalls

6.5.3 Bändermodell und Atomorbitale

Es mag verwirrend erscheinen, dass wir das Bändermodell jetzt auf zwei unterschiedliche Arten eingeführt haben: Im Kapitel 4 haben wir argumentiert,
dass sich die Energieniveaus von Atomen zu Bändern verbreitern, wenn sie sich
einander annähern. In diesem Kapitel haben wir stattdessen das Bloch-Modell
verwendet, in dem angenommen wird, dass der Einfluss des Potentials der Ionenrümpfe auf die Elektronen schwach ist.

Herleitungen für das Bändermodell.

Beide Modelle stellen unterschiedliche Grenzfälle dar: Sind die Elektronen
stark an die jeweiligen Atome gebunden (wie es beispielsweise in Isolatoren der
Fall ist), dann unterscheiden sich die Orbitale an jedem Ort nur wenig von den
Orbitalen der einzelnen Atome. Diese kleine Änderung der Orbitale führt zu
einer geringfügigen Verbreiterung der Energieniveaus wie in Bild 4.9. Je stärker
die Orbitale sich durch die Bindung der Atome ändern, desto breiter werden
die Energiebänder.

Grenzfall Isolator: Die Elektronen sind eng an ihre Atome gebunden.

Das Bloch-Modell geht vom entgegengesetzten Grenzfall aus, nämlich dem
von Elektronen, die nicht an ihre Atome gebunden sind. Das elektrische Poten-

Grenzfall
Metall: Die
Elektronen
sind nicht an
ihre Atome
gebunden.

tial der Ionenrümpfe kann als kleine Störung betrachtet werden, die sich im
Bändermodell – wie wir gesehen haben – nur an der Zonengrenze auswirkt. Je
größer der Einfluss der Ionenrümpfe ist, desto stärker weicht das Bändermodell
von dem eines reinen Kastenpotentials ab; der Bereich, der durch die Bandlücke
beeinflusst wird, wird immer breiter.

Von isolierten
Atomen zum
Metall: Bänder
werden breiter.

Den Übergang zwischen den beiden Grenzfällen kann man mit einer einfachen Modellbetrachtung besser verstehen [33]. Wir betrachten einzelne Atome
in einer Dimension, die ein einfaches Potential haben: Innerhalb eines Bereichs
von 0,5 nm Breite ist der Wert des Potentials gleich Null, außerhalb dieses Inter-
valls ist er gleich 1 eV. Ordnen wir diese Atome periodisch mit einem Abstand
von 0,9 nm an, dann gibt es nur wenig Wechselwirkung zwischen ihnen. Aufgetragen im Bändermodell ergeben sich sehr flach verlaufende Energiebänder
deren Energieniveaus in etwa denen von einzelnen Kastenpotentialen entsprechen, siehe Bild 6.32. Rücken die Atome enger zusammen, so wird die Wechselwirkung zwischen ihnen immer stärker und die Bereiche mit hoher Energie
zwischen den Atomen werden kleiner. Die berechneten Energieniveaus nähern
sich immer mehr denen eines Metalls an, bei dem die Bänder parabelförmig verlaufen. Die Bandlücke wird zunehmend kleiner, bis sie schließlich – im Grenzfall
sich berührender Atome, bei denen es keine Bereiche mit hohem Potentialwert
mehr gibt – verschwindet und parabelförmige Bänder zurückbleiben.

Verlaufen die Bänder sehr flach, so gibt es viele Zustände in einem kleinen
Energiebereich, verlaufen die Bänder steil, ist die Zahl der Zustände in einem
bestimmten Energiebereich klein, siehe Bild 6.33. Dies lässt sich durch die so genannte
Zustandsdichte ausdrücken, die die Anzahl der Zustände pro Energiebereich angibt.
Mathematisch lässt sie sich als

$$g(E) = \frac{\mathrm{d}N(E)}{\mathrm{d}E}$$

definieren, wobei $N(E)$ die Zahl der Zustände bis zur Energie E ist. Ist die Zustandsdichte bei einem Energiewert hoch, so gibt es also viele Zustände in diesem Energiebereich. In Kapitel 10 wird gezeigt, dass eine hohe Zustandsdichte an der Fermikante
zum Ferromagnetismus von Materialien führen kann.

Man sieht also, dass das Bändermodell tatsächlich alle Arten von Festkörpern
(mit kristalliner Struktur) beschreiben kann, egal ob es sich um Leiter oder
Isolatoren handelt. Im nächsten Kapitel werden wir uns mit Halbleitern beschäftigen, bei denen die Bandstruktur entscheidend ist, um ihre Eigenschaften
zu verstehen.

6.6   Schlüsselkonzepte

- Der elektrische Widerstand von Metallen kann mit Hilfe der Relaxationszeit beschrieben werden. Es gilt

$$\varrho = \frac{m}{\tau n e^2}.$$

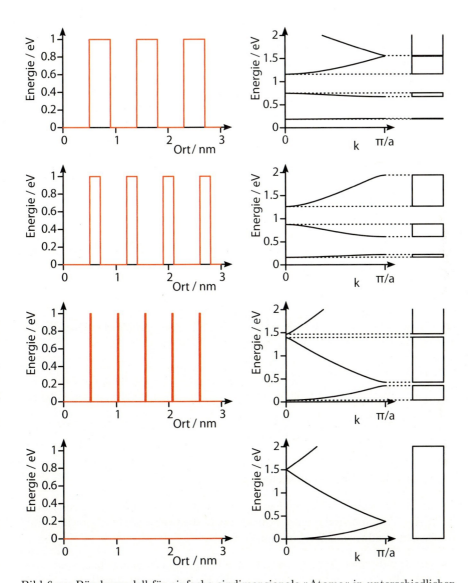

Bild 6.32: Bändermodell für einfache eindimensionale »Atome« in unterschiedlichen Abständen, berechnet mit [21]. In der linken Spalte ist das Potential aufgetragen, in der rechten die zugehörige Bandstruktur. Weitere Erläuterung im Text. Siehe auch Bild 4.9.

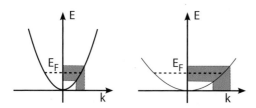

Bild 6.33. ✇ Einfluss der Bandstruktur auf die Zahl der Zustände (Zustandsdichte). Verläuft das Band an der Fermikante sehr steil, dann gibt es wenige Elektronenzustände mit sehr ähnlicher Energie, verläuft es flach, gibt es viele Zustände.

- Im vollständigen Bändermodell (auch Bänderdiagramm oder Bandstruktur genannt) wird die Energie der Elektronen gegen den Impuls aufgetragen.

- Metalle können mit dem dreidimensionalen Kastenpotential beschrieben werden. Für die Energieniveaus gilt

$$E = \frac{h^2}{8mL^2}(n_x^2 + n_y^2 + n_z^2) \qquad n_i \in \mathbb{N}^* \quad \text{bei festen Wänden}$$

$$E = \frac{h^2}{2mL^2}(n_x^2 + n_y^2 + n_z^2) \qquad n_i \in \mathbb{Z} \quad \text{bei periodischen Randbed.}$$

- Die möglichen Zustände der Elektronen in einem Metall können über den Quantenzahlen n_i oder über der Wellenzahl $k_i = 2\pi n_i/L$ aufgetragen werden. Diese Darstellung nennt man die Darstellung im reziproken Gitter.

- Füllt man die Energieniveaus in einem Metall der Reihe nach auf, ergibt sich eine Kugel im reziproken Gitter, die man Fermikugel nennt.

- Der Rand der Fermikugel ist für Phänomene wie elektrische Leitung und die Wärmekapazität entscheidend.

- Im Bloch-Modell wird der Einfluss der Ionenrümpfe berücksichtigt. In einem Metall haben die Ionenrümpfe, die perfekt periodisch angeordnet sind, keinen Einfluss auf die Leitfähigkeit.

- Das Bänderdiagramm kann im reduzierten Zonenschema dargestellt werden. Mit diesem Schema kann man die Farben einiger Metalle erklären.

- Das Bloch-Modell und das Modell der Atomorbitale, die sich überlappen (Kap. 4) können als zwei Grenzfälle aufgefasst werden. Ist die Potentialbarriere zwischen benachbarten Atomen groß, bilden sich nahezu horizontale Bänder im Bänderdiagramm; ist der Einfluss der Atomorbitale klein, sind die Bänder nahezu parabelförmig und nur direkt am Rand der 1. Brillouin-Zone bildet sich eine kleine Bandlücke aus.

7 Halbleiter

7.1 Phänomenologie

Computer sind in unserer Welt inzwischen nahezu allgegenwärtig – sie sind nicht nur auf fast jedem Schreibtisch zu finden, sondern auch in vielen Gebrauchsgegenständen wie Fernsehern, Telefonen (bei denen die Grenze zum Computer im engeren Sinne inzwischen vollständig zu verschwinden beginnt), Waschmaschinen oder Autos. Computer sind deswegen so nützlich, weil in ihnen komplizierte Schaltvorgänge ablaufen können, die Berechnungen aller Art durchführen können. Die physikalische Basis dieser Schaltvorgänge ist für die theoretische Informatik irrelevant; ein Computer lässt sich prinzipiell mit mechanischen Elementen, wie sie sich Ada Lovelace (1815–1852) vorstellte, ebenso realisieren wie mit den Elektronenröhren, die Konrad Zuse (1910–1995) verwendete. Entscheidend ist dabei lediglich die Möglichkeit, Schaltungen gesteuert vorzunehmen, also beispielsweise ein Signal, gesteuert durch ein anderes, an- oder abzuschalten. Moderne Computer benötigen allerdings eine extrem große Zahl derartiger Schalter, die mit hoher Geschwindigkeit arbeiten. Hierfür sind mechanische Vorrichtungen oder Elektronenröhren wesentlich zu groß, zu langsam und auch zu störanfällig. Stattdessen verwendet man spezielle Funktionswerkstoffe, die *Halbleiter*.

> Computer benötigen eine große Zahl miteinander vernetzter Steuerelemente.

Halbleiter sind Materialien, deren elektrische Leitfähigkeit sich in weiten Bereichen steuern lässt. Anders als bei Metallen, die immer gute Leiter sind, können Halbleiterstrukturen so gebaut werden, dass sie auf einen elektrischen Impuls hin ihre Leitfähigkeit stark ändern. Darüber hinaus besitzen Halbleiter auch interessante optische Eigenschaften und können als Lichtsensoren oder auch als Lichtquellen eingesetzt werden. Woher Halbleiter diese Eigenschaften beziehen, ist Thema dieses Kapitels.

> Die elektrische Leitfähigkeit von Halbleiterbauteilen ist steuerbar.

Phänomenologisch kann man Halbleiter daran erkennen, dass ihr elektrischer Widerstand nicht mit der Temperatur steigt, sondern mit zunehmender Temperatur sinkt. Bei sehr niedrigen Temperaturen verhalten sich Halbleiter wie Isolatoren.

> Definition Halbleiter: Elektrischer Widerstand sinkt mit steigender Temperatur.

7.2 Die Bandlücke von Halbleitern

Halbleitende Elemente sind solche in der Mitte des Periodensystems, beispielsweise Silizium oder Germanium. Darüber hinaus existiert eine Vielzahl halbleitender Verbindungen, beispielsweise Gallium-Arsenid (GaAs) oder Indium-Antimonit (InSb). Bei den Verbindungen spricht man von einem III/V-Halbleiter, wenn die beiden Elemente der dritten bzw. fünften Hauptgruppe des

> Halbleitende Elemente haben meist 4 äußere Elektronen.

Periodensystems entstammen, und von einem II/VI-Halbleiter bei Elementen aus der zweiten und sechsten Hauptgruppe.

Dass es gerade die Elemente der vierten Hauptgruppe sind, die halbleitend sind, kann man leicht einsehen: Elemente mit weniger als vier Elektronen sind durch die metallische Bindung gebunden, Elemente mit mehr als vier Elektronen (solche der 5. bis 7. Hauptgruppe) bilden keine elektronisch gebundenen Kristalle aus, sondern im Allgemeinen einfache Moleküle, wie beispielsweise N_2 oder O_2, da sie auf diese Weise ihre Elektronenschalen absättigen können.

Kühlt man derartige Materialien ab, so erstarren auch sie zu Festkörpern, allerdings erst bei sehr niedrigen Temperaturen. Da diese Festkörper aus Molekülen zusammengesetzt sind, spricht man auch von molekularen Kristallen. Die Anziehung zwischen den Molekülen erfolgt dabei durch so genannte van-der-Waals-Kräfte (benannt nach Johannes Diderik van der Waals, 1837-1923, Nobelpreis 1910), die auf einer indirekten Wechselwirkung der Elektronenhüllen der beteiligten Atome beruhen. Diese können sich über eine Dipol-Wechselwirkung (die van-der-Waals-Kraft) schwach anziehen. Bei den molekularen Kristallen werden keine Elektronen von den einzelnen Molekülen geteilt wie bei der kovalenten oder der metallischen Bindung. Die Elektronendichte zwischen den Molekülen fällt auf sehr niedrige Werte ab. Dies ist bei den Ionenkristallen (siehe Kapitel 3) ähnlich, bei denen die Anziehung elektrostatisch erfolgt, auch hier ist die Elektronendichte zwischen den Atomen sehr klein.

Halbleiter haben eine Bandlücke.

Elemente mit genau vier Elektronen auf der äußersten Schale, wie Silizium, können dagegen einen Kristall bilden, in dem sie jeweils vier Bindungen eingehen. In Kapitel 4 haben wir gesehen, dass bei einer kovalenten Bindung eine Bandlücke zwischen den bindenden und den nicht bindenden Orbitalen auftritt.

Am Temperatur-Nullpunkt sind Halbleiter Isolatoren.

Da es eine Bandlücke gibt, sind Halbleiter, zumindest bei sehr niedrigen Temperaturen, Isolatoren. Die Bandlücke ist jedoch relativ klein; typische Werte liegen zwischen $0{,}2\,\mathrm{eV}$ und $3\,\mathrm{eV}$.[1]

Bandstruktur von Halbleitern.

Bild 7.1 zeigt die Bandstruktur einiger Halbleitermaterialien. Dabei ist zu erkennen, dass diese Struktur sich deutlich von der einfacher Metalle (siehe Bild 6.30) unterscheidet. Insbesondere ist es bei Halbleitern nicht ungewöhnlich, dass die Bandlücke in der Mitte des Diagramms (bei $k = 0$) liegt.

Dass die Oberkante des Valenzbandes oft in der Mitte des Diagramms liegt, ist nach Bild 6.27 leicht einzusehen: In diesen Halbleitern ist es nicht die erste, sondern die zweite Bandlücke, die die besetzten und die unbesetzten Zustände voneinander trennt. Dies liegt im Wesentlichen daran, dass jedes einzelne Band zwei Elektronen jedes Atoms aufnehmen kann. Da Halbleitermaterialien typischerweise vier Elektronen besitzen, werden deshalb die beiden niedrigsten Bänder aufgefüllt.[2]

---

1 Die oft niedrigen Werte der Bandlücke bedeuten nicht, dass auch die Bindungsenergie derart niedrige Werte hat, denn auch ein Elektron oberhalb der Bandlücke ist noch nicht frei und trägt, wenn auch weniger, zur Bindung bei. Dies ist ähnlich wie bei den Farbstoffen.

2 Daraus könnte man schließen, dass Elemente der zweiten Hauptgruppe ebenfalls Halbleiter sein sollten und keine Metalle, da sie zwei Elektronen besitzen und somit das niedrigste Band vollständig ausfüllen müssten. Dies ist allerdings nicht der Fall, siehe die Vertiefung auf Seite 160.

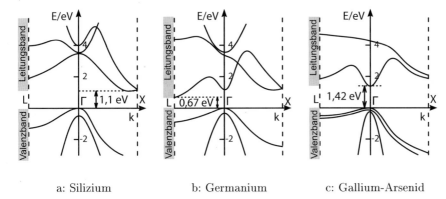

a: Silizium   b: Germanium   c: Gallium-Arsenid

Bild 7.1: Bandstruktur diverser Halbleiter; Darstellung im k-Raum, also dem reziproken Gitter, siehe S. 140. Die Punkte »L«, »Γ« und »X« bezeichnen Punkte innerhalb des reziproken Gitters. Die Oberkante des Valenzbandes, also der höchste besetzte Zustand, liegt bei $E = 0$. Ebenfalls eingetragen sind die Bandlücke (bei Raumtemperatur) sowie die Lage des Valenz- und Leitungsband.

7.3 Elektrische Leitung in Halbleitern

7.3.1 Ladungsträger

Wird ein Elektron durch Energiezufuhr, beispielsweise durch thermische Anregung, in das Leitungsband gehoben, so trägt nicht nur dieses Elektron zur elektrischen Leitung bei wie im vorigen Kapitel über Metalle erläutert. Zusätzlich fehlt dieses Elektron im Valenzband, das deshalb nicht mehr voll besetzt ist. Dieser fehlende Zustand wird als *Loch* oder *Lochzustand* bezeichnet.

Elektronen im Leitungsband und Löcher im Valenzband können Strom tragen.

Dass Löcher innerhalb des Valenzbandes ebenfalls einen Strom tragen können, kann man sich wie folgt erklären: Wir betrachten einen Siliziumkristall, bei dem jedes Atom vier Bindungen zu den nächsten Nachbarn eingeht. Entfernen wir ein Elektron aus einer der Bindungen, bleibt ein positives Ion zurück, siehe Bild 7.2. Die Bindung ist an dieser Stelle nicht abgesättigt, da ja ein Elektron fehlt. Ein Elektron von einer benachbarten Bindung kann an die Fehlstelle vorrücken, wobei die Fehlstelle dann entsprechend zur Position dieses Elektrons wandert. Legt man eine elektrische Spannung an, so bewegen sich die Elektronen in Richtung des positiven Pols. Das Loch wandert deshalb in Richtung des negativen Pols und verhält sich somit wie ein Teilchen mit einer positiven Ladung. Dieses Verhalten wird als *Löcherleitung* bezeichnet. Ein ähnliches Phänomen lässt sich auch im Alltag beobachten: Ein leerer Sitzplatz in der Mitte eines fast voll besetzten Hörsaals kann nach außen wandern, indem eine benachbart sitzende Person auf diesen Platz vorrückt.

Löcher verhalten sich wie positive Ladungen.

Führt man also einem Elektron in einem Halbleiter eine Energie zu, die ausreicht, um dieses vom Valenz- in das Leitungsband zu heben, so erhöht sich die Leitfähigkeit des Halbleiters durch Leitung sowohl im Leitungs- als auch im

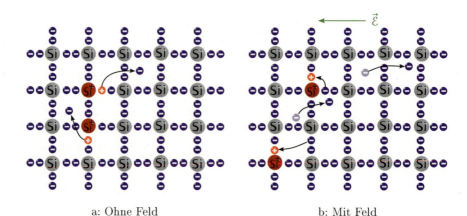

a: Ohne Feld   b: Mit Feld

Bild 7.2: Elektronen-Loch-Paare in einem Halbleiter. Elektronen, die aus ihrer Bildung gelöst werden, stehen als Ladungsträger zur Verfügung. Der zurückbleibende Lochzustand ist ebenfalls ein Ladungsträger und bewegt sich bei anliegendem elektrischen Feld.

Thermische Fluktuationen heben Elektronen ins Leitungsband, Löcher bleiben zurück.

Valenzband. Bei Raumtemperatur ist immer ein Teil der Elektronen durch thermische Fluktuationen angeregt. Dies erklärt, warum Halbleiter am absoluten Nullpunkt Isolatoren sind, aber bei endlicher Temperatur eine gewisse Leitfähigkeit besitzen. Erhöht man die Temperatur, so nimmt die Zahl der Elektronen im Leitungsband (und entsprechend die der Löcher im Valenzband) und damit die Leitfähigkeit von Halbleitern zu.

Bei einer Temperaturerhöhung nimmt auch der Widerstand durch zunehmende Gitterschwingungen zu, siehe Abschnitt 6.5.1. In einem Halbleiter überwiegt aber der Effekt durch die höhere Zahl an Ladungsträgern die Temperaturzunahme deutlich, da die thermische Anregung mit dem Boltzmann-Faktor exponentiell von der Temperatur abhängt, siehe auch Abschnitt 7.4.1.

Obwohl dieses einfache Modell der Leitung in einem Halbleiter qualitativ korrekt ist, ist es für quantitative Aussagen nicht geeignet, da hierfür das Bändermodell verwendet werden muss. Dies soll im folgenden detaillierter diskutiert werden.

7.3.2 Löcherleitung

Löcherleitung: Fehlstellen im Valenzband bewegen sich.

Um die Löcherleitung im Bändermodell zu verstehen, betrachtet man ein Valenzband, in dem einige Elektronenzustände nicht besetzt sind, weil die zugehörigen Elektronen ins Leitungsband gehoben wurden. Ein solches Band kann am einfachsten durch die unbesetzten Zustände, also die Löcher, beschrieben werden. Die Oberkante des Valenzbandes, an der die unbesetzten Zustände sich befinden, hat die Form einer umgekehrten Parabel, so dass sich die Energie eines Zustandes verringert, wenn sich der k-Wert vom Maximum der Parabel entfernt. Diese Form des Valenzbandes führt dazu, dass sich ein unbesetzter

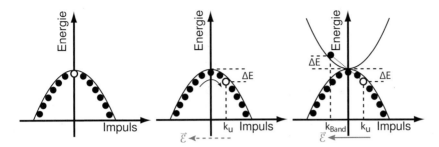

a: Band mit einem Loch   b: Anlegen eines elektri-   c: Konstruktion des
schen Feldes   »Lochbandes«

Bild 7.3. ⚡ Konstruktion eines »Lochbandes« (nach [31]): Ein Elektron wird an der
Oberkante des Valenzbandes entfernt. Bei angelegtem elektrischen Feld
verschiebt sich der unbesetzte Zustand zusammen mit den besetzten
Zuständen. Das Band als Ganzes vergrößert seine Energie um ΔE und
trägt einen Impuls $-k_u$. Detaillierte Erläuterung im Text.

Zustand so verhält wie ein Teilchen mit einer positiven elektrischen Ladung.
Tatsächlich lässt sich dies auch experimentell mit Hilfe des so genannten Hall-
Effektes (Edwin Herbert Hall, 1855–1938) beobachten.

⚡ Um im Detail zu verstehen, wieso sich unbesetzte Zustände wie Teilchen (»Löcher«) verhalten können, betrachten wir ein voll besetztes Band in einer Dimension, dessen Oberkante bei $k = 0$ liegt. Wir entfernen das Elektron aus dem Zustand
mit der höchsten Energie (Bild 7.3 a), erzeugen also ein Band mit einem Loch. Da
das Elektron bei $k = 0$ fehlt, ist die Summe über alle Gitterimpulse der besetzten
Zustände gleich Null, denn für jeden besetzten Zustand mit Impuls $+k$ gibt es einen
Zustand mit Impuls $-k$. Der gesamte Gitterimpuls des Bandes ist also $k_{Band} = 0$.

⚡ Wir können auch die gesamte Energie aller Zustände des Bandes berechnen. Sie
ergibt sich als Summe über die Energie aller besetzten Zustände (also aller Zustände mit Ausnahme des Zustandes mit höchster Energie im Band, der ja unbesetzt
ist). Wir bezeichnen diesen Energiewert mit $E_{Band} = E_0$.

⚡ Wenn wir ein elektrisches Feld an den Halbleiter anlegen, dann werden die Elektronen im Feld beschleunigt. Nehmen wir an, dass das Feld in $-x$-Richtung
zeigt, dann wirkt eine Kraft in positive x-Richtung. Wegen des zweiten Newtonschen
Axioms $F = \mathrm{d}p/\mathrm{d}t = \hbar\mathrm{d}k/\mathrm{d}t$ vergrößert sich der k-Wert aller Elektronen, ähnlich
wie in Bild 6.18. Wenn alle Elektronen ihren k-Wert in positive Richtung verschie-
ben, dann verschiebt sich auch der unbesetzte Zustand in dieselbe Richtung, siehe
Bild 7.3 b. Als Analogie kann man sich wieder eine lange Sitzreihe in einem Hörsaal
vorstellen, in der in der Mitte ein freier Platz ist. Rückt jede Person einen Platz nach
rechts, dann bewegt sich auch der freie Platz nach rechts.[3] Entsprechend bewegt sich

_____

3 Auf Seite 175 haben wir argumentiert, dass ein leerer Platz durch Aufrücken in die Ge-
genrichtung wandern kann; dort haben wir aber angenommen, dass nur die Personen
auf der einen Seite des Platzes aufrücken. Dies ist im Bändermodell aber nicht möglich, denn es werden ja alle Elektronen im Feld beschleunigt, und das Band setzt sich
periodisch von π/a nach $-\pi/a$ fort.

der unbesetzte Zustand mit den Elektronen mit.

Betrachten wir den Zustand des Bandes, nachdem die Elektronen ihre Besetzung geändert haben. Der unbesetzte Zustand liegt jetzt bei einem bestimmten Wert $k_u > 0$. Der gesamte Gitterimpuls des Bandes, also die Summe aller k-Werte der besetzten Zustände, ist $k_{\text{Band}} = -k_u$, denn für alle Zustände mit Ausnahme des Zustandes mit Gitterimpuls $-k_u$ gibt es einen besetzten Zustand mit entgegengesetztem Gitterimpuls. Obwohl sich alle Elektronenimpulse also in $+k$-Richtung verschoben haben, ist der Gesamtimpuls des Bandes negativ.

Als nächstes untersuchen wir wieder die Energie des Bandes. Verglichen mit dem Ausgangszustand ist jetzt der Zustand mit der höchsten Energie an der Oberkante des Valenzbandes besetzt, ein Zustand mit niedrigerer Energie ist dagegen unbesetzt. Die Energie des Bandes hat sich also um einen Betrag ΔE erhöht: $E_{\text{Band}} = E_0 + \Delta E$.

Insgesamt ergibt sich also, dass der Gesamtimpuls des Bandes einen Wert von $-k_u$ hat und die Gesamtenergie einen Wert von $E_0 + \Delta E$. Wir können dies in unser Bänderdiagramm einzeichnen und ein Lochband konstruieren, das den Zustand des Bandes beschreibt, siehe Bild 7.3 c.

Legen wir also ein elektrisches Feld in $-x$-Richtung an, so bekommt ein Band, dem ein Elektron fehlt, einen Gitterimpuls in $-k$-Richtung und erhöht dabei seine Energie. Der Zusammenhang zwischen Energie und Impuls ist dabei quadratisch, weil das Valenzband an der Oberkante durch eine umgekehrte Parabel beschrieben werden kann. Dies ist genau das Verhalten, das man von einem einzelnen positiv geladenen Teilchen (mit positiver Masse) erwarten würde. Es ist deshalb gerechtfertigt (und wesentlich einfacher), von »Löchern« zu sprechen, die eine positive Masse und eine positive elektrische Ladung besitzen und so zur elektrischen Leitung beitragen.

Betrachtet man allerdings den Ladungstransport, so scheint sich ein Problem zu ergeben: Bei angelegtem elektrischen Feld hat das Band ja einen Gesamtimpuls von $-k_u$, weil dieser Zustand als einziger von einem Elektron besetzt ist, dessen Impuls nicht durch ein Elektron mit entgegengesetztem Impuls ausgeglichen wird. Müsste ein solches Elektron nicht eine Geschwindigkeit in $-x$-Richtung haben, da sein Impuls negativ ist? Dies würde bedeuten, dass ein Strom in die falsche Richtung fließt. Es würde auch der einfachen Vorstellung aus Bild 7.2 widersprechen.

Dies ist jedoch nicht der Fall. Ein Elektron, das exakt einen Impuls von $-k_u$ besitzt, entspricht ja einer unendlich ausgedehnten Welle. Eine solche Welle kann aber keinen Strom tragen. Auf Seite 152 haben wir gesehen, dass man ein stromtragendes Elektron besser als ein Wellenpaket beschreiben sollte, also als eine Überlagerung von Wellen mit unterschiedlichen k-Werten. Das ist auch deswegen plausibel, weil das Elektron ja ins Leitungsband gelangt, indem es sich von einem Atom löst, so dass seine Aufenthaltswahrscheinlichkeit anfangs an diesem Ort am höchsten ist. Nur ein solches Wellenpaket kann sich tatsächlich wie ein Teilchen durch das Gitter bewegen und Ladung transportieren.

Dasselbe gilt entsprechend auch für den Lochzustand. Genauer sollte man also annehmen, dass nicht der Zustand genau bei k_u unbesetzt ist, sondern dass entsprechend mehrere unbesetzte Zustände mit Gitterimpulsen von etwa k_u sich überlagern.

Für den Ladungstransport ist wichtig, mit welcher Geschwindigkeit sich das Wellenpaket als Ganzes bewegt. Diese Geschwindigkeit ist die Gruppengeschwindigkeit $d\omega/dk$ (Gleichung (4.2)) aus Kapitel 4. Die Gruppengeschwindigkeit eines Elektrons ist also (mit $E = h\nu = \hbar\omega$)

$$v_g = \frac{1}{\hbar}\frac{dE}{dk} \, .$$

Links des Maximums des Valenzbandes ist diese Gruppengeschwindigkeit also positiv. Das Elektron, dessen Impuls auf dieser Seite nicht ausgeglichen wird, hat zwar einen negativen Gitterimpuls, aber eine positive Geschwindigkeit, transportiert also Ladung in $+x$-Richtung, siehe auch Bild 7.4. Für den Strom spielt es dabei keine Rolle, ob negative Ladung in $+x$-Richtung oder positive Ladung in $-x$-Richtung transportiert wird.

7.3.3   Die effektive Masse und die Beweglichkeit

In Abschnitt 6.3, Gleichung (6.6), haben wir gesehen, dass die kinetische Energie eines freies Elektrons quadratisch von seinem Impuls abhängt: $E = p^2/2m$. Entsprechend ist das Energie-Impuls-Diagramm parabelförmig (siehe Bild 6.7). Die Masse des Elektrons bestimmt dabei die Öffnung der Parabel; würde man die Elektronenmasse erhöhen, würde sich die Parabel weiter öffnen. Bei gegebener Energie haben schwere Teilchen also einen höheren Impuls als leichte Teilchen, sie haben aber eine kleinere Geschwindigkeit.

Masse, Energie und Impuls für ein freies Elektron.

Ein Elektron in einem Halbleiter ist kein freies Teilchen, da es eine Wechselwirkung mit dem Gitter gibt, die, wie im vorigen Kapitel erläutert, die Bandstruktur bestimmt. Ein Blick auf die Bandstrukturen in Bild 7.1 zeigt, dass das Leitungsband in der Nähe seines Minimums parabelförmig ist.[4] Betrachtet man also ein Elektron, das sich in einem Zustand in der Nähe des Leitungsbandminimums befindet, so besitzt dieses ebenfalls eine quadratische Beziehung zwischen seinem Impuls $p = \hbar k$ und seiner Energie E. Das Elektron verhält sich deshalb wie ein freies Teilchen, allerdings mit einer Masse, die durch die Öffnung der Parabel gegeben ist. Diese Masse bezeichnet man als die *effektive Masse* m_{eff} des Elektrons.

Elektronen an der Leitungsband-Unterseite haben eine effektive Masse.

Aufgabe 7.1: Betrachten Sie ein Elektron mit einer effektiven Masse m_{eff}, das in einem elektrischen Feld beschleunigt wird, im Rahmen des Drude-Modells. Wie hängen der mittlere Impuls, die mittlere Energie und die mittlere Geschwindigkeit des Elektrons sowie die Stromdichte von der effektiven Masse ab? □

 Leitet man die Energie-Impuls-Beziehung für ein freies Teilchen in einer Dimension zwei Mal nach dem Impuls ab, so ergibt sich eine Gleichung für die Masse:

$$\frac{1}{m} = \frac{d^2 E}{dp^2} \, .$$

---

4 Dies gilt natürlich für die Umgebung des Minimums (nahezu) jeder beliebigen Kurve.

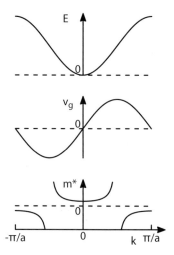

Bild 7.4. ♟♟ Verlauf der effektiven Masse als Funktion des Gitterimpulses k für ein typisches Band in einem Halbleiter. Ebenfalls eingezeichnet ist die Gruppengeschwindigkeit (siehe Seite 179). Nach [59]

Entsprechend kann man die effektive Masse über die Beziehung

$$\frac{1}{m_{\text{eff}}} = \frac{1}{\hbar}\frac{d^2 E}{dk^2}$$

definieren, wenn man $p = \hbar k$ verwendet. Dabei ist zu beachten, dass die Höhe des Minimums der Parabel keine Rolle spielt; die effektive Masse ist nur über die Öffnung der Parabel definiert. Diese Definition der effektiven Masse hat den Vorteil, dass sie allgemeingültig ist und nicht nur in der Nähe des Minimums eines Bandes gilt. Bild 7.4 zeigt die effektive Masse als Funktion des Gitterimpulses k für ein typisches Band. Man erkennt, dass Elektronen an der Unterkante eines Bandes die kleinste effektive Masse besitzen und solche an der Oberkante eines Bandes eine negative effektive Masse haben. Diese negative Masse führt dazu, dass, wie oben erläutert, Geschwindigkeit und Gitterimpuls entgegengesetzte Vorzeichen haben. Die negative Masse an der Oberseite des Bandes entspricht bis auf das Vorzeichen genau der Masse der Lochzustände.

♟♟ In drei Dimensionen ist die Krümmung des Bandes nicht in allen Raumrichtungen dieselbe, siehe z. B. Bild 6.29. Entsprechend ist die effektive Masse richtungsabhängig und ist nicht mehr durch eine einzelne Zahl, sondern durch einen Tensor definiert:

$$\frac{1}{m_{\text{eff},ij}} = \frac{1}{\hbar}\frac{\mathrm{d}^2 E}{\mathrm{d}k_i \mathrm{d}k_j},$$

wobei i und j die Raumrichtungen kennzeichnen. Dies kann dazu führen, dass ein Elektron nicht in Richtung des elektrischen Feldes beschleunigt wird, sondern eine Geschwindigkeitskomponente senkrecht zur Feldrichtung erhält.

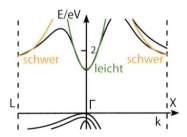

Bild 7.5. Bandstruktur von Gallium-Arsenid. Die Elektronen an der Unterkante des Leitungsbandes haben eine geringe effektive Masse. Erhöht man die anliegende Spannung, so dass Elektronen die Zustände mit höherer effektiver Masse erreichen, sinkt die mittlere Geschwindigkeit der Elektronen und somit die Stromstärke.

Abhängig von der Bandstruktur verhalten sich Elektronen deshalb in unterschiedlichen Materialien unterschiedlich: In einigen sind sie nur schwer zu beschleunigen und ihre effektive Masse ist sehr groß, in anderen sind sie dagegen leicht beweglich und besitzen eine niedrige effektive Masse. Auch innerhalb desselben Materials können unterschiedliche Bänder unterschiedliche effektive Massen besitzen, wie man in Bild 7.1 sehen kann.

Schwere und leichte Elektronen.

Diese ungewöhnliche Eigenschaft des Bändermodells kann technisch eingesetzt werden. Ein Beispiel ist der nach John Battiscombe Gunn (1928–2008) benannte Gunneffekt (Bild 7.5): Wird die Spannung im Halbleiter erhöht, so werden Elektronen in immer höhere Zustände gehoben. Erreichen sie schließlich das obere der beiden Bänder, dann verringert sich die Beweglichkeit der Elektronen, die Stromstärke sinkt also bei Erhöhen der Spannung zunächst ab (siehe auch Aufgabe 7.1). Der Gunneffekt kann verwendet werden, um Mikrowellen zu erzeugen, beispielsweise zur Geschwindigkeitsmessung von Autos.

Natürlich ändert das Elektron seine Masse nicht wirklich. Das Konzept der effektiven Masse erlaubt es aber, die Wechselwirkung mit dem Kristallgitter zu ignorieren und stattdessen so zu tun, als sei das Elektron ein freies Teilchen, das sich mit veränderter Masse bewegt.

Ähnliches gilt auch für die Löcherleitung: Auch die Löcher können mehr oder weniger gut beweglich sein. Dabei ist es die Öffnung der umgedrehten Parabel an der Oberkante des Valenzbandes, die über die effektive Masse der Löcher entscheidet.

Ebenso gibt es schwere und leichte Löcher.

Die starke Abhängigkeit der effektiven Masse von der Bandstruktur ist ein Grund dafür, warum die Leitfähigkeit von verschiedenen Halbleitern stark unterschiedlich ist, denn sie führt dazu, dass sich die Ladungsträger unterschiedlich leicht beschleunigen lassen. In Abschnitt 6.2 haben wir gesehen, wie sich Ladungsträger in einem Metall bewegen, wenn man ein elektrisches Feld anlegt. Dabei erreichen sie eine mittlere Driftgeschwindigkeit $\vec{v}$, die von der Relaxationszeit abhängt. In einem Halbleiter hat jetzt zusätzlich auch die Bandstruktur

Die Beweglichkeit: Wie leicht kann ein Elektron/Loch beschleunigt werden?

Tabelle 7.1: Bandlücke, intrinsische Ladungsträgerdichte, effektive Masse für Elektronen $m_{n,\text{eff}}$ und Löcher $m_{p,\text{eff}}$ (in Einheiten der Elektronenmasse) und Beweglichkeiten von Elektronen (μ_n) und Löchern (μ_p) in einigen Halbleitermaterialien. Bei der Verwendung von Literaturwerten ist darauf zu achten, dass insbesondere die intrinsische Ladungsträgerdichte stark von der Temperatur und der Reinheit des Materials abhängt.

	E_g (eV) bei 300 K [31]	n_i^2 cm^{-6}	$m_{n,\text{eff}}/m_e$	$m_{p,\text{eff}}/m_e$ bei 293 K [59]	μ_n (cm^2/Vs)	μ_p
Si	1,11	$2,1 \cdot 10^{19}$	0,58	1,06	1450	500
Ge	0,66	$2,89 \cdot 10^{26}$	0,35	0,56	3800	1820
GaAs	1,43	$6,55 \cdot 10^{12}$	0,068	0,5	8800	400
InSb	0,17	$4 \cdot 10^{32}$ [47]	0,014	0,4	78000	750

einen starken Einfluss auf die Driftgeschwindigkeit, weil »schwere« Teilchen in einem elektrischen Feld weniger stark beschleunigt werden. Man definiert die *Beweglichkeit* μ der Ladungsträger über die Beziehung

$$\vec{v} = \mu \vec{\mathcal{E}}, \tag{7.1}$$

wobei $\vec{v}$ die mittlere Driftgeschwindigkeit der Ladungsträger (Löcher oder Elektronen) und $\vec{\mathcal{E}}$ das elektrische Feld bezeichnen. In einem Metall gilt damit für die Beweglichkeit der Elektronen $\mu = e\tau/m$ mit der Relaxationszeit τ. In einem Halbleiter muss in dieser Beziehung die effektive Masse eingesetzt werden, so dass die Beweglichkeit der Ladungsträger um so größer ist, je kleiner ihre effektive Masse ist. In Tabelle 7.1 sind Bandlücken, Ladungsträgerdichten, effektive Massen und Beweglichkeiten für einige Halbleitermaterialien aufgeführt. Auffällig sind die starken Unterschiede in der Beweglichkeit der beiden Ladungsträgerarten; beispielsweise ist der Einfluss der Löcherleitung in InSb sehr klein.

Aufgabe 7.2: Ein Halbleiter-Bauelement aus Silizium habe eine Länge von 1 mm. An das Bauteil wird eine Gleichspannung von 0,2 V angelegt. Wie groß ist die Driftgeschwindigkeit der Elektronen und der Löcher? Wie lange brauchen sie jeweils, um den Halbleiter zu durchqueren? □

Auswahl von
Halbleiter-
Materialien.

Für die Auswahl eines geeigneten Halbleitermaterials ist zunächst zu berücksichtigen, dass die Einsatztemperatur durch die Bandlücke begrenzt ist, da die Zahl der Ladungsträger nicht zu groß werden darf. Germanium-Bauteile dürfen nur bis etwa 75 °C eingesetzt werden, Silizium-Bauteile bis etwa 150 °C. Germanium ist darüber hinaus ungeeignet für integrierte Schaltkreise, da es schlecht passivierbar ist.

Aufgabe 7.3: Wenn an einen Halbleiter starke elektrische Felder angelegt werden, dann können Elektronen im Leitungsband so viel kinetische Energie bekommen, dass sie durch Stoßprozesse Elektronen vom Valenz- ins Leitungsband heben können. Dazu muss ihre kinetische Energie größer sein als die Bandlücke. Dieser Prozess wird als Stoßionisation bezeichnet.

Nehmen Sie an, dass die kinetische Energie des Elektrons im Leitungsband aus der Driftgeschwindigkeit der Elektronen berechnet werden kann: $E_{\text{kin}} = m_{\text{eff}} v_d^2/2$. Dabei ist m_{eff} die effektive Masse des Elektrons im Leitungsband.

Berechnen Sie die elektrische Feldstärke, die notwendig ist, damit Stoßionisation in Silizium stattfinden kann. Verwenden Sie die Daten aus Tabelle 7.1 [20]. □

7.4   Halbleiterstrukturen

7.4.1   Dotierung von Halbleitern

Die Zahl der Ladungsträger in einem Halbleiter hängt, wie bereits erläutert, exponentiell von der Temperatur und von der Bandlücke ab. In einem reinen Halbleitermaterial ist die Zahl der Elektronen n_n gleich der Zahl der Löcher n_p. Wie wir gleich im Detail sehen werden, ist es möglich, zusätzliche Elektronen oder Löcher in einen Halbleiter einzubringen. Dadurch erhöht sich nicht nur die Zahl der einen Ladungsträgersorte, sondern es verringert sich zusätzlich auch die der anderen. Je mehr Ladungsträger hinzugefügt werden, desto größer ist die Wahrscheinlichkeit, dass sich einige dieser Ladungsträger mit denen der anderen Sorte kombinieren, dass also ein Elektron aus dem Leitungsband in einen unbesetzten (Loch)-Zustand des Valenzbandes zurückfällt. Da dabei Ladungsträger verschwinden, spricht man von Annihilation (lat. nihil, »nichts«) oder auch von Rekombination.

Halbleiter können dotiert werden, das verändert die Zahl der Elektronen und Löcher.

Die wechselseitige Abhängigkeit der Zahl der Löcher und der Elektronen lässt sich an einem Beispiel aus dem Alltag veranschaulichen: Stellen Sie sich eine Party vor, bei der genau so viele Stühle wie Gäste vorhanden sind. Da immer einige Gäste herumgehen oder sich im Stehen unterhalten (außer am absoluten Nullpunkt, bei dem alle Gäste sitzen), ist die Zahl der nicht sitzenden Gäste (Elektronen) gleich der Zahl der freien Stühle (Löcher). Kommt plötzlich eine Zahl weiterer Gäste hinzu, so erhöht sich die Zahl stehender Gäste, aber einige von ihnen werden sich auf freie Stühle setzen und so deren Anzahl verringern.

Das Party-Phänomen.

Quantitativ ergibt sich (für Halbleiter, nicht für Partys) folgende Situation: Elektronen-Loch-Paare werden mit einer Rate $A(T)$ erzeugt (beispielsweise durch thermische Aktivierung) und vernichten sich mit einer Rate $n_n n_p B(T)$, die proportional zur Zahl der Elektronen und zur Zahl der Löcher ist. Die Änderung der Dichte pro Zeiteinheit ist

Das Produkt aus Elektronendichte und Löcherdichte ist konstant.

$$\frac{dn_n}{dt} = \frac{dn_p}{dt} = A(T) - B(T)n_n n_p \tag{7.2}$$

$$= 0 \quad \text{im thermischen Gleichgewicht} \tag{7.3}$$

$$\implies n_n n_p = \frac{A(T)}{B(T)}. \tag{7.4}$$

Das Produkt aus Elektronen- und Löcherdichte hängt also nur von der Temperatur und vom verwendeten Material ab. Man definiert die *intrinsische Ladungs-*

trägerdichte n_i über die Beziehung $n_i^2 = n_n n_p$. Tabelle 7.1 enthält Zahlenwerte für wichtige Halbleitermaterialien.

⚡ Man könnte versucht sein, folgendermaßen zu argumentieren, um die intrinsische Ladungsträgerdichte abzuschätzen: Ein Elektron an der Oberkante des Valenzbandes braucht eine Energie von E_g, um ins Leitungsband gehoben zu werden. Die Wahrscheinlichkeit, diese Energie durch thermische Fluktuation zu bekommen, ist proportional zu $\exp{-E_g/k_B T}$, also sollte gelten $n_i \sim \exp{-E_g/k_B T}$. Das ist jedoch nicht korrekt, denn bei dieser Überlegung wurde die Zahl der Zustände (Zustandsdichte, siehe Seite 170) nicht berücksichtigt – die Gesamtzahl von Elektronen im Leitungsband hängt natürlich auch davon ab, wie viele Zustände den Elektronen dort zur Verfügung stehen und wie viele Elektronenzustände an der Oberkante des Valenzbandes liegen. Eine genauere Rechnung [2] ergibt die folgende Beziehung für die Abhängigkeit von der Temperatur und der Energie der Bandlücke:

$$n_i \sim T^{3/2} \exp \frac{-E_g}{2k_B T} \ .$$

Es ergibt sich also eine zusätzliche Temperaturabhängigkeit und ein zusätzlicher Faktor 2 im Nenner des Exponentialterms.

Aufgabe 7.4: Silizium hat eine Dichte von $2{,}33\,\mathrm{g/cm^3}$ und ein Molgewicht von $28\,\mathrm{g/mol}$. Jedes wievielte Siliziumatom muss ein Elektron ans Leitungsband abgeben, damit die intrinsische Ladungsträgerdichte bei $300\,\mathrm{K}$ aus Tabelle 7.1 erreicht wird? □

Aufgabe 7.5: Berechnen Sie die Leitfähigkeit von Silizium bei Raumtemperatur aus der intrinsischen Ladungsträgerdichte und der Beweglichkeit der Ladungsträger. □

Zusätzliche Elektronen oder Löcher erzeugt man durch Dotieren.

Donatoren stellen Elektronen bereit.

Akzeptoren stellen Löcher bereit.

Um zusätzliche Elektronen oder Löcher in einen Halbleiter einzufügen, wird dieser gezielt verunreinigt (*dotiert*). Im einfachen atomaren Modell kann man sich dies leicht veranschaulichen, siehe Bild 7.6. Betrachten wir zunächst eine Dotierung, bei der zusätzliche Elektronen eingebracht werden (*n*-Dotierung). Dazu wird an Stelle eines Elements der vierten Hauptgruppe eines der fünften in den Halbleiter eingebracht, also beispielsweise ein Siliziumatom durch ein Phosphoratom ersetzt. Das Phosphoratom, *Donator* genannt (lat. donare, »schenken«), geht vier kovalente Bindungen zu den benachbarten Siliziumatomen ein; das fünfte äußere Elektron des Phosphors ist dann nur noch schwach gebunden und kann leicht abgelöst werden, so dass es ungebunden ist und ein positives Phosphor-Ion zurückbleibt. Umgekehrt kann auch ein Atom der dritten Hauptgruppe (etwa Bor) in den Halbleiter eingebracht werden (*Akzeptor*, lat. akzeptare, »annehmen«), das nur drei kovalente Bindungen eingehen kann, so dass ein Elektron zum Absättigen der Bindungen fehlt. Tritt ein Elektron von einem benachbarten Siliziumatom über, so entstehen ein negativ geladenes Bor-Ion und ein Loch beim jeweiligen Siliziumatom.

Im Bändermodell bedeutet das Dotieren, dass man zusätzliche Energieniveaus einführt. Bild 7.7 zeigt dies im einfachen Bändermodell ohne Impulsabhängigkeit. Im Fall einer *n*-Dotierung liegt ein zusätzliches Elektron vor, das nur

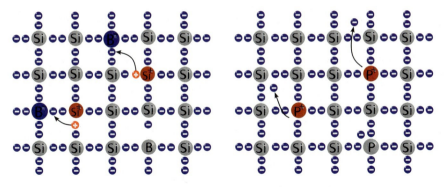

a: p-Dotierung von Silizium mit Bor   b: n-Dotierung von Silizium mit Phosphor

Bild 7.6: Dotierung von Halbleitern

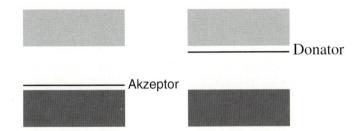

Bild 7.7: Dotierung von Halbleitern im einfachen Bändermodell

eine geringe Bindungsenergie hat, also leicht ins Leitungsband angeregt werden kann. Das entsprechende Energieniveau (Donatorniveau) liegt also direkt unterhalb des Valenzbandes. Für Phosphoratome in Silizium beträgt die Lücke zwischen dem Donatorniveau und der Unterkante des Leitungsbandes beispielsweise nur 0,045 eV, für Arsenatome in Silizium beträgt der Wert 0,054 eV. Bei der p-Dotierung liegt ein zusätzliches freies Energieniveau knapp oberhalb des Valenzbandes, das ein Elektron aufnehmen kann. Das Akzeptorniveau von Bor in Silizium liegt 0,045 eV über der Oberkante des Valenzbandes, das Akzeptorniveau von Aluminium 0,067 eV [27].

Dotieren: Einfügen zusätzlicher Energieniveaus im Bändermodell.

In einem dotierten Halbleiter ist die Zahl der Elektronen nicht mehr gleich der der Löcher. Gleichung (7.4) gilt aber nach wie vor, solange die Dotierung nicht extrem stark ist. Die Zahl der Elektronen ist in einem n-dotierten Halbleiter wesentlich höher als die der Löcher, weswegen sie auch als *Majoritätsladungsträger* bezeichnet werden. Dennoch ist die Dichte der Löcher zwar klein, aber nach Gleichung (7.4) nicht Null. Die Löcher auf der n-Seite werden deshalb entsprechend als *Minoritätsladungsträger* bezeichnet. Obwohl es nur wenige von ihnen gibt, sind sie für die Funktionsweise von Halbleiterbauelementen wichtig, wie wir noch sehen werden. In einem p-dotierten Halbleiter werden die

Majoritätsladungsträger: Ladungsträger mit der höheren Dichte.

Minoritätsladungsträger: Selten, aber wichtig.

Begriffe entsprechend verwendet, hier sind die Löcher die Majoritäts- und die Elektronen die Minoritätsladungsträger.

Aufgabe 7.6: In einem Halbleiter wie Silizium gibt bei Raumtemperatur und nicht zu starker Dotierung nahezu jedes Donatoratom ein Elektron ins Leitungsband ab. Warum ist das möglich, obwohl die Energie eines Elektrons in einem Donatoratom kleiner ist als die eines Elektrons im Leitungsband? □

Aufgabe 7.7: Der Siliziumkristall aus Aufgabe 7.4 wird mit 1 ppm Phosphor dotiert (ppm=»part per million«). Wenn Sie (entsprechend der vorigen Aufgabe) annehmen, dass jedes Phosphoratom sein Elektron ans Leitungsband abgibt, wie groß ist dann die Konzentration an Elektronen und Löchern? □

7.4.2   Der *p-n*-Übergang

Mit Hilfe gezielter Dotierungen lässt sich eine immense Vielzahl von Bauelementen herstellen. Eine detaillierte Beschreibung zahlreicher solcher Elemente findet sich in [43]. Hier sollen nur exemplarisch einige wichtige Elemente vorgestellt werden, um die physikalischen Prinzipien solcher Bauteile zu verdeutlichen.

Die grundlegenden Prinzipien lassen sich am besten an einem einfachen Bauteil, der *Diode*, verdeutlichen. Eine Halbleiter-Diode besteht aus einem *p*- und einem *n*-dotierten Halbleiterabschnitt, die direkt aneinander grenzen. Entscheidend für die Funktionsweise ist die Grenzfläche zwischen den beiden Abschnitten, die als *p-n-Übergang* bezeichnet wird.

Wir betrachten zunächst die beiden dotierten Bereiche getrennt (Bild 7.8 a). Auf der *p*-Seite des *p-n*-Übergangs befinden sich sehr viele Löcher im Valenzband und wenig Elektronen im Leitungsband. Zusätzlich liegen auf dieser Seite viele negative Akzeptor-Ionen vor. Auf der *n*-Seite ergibt sich ein genau umgekehrtes Bild: Viele Elektronen befinden sich im Leitungsband, nur wenige Löcher im Valenzband, und es gibt entsprechend viele positive Ionen der Donatoratome. Fügt man die beiden Bereiche zusammen[5], so grenzen die elektronreiche und die löcher-reiche Zone direkt aneinander (Bild 7.8 b). In diesem Grenzbereich fallen viele Elektronen in das Valenzband zurück, so dass sich die Ladungsträger gegenseitig vernichten. Der Grenzbereich verarmt also an Ladungsträgern. Zurück bleiben die Ionenrümpfe, die auf der *p*-Seite negativ und auf der *n*-Seite positiv geladen sind. Dieser Bereich um die Grenzfläche wird als *Verarmungszone* oder *Raumladungszone* bezeichnet. Seine Größe liegt typischerweise zwischen 10 nm und 1 µm.

Die Verarmungszone wächst jedoch nicht beliebig weiter. Um dies einzusehen, müssen wir das elektrische Feld betrachten, das durch die Raumladungszone verursacht wird (Bild 7.8 c). Das elektrische Feld im Innern der Raumladungszone ist zeigt von der *n*- zur *p*-Seite. Außerhalb der Raumladungszone liegt

Marginal notes:

Eine Diode hat einen *p-n*-Übergang.

Am Übergang fallen Elektronen in Löcher.

Die Verarmungszone (Raumladungszone) entsteht.

Die Verarmungszone enthält ein elektrisches Feld.

---

5 Reale Dioden werden natürlich nicht durch Zusammenfügen von getrennten Bereichen hergestellt, sondern durch unterschiedliche Dotierung eines einzigen Kristalls.

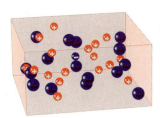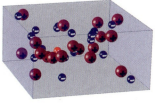

a: Dotierte Zonen getrennt

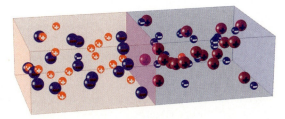

b: Dotierte Zonen zusammengefügt

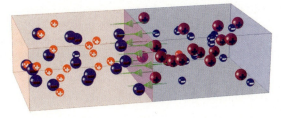

c: Ladungsträger annihilieren und ein elektrisches Feld
  bleibt zurück.

Bild 7.8: p-n-Übergang. Fügt man die beiden dotierten Bereiche zusammen, so vernichten sich an der Grenzfläche Elektronen und Löcher, so dass ein elektrisches Feld durch die vorhandenen Ionenrümpfe entsteht.

kein elektrisches Feld vor, da sich die elektrischen Felder der beiden Seiten genau kompensieren, siehe auch Abschnitt 1.3.[6] Bild 7.9 zeigt die Verteilung der Ladungsträger, die Raumladung und das elektrische Potential innerhalb der Diode.

Die Raumladungszone sorgt für eine Verschiebung im Bändermodell.

Unten in Bild 7.9 ist das Bändermodell im Ortsraum aufgetragen. Das elektrische Potential, das durch die Raumladungszone entsteht, verschiebt die Energieniveaus auf beiden Seiten des Übergangs gegeneinander. (Da Elektronen negativ geladen sind, ist das Vorzeichen der Energieverschiebung umgekehrt zum Vorzeichen des Potentials – Elektronen gewinnen Energie, wenn sie vom p- in den n-dotierten Bereich übertreten.)

Die Verschiebung der Bänder, die in Bild 7.9, unten, eingezeichnet ist, kann mit Hilfe des Begriffs der Fermienergie berechnet werden, wenn man diesen für Halbleiter passend erweitert.

Für Metalle haben wir die Fermienergie als die Energie definiert, die die besetzten von den unbesetzten Zuständen trennt. Da die Energieniveaus in einem elektrischen Leiter extrem dicht liegen, ist dieser Wert eindeutig definiert. In einem Halbleiter dagegen gibt es eine Bandlücke. Bei Temperatur Null sind in einem intrinsischen Halbleiter alle Zustände im Valenzband besetzt, alle Zustände im Leitungsband unbesetzt. Jede Energie innerhalb der Bandlücke liegt deshalb zwischen der Energie des höchsten besetzten und der des niedrigsten unbesetzten Zustandes. Die Definition der Fermienergie ist also nicht eindeutig.

Man kann die Fermienergie allerdings auch etwas anders definieren: Sie entspricht in einem Leiter der Energieänderung, wenn ein Elektron zum System hinzugefügt oder daraus entfernt wird. Wieder sind – wegen der dicht liegenden Energieniveaus – in einem Leiter beide Werte praktisch identisch. In einem Halbleiter ist die Energie, die man benötigt, um ein Elektron aus dem System zu entfernen, durch die Energie der Oberkante des Valenzbandes bestimmt. Fügt man ein Elektron hinzu, so muss dieses in Leitungsband eingebracht werden. Die Energie, die man benötigt, um die Zahl der Elektronen um Eins zu ändern, kann man jetzt sinnvoll als Mittelwert aus diesen beiden Werten definieren. Entsprechend liegt die Fermienergie in der Mitte zwischen beiden Bändern.

Als nächstes betrachten wir einen n-dotierten Halbleiter, wieder bei Temperatur Null. Hier sind alle Donatorzustände besetzt, das Leitungsband ist leer. Entfernt man ein Elektron aus dem System, dann ist die Energieänderung gleich der Energie der Donatorzustände. Entsprechend liegt die Fermienergie nach dieser Definition in der Mitte zwischen der Energie der Donator-Niveaus und der Unterkante des Leitungsbandes. In einem p-dotierten Halbleiter liegt die Fermienergie zwischen der Oberkante des Valenzbandes und der Energie der Akzeptorzustände.

Fügt man die beiden unterschiedlich dotierten Halbleiter – immer noch bei 0 K – zusammen, dann treten Elektronen von den Donator- zu den Akzeptoratomen über. Da wir die Fermienergie jetzt als die Energie definiert haben, die

---

6 Näherungsweise kann man annehmen, dass sich alle Ionen in einem konstanten Abstand von der Grenzfläche befinden. Die Raumladungszone entspricht damit einem Plattenkondensator wie in Abbildung 1.6 auf Seite 10, so dass das Feld außerhalb der Raumladungszone verschwindet.

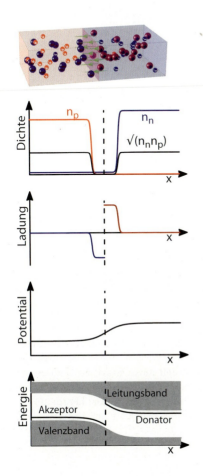

Bild 7.9: Ladungsträgerdichte (Dichte der Elektronen und Löcher), elektrische Ladung und elektrisches Potential sowie Bändermodell an einem *p-n*-Übergang. Direkt am Übergang ist der Halbleiter an Ladungsträgern verarmt; die Ionenrümpfe der Donator- und Akzeptoratome erzeugen deshalb eine Raumladung und somit ein elektrisches Potential. Im Bändermodell (aufgetragen im Ortsraum, nicht im reziproken Gitter) sorgt dieses Potential für eine Verschiebung der Energie der Bänder.

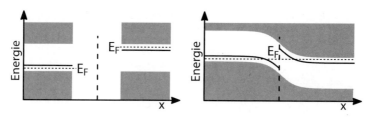

Bild 7.10. ⚡⚡ Verschiebung der Bänder an einem p-n-Übergang bei 0 K. Die Fermienergie liegt vor dem Zusammenfügen des Übergangs (links) in den unterschiedlich dotierten Bereichen auf einem anderen Niveau. Beim Zusammenfügen (rechts) verschieben sich die Bänder im Ortsraum so, dass die Fermienergie in beiden Bereichen identisch ist.

man braucht, um ein Elektron zum System hinzuzufügen oder zu entfernen, müssen sich die Fermienergien der beiden Systeme angleichen, siehe Bild 7.10. Dies geschieht durch die Bildung der Raumladungszone, die ja durch das elektrische Potential zu einer Verschiebung der Bänder gegeneinander führt.

⚡⚡ Um die Verschiebung der Bänder zu berechnen, muss man also die Fermienergie der beiden unterschiedlich dotierten Halbleiter berechnen. Das Potential, das durch die Raumladungszone entsteht, muss genau so groß sein, dass keine Energieänderung mehr eintritt, wenn ein Elektron von einer Seite des Übergangs zur anderen übertritt, so dass die Fermienergien auf gleicher Höhe liegen.

⚡⚡ Diese Überlegungen galten für einen Halbleiter am absoluten Nullpunkt. Bei endlicher Temperatur kompliziert sich das Bild, weil die statistische Verteilung der Elektronen und Löcher berücksichtigt werden muss. Statt der Änderung der Energie betrachtet man deshalb die Änderung der Freien Energie oder Freien Enthalpie, wenn sich die Zahl der Elektronen um Eins ändert. In der Thermodynamik wird diese Größe als chemisches Potential bezeichnet, doch in der Halbleiterphysik verwendet man meist den Begriff Fermienergie.

⚡⚡ In die Änderung der Freien Energie geht auch die Entropie mit ein. Da die Zahl der Zustände im Valenz- und im Leitungsband typischerweise wesentlich höher ist als die Zahl der Donator- und Akzeptor-Zustände, ist die Entropieänderung groß, wenn ein Teilchen ins Leitungsband eingebracht oder aus dem Valenzband entfernt wird.[7] Entsprechend wird die Änderung der Freien Energie (oder Freien Enthalpie) geringer, denn der Entropiebeitrag zur Freien Energie ist ja $-TS$. Bei endlicher Temperatur verschiebt sich deshalb die Fermienergie im n-dotierten Halbleiter nach unten und im p-dotierten Halbleiter nach oben. Die Verschiebung der Bänder am p-n-Übergang ist deshalb etwas geringer, so dass sich die Raumladungszone verkleinert.

Bewegt sich ein Elektron auf der n-Seite auf die Raumladungszone zu, so wird es zunächst von den elektrischen Ladungen nicht beeinflusst, so lange es sich noch außerhalb der Raumladungszone befindet, denn hier ist das Potential konstant.

---

7 Für eine genaue Definition der Fermienergie muss deshalb auch die Zustandsdichte im Valenz- und Leitungsband in die Betrachtung einfließen; dieser Effekt ist jedoch klein.

Innerhalb der Raumladungszone wird es von den negativen Ionen der p-Seite abgestoßen und von den positiven Ionen der n-Seite angezogen, es wird also gebremst. Ob das Elektron die Raumladungszone durchqueren kann, um sich auf der anderen Seite der Raumladungszone mit einem Loch zu annihilieren, hängt von seiner anfänglichen Geschwindigkeitskomponente v_x in dieser Richtung ab. Die kinetische Energie, die mit dieser Geschwindigkeitskomponente verbunden ist ($m_\text{eff}v_x^2/2$, mit m_eff als effektiver Masse), muss größer sein als die Energie, die das Elektron verliert. Diese ist gegeben durch eU, wenn e die Elementarladung und U die Potentialdifferenz über die Raumladungszone ist.[8] Genau entsprechendes gilt auch für die Löcher auf der p-Seite: Auch diese können die Raumladungszone nur durchqueren, wenn ihre anfängliche kinetische Energie groß genug ist.

> Majoritätsladungsträger werden durch die Raumladungszone gebremst.

Erreicht dagegen eines der Löcher von der n-Seite die Raumladungszone, so wird es durch das elektrische Feld auf die p-Seite hin beschleunigt und erreicht diese unabhängig von seiner anfänglichen kinetischen Energie immer. Das Umgekehrte gilt für die Elektronen auf der p-Seite. Dieser Strom von Ladungsträgern ist also dem der Majoritätsladungsträger entgegengesetzt.

> Minoritätsladungsträger durchqueren die Raumladungszone problemlos.

Mit dieser Überlegung können wir nun einsehen, warum die Raumladungszone nicht beliebig weiterwachsen kann. Ein Gleichgewicht wird dann erreicht, wenn der Strom der Majoritätsladungsträger der einen Seite gleich dem der Minoritätsladungsträger der anderen Seite ist. Durch thermische Fluktuationen werden immer einige wenige Majoritätsladungsträger genügend hohe kinetische Energie besitzen, um die andere Seite der Raumladungszone zu erreichen, doch wenn diese Zahl gleich der aller Minoritätsladungsträger der anderen Seite ist, die die Raumladungszone erreichen, ist ein Gleichgewichtszustand erreicht.

> Gleichgewicht: Majoritätsladungsträgerstrom = Minoritätsladungsträgerstrom.

Quantitativ stellt sich die Situation wie folgt dar: Um ein Elektron auf die positive Seite herüberzuziehen, muss es die entsprechende Potentialbarriere überwinden. Nach dem Boltzmann-Gesetz (2.1) ist deshalb im thermischen Gleichgewicht die Zahl der Elektronen auf der p-Seite um einen Faktor $\exp{-eU/k_BT}$ kleiner. Dasselbe gilt umgekehrt für die Löcher. Entsprechend ist das Produkt aus Elektronendichte und Löcherdichte $n_p n_n$ auf beiden Seiten gleich, wie bereits oben hergeleitet.

> Das Boltzmann-Gesetz regelt die Zahl der Ladungsträger.

Bisher haben wir den p-n-Übergang ohne äußeres elektrisches Feld betrachtet. Als nächstes wollen wir eine elektrische Spannung an diesen Übergang anlegen. Hierzu gibt es zwei Möglichkeiten: Der positive Pol der Spannungsquelle kann an die p- oder an die n-Seite des Halbleiters angeschlossen werden.

> Spannung am p-n-Übergang.

Schließen wir den positiven Pol an die p-Seite an, so ändert sich das elektrische Potential: Bei einer äußeren Spannung V verringert sich die Potentialdifferenz zwischen der p- und der n-Seite auf $U - V$. Wie oben erläutert ist die Zahl der Majoritätsladungsträger, die die Raumladungszone durchqueren können, durch die Potentialdifferenz gegeben. Also ist die Zahl dieser Ladungsträger

> Positiver Pol an der p-Seite: Durchlass!

---

8 Bisher haben wir V als Symbol für die Spannung verwendet. In diesem Kapitel bezeichnen wir mit V von außen an das Bauteil angelegte Spannungen und die innere Spannung mit U.

Verkleinerte
Potentialbar-
riere: Größerer
Majoritätsla-
dungsträger-
strom.

proportional zu $\exp -eU/k_BT$, wenn keine äußere Spannung anliegt.[9] Da die äußere Spannung die Potentialdiferenz verringert, ist die Zahl der Majoritätsladungsträger, die bei Anliegen einer äußeren Spannung die Raumladungszone durchqueren können, proportional zu $\exp -e(U-V)/k_BT$. Verglichen mit dem Strom ohne äußere Spannung erhöht sich der Strom also um einen Faktor

$$\frac{\exp(\frac{-e(U-V)}{k_BT})}{\exp(\frac{-eU}{k_BT})} = \exp\frac{eV}{k_BT}\,. \tag{7.5}$$

Der Minori-
tätsladungsträ-
gerstrom
bleibt
unverändert.

Gleichzeitig fließt auch ein Strom von Minoritätsladungsträgern. Dieser wird jedoch durch die äußere Spannung nicht wesentlich beeinflusst, da ohnehin jeder Minoritätsladungsträger, der die Raumladungszone erreicht, diese auch durchquert.[10] Der Strom der Minoritätsladungsträger wirkt dem der Majoritätsladungsträger entgegen. Insgesamt ergibt sich für den Strom I damit folgende Formel

$$I = I_0\left(\exp\frac{eV}{k_BT} - 1\right)\,. \tag{7.6}$$

Dabei ist I_0 der sogenannte Sperrstrom, der angibt, wie viele Minoritätsladungsträger die Raumladungszone durchqueren. Anders als in einem Metall steigt also der Strom exponentiell mit der Spannung an, siehe auch Bild 7.16, das die Kennlinie einer Photodiode zeigt.

Positiver Pol
an der n-Seite:
Sperrung!

Dreht man die Polung um, so dass der positive Pol an der n-Seite des Halbleiters anliegt, erhöht sich die Potentialdifferenz, die die Majoritätsladungsträger überwinden müssen. Der Majoritätsladungsträgerstrom ist also geringer als im Fall ohne von Außen anliegende Spannung, und geht bei genügend hohen Spannungen gegen Null. Der Strom der Minoritätsladungsträger wird durch die Spannung dagegen, wie oben erläutert, nicht beeinflusst. Da dieser Strom jetzt

Es fließt nur
ein Minoritäts-
ladungsträger-
strom.

nicht mehr durch den Strom der Majoritätsladungsträger kompensiert wird, fließt insgesamt ein Minoritätsladungsträgerstrom. Gleichung (7.6) gilt auch in diesem Fall.

Die Diode ist
ein
Gleichrichter.

Insgesamt ergibt sich also, dass der p-n-Übergang einen hohen Strom trägt, wenn die Spannung in einer Richtung angelegt wird, aber nur einen sehr geringen Strom bei einer Spannung in entgegengesetzter Richtung. Der Übergang wirkt deshalb als Gleichrichter oder *Diode*.[11]

⤳   Bei sehr hohen Spannungen kommt es zum »Durchbruch« der Diode. Die Minoritätsladungsträger, die die Raumladungszone durchqueren, werden dabei so

9 Dieser Strom wird im Gleichgewicht ohne äußere Spannung durch den Strom der Minoritätsladungsträger kompensiert.

10 Erst bei hohen äußeren Spannungen mit $V > U$ würde sich diese Situation ändern, da dann die Minoritätsladungsträger eine Potentialbarriere überqueren müssten.

11 Dieser Begriff stammt ursprünglich aus dem Bereich der Elektronenröhren und bezeichnet eine Elektronenröhre mit zwei Polen, von denen einer bei anliegendem Strom Elektronen aussenden kann.

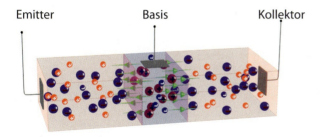

Bild 7.11: Aufbau eines p-n-p-Transistors.

stark durch das angelegte elektrische Feld beschleunigt, dass sie Elektronen-Loch-Paare erzeugen, siehe auch Aufgabe 7.3. Insgesamt kommt es zu einem sehr starken Anstieg des Stroms mit der angelegten Spannung. Technisch lässt sich dieser Mechanismus einsetzen, um Spannungen zu regulieren.

7.4.3 Der Transistor

Eines der wichtigsten Halbleiterbauelemente ist der *Transistor*. Ein einfacher Transistor besteht aus drei dotierten Bereichen in der Reihenfolge n-p-n oder p-n-p, siehe Bild 7.11. Als Beispiel betrachten wir einen p-n-p-Transistor. Die drei Bereiche des Transistors werden jeweils an eine Spannungsquelle angeschlossen, siehe Bild 7.12. Wir beziehen alle Spannungen auf das Potential der im Bild links gezeichneten p-Seite, die damit den Spannungswert 0 V besitzt. Diese linke Seite wird als *Emitter* bezeichnet. Der mittlere n-Bereich, die *Basis*, liegt gegenüber dem Emitter auf einem negativen Potential V_b, so dass der p-n-Übergang zwischen beiden Strom leitet wie eine entsprechend geschaltete Diode. Majoritätsladungsträger (in diesem Fall Löcher) fließen also vom Emitter in die Basis. Sie fließen jedoch nicht durch die Basis ab, wie man eigentlich erwarten sollte, da die Basis in einem Transistor sehr schmal ist. Die Löcher haben deshalb eine hohe Wahrscheinlichkeit, durch Diffusion weiter in den Bereich des nächsten Übergangs zu fließen, der ein n-p-Übergang ist. Liegt der andere p-Bereich, als *Kollektor* bezeichnet, auf einem gegenüber dem Emitter negativen Potential V_k mit $V_k < V_b$, so ist dieser Übergang nicht auf Durchlass, sondern auf Sperrung geschaltet. Die aus dem Emitter in die Basis geflossenen Ladungsträger sind jedoch in der Basis nun Minoritätsladungsträger. Sobald sie den zweiten Übergang erreichen, werden sie deshalb beschleunigt und gelangen in den Kollektor.

Weil der Strom vom Emitter in die Basis exponentiell von der anliegenden Spannung abhängt, führen bereits kleine Änderungen dieser Spannung zu großen Änderungen im Strom. Der Strom von der Basis in den Kollektor wird von derartigen kleinen Änderungen nicht beeinflusst, solange $V_k \ll V_b$ ist. Der

Ein schaltbares Bauteil: Der Transistor.

Der p-n-p-Transistor.

Majoritätsladungsträger diffundieren durch die Basis.

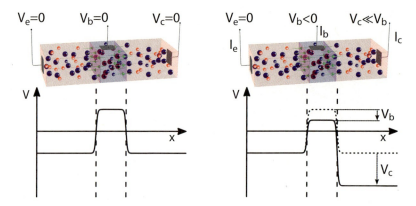

Bild 7.12: Funktionsweise eines einfachen Transistors. Dargestellt ist der Potential-
verlauf ohne und mit angelegter Spannung. (Nach [13])

Kleine Veränderung der Basis-Spannung: Große Veränderung des Stroms.

Miniaturisierung: Integrierte Schaltkreise.

Der Feldeffekt-Transistor.

An der Basis liegt die Inversionsschicht.

Strom zwischen Emitter und Basis ist wesentlich kleiner als der zwischen Emitter und Kollektor, da die meisten Ladungsträger durch die Basis hindurchdiffundieren. Stellt man den Strom zwischen Emitter und Basis ein, so ergibt sich ein sehr viel größerer Strom zwischen Emitter und Kollektor. Ein kleiner Strom kann also durch den Transistor verstärkt werden.

Der bisher diskutierte Transistortyp hat immer noch relativ große Ausmaße. Beispielsweise hat die Basis, die ja schmal gegenüber Emitter und Kollektor sein muss, typischerweise eine Breite von $10\,\mu$m; die Ausdehnung des Transistors in die dazu senkrechten Richtungen ist deutlich größer. Mit einem solchen Transistor lassen sich moderne Computer nicht herstellen, die viele Millionen derartiger Bauelemente benötigen. Dies gelingt mit Hilfe von *integrierten Schaltkreisen*. Dabei wird ein Einkristall, beispielsweise aus Silizium, als dünne Scheibe (engl. chip) gefertigt und dann die jeweils gewünschte Dotierung aufgebracht. Damit lässt sich ein Transistor mit wesentlich kleineren Ausmaßen herstellen.

Ein Beispiel für einen solchen Transistor ist der Feldeffekt-Transistor. Eine einfache Variante ist der MOSFET oder Metal-oxide semiconductor field effect transistor (Metalloxid-Halbleiter-Feldeffekt-Transistor), siehe Bild 7.13. In ein im wesentlichen n-dotiertes Substrat werden zwei p-dotierte Bereiche eingebracht, die als Emitter und Kollektor dienen. Zwischen dem Basiskontakt und dem Halbleiter liegt eine isolierende Metalloxid-Schicht. Legt man eine negative Spannung an die Basis an, werden Löcher aus Basis und Kollektor in den an die Oxidschicht angrenzenden Bereich gezogen, ähnlich wie bei einer auf Durchlass geschalteten Diode. Diese Löcher fließen jedoch nicht aus der Basis ab, da die Oxidschicht elektrisch nicht leitend ist. Obwohl dieser Bereich ein n-Halbleiter ist, liegt in ihm deshalb eine relativ hohe Dichte an Löchern, also Minoritätsladungsträgern, vor. Man spricht deshalb auch von einer Inversionsschicht unterhalb des Basiskontaktes. Legt man eine weitere Spannung zwischen Emitter und Kollektor an, so sorgen die Minoritätsladungsträger für einen Stromfluss. Ohne Spannung an der Basis fließt jedoch kein Strom, da sich

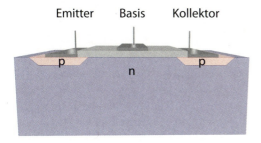

Bild 7.13: Aufbau eines MOSFET.

keine Inversionsschicht bildet. Je nachdem, mit welchen Spannungsdifferenzen der MOSFET betrieben wird, kann er entweder als Verstärker oder aber als einfacher Schalter dienen, bei dem ein Strom zwischen Emitter und Kollektor fließen kann, wenn Spannung an der Basis anliegt, andernfalls aber nicht [15].

Die Abmessungen eines MOSFET können wesentlich geringer sein als die eines gewöhnlichen Transistors. Typische Kanallängen liegen im Bereich einiger zehn Nanometer; die Dicke der Oxidschicht beträgt nur etwa 10 nm. Derartig kleine Komponenten erlauben es, heutzutage mehr als 4 Milliarden Transistoren auf einem einzigen Chip unterzubringen.

> **Millionen Transistoren auf einem Chip.**

⤳ Die Herstellung von derartig kleinen Halbleiterbausteinen ist technisch extrem aufwändig. Das Grundprinzip beruht auf Verfahren der Photolithographie (gr. phos, »Licht«, lithos,»Stein« und graphein, »schreiben«). Dabei wird die Oberfläche des Halbleiterchips zunächst mit einem lichtempfindlichen Lack behandelt. Anschließend wird er mit einer Maske bedeckt und dann mit Licht bestrahlt. Das Licht sorgt für eine Reaktion innerhalb des Lacks, der dadurch seine chemische Struktur ändert. An den belichteten Stellen lassen sich der Lack und ggf. die darunterliegende Struktur wegätzen. Die freiliegenden Stellen können dann durch Ionenbeschuss dotiert werden.

⤳ Die Größe der mit diesem Verfahren hergestellten Strukturen ist durch die Lichtwellenlänge begrenzt. Um immer kleinere Strukturen realisieren zu können, verwendet man deshalb heutzutage ultraviolettes Licht mit kurzer Wellenlänge. Zusätzlich können Medien mit einem Brechungsindex verwendet werden, um die Lichtwellenlänge weiter zu reduzieren (sogenannte Immersionslithografie).

⤳ Im Jahr 1965 [39] prophezeite Gordon E. Moore (1929–), einer der späteren Gründer von Intel, dass die Zahl der Transistoren auf einem Chip sich exponentiell erhöhen würde. Er sagte zunächst eine Verdopplungsrate von etwa einem Jahr voraus, doch seit Ende der Siebziger Jahre hat sich diese Rate auf etwa 18 Monate verlangsamt. Obwohl die Zahl von 18 Monaten nicht von Moore selbst vorhergesagt wurde und obwohl das genaue Wachstum starken Schwankungen unterliegt [64], ist dieses exponentielle Wachstum unter dem Namen »Moore's Gesetz« bekannt geworden.

Im Kapitel über Flüssigkristalle haben wir bereits eine Einsatzmöglichkeit für Transistoren als Verstärker gesehen: Dort wurden einzelne Bildpunkte eines

TFT-Monitors mit Hilfe von Transistoren gezielt angesteuert. Haupteinsatzgebiet ist aber natürlich der Aufbau integrierter Schaltungen in Computern.

Der Aufbau komplexer Schaltungen aus einfachen Elementen ist Gegenstand der theoretischen Informatik. An dieser Stelle soll darauf nicht detailliert eingegangen werden, doch der prinzipielle Aufbau solcher Schaltungen mit Hilfe von Transistoren soll kurz verdeutlicht werden.

Logische Schaltungen werden aus Gattern aufgebaut.

Logische Schaltungen werden aus einzelnen Schaltelementen (Gatter oder Englisch »Gates«) aufgebaut. Ein Theorem der Informatik besagt, dass alle denkbaren Schaltungen mit wenigen einfachen Elementen realisiert werden können.[12] Als Beispiel betrachten wir hier das NICHT-Gatter.

Ein NICHT-Gatter kehrt das Eingangssignal um.

Ein NICHT-Gatter soll dazu dienen, ein Eingangssignal umzukehren. Es enthält eine Eingangs- und eine Ausgangsleitung. Eine Spannung ungleich Null soll genau dann an der Ausgangsleitung anliegen, wenn keine Spannung an der Eingangsleitung anliegt. Symbolisiert man einen Draht, der auf Betriebsspannung liegt, wie in der Informatik üblich, mit dem Symbol 1, und einen geerdeten Draht mit dem Symbol 0, so folgt also:

$$\text{NICHT} : 1 \mapsto 0$$
$$0 \mapsto 1.$$

Das NICHT-Gatter verwendet einen MOSFET als Schalter.

Um eine solche Schaltung zu realisieren, verwenden wir einen MOSFET, der als Schalter dient, siehe Bild 7.14 a. Der Emitter des Transistors wird geerdet (Potential 0 V), der Kollektor wird über einen Widerstand an einen Draht angeschlossen, der auf einem Potential $-V_s$ liegt (wir verwenden einen p-n-p-Transistor). Liegt keine Spannung an der Basis an (Signal 0), so verhält sich der Transistor als Isolator und die Spannung am Punkt Y ist ungefähr $-V_s$ (Signal 1).[13] Legen wir eine Spannung an die Basis an (Signal 1), so verhält sich der MOSFET wie ein elektrischer Leiter, so dass der Punkt Y geerdet wird. Die Spannungsdifferenz zwischen dem Draht auf Potential $-V_s$ und dem Punkt Y fällt dann vollständig über den Widerstand ab. Wie am Anfang dieses Kapitels erläutert, lässt sich die Leitfähigkeit des Halbleiter-Elements also auf ein Signal hin steuern.

Die CMOS-Technologie verbraucht weniger Energie.

Ein Nachteil dieser Technologie ist die hohe Leistungsaufnahme: Wenn am Gatter eine Spannung anliegt, dann fällt eine Spannung über den Widerstand ab, und es fließt somit ein Strom. Dabei entsteht Wärme, die einen Chip mit hoher Transistordichte zerstören würde. Heutige integrierte Schaltkreise verwenden deshalb keinen einfachen MOSFET, sondern bedienen sich der so genannten CMOS-Technologie (CMOS steht für »complementary metal-oxide semiconductor«, komplementärer Metall-Oxid-Halbleiter).

CMOS: Zwei Transistoren werden gekoppelt.

Bei der CMOS-Technologie verwendet man immer zwei Transistoren mit entgegengesetzter Struktur, also einen p-n-p- und einen n-p-n-Transistor. Diese werden gemeinsam in den Halbleiterchip eingebaut, siehe Bild 7.15. In das

---

12 Tatsächlich reicht sogar ein einziges Element, das NICHT-UND-Gatter.
13 Ein Teil der Spannung fällt dabei über den Widerstand ab.

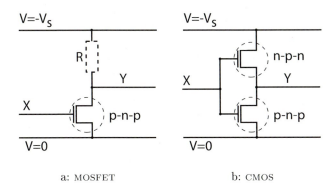

a: MOSFET   b: CMOS

Bild 7.14: NICHT-Gatter mit einfacher MOSFET-Technologie und einem Widerstand
(links) und mit so genannter CMOS-Technologie (rechts).

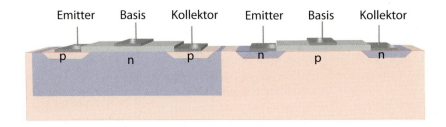

Bild 7.15: Aufbau einer CMOS-Struktur.

dotierte Grundmaterial wird auf der einen Seite ein gewöhnlicher MOSFET eingebracht. Auf der anderen Seite wird das Grundmaterial in einem Bereich zunächst entgegengesetzt dotiert (und zwar stärker, so dass – im dargestellten
Fall – die n-Dotierung die p-Dotierung überwiegt) und dann in diesem Bereich
ein MOSFET (mit entsprechend noch stärkerer Dotierung im p-Bereich) eingebracht.

Bild 7.14 b zeigt, wie in diesem Fall ein NICHT-Gatter konstruiert wird: Statt
eines Transistors und eines Widerstands verwendet man zwei Transistoren.
Liegt das Eingangssignal X auf Erdpotential, so ist der untere Transistor auf
Sperrung geschaltet, liegt X auf dem Wert $-V_s$, so ist der obere Transistor auf
Sperrung geschaltet. Der Vorteil dieser Technik ist, dass im stationären Zustand
kein Strom über einen Widerstand fließt, so dass keine Wärme erzeugt wird.
Diese entsteht nur dann, wenn sich die Eingangsspannung ändert, weil dann
kurzfristig ein Strom fließt. Auch bei der Herstellung bietet die CMOS-Technik
einen Vorteil, da sich Transistoren leichter auf integrierten Chips aufbauen lassen als Widerstände.

Das
NICHT-Gatter
in CMOS-
Technologie:
Strom fließt
nur beim
Umschalten.

7.5   Optische Eigenschaften von Halbleitern

7.5.1   Lichtabsorption

Direkte und
indirekte
Halbleiter:
Eine Frage der
Bandlücke.

Wir hatten bereits im Kapitel über Metalle gesehen, dass die Absorption von Photonen mit Hilfe des Bändermodells verstanden werden kann: Ein Photon der Frequenz ν kann absorbiert werden, wenn ein unbesetzter Zustand der Energie E_1 im Bänderdiagramm direkt über einem besetzten Zustand der Energie $E_0 = E_1 - h\nu$ liegt. Der Grund hierfür war, dass Photonen verglichen mit Elektronen im Kristall nur einen verschwindend kleinen Impuls tragen, so dass sich der Elektronimpuls $\hbar k$ bei der Absorption nicht ändert. In Halbleitern können Photonen mit einer Energie $h\nu$, die kleiner als die Bandlücke ist, nicht absorbiert werden; Halbleiter sind für diese Photonen durchsichtig. Photonen mit einer Energie, die der Bandlücke entspricht, können nur dann absorbiert werden, wenn die Unterkante des Leitungsbandes direkt oberhalb der Oberkante des Valenzbandes liegt. Derartige Bandlücken (und ebenso die Halbleiter, die solche Bandlücken besitzen) bezeichnet man als *direkt*. Direkte Bandlücken findet man häufig bei III/V-Halbleitern, also bei Verbindungen von Elementen der III. und V. Hauptgruppe. Ein Beispiel hierfür ist GaAs, siehe Bild 7.1. Liegt die Unterkante des Leitungsbandes nicht direkt oberhalb der Oberkante des Valenzbandes, spricht man von einer *indirekten* Bandlücke. In diesem

Absorption im
indirekten
Halbleiter: Es
fehlt Impuls.

Fall kann ein Photon nur dann absorbiert werden, wenn zusätzlich noch eine Schwingung des Kristallgitters an der Absorptionsreaktion beteiligt ist, die für die Impulserhaltung sorgt, oder wenn die Photonen eine entsprechend höhere Energie besitzen.

Auch für die Lichtaussendung gilt entsprechendes: Befindet sich ein Elektron mit Impuls $\hbar k$ an der Unterkante des Leitungsbandes, so kann es ein Photon der Energie E_g nur aussenden, wenn ein unbesetzter Zustand an der Oberkante des Valenzbandes bei demselben Impulswert liegt; andernfalls ist eine Lichtemission zwar immer noch möglich, aber deutlich unwahrscheinlicher. Mit Lichtemission durch Halbleiter befassen wir uns ausführlicher in Abschnitt 8.4; hier konzentrieren wir uns zunächst auf die Lichtabsorption, wie sie beispielsweise in Solarzellen oder in Digitalkameras stattfindet.

Licht kann in
der Raumla-
dungszone
absorbiert
werden.

Bestrahlt man die Raumladungszone einer Halbleiterdiode mit Licht einer Frequenz $\nu \geq E_g/h$, so können durch Photonenabsorption Elektronen in das Leitungsband gehoben werden, wobei entsprechend Löcher im Valenzband entstehen. Wegen des elektrischen Feldes in der Raumladungszone werden die Elektronen auf die n- und die Löcher auf die p-Seite des Halbleiters hin beschleunigt. Verbindet man die beiden Enden des Halbleiters, so fließt ein Strom. Die Lichtenergie wird also in elektrische Energie umgewandelt. Nach diesem Prinzip funktionieren sowohl Photodetektoren als auch Solarzellen. Bild 7.16 zeigt das Strom-Spannungs-Diagramm (die Kennlinie) für eine Diode ohne (siehe Gleichung (7.6)) und mit Lichteinstrahlung. Der durch die Lichteinstrahlung hervorgerufene Strom verschiebt die Kurve um einen konstanten Betrag.

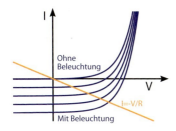

Bild 7.16: Kennlinie einer Photodiode für verschieden starken Lichteinfall. Ebenfalls eingezeichnet ist die Kennlinie für einen Widerstand R.

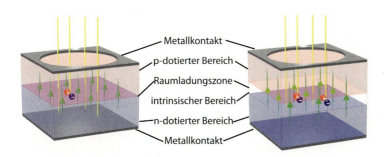

Bild 7.17: Aufbau einer einfachen und einer p-i-n-Photodiode.

7.5.2 Photodioden

Photodioden dienen dazu, die Intensität des einfallenden Lichts zu messen. Damit das erzeugte Signal zur Lichtintensität proportional ist, werden Photodioden entweder spannungslos betrieben oder auf Sperrung geschaltet. Da die Raumladungszone in einer Diode sehr schmal ist, werden Photodioden meist so konstruiert, dass das Licht von oben auf die Diode fällt und durch eine der beiden dotierten Seiten hindurchfällt, siehe Bild 7.17.

Photodioden messen die Lichtintensität.

Eine Photodiode wird häufig nicht als einfache p-n-Diode, sondern als p-i-n-Diode konstruiert, wobei das i einen undotierten (intrinsischen) Bereich bezeichnet, siehe Bild 7.17. Dies hat den Vorteil, dass in diesem Bereich ein konstantes elektrisches Feld herrscht, so dass die entstehenden Ladungsträger stärker beschleunigt werden. Die Dicke der intrinsischen Zone wird dabei so gewählt, dass sie etwa gleich der Absorptionslänge[14] der jeweiligen Strahlung ist. Durch die hohe Geschwindigkeit der Ladungsträger verringert sich auch die Gefahr der Rekombination. Die p-i-n-Photodiode wird im Betrieb auf Sperrung geschaltet, da dies die Raumladungszone vergrößert. Dies erhöht die Empfindlichkeit der Diode, allerdings wird das Rauschen gegenüber einer p-n-Diode

Die p-i-n-Diode hat eine vergrößerte Raumladungszone.

---

14 Die Absorptionslänge eines Materials für eine bestimmte Strahlung gibt die Materialdicke an, bei der die Strahlung durch Absorption um einen bestimmten Betrag (typischerweise verwendet man einen Abfall der Intensität auf $1/e$) geringer geworden ist.

Heterostruk-
turen: Eine
Seite der
Diode ist
durchsichtig.

ohne angelegte Spannung verstärkt.

Anstelle eines homogenen Halbleiters kann man auch eine Heterostruktur verwenden, also eine Struktur aus verschiedenen Halbleitermaterialien. Besteht beispielsweise das p-Substrat in Bild 7.17 aus einem Halbleiter mit einer Energielücke, die größer ist als die des i- und des n-Bereichs und größer als die Energie der zu detektierenden Photonen, so ist dieses Substrat für die einfallende Strahlung durchsichtig. Es geht also kein Licht durch Absorption in diesem Bereich verloren.

Die Größe des Stroms in einer Photodiode hängt von der so genannten Quantenausbeute ab. Diese gibt an, wie groß der Anteil der eingestrahlten Photonen ist, die tatsächlich zur Erzeugung eines Elektron-Loch-Paares in der Raumladungszone beitragen. Ist P die Lichtleistung bei der betrachteten Wellenlänge, dann ist die Anzahl der eingestrahlten Photonen pro Zeiteinheit $P/h\nu$. Der Strom ergibt sich dann zu

$$I = \frac{\eta e}{h\nu} P \,,$$

wobei η die Quantenausbeute und e wie üblich die Elementarladung ist. Einkristalline Photodioden können bei bestimmten Wellenlängen Quantenausbeuten bis zu 90% erreichen.

Kameras
verwenden
CCD-Chips.

Photodioden werden beispielsweise zur Signaldetektion in CD-Spielern, in der Glasfaser-Technik oder auch in Kameras eingesetzt. In modernen Digitalkameras kommen dabei sogenannte CCD-Chips (»charge-coupled device«, ladungsgekoppeltes Gerät) zum Einsatz. Hier sind die Photodioden auf einem Halbleiterchip in einem zweidimensionalen Gitter angebracht. Bei Lichteinfall bilden sich lokal Elektron-Loch-Paare. Eine äußere Spannung separiert die Elektronen und Löcher, die aber nicht abfließen können, weil keine leitende Verbindung besteht. Die Ladungen werden deshalb zunächst lokal gespeichert. Um die Bildinformation auszulesen, werden dann die Potentiale benachbarter Photozellen zeilenweise jeweils so geschaltet, dass die Ladung von einer Zelle an die nächste weitergereicht wird (sogenannte Eimerkettenschaltung). Auf diese Weise kann die Bildinformation Zeile für Zeile ausgelesen werden.

⤳   Die Lichtempfindlichkeit einer Digitalkamera hängt natürlich davon ab, wie viel Licht auf jede einzelne Photozelle trifft. Durch thermische Fluktuationen bilden sich in den einzelnen Photozellen ebenfalls Elektron-Loch-Paare, die für ein Rauschen der Photozelle sorgen. Je kleiner die Zelle ist, um so weniger Elektron-Loch-Paare werden durch Photonen erzeugt, um so schlechter ist also das Signal-zu-Rausch-Verhältnis. (Hochleistungssensoren beispielsweise für die Astronomie werden deshalb oft gekühlt.) Für eine gute Aufnahmequalität bei ungünstigen Lichtverhältnissen sind deshalb möglichst große Photozellen wünschenswert.

⤳   Bei modernen Kameras wird allerdings meist nicht die Größe des CCD-Sensors angegeben, die ja die Größe der Photozellen bestimmt, sondern die Zahl der Pixel. Die häufige Annahme, dass mehr Pixel automatisch zu einer besseren Bildqualität führen, ist jedoch falsch, denn meist wird zwar die Anzahl der Pixel erhöht, nicht jedoch die Fläche des CCD-Chips selbst (die durch die Optik der Kamera vorgegeben

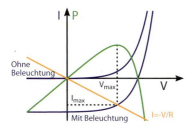

Bild 7.18: Spannungs-Strom-Kennlinie und Leistung einer Solarzelle.

ist). Dadurch wird die Lichtempfindlichkeit der einzelnen Pixel verringert und der Einfluss des Rauschens verstärkt. Bei schlechten Lichtverhältnissen kommt es dann entweder zu starkem Bildrauschen oder dieses muss durch Bildbearbeitungsverfahren unterdrückt werden, die dann allerdings die effektive Bildauflösung beeinträchtigen. Beim Kauf einer Kamera sollte man also eher auf die Sensorgröße als auf die Pixelzahl achten.

7.5.3   Solarzellen

Solarzellen arbeiten nach demselben Prinzip wie Photodioden. Da eine Solarzelle zur Stromerzeugung dient, soll sie natürlich einen möglichst großen Anteil der eingestrahlten Lichtenergie als nutzbaren Strom liefern, sie soll also eine möglichst hohe Leistung haben. Betrachten wir noch einmal Bild 7.16. Bringen wir die beiden Enden der Solarzelle direkt miteinander in elektrischen Kontakt, so fließt ein Kurzschlusstrom, die Spannung ist Null. Schalten wir einen Widerstand zwischen, dann fällt die Spannung über diesen Widerstand ab. Da für den Widerstand $R = V/I$ gilt, gehört zu jedem Widerstand eine gerade Linie im Diagramm. Der Zustand, der sich bei angelegtem Widerstand einstellt, ergibt sich als Schnittpunkt aus der Widerstandslinie und der Kennlinie der Diode bei der gerade einfallenden Lichtleistung.

Solarzellen liefern elektrischen Strom.

Der Widerstand des Verbrauchers entscheidet über die Leistung.

Die Leistung ist gegeben durch $P = VI$. Um die Leistung zu maximieren, muss man also denjenigen Punkt auf der Kennlinie suchen, an dem die Fläche eines Rechtecks maximiert wird, das diesen Punkt und den Nullpunkt als gegenüberliegende Ecken besitzt. Daraus kann dann der anzulegende Widerstand berechnet werden, siehe Bild 7.18.

Die Ausbeute von Solarzellen, d. h. das Verhältnis aus Leistung der Zelle und Strahlungsleistung, liegt zwischen 5 % und 25 %. (Experimentell wurden auch schon höhere Wirkungsgrade von über 40 % erreicht [19].) Ein Grund für diese vergleichsweise geringe Ausbeute ist das von der Sonne abgestrahlte Lichtspektrum, siehe Bild 7.19. Einfache Solarzellen, beispielsweise aus amorphem Silizium, können den Teil des Sonnenspektrums, bei dem die Photonenenergie kleiner ist als die Bandlücke, nicht nutzen. Photonen mit höherer Energie können zwar absorbiert werden, erzeugen aber typischerweise auch nur jeweils ein

Solarzellen können 5 %–25 % der Lichtenergie nutzbar machen.

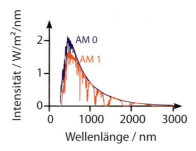

Bild 7.19: Sonnenspektrum oberhalb der Erdatmosphäre (AM 0) und unter normier-
ten Bedingungen auf der Erdoberfläche (AM 1) [42].

Elektron-Loch-Paar, so dass der Teil der Photonenenergie mit $h\nu > E_g$ nicht
ausgenutzt werden kann. Zusätzlich fallen diese Elektronen und Löcher durch
Streuprozesse in Zustände mit niedrigerer Energie, wodurch unerwünschte Wärme freigesetzt wird. Für hohe Wirkungsgrade verwendet man deshalb Mehrfach-
solarzellen, bei denen Halbleiter mit unterschiedlicher Wellenlänge kombiniert
werden.

Aufgabe 7.8: Sie wollen eine Mehrfachsolarzelle konstruieren, die aus einer
Schicht aus Gallium-Arsenid und einer Schicht aus Germanium besteht. Wie
müssen Sie die Schichten anordnen, um die größtmögliche Effizienz zu erreichen?
□

Die Auswahl eines geeigneten Halbleitermaterials ist deshalb ein Optimierungs-
problem: Ist die Bandlücke sehr klein, so werden zwar viele Photonen absorbiert,
doch nur ein kleiner Teil der Photonenenergie kann in nutzbaren Strom umgewandelt
werden; ist die Bandlücke sehr groß, so werden nur wenige Photonen absorbiert. Ein
weiteres Problem ist die unterschiedliche Beweglichkeit der Ladungsträger. In Silizium
beispielsweise ist die Beweglichkeit der Elektronen deutlich größer als die der Löcher,
so dass die Löcher eine längere Zeit in der Raumladungszone bleiben und dann mit
Elektronen, die ins Leitungsband gehoben werden, rekombinieren können. Dadurch
verringert sich die Quantenausbeute.

7.6   Schlüsselkonzepte

- Halbleiter haben eine Bandlücke, die bei Raumtemperatur durch thermische Anregung überwunden werden kann. Bei Temperatur Null sind sie
  Isolatoren.

- Liegt die Oberkante des Valenzbandes direkt unterhalb der Unterkante des
  Leitungsbandes (also beim selben Wert des Wellenvektors $\vec{k}$), dann spricht
  man von einem direkten, ansonsten von einem indirekten Halbleiter.

- Werden Elektronen aus dem Valenzband ins Leitungsband gehoben, bleibt ein Lochzustand zurück. Dieses Loch verhält sich wie ein Teilchen mit positiver elektrischer Ladung.

- Elektronen und Löcher in einem Halbleiter können durch eine effektive Masse beschrieben werden, die den Einfluss der Bandstruktur berücksichtigt.

- Halbleiter können dotiert werden. Akzeptoren stellen zusätzliche Lochzustände zur Verfügung, Donatoren zuätzliche Elektronen im Leitungsband.

- An einem p-n-Übergang bildet sich eine Raumladungszone aus, die an Ladungsträgern verarmt ist. Diese bestimmt das Verhalten das Halbleiterbauteils.

- Durch Einstrahlung von Photonen mit einer Energie, die mindestens gleich der der Bandlücke ist, können Elektronen vom Valenz- ins Leitungsband gehoben werden. In einem indirekten Halbleiter ist hierfür ein zusätzlicher Impuls durch das Gitter notwendig.

8   Materialien für Lichtquellen

Lichtquellen haben eine Vielzahl von Funktionen: Zunächst dienen sie natürlich dem Sehen bei Dunkelheit, doch sie können auch für Anzeigegeräte (beispielsweise Monitore) verwendet werden, zur Signalübermittlung (etwa in Glasfaserkabeln), zum Schreiben von Signalen (in einem CD-Rekorder) oder zum Schneiden oder Schweißen.

8.1   Theorie der Emission

Wie man prinzipiell Licht erzeugt, ist nach dem bisher Gesagten eigentlich offensichtlich: Um Licht mit einer Wellenlänge λ zu erzeugen, benötigt man ein System, das Energieniveaus besitzt, die um hc/λ auseinander liegen und das sich im höheren der beiden Niveaus befindet. Da Systeme dazu tendieren, möglichst energiearme Zustände einzunehmen, muss es also auf einfache Weise möglich sein, das System aus dem Grundzustand in diesen Zustand anzuregen. Will man sichtbares Licht erzeugen, so liegen die Energiedifferenzen im Bereich zwischen etwa 1,8 eV und 3,5 eV. Energiedifferenzen dieser Größenordnung lassen sich durch Anregung von Elektronen erreichen, wie in den bisherigen Kapiteln, beispielsweise bei den Halbleitern, deutlich wurde, aber es existieren auch andere Möglichkeiten: Die thermische Lichtaussendung erhitzter Festkörper beruht beispielsweise auf Schwingungen der Atome des Kristallgitters. Elektromagnetische Strahlung anderer Wellenlängen (siehe Bild 5.1) lässt sich durch andere Systeme erzeugen; beispielsweise besitzen auch Atomkerne verschiedene Energieniveaus, die oft um viele tausend Elektronenvolt auseinander liegen. Bei einem Übergang zwischen derartigen Niveaus wird dann sehr hochenergetische Strahlung frei, die als Gamma-Strahlung bezeichnet wird.

> Lichterzeugung: Übergang vom angeregten Energieniveau in niedrigeres Niveau.

Wir betrachten also ein System mit zwei Energieniveaus in geeignetem Abstand, die wir uns, um die Diskussion zu konkretisieren, als Energieniveaus von Elektronen vorstellen. Es befinden sich ein oder zwei Elektronen im niedrigeren Niveau, während im höheren Energieniveau mindestens ein Platz frei ist. Regt man nun ein Elektron an, indem man ihm auf irgendeine Weise die notwendige Energie zuführt, so wird es in das höhere Energieniveau gehoben. Wenn es von dort aus wieder in das niedrigere Niveau zurückfällt, kann es seine Energie in Form eines Photons abgeben und somit Licht erzeugen. Dieses Phänomen haben wir bereits in Kapitel 5 im Zusammenhang mit der Fluoreszenz und Phosphoreszenz diskutiert.

> Angeregte Elektronen können Licht aussenden.

Nicht immer wird die Energie beim Zurückfallen in das niedrigere Niveau als Photon ausgesendet. Die Energie kann auch beispielsweise als Schwingungsenergie in einem Kristallgitter freigesetzt werden, so dass kein Licht, sondern Wärme entsteht.

Wir hatten bereits in Kapitel 4 gesehen, dass die Aussendung eines Photons erfordert, dass sich die beiden Energieniveaus in ihrem Drehimpuls so unterscheiden, dass bei Emission eines Photons der Drehimpuls erhalten bleibt. In Atomen sind dies Übergänge $s \leftrightarrow p \leftrightarrow d \leftrightarrow f$.

Voraussetzungen für die Lichterzeugung.

Generell kann also jedes System zur Lichterzeugung verwendet werden, dass die folgenden Eigenschaften besitzt:

1. Zwei Energieniveaus liegen in geeignetem Abstand zueinander; das niedrigere der beiden Niveaus ist zumindest teilweise besetzt, das höhere zumindest teilweise unbesetzt,[1]

2. Es gibt eine Möglichkeit, das System vom niedrigeren in den höheren Zustand anzuregen,

3. Beim Zurückfallen in den niederenergetischen Zustand wird die freiwerdende Energie als Photon ausgesandt.

Aufgabe 8.1: Eine der wichtigsten Spektrallinien (siehe auch den Exkurs auf Seite 89) in der Astronomie ist die so genannte H-α-Linie. Dabei wird Licht emittiert, wenn ein Elektron eines angeregten Wasserstoffatoms von einem Orbital der dritten in eines der zweiten Schale zurückfällt. Für die Energie der Orbitale der n-ten Schale gilt $E = 13,6\,\mathrm{eV}/n^2$. Berechnen Sie die Wellenlänge der H-α-Linie. □

Je mehr Energieniveaus es gibt, desto mehr Wellenlängen können emittiert werden.

Die bisherige Diskussion beschränkte sich auf ein System mit nur zwei Energieniveaus. Ein solches System sendet Licht genau einer Wellenlänge aus, die gerade der Energiedifferenz der beiden Niveaus entspricht. Solches Licht ist *monochromatisch*, also Licht einer bestimmten Farbe. Viele der im Alltag verwendeten Lichtquellen sind jedoch nicht monochromatisch, sondern enthalten ein kontinuierliches Lichtspektrum, bei dem also ein Gemisch aus sehr vielen Wellenlängen vorliegt. Dies hatten wir bereits in Kapitel 5 und, am Beispiel des Sonnenlichts, im Abschnitt 7.5 über Solarzellen diskutiert. Derartige Systeme erzeugen Licht aber in genau derselben Weise; bei ihnen liegt lediglich eine solche Vielzahl an Energieniveaus vor, dass für praktisch jede Lichtwellenlänge ein Übergang existiert. Wir werden dies im folgenden Abschnitt im Detail diskutieren.

Reales Licht kann nie exakt monochromatisch sein, weil die Welle dann unendlich weit ausgedehnt sein müsste. Eine räumlich begrenzte Welle ist immer eine Mischung aus mehreren Wellenlängen, wie man mit Hilfe der Theorie der Fourier-Transformationen einsehen kann, siehe auch Bild 4.2.

---

1 Die Forderung, dass das höhere Niveau teilweise unbesetzt sein muss, ist nur für Systeme relevant, in denen Elektronen die Lichtaussendung durchführen; bei Gitterschwingungen spielt sie keine Rolle, da diese nicht dem Pauli-Prinzip unterliegen. Die Eigenschaften von Gitterschwingungen werden in Abschnitt 8.2.1 weiter erläutert.

8.2   Thermische Lichtquellen

Dass wir überhaupt in der Lage sind, elektromagnetische Strahlung wahrzunehmen, liegt daran, dass Licht an der Erdoberfläche in genügender Menge vorhanden ist. Wäre dies nicht so, würde die Entwicklung von Augen keinen evolutionären Vorteil bieten. Augen konnten sich in der Natur nur entwickeln, weil es auch etwas zu sehen gab. Das hierzu verwendete Licht ist das Sonnenlicht. Betrachten wir noch einmal das Sonnenspektrum in Bild 7.19, so erkennen wir, dass das Intensitätsmaximum des Sonnenlichts, das die Erdoberfläche erreicht, im Bereich des sichtbaren Lichts liegt.

Sonnenlicht hat ein Intensitätsmaximum im Bereich sichtbarer Wellenlängen.

Die Wellenlänge von etwa 500 nm, bei der das Maximum in Abbildung 7.19 liegt, auch der Wert, in dem die Zellen des menschlichen Auges ihre höchste Lichtempfindlichkeit besitzen. Es liegt zwar nahe, anzunehmen, dass das menschliche Auge entsprechend optimiert ist, dies ist jedoch aus zwei Gründen problematisch [37]: Zum einen ist die wahrnehmbare Helligkeitsdifferenz zwischen dem roten und dem grünen Anteil des Sonnenlichts vergleichsweise gering, zum anderen hängt die Position des Maximums in Abbildung 7.19 davon ab, ob die Kurve gegen die Frequenz oder gegen die Wellenlänge aufgetragen wird.

Die Sonne kann also als die ursprüngliche Lichtquelle angesehen werden und Sonnenlicht erscheint uns als neutral oder farblos.[2] Dies ist ein wichtiger Aspekt bei der Herstellung künstlicher Lichtquellen, denn damit eine Lichtquelle als angenehm empfunden wird, muss ihr Lichtspektrum dem der Sonne zumindest nahe kommen – monochromatische Lichtquellen sind zwar technisch für viele Zwecke nützlich, lassen sich aber nicht ohne weiteres als Beleuchtung verwenden.

Ziel für künstliche Lichtquellen: Das Sonnenspektrum nachahmen.

Die Sonne ist eine thermische Lichtquelle: Die Oberfläche der Sonne hat eine Temperatur von etwa 5800 K und sendet deshalb, wie jeder erhitzte Körper, elektromagnetische Strahlung aus. Den Ursprung der thermischen Strahlung wollen wir im Folgenden detailliert untersuchen.

Die Sonne ist eine thermische Lichtquelle.

↝ Bei Sternen wie der Sonne handelt es sich um gigantische Reaktoren, die ihre Energie aus einer Fusionsreaktion beziehen. Im Innern der Sonne verschmelzen vier Protonen, also Atomkerne des Wasserstoffs, zu Heliumkernen, die aus zwei Protonen und zwei Neutronen bestehen. Bei dieser Reaktion wird, wegen der hohen Bindungsenergie der Heliumkerne, Energie freigesetzt.[3] Diese Fusionsreaktion kann nur deshalb ablaufen, weil im Inneren der Sonne extreme Temperaturen von etwa 15 Millionen Kelvin herrschen. Die bei einer solchen Fusionsreaktion freigesetzte Energie ist sehr hoch: Nach der berühmten Einsteinschen Formel $E = mc^2$ (E Energie, m Masse, c Lichtgeschwindigkeit) entspricht jede Energie einer Masse. Die Endprodukte einer Fusionsreaktion sind um etwa ein Prozent leichter als die Ausgangsprodukte, und diese Energiedifferenz wird in Form von Strahlung freigesetzt. Die Energieabstrahlung

---

2 Die Sonne selbst erscheint uns zwar leicht gelblich, aber unsere Umgebung wird zusätzlich noch von dem Licht beleuchtet, dass vom blauen Himmel durch die Rayleigh-Streuung zurückgeworfen wird (siehe Seite 94). Beide Lichtfarben zusammen ergeben weißes Licht.

3 Zusätzlich entstehen weitere Elementarteilchen, nämlich Positronen und Neutrinos.

der Sonne ist dabei so hoch, dass sie in jeder Sekunde etwa vier Millionen Tonnen an Masse verliert. Da die Sonne jedoch eine Masse von etwa $2 \cdot 10^{30}$ kg besitzt, reicht ihr Brennstoffvorrat dennoch für etwa zehn Milliarden Jahre.

⤳   Die Strahlung liegt im Inneren der Sonne hauptsächlich als Röntgenstrahlung vor. Da die Sonne für diese Strahlung jedoch nicht durchsichtig ist, wird diese auf dem Weg zur Sonnenoberfläche immer wieder absorbiert und emittiert. Die von der Sonne tatsächlich ausgesandte Strahlung stammt deshalb nicht direkt aus ihrem Inneren, sondern von der Sonnenoberfläche, der Photosphäre.

8.2.1 Strahlung schwarzer Körper

Heiße Materialien emittieren Licht.

Erhitzt man eine Metallstange, beispielsweise in einem Schmiedefeuer, so bemerkt man zunächst, dass die Stange selbst Wärme abstrahlt. Was wir als Wärmestrahlung wahrnehmen, ist eine elektromagnetische Strahlung mit Wellenlängen im Infrarotbereich, also in der Größenordnung von einem bis einigen Mikrometern (siehe auch Bild 5.1 auf Seite 106). Erhitzt man die Metallstange weiter, so wird sie bei Temperaturen von etwa 650 °C rotglühend, dann gelb und schließlich, bei noch höheren Temperaturen (etwa 1300 °C), weißglühend. Diese Tatsache wird zur Lichterzeugung in Glühlampen verwendet, in denen eine Glühwendel aus Wolfram durch elektrischen Strom auf eine Temperatur von etwa 2700 K erhitzt wird. Bei diesen Temperaturen wird der Großteil der Strahlung allerdings immer noch im infraroten Wellenlängenbereich ausgesandt, was sich durch die starke Wärmestrahlung der Glühlampe bemerkbar macht.

Auch die Lichterzeugung durch Feuer beruht auf diesem Prinzip. Eine Kerzenflamme enthält Rußteilchen mit Temperaturen bis zu 1000 °C, die für die rot-gelbe Farbe der Flamme verantwortlich sind. Das Gas innerhalb der Flamme selbst ist jedoch weniger heiß. Eine Flamme hat wegen dieser niedrigeren Temperaturen einen noch geringeren Anteil blauen Lichts und einen noch höheren relativen Anteil an Wärmestrahlung.

Ein Schwarzer Strahler absorbiert alle Lichtwellenlängen.

Da die Details der Lichtstrahlung eines erhitzten Körpers vom verwendeten Material abhängen, wollen wir das zu Grunde liegende Prinzip an einem idealisierten Objekt, dem so genannten *Schwarzen Strahler* oder *Schwarzen Körper* erläutern. Unter einem Schwarzen Strahler versteht man ein Objekt, das in der Lage ist, die gesamte einfallende Lichtstrahlung vollständig zu absorbieren. Aus unseren bisherigen Überlegungen wissen wir, dass dies bedeutet, dass das Objekt Übergänge zwischen Energieniveaus zu jeder beliebigen Photonenenergie besitzen muss.

Erhitzte Schwarze Strahler senden Photonen aus.

Erwärmen wir unseren Schwarzen Strahler auf eine endliche Temperatur T, so werden einige der höherenergetischen Niveaus angeregt werden, und zwar entsprechend dem Boltzmann-Gesetz (2.1) mit einer Wahrscheinlichkeit proportional zu $\exp{-E/k_B T}$. Die jeweils angeregten Zustände fallen wiederum in den Grundzustand zurück und senden dabei Photonen der entsprechenden Energiedifferenz aus.[4] Der Körper strahlt ständig Energie in die Umgebung

---

4 Andere Möglichkeiten, die Energie freizusetzen, interessieren uns hier nicht.

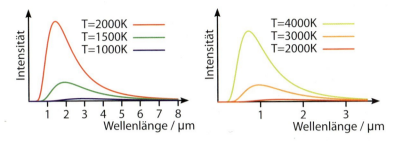

Bild 8.1: Spektren der Schwarzkörperstrahlung bei verschiedenen Temperaturen.
Die Strahlungsleistung nimmt mit der vierten Potenz der Temperatur zu.
Vergleiche auch Bild 7.19 für das Spektrum der Sonne.

ab, er verliert also Energie an die Umgebung, die dem Wärmebad entstammt, das den Körper auf Temperatur T hält. Wegen des Boltzmann-Faktors bei der Anregung der Energieniveaus ist zu erwarten, dass dieser auch das Spektrum der ausgesandten Strahlung bestimmt: Die Zahl der ausgesandten Photonen sollte exponentiell mit der Energie der Photonen abfallen; es werden also viele Photonen mit großer und wenige mit kleiner Wellenlänge ausgesandt. Für die Beobachtung interessanter ist nicht die Zahl der Photonen, sondern die Energie (oder Intensität), die bei den verschiedenen Wellenlängen ausgesandt wird. Um das energetische Spektrum zu erhalten, muss deshalb zusätzlich berücksichtigt werden, dass Photonen geringerer Wellenlänge eine höhere Energie pro Photon tragen. Es ergibt sich deshalb für die Strahlungsintensität eine Verteilung, die ein Maximum bei einer bestimmten Wellenlänge besitzt. Wegen der Temperaturabhängigkeit des Exponentialterms ist auch klar, dass sich das Maximum der Strahlung mit zunehmender Temperatur zu kleineren Wellenlängen hin verschiebt.

Das Emissionsspektrum des Schwarzen Strahlers wird durch das Boltzmann-Gesetz bestimmt.

Bild 8.1 zeigt die sich ergebenden Spektren der *Schwarzkörperstrahlung* für verschiedene Temperaturen. Bei einer Temperatur von 5800 K wie auf der Sonnenoberfläche liegt das Maximum, wie bereits erwähnt, im sichtbaren Bereich bei etwa 500 nm. Die Strahlungsleistung wächst sehr schnell, nämlich mit der vierten Potenz der Temperatur (dies ist das so genannte Stefan-Boltzmann-Gesetz, benannt nach Josef Stefan, 1835–1893, und Ludwig Boltzmann).

Bei höherer Temperatur wird das Intensitätsmaximum kurzwelliger.

Wie in der Vertiefung auf Seite 207 erwähnt, ist die Angabe der Position des Maximums des Strahlungsspektrums problematisch, da dieser Wert davon abhängt, ob das Spektrum gegen die Frequenz oder gegen die Wellenlänge aufgetragen wird. Stattdessen kann man die mittlere Energie pro Photon verwenden. Sie beträgt [37]

$$\langle E \rangle = 3{,}7294 \cdot 10^{-23} \, \text{J}/KT \, .$$

Die zugehörige Wellenlänge ist

$$\lambda_{\langle E \rangle} = \frac{0{,}532\,65 \, \text{cm}\,\text{K}}{T} \, .$$

Bild 8.2: Eindimensionales Modell eines schwingenden Kristalls

Für eine Temperatur von 5800 K ergibt sich ein Wert von 920 nm.

Einen echten Schwarzen Strahler gibt es in der Natur nicht, da kein Objekt alle Wellenlängen absorbieren kann. Trotzdem kann man einen solchen Strahler in exzellenter Näherung konstruieren: Dazu verwendet man einen Hohlraum mit nicht perfekt absorbierenden Wänden, beispielsweise aus Metall. Fällt Licht durch ein kleines Loch in das Innere dieses Hohlraums, so wird es durch mehrfache Reflexion an den Wänden hin- und hergeworfen, wobei jedes Mal ein Teil des Lichts absorbiert wird. Ist das Loch klein gegen den Hohlraum, so wird praktisch kein Licht durch das Loch wieder nach Außen abgestrahlt. Das Loch verhält sich also wie ein hervorragender Absorber. Im Grenzfall eines sehr großen Hohlraums wird das Loch selbst zum Schwarzen Strahler. Aus diesem Grund spricht man statt von Schwarzkörperstrahlung häufig auch von *Hohlraumstrahlung*.

Versucht man, das Schwarzkörperspektrum mit den Mitteln der klassischen Physik zu berechnen, so erhält man als Ergebnis, dass der Hohlraum unendlich viel Strahlung aussendet, mit um so höherer Intensität, je kleiner die Wellenlänge ist. Um dies zu verhindern, hat Planck postuliert, dass die Strahlungsenergie nur in Portionen der Größe $E = h\nu$ abgegeben werden kann und hat so die Grundlagen der Quantenmechanik entdeckt [17].

Elektronen-Energieniveaus spielen bei erhitzten Metallen keine wichtige Rolle.

Obwohl es in der Natur keine perfekten Schwarzen Strahler gibt, ist das theoretisch berechnete Spektrum in vielen Fällen eine gute Näherung. Dies mag zunächst verwunderlich erscheinen, denn betrachten wir beispielsweise ein erhitztes Metall, so könnte man erwarten, dass dessen Spektrum vor allem durch die Bandstruktur beeinflusst wird und dass die Verteilung der Elektronen in den angeregten Zuständen deutlich durch das Pauli-Prinzip beeinflusst wird. Dies wurde bei der Herleitung jedoch gar nicht berücksichtigt.

Energieniveaus von Gitterschwingungen.

Der Grund dafür ist, dass es tatsächlich nicht die Energieniveaus der Elektronen sind, die die Abstrahlung eines Metalls bestimmen, sondern die thermischen Schwingungen der Ionenrümpfe gegeneinander. Als Beispiel zeigt Bild 8.2 ein Modell eines eindimensionalen Kristalls, in dem die Atome sinusförmig um ihre Ruhelagen schwanken, so dass sich eine Schwingungswelle ergibt, ähnlich wie eine Seilwelle. Nach den Regeln der Quantenmechanik sind auch derartige Gitterschwingungen quantisiert und gehorchen der Beziehung $E = h\nu$, d. h., die Energie, die in einer Gitterschwingung mit der Frequenz ν steckt, ist ein Vielfaches von $h\nu$. Derartige quantisierte Gitterschwingungen werden als *Phononen* (griechisch phone, »Ton«, die Endung »on« kennzeichnet in der Physik alle Arten von Teilchen) bezeichnet.

Ein interessantes Beispiel für eine thermische Strahlung ist die aus der Astronomie bekannte Drei-Kelvin-Hintergrundstrahlung: Das gesamte Universum ist von dieser Strahlung erfüllt, deren Spektrum dem eines Schwarzen Strahlers bei einer Temperatur von 3 K entspricht. Diese Strahlung ist ein Überbleibsel des Urknalls; ihr Temperaturwert ist deswegen so niedrig, weil sich das Universum seit dem Urknall stark ausgedehnt hat und sich somit seine Temperatur entsprechend verringert hat.

⤳   Die Drei-Kelvin-Hintergrundstrahlung ist nicht nur ein Beweis dafür, dass ein Urknall stattgefunden hat, sondern sie kann auch dazu verwendet werden, Informationen über den Zustand des Universums kurz nach dem Urknall zu erlangen. Dazu werden geringe Inhomogenitäten in dieser Strahlung gemessen und ausgewertet. Für diese Forschung wurde der Physiknobelpreis 2006 vergeben [57].

8.2.2   Künstliche thermische Lichtquellen

Ziel einer Lampe, die auf thermischer Lichterzeugung beruht, muss es wegen der Eigenschaften des Schwarzkörperspektrums also sein, eine möglichst hohe Temperatur zu erreichen. In einer Glühlampe wird die notwendige Wärme dadurch produziert, dass ein Metalldraht, der Glühfaden, durch durchfließenden Strom erwärmt wird. Man verwendet in Glühlampen Materialien mit hohem Schmelzpunkt, beispielsweise Wolfram (Schmelzpunkt 3683 K). Dieses hat den zusätzlichen Vorteil hoher Festigkeit, so dass der Glühfaden dünn sein kann. Dies erleichtert es, ihn durch Stromzufuhr zu erhitzen. Die in einer herkömmlichen Glühlampe erreichbaren Temperaturen liegen bei etwa 2700 K. Das von ihnen ausgesandte Licht hat deswegen einen relativ niedrigen Blauanteil und wirkt »gemütlich«. Da Wolfram bei hoher Temperatur sehr schnell oxidiert, ist die Glühlampe nicht mit Luft, sondern mit einem Edelgas gefüllt.

Thermische Lichtquellen brauchen sehr hohe Temperaturen.

Glühwendeln erreichen 2700 K.

⚛   Um höhere Temperaturen in einer Glühlampe zu erreichen, können Halogenlampen eingesetzt werden. Ihre Funktionsweise entspricht der einer Glühlampe, doch wird zusätzlich ein Halogengas (Brom oder Jod) in den Glühkörper eingebracht. Verdampft Wolfram vom Glühfaden, so verbindet es sich mit den Halogenen und bildet Halogenide, die sich wieder am Glühfaden abscheiden. Die Halogene wirken also als Katalysatoren, die ein zu schnelles Verdampfen des Glühfadens verhindern und erlauben deshalb eine um einige Hundert Grad höhere Temperatur. Das von Halogenlampen abgestrahlte Licht ist deshalb weißlicher und der Wirkungsgrad einer Halogenlampe liegt über dem einer normalen Glühlampe. Halogenlampen haben deutlich kleinere Abmessungen als gewöhnliche Glühlampen, da der Glaskörper selbst eine hinreichend hohe Temperatur erreichen muss, um ein Abscheiden der Wolfram-Halogenide am Glas zu verhindern. Sie werden deshalb an ihrer Oberfläche wesentlich heißer. Dies erhöht auch die Gefahr, dass der Glaskörper zerspringt, weswegen Halogenlampen im Allgemeinen mit einem zusätzlichen Schutzglas versehen werden. Das Zerspringen des Glaskörpers wird erleichtert, wenn dieser, beispielsweise durch Fingerabdrücke, verunreinigt ist, da sich die Verunreinigungen in das Glas einbrennen, zu einer ungleichmäßigen Erwärmung führen und so mechanische Spannungen erzeugen.

In thermischen Lichtquellen wird der Großteil der Energie im Infraroten abgestrahlt, so dass der Wirkungsgrad niedrig ist. Für höhere Wirkungsgrade bräuchte man deutlich höhere Temperaturen, was technisch nur schwer realisierbar ist (beispielsweise in Lichtbogenlampen). Eine Alternative ist die nichtthermische Lichterzeugung.

Thermische Lichtquellen sind ineffizient.

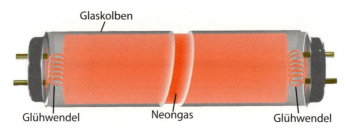

Bild 8.3: Aufbau einer Neonröhre.

8.3   Gasentladungslampen

Gezielte Lichtaussendung durch diskrete Energieniveaus.

Die thermische Lichterzeugung hat zwei wesentliche Probleme: Zum einen werden für hohe Intensitäten im Bereich des sichtbaren Lichts sehr hohe Temperaturen benötigt, zum anderen geht immer ein großer Teil der Intensität durch Strahlung in nicht sichtbaren Wellenlängenbereichen verloren. Beide Probleme lassen sich umgehen, wenn das System, das zur Lichtaussendung verwendet wird, ein diskretes Energiespektrum besitzt, bei dem gezielt nur bestimmte Wellenlängen ausgesandt werden.

Gasentladungslampen verwenden Elektronenübergänge zur Lichterzeugung.

Dies ist bei *Gasentladungslampen* der Fall. Eine Gasentladungslampe besteht aus einer Röhre, die mit einem Gas (häufig ein Edelgas) mit niedrigem Druck gefüllt ist, siehe Bild 8.3. Sie enthält zwei Elektroden, zwischen denen eine Spannung (meist eine Wechselspannung) angelegt wird. Die Spannung beschleunigt im Gas vorhandene Ionen, die auf die Kathode[5] treffen und dadurch Elektronen freisetzen. Diese werden dann im elektrischen Feld beschleunigt und kollidieren mit den Gasatomen, wobei sie Energie an deren Elektronenhülle übertragen. Dadurch wird ein Elektron des Gases auf ein höheres Energieniveau angehoben. Bild 8.4 zeigt Energieniveaus des Neons, das in Neonröhren eingesetzt wird. Bei einer Anregung eines Elektrons in das höchste eingezeichnete Niveau ($5s$) kann dieses in das $3p$-Niveau zurückfallen und dabei rotes Licht der Wellenlänge 633 nm emittieren. Auch andere Übergänge sind möglich, diese erfolgen aber ohne Emission von sichtbarem Licht. Das Elektron fällt schließlich in den Grundzustand zurück, so dass das Atom bei der nächsten Kollision erneut angeregt werden kann.

Elektronenanregung durch Stoßprozesse.

Neonröhren brauchen Hochspannung und sind monochromatisch.

Eine Neonröhre dieser Art hat zwei Nachteile: Zum einen ist eine hohe Spannung von mehreren 1000 V erforderlich, zum anderen strahlt die Neonröhre monochromatisches Licht ab. Solche Röhren werden deshalb meist nur in speziellen Anwendungen wie Reklameschriftzügen eingesetzt. Ähnlich den Neonröhren sind auch die Niederdruckdampflampen, die mit einem Metalldampf gefüllt sind. Ein Beispiel hierfür sind Natriumdampflampen, die gelbes Licht emittieren und gelegentlich zur Straßenbeleuchtung eingesetzt werden.

---

5 Bei den Begriffen »Anode« und »Kathode« kommt es häufig zur Verwirrung, da die Anode positiv geladen ist, Anionen aber negativ. Dies liegt daran, dass die Anode dadurch definiert wird, dass sich die Anionen zu ihr hin bewegen. Für die Kathode gilt entsprechendes.

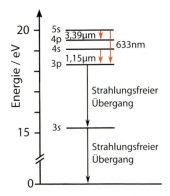

Bild 8.4: Energieniveaus von Neon. (Nach [4].)

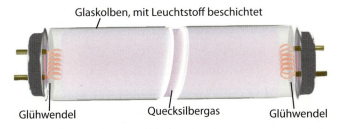

Bild 8.5: Aufbau einer Leuchtstoffröhre.

Die im Alltag häufig eingesetzten Leuchtstoffröhren (Bild 8.5) und Energie-sparlampen (Kompaktleuchtstofflampen) arbeiten nach dem gleichen Prinzip. In ihnen wird Quecksilberdampf verwendet, der Licht im ultravioletten Bereich (bei Wellenlängen von 185 nm und 254 nm) abstrahlt. Um daraus sichtbares Licht zu gewinnen, wird die Röhre mit einem Leuchtstoff beschichtet, der das ultraviolette Licht absorbiert und dafür sichtbares Licht aussendet. Im Zusammenhang mit der Fluoreszenz haben wir dieses Phänomen bereits in Kapitel 5 diskutiert. Um weißes Licht zu erhalten, mischt man verschiedene Leuchtstoffe, da jeder Leuchtstoff selbst wieder nur Licht mit einem eng begrenzten Spektrum aussendet. Dies gibt auch die Möglichkeit, mit verschiedenen Leuchtstoffen unterschiedliche Spektralverteilungen herzustellen.

Leuchtstoffröhren verwenden Quecksilber und erzeugen UV-Strahlung.

Ein Leuchtstoff konvertiert die UV-Strahlung in sichtbares Licht.

Da man bei Leuchtstoffröhren keine Hochspannung verwenden möchte, müssen sie zunächst »gezündet« werden. Wird die Röhre eingeschaltet, schließt sich zunächst ein Kontakt im Starter der Röhre. Dadurch fließt Strom durch die Kathoden und heizt diese auf, so dass Elektronen freigesetzt werden. Die Aufheizung dient auch dazu, das in der Röhre befindliche Quecksilber zu verdampfen. Der Starter öffnet nach kurzer Zeit wieder, so dass durch ihn kein Strom mehr fließt. Durch eine Spule wird dann eine Spannung von etwa 1000 V induziert, die ausreicht, um die Röhre zu zünden. Ist hinreichend viel Quecksilber verdampft und sind genügend Elektronen freigesetzt, um das Quecksilbergas teilweise zu ionisieren, genügen dann niedrigere

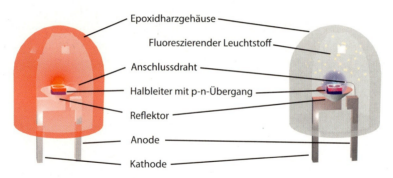

Bild 8.6: Aufbau einer Leuchtdiode. Eine gewöhnliche Leuchtdiode (links) emittiert Licht einer Wellenlänge. Weißlicht-LEDs (rechts) emittieren blaues oder ultraviolettes Licht und konvertieren dieses mit Hilfe von Leuchtstoffen.

Spannungen zum Betrieb der Röhre.

8.4   Leuchtdioden

Halbleiter-Dioden können Licht erzeugen: LEDS.

Wir hatten uns in Abschnitt 7.5 mit der Lichtabsorption in Halbleitern beschäftigt. Dabei wurden Photonen in der Raumladungszone eines p-n-Übergangs absorbiert und erzeugten dort Elektron-Loch-Paare, die zu einem Strom führten. Auch der umgekehrte Fall ist möglich: Wird eine Diode auf Durchlass geschaltet, so treffen sich in der Raumladungszone Elektronen und Löcher. Elektronen können also vom Leitungsband in ein Loch des Valenzbandes zurückfallen und dabei Licht aussenden. Nach diesem einfachen Prinzip arbeiten *Leuchtdioden*, kurz LEDs (englisch für light emitting diode) genannt.

LEDS werden aus direkten Halbleitern gebaut.

Verwendet man eine Diode aus einem indirekten Halbleiter, dann können die Elektronen wegen der Impulserhaltung nicht direkt unter Photonenaussendung vom Leitungs- ins Valenzband fallen. In indirekten Halbleitern ist der Übergang deshalb strahlungsfrei; die Elektronen geben ihre Energie und ihren Impuls als Gitterschwingung ab. LEDs werden also aus direkten Halbleitern hergestellt. Bild 8.6 zeigt den prinzipiellen Aufbau einer Leuchtdiode.

Reflexion an der Grenzfläche verringert die Lichtausbeute.

Die Lichtausbeute von Leuchtdioden wird durch die Totalreflexion (siehe Abschnitt 4.2) begrenzt. Photonen, die nicht nahezu senkrecht zur Oberfläche emittiert werden, werden wieder zurückgeworfen und können den Halbleiter deshalb nicht verlassen. Dieses Problem wird durch den relativ hohen Brechungsindexvon Halbleitermaterialien verstärkt, denn der Winkel der Totalreflexion ist entsprechend gering (16° für Gallium-Arsenid mit $n \approx 3{,}5$). Auch ein Teil der senkrecht auf die Oberfläche einfallenden Photonen wird wieder in das Material zurückreflektiert. Dieser Anteil kann verringert werden, wenn ein Material mit einem niedrigeren Brechungsindex (beispielsweise Epoxidharz) auf den Halbleiter gesetzt wird.

Die in der LED erzeugten Photonen haben außerdem eine hohe Wahrscheinlichkeit, im Material gleich wieder absorbiert zu werden, denn sie besitzen ja genau die Energie, die notwendig ist, um ein Elektron aus dem Valenz- in das Leitungsband zu heben. Verwendet man eine einfache Diode, so wird Strahlung nur aus dem Randbereich der Raumladungszone ausgesandt, da Strahlung aus dem Inneren wieder absorbiert wird, so dass die Effizienz sehr gering ist. Eine Möglichkeit, dieses Problem teilweise zu umgehen, liegt darin, eine der beiden dotierten Seiten sehr dünn zu machen, so dass das Licht hier austreten kann. In diesem Fall ist es allerdings schwierig, spannungsführende Kontakte anzuschließen. Eine bessere Möglichkeit ist die Verwendung von Heterostrukturen ähnlich wie in Abschnitt 7.5 für Photodioden diskutiert. Hat das Material auf einer Seite der Raumladungszone eine größere Bandlücke als das Material in der Raumladungszone, so können die Photonen in diesem Bereich nicht absorbiert werden.

Heterostrukturen verhindern die Photonenabsorption.

Da typische Bandlücken von Halbleitern im Bereich von etwa 2 eV liegen, emittieren aus ihnen gebaute LEDs Licht im roten oder gelben Bereich.[6] Erst seit relativ kurzer Zeit (Anfang der 1990er Jahre) ist es möglich, auch blaue LEDs zu erzeugen. Dies ist deshalb so wichtig, weil durch Verwendung blauer LEDs mit Hilfe von Leuchtstoffen auch weißes Licht erzeugt werden kann, siehe Bild 8.6. Weißlicht-Lampen auf LED-Basis haben gegenüber herkömmlichen Glühlampen den Vorteil, eine sehr geringe Wärmeabstrahlung zu haben, da ja kein Schwarzkörperspektrum vorliegt. Dadurch besitzen sie eine vergleichsweise hohe Effizienz. Außerdem haben sie eine sehr lange Lebensdauer.

Blaues Licht braucht große, direkte Bandlücken.

LEDs im blauen Bereich sind insbesondere deshalb so schwer herzustellen, weil Halbleiter mit großer Bandlücke meist indirekte Halbleiter sind. Eine Möglichkeit, dies zu umgehen, sind LEDs, die mit Stickstoff dotiert werden (beispielsweise GaN). Die eingelagerten Stickstoffatome können ein Elektron aufnehmen und erleichtern dadurch die Absorption einer passenden Kristallgitterschwingung.

Aufgabe 8.2: Cadmiumsulfid (CdS) hat eine Bandlücke von etwa 2,4 eV. Welche Farbe hat das Licht, das von einer Leuchtdiode aus CdS ausgesandt wird? □

8.5 Laser

8.5.1 Photonen und das Laserprinzip

Laserlicht ist nahezu exakt monochromatisch und *kohärent*. Im Bild der elektromagnetischen Wellen bedeutet dies, dass das Licht als Überlagerung von sehr vielen Wellenzügen betrachtet werden kann, die mit gleicher Wellenlänge und gleicher Polarisation gleichphasig schwingen.

Laserlicht ist monochromatisch und kohärent.

---

6 Dies ist der Grund, warum viele Laserpointer rotes Licht verwenden; Laserpointer mit grünem Licht sind von ihrer Sichtbarkeit her besser geeignet, sind jedoch teurer.

Wie bekommt
man
»passende«
Photonen?

Im Bild der Photonen scheint es aber erstaunlich, dass derartige Wellenzüge möglich sind, denn da ein atomarer Prozess typischerweise nur ein einzelnes Photon emittiert, ist nicht einzusehen, wieso die Photonen, die von verschiedenen Atomen emittiert werden, miteinander korreliert vorliegen können.

Photonen
genügen nicht
dem
Pauli-Prinzip.

Dass dies tatsächlich möglich ist, liegt an einer quantenmechanischen Besonderheit der Photonen, die sie von anderen Teilchen wie Elektronen unterscheidet. Elektronen genügen dem Pauli-Prinzip, das besagt, dass maximal zwei von ihnen im selben Zustand sein können.[7] Es ist also unmöglich, eine kohärente Überlagerung von vielen Elektronenorbitalen zu erzeugen, weil das Pauli-Prinzip dies verbietet.[8]

Photonen
halten sich
bevorzugt im
selben Zustand
auf.

Photonen gehorchen jedoch nicht dem Pauli-Prinzip. Es ist also möglich, dass sich mehrere Photonen im selben Zustand befinden. Tatsächlich ist es sogar so, dass Photonen sich bevorzugt im selben Zustand aufhalten. Etwas präziser bedeutet dies Folgendes: Befinden sich bereits n Photonen in einem bestimmten Zustand und wird ein weiteres Photon durch einen Prozess emittiert, so ist die Wahrscheinlichkeit, dass dieses Photon ebenfalls den bereits besetzten Zustand einnimmt, um einen Faktor $n + 1$ gegenüber den anderen Möglichkeiten erhöht.[9] Je mehr Photonen also in einem bestimmten Zustand sind, um so wahrscheinlicher ist es, dass ein weiteres Photon ebenfalls in diesen Zustand übertritt. Anders als das Pauli-Prinzip hat dieser »Herdentrieb« der Photonen leider keinen eigenen Namen.

Aufgabe 8.3: Betrachten Sie ein System, das ein Photon in einem von drei Zuständen aussenden kann. Nehmen Sie an, dass die Aussendung in jeden der Zustände gleich wahrscheinlich ist, wenn keiner der Zustände besetzt ist. Wie groß ist die Wahrscheinlichkeit, das Photon in die drei Zustände auszusenden, wenn einer der drei Zustände bereits mit 3 Photonen besetzt ist? □

Laseraufbau:
Eine Kavität
mit
geeignetem
Material und
zwei Spiegel.

Dieses Phänomen ermöglicht es, Laser zu betreiben. Dazu werden zwei Spiegel in einem geeigneten Abstand positioniert. Zwischen diese wird das Lasermedium gebracht, also ein System, in dem einzelne angeregte Atome Licht emittieren können, beispielsweise eine Gasentladungslampe. Der Raum zwischen den beiden Spiegeln wird dabei häufig als *Kavität* bezeichnet.

Emittiert eines der Atome ein geeignetes Photon, so wird dieses zwischen den Spiegeln hin- und herreflektiert. Dazu ist es erforderlich, dass der Abstand zwischen den beiden Spiegeln ein genaues Vielfaches der Lichtwellenlänge ist, denn nur dann ist das Photon nach zwei Reflexionen wieder im selben Zustand

---

7 Dies ist die vereinfachte Version des Pauli-Prinzips, die exakte Formulierung findet sich in Kapitel 9.

8 Zwar existieren auch so genannte Freie-Elektronen-Laser, doch diese erzeugen »gewöhnliches« Laserlicht, nicht etwa einen kohärenten Elektronenstrahl. Im nächsten Kapitel werden wir sehen, dass es mit einem Trick zwar doch gelingen kann, Elektronen zu einem Kollektiv zusammenzuschließen. Auch in diesem Fall sind aber die einzelnen Elektronenwellen nicht kohärent überlagert.

9 Dabei muss natürlich entsprechend normiert werden, damit die Gesamtwahrscheinlichkeit nicht größer als 1 wird, d. h., die anderen Prozesse werden entsprechend unwahrscheinlicher.

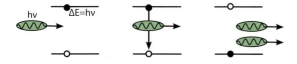

Bild 8.7: Prinzip der stimulierten Emission: Ein angeregtes Atom kann durch ein vorbeifliegendes Photon dazu veranlasst werden, ein gleichartiges Photon auszusenden.

wie vorher.[10] Befindet sich nun eine Anzahl Photonen im selben Zustand, so werden andere angeregte Atome eine höhere Wahrscheinlichkeit haben, ein weiteres Photon im selben Zustand zu emittieren, bis sich schließlich eine sehr hohe Zahl von Photonen im identischen Zustand zwischen den Spiegeln befindet. Ist einer der beiden Spiegel ein wenig lichtdurchlässig, so kann der Laserstrahl das System auch verlassen und eingesetzt werden. Bild 8.7 veranschaulicht den Prozess, der als *stimulierte Emission* bezeichnet wird.

Tatsächlich ist diese Beschreibung der Funktionsweise eines Lasers zwar prinzipiell korrekt, sie ist jedoch zu stark vereinfacht, denn sie ignoriert eine wichtige Tatsache: Ein Teil des Laserlichts wird durch die Atome auch absorbiert werden, da die Atome im Grundzustand (Zustand 1) durch Absorption von Photonen ja in den angeregten Zustand übergehen können. Solange sich mehr Atome im Grundzustand als im angeregten Zustand befinden, überwiegt diese Absorption die Emission, und es kommt kein Lasereffekt zu Stande.

Quantitativ stellt sich die Situation folgendermaßen dar: Es liegen zwei Energieniveaus E_1 und E_2 mit $E_1 < E_2$ vor, wobei $E_2 - E_1 = h\nu$. Die Anzahl der Atome, die pro Zeiteinheit vom Zustand 1 in den Zustand 2 angeregt werden, ist proportional zur Intensität I des Lichts und ist gegeben durch $R_{1\to2} = N_1 I B$, wobei N_1 die Besetzungszahl von Niveau 1 ist und B die Proportionalitätskonstante angibt. Dies ist die Absorption.

Sind N_2 Atome im angeregten Zustand, so können diese zunächst spontan in den Grundzustand zurückfallen. Die Rate für diesen Prozess, die *spontane Emission*, ist gegeben durch $R_{2\to1,\mathrm{sp}} = N_2 A$, wobei A eine weitere Proportionalitätskonstante ist.

Zusätzlich gibt es noch einen zweiten Term, die stimulierte Emission, die durch die oben erläuterte Eigenschaft der Photonen verursacht wird. Da die Wahrscheinlichkeit, ein Photon in einen bereits besetzten Zustand zu emittieren, proportional zur Anzahl der Photonen in diesem Zustand ist, ist die Zahl dieser Übergänge proportional zur Intensität des Lichts. Damit wird die Wahrscheinlichkeit, dass ein Photon ausgesandt wird, $R_{2\to1,\mathrm{st}} = N_2 B I$. Die Proportionalitätskonstante B ist dabei identisch zu der Konstante für die Lichtabsorption.[11] Insgesamt ergibt sich also

Photonen in der Kavität regen Atome an, gleichartige Photonen auszusenden.

Auch die Absorption muss berücksichtigt werden.

---

10 Im Bild der elektromagnetischen Welle bedeutet dies, dass sich eine stehende Welle ausbilden muss.

11 Dies liegt daran, dass die Emission und die Absorption eines Photons ohne Anwesenheit weiterer Photonen dieselbe Wahrscheinlichkeit haben, siehe [13, vol. III, ch. 4].

für die Zahl der Übergänge vom angeregten in den Grundzustand pro Zeiteinheit

$$R_{2 \to 1,\text{ges}} = N_2(A + BI) \,. \tag{8.1}$$

Wir nehmen nun an, dass sich das System im thermischen Gleichgewicht befindet, ähnlich wie bei der obigen Diskussion der Hohlraumstrahlung. Dann ist

$$R_{2 \to 1,\text{ges}} = R_{1 \to 2} \tag{8.2}$$
$$\Rightarrow N_2(A + BI) = N_1 BI \,. \tag{8.3}$$

Im thermischen Gleichgewicht ist $N_2 = N_1 \exp(-h\nu/k_B T) < N_1$, so dass die Absorption immer stärker ist als die stimulierte Emission. Absorption und Emission führen also immer dazu, dass die Photonen, die in einem kollektiven Zustand sind, immer weniger werden, weil nach Absorption ein Teil dieser Photonen spontan emittiert wird und so nicht mehr zum kollektiven Zustand beiträgt. Eine anfänglich vorhandene Welle, die durch den Hohlraum läuft, wird also gedämpft.

Tatsächlich ist die Vorstellung, dass Laserlicht aus einer bestimmten Anzahl von kohärenten Photonen besteht, physikalisch nicht korrekt. Das Licht im Inneren der Laser-Kavität befindet sich in einem quantenmechanischen Überlagerungszustand aus einzelnen Zuständen mit unterschiedlicher Zahl der Photonen [22].

Ein Laser benötigt Besetzungsinversion: Der angeregte Zustand muss stärker besetzt sein.

Um einen Lasereffekt zu erzielen, muss also die Besetzung des angeregten Zustandes größer sein als die des Grundzustandes. Dies ist im thermischen Gleichgewicht (wegen des Boltzmann-Faktors $\exp{-E/k_B T}$) nicht möglich. Es muss eine so genannte *Inversion* erzeugt werden, bei der der angeregte Zustand überbesetzt ist. Für einen solchen Zustand kann man keinen sinnvollen Temperaturwert angeben, da kein thermisches Gleichgewicht vorliegt.

Bei Inversion überwiegt die Emission.

Liegt eine Inversion vor, so ist die Emission der Photonen größer als die Absorption. Es kommt zu einer Lichtverstärkung, die dem Laser seinen Namen verleiht, denn Laser ist die Abkürzung für *light amplification by stimulated emission of radiation*, also »Lichtverstärkung durch stimulierte Emission von Strahlung«. Der Begriff »stimulierte Emission« bezeichnet dabei die Emission der Photonen in den bereits besetzten Zustand.

Inversion erzeugt man mit metastabilen Zuständen.

Um eine solche Inversion zu erzeugen, bedient man sich eines Umwegs: Ist der Übergang von Zustand 2 in den Grundzustand sehr unwahrscheinlich (derartige Übergänge wurden in Kapitel 5 als verbotene Übergänge bezeichnet), dann verbleiben angeregte Elektronen für eine gewisse Zeit in diesem Zustand. Liegt darüber ein weiterer Zustand 3, der weniger stabil ist, so kann man die Elektronen zunächst in Zustand 3 heben, siehe Bild 8.8. Von dort fallen sie dann in den Zustand 2 zurück und bleiben zunächst dort. Man bezeichnet diesen Vorgang als Pumpen. Durch genügend starke Anregung des Zustandes 3 lässt sich damit eine starke Besetzung des metastabilen Zustandes 2 und schließlich sogar eine Inversion erreichen.

Der Rubinlaser war der erste gebaute Laser.

In Abschnitt 5.2 haben wir bereits das Phänomen der Fluoreszenz am Beispiel des Rubins kennengelernt. Rubin besitzt genau die für den Bau eines Lasers notwendige Verteilung der Energieniveaus (Bild 5.4), bei der ein relativ

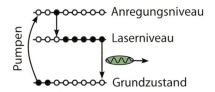

Bild 8.8: Erzeugung eines invertierten Zustands durch Pumpen. Elektronen werden in das kurzlebige Anregungsniveau gehoben und fallen von dort aus in das metastabile Laserniveau, in dem sie eine hohe Verweildauer haben. Die Besetzung des Laserniveaus kann damit größer sein als die des Grundzustands.

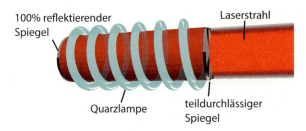

Bild 8.9: Aufbau eines Rubinlasers. Der Rubin wird durch eine Quarzlampe angeregt; auf der linken Seite befindet sich ein vollständig reflektierender, auf der rechten ein teildurchlässiger Spiegel.

stabiler Zustand unterhalb eines anderen liegt. Durch Einstrahlen von blauem oder grünen Licht kann der Rubin gepumpt werden, so dass das metastabile Energieniveau stark besetzt wird und sich schließlich eine Besetzungsinversion ausbildet. Der erste Laser, der je gebaut wurde, war ein solcher Rubin-Laser, siehe Bild 8.9.

Bis zur Inversion muss man in diesem Drei-Zustands-Laser allerdings mehr als die Hälfte der Elektronen aus dem Grundzustand anregen. Einfacher ist die Anregung, wenn noch ein vierter Zustand oberhalb des Grundzustandes vorliegt (Bild 8.10), in den die Elektronen zurückfallen können. Dieser ist dann relativ leer und die Inversion ist einfacher.

Vier-Zustand-Laser sind leichter zu invertieren.

Aufgabe 8.4: In einem Vier-Zustands-Laser liegt das Energieniveau, in das die Elektronen aus dem metastabilen Zustand zurückfallen, um $0{,}05\,\text{eV}$ über dem Grundzustand. Schätzen Sie ab, wie groß die Besetzungsinversion bei Raumtemperatur sein muss. □

Eine weitere wichtige Unterscheidung von Lasern liegt in der Art ihres Betriebes: Es ist zum einen möglich, erst eine Inversion zu erzeugen und dann die Laserleistung in einem sehr kurzen Zeitraum auszulösen (gepulster Laser), so dass sich kurze Laserpulse mit sehr hoher Intensität ergeben. Wenn das Pumpen des Lasers mit der Abstrahlung im Gleichgewicht ist, kann ein Laser aber auch kontinuierlich betrieben werden, also einen dauerhaften Strahl aussenden.

Gepulste und kontinuierliche Laser.

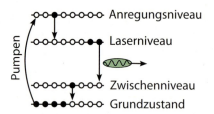

Bild 8.10: Energieniveaus eines Vier-Zustands-Lasers. Das zusätzliche Niveau oberhalb des Grundzustandes macht es leichter, die Inversion zu erreichen.

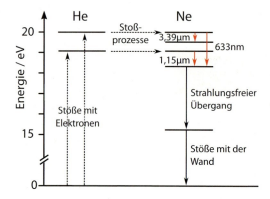

Bild 8.11: Energieniveaus von Helium und Neon. Heliumatome werden durch Stöße
mit Elektronen angeregt und können ihre Energie auf Neonatome übertragen, da zwei der Energieniveaus nahezu identische Energien besitzen.
(Nach [4].)

⤳   In der Anfangszeit der Lasertechnologie (in den 1960er Jahren) war die Messung
von Laserleistungen mit großen Problemen behaftet. Man behalf sich mit der
Maßeinheit »Gillette«, wobei ein Gillette die Leistung ist, die zum Durchbrennen einer
Rasierklinge benötigt wird.

8.5.2   Lasertypen und ihre Anwendungen

**Der Helium-
Neon-Laser:
Stoßprozesse
sorgen für die
Inversion.**

Ein häufig verwendeter Laser ist der Helium-Neon-Laser. Er besteht aus einer Gasentladungslampe, deren Enden verspiegelt sind, wobei einer der beiden
Spiegel teildurchlässig ist. Die Elektronenröhre wird mit einem Gemisch aus
Helium und Neon gefüllt. Bild 8.11 zeigt die Energieniveaus der Edelgase Helium und Neon. Die Elektronen in der Röhre stoßen mit den Heliumatomen
zusammen, und regen diese an. Die angeregten Zustände der Heliumatome
sind metastabil, so dass diese hinreichend viel Zeit haben, um durch weitere Stoßprozesse Neonatome anzuregen, bevor sie wieder in den Grundzustand
zurückfallen. Die so angeregten Neonatome führen dann den eigentlichen Laserübergang durch. Mögliche Laserübergänge im Neonatom liegen bei 3,39 µm,

1,15 µm und 632,8 nm, wie im Bild eingezeichnet. Welche der drei möglichen Lichtwellenlängen sich schließlich als Laserwellenlänge einstellt, hängt vom Abstand der beiden Spiegel an den Laserenden ab, da dieser Abstand ja ein Vielfaches der Laserwellenlänge sein muss. Da die Elektronen aus den angeregten Niveaus des Neonatoms bei diesen Übergängen nicht in den Grundzustand, sondern in weitere angeregte Zustände zurückfallen, ist es nicht besonders problematisch, die Inversion herzustellen. Der Helium-Neon-Laser kann deshalb trotz der vielen involvierten Energieniveaus als Vier-Zustands-Laser eingestuft werden. Die Neonatome gelangen schließlich durch Stoßprozesse mit der Wand wieder in den Grundzustand.

Die Heliumatome im He-Ne-Laser haben metastabile Zustände.

Kohlendioxidlaser nutzen ein ähnliches Prinzip: Hier wird ein Gemisch aus Kohlendioxid und Stickstoff verwendet. Die Stickstoffmoleküle können durch Stöße in einen metastabilen Schwingungszustand versetzt werden, von dem aus sie ihre Energie dann an die Kohlendioxidmoleküle übertragen, die das Laserlicht aussenden. Die Kohlendioxidmoleküle befinden sich danach selbst in einem metastabilen Zustand. Um dafür zu sorgen, dass sie möglichst schnell wieder in den Grundzustand zurückfallen, wird dem Gasgemisch Helium hinzugefügt, denn die angeregten Kohlendioxidmoleküle können ihre Energie dann durch Stoßprozesse an das Helium weitergeben. Anders als beim Helium-Neon-Laser sind deshalb keine Stöße mit der Wand notwendig, so dass große Gasvolumina verwendet werden können.

Kohlendioxidlaser erreichen hohe Leistungen

Kohlendioxidlaser strahlen im Infrarot-Bereich bei einer Wellenlänge von 10,6 µm. Sie werden in der Materialbearbeitung eingesetzt, da sie hohe Leistungen erreichen und kostengünstig sind. Das Laserschneiden hat den Vorteil, dass auch relativ komplizierte Strukturen erzeugt werden können, wobei die Oberflächengüte ausreichend ist, um eine aufwändige Nachbearbeitung unnötig zu machen. Dabei können auch härteste Materialien wie Keramiken und Diamant geschnitten werden. Laser eignen sich auch zum Laserschweißen, wobei ebenfalls der hohe, lokal begrenzte Energieeintrag ausgenutzt wird.

Laser zur Materialbearbeitung.

Die Anregung des Laserniveaus in Gaslasern kann in geeigneten Gasen auch direkt durch Elektronenstöße ohne den Umweg über ein zweites Gas als Stoßpartner erfolgen. Dies ist beispielsweise bei Argonlasern der Fall, die besonders hohe Energiedichten im optischen Wellenlängenbereich haben. Argonlaser werden in der Augenheilkunde eingesetzt, um Ablösungen in der Netzhaut durch lokales »Verschweißen« der Netzhaut mit dem Augenhintergrund zu verhindern. Dazu wird mit dem Argonlaser durch den Augapfel hindurch ein Punkt auf der Netzhaut erhitzt, und so lokal das Gewebe zerstört. Der Körper reagiert darauf mit einer Narbenbildung, die die Netzhaut wieder fest mit dem dahinter liegenden Gewebe verbindet. Für diese Anwendung ist es wichtig, einen Laser zu verwenden, der im sichtbaren Bereich strahlt, da der Augapfel hier die höchste Durchsichtigkeit hat.

Argonlaser erzeugen sichtbares Licht hoher Intensität.

Auch Farbstoffe können als Grundlage für die Laserkonstruktion dienen. Prinzipiell eignen sich Farbstoffe, die Fluoreszenz (siehe Kapitel 5) aufweisen. Ihre Funktionsweise ist dabei ähnlich zum oben erläuterten Rubinlaser. Die Anregung von Farbstofflasern erfolgt optisch, häufig durch einen anderen Laser

Farbstofflaser verwenden fluoreszierende Farbstoffe.

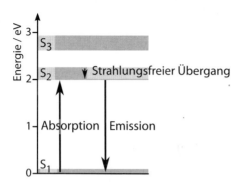

Bild 8.12: Schematische Darstellung der Energieniveaus eines Farbstofflasers. Der
Laserübergang findet zwischen den verbreiterten Niveaus S_2 und S_1 statt.

(beispielsweise einen Gaslaser). Der Farbstoff liegt dabei meist in einer flüssigen
Lösung vor und wird durch eine Pumpe bewegt, um Sättigungseffekte an der
Oberfläche auszuschließen.

Verbreiterte Energieniveaus machen Farbstofflaser stimmbar.

Eine besondere Eigenschaft der Farbstofflaser ist, dass die Energieniveaus in
Farbstoffmolekülen häufig verbreitert sind, so dass sich die genaue Laserwellenlänge einstellen lässt, siehe Bild 8.12. Man spricht deshalb auch von »stimmba-
ren« Lasern. Diese Verbreiterung kommt dadurch zu Stande, dass die Farbstoffmoleküle neben den elektronischen Übergängen auch zahlreiche verschiedene
Schwingungs- und Rotationszustände sowie Bindungen zwischen den Molekülen und dem Lösungsmittel besitzen. Beim Übergang von einem angeregten in
ein niedrigeres Niveau kann deshalb ein Teil der Energie in diese Zustände übertragen werden, so dass die Energie des ausgesandten Photons kleiner wird. Die
Wellenlänge eines Farbstofflasers kann deshalb um etwa 100 nm variiert werden. Ist in Anwendungen eine größere Variationsbreite erforderlich, kann dies
durch ein Gemisch mehrerer Farbstoffe erreicht werden. Die Laserwellenlänge
kann entweder über den Spiegelabstand oder durch zusätzliche Prismen oder
Beugungsgitter eingestellt werden.

Stimmbare Laser in Medizintechnik und Spektroskopie.

Farbstofflaser werden beispielsweise in der Medizin, insbesondere der Derma-
tologie, eingesetzt, um Blutgefäße gezielt zu zerstören ohne umliegendes Gewebe zu beschädigen. Hierfür eignen sie sich gut, weil die Laserwellenlänge so eingestellt werden kann, dass sie der Absorptionswellenlänge von Blut entspricht.
Eine weitere Anwendung ist die Spektroskopie, bei der die Laserwellenlänge
kontinuierlich variiert wird, um ein Absorptionsspektrum eines Materials sehr
genau aufzunehmen.

Aufgabe 8.5: Nehmen Sie an, dass die Energieniveaus in Bild 8.12 folgende
Breite haben:

S_1 0 eV–0,1 eV
S_2 1,99 eV–2,24 eV
S_3 2,6 eV–2,9 eV

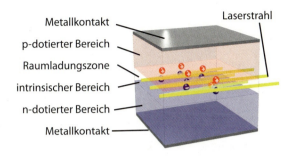

Metallkontakt
p-dotierter Bereich
Raumladungszone
intrinsischer Bereich
n-dotierter Bereich
Metallkontakt
Laserstrahl

Bild 8.13: Aufbau einer Laserdiode. Im Prinzip entspricht der Aufbau dem einer
Photodiode. Der Laserstrahl tritt im gezeigten Beispiel parallel zur
Raumladungszone aus und wird an den Kanten der Raumladungszone
reflektiert. Auch ein senkrechter Aufbau ist möglich.

Berechnen Sie die einstellbaren Lichtwellenlängen. □

Die im vorigen Abschnitt erläuterten LEDs können auch als Basis für Lasersysteme dienen. Dazu ist es im Wesentlichen nur nötig, eine LED an den Enden zu verspiegeln, so dass eine Kavität entsteht. Dies lässt sich technisch bereits dadurch erreichen, dass die Enden des Halbleiterkristalls glatt und senkrecht zu einer der Achsen des Kristallgitters ausgerichtet sind. Die Kavität selbst kann, wie bei einer p-i-n-Photodiode, undotiert sein. Bild 8.13 zeigt das Prinzip eines so konstruierten Halbleiterlasers. Häufig verwendet man Heterostrukturen, das heißt das p- und das n-Material werden durch einen anderen Halbleiter getrennt, in dem dann die Rekombination stattfindet, ähnlich wie der intrinsische Bereich in einer Photodiode. Dies hat den Vorteil, dass an den Grenzflächen Totalreflexion auftritt, so dass die Lichtwelle innerhalb der Struktur bleibt. *(Halbleiterlaser verwenden eine Leuchtdiode.)*

Der Halbleiterlaser wird betrieben, indem eine so große Spannung angelegt wird, dass Elektronen von der n-Seite praktisch keine Potentialbarriere mehr sehen, und deshalb in sehr großer Zahl in die Raumladungszone übertreten. Umgekehrt treten entsprechend viele Löcher in die Raumladungszone ein, so dass in diesem Bereich dann Besetzungsinversion vorliegt. *(In Halbleiterlasern fließt ein sehr großer Majoritätsladungsträgerstrom.)*

Man kann den Halbleiterlaser auch so konstruieren, dass er nicht in der Ebene des Übergangs, sondern senkrecht dazu strahlt. Dies hat den Vorteil, dass man einen flächigen Laser bauen kann, bei dem die gesamte Struktur auf einem einzigen integrierten Chip liegt.

Halbleiterlaser lassen sich in kleiner Form kostengünstig bauen und werden deshalb in verschiedensten Bereichen eingesetzt – beispielsweise zur Signalerzeugung bei der optischen Signalübertragung, in CD-, DVD- und Blu-ray-Spielern zum Auslesen (und ggf. Brennen) der Daten, in Laserpointern, Lesegeräten für Barcodes, Scanner und Laserdruckern. *(Halbleiterlaser sind im Alltag weit verbreitet.)*

⤳ Noch in der Forschung befindet sich die Anwendung von Lasern in Fusionsreaktoren: Durch Bestrahlung mit Hochleistungslasern (Neodym-Glas-Laser erreichen beispielsweise im gepulsten Betrieb Leistungen von 10^{12} W mit Pulsen von einer

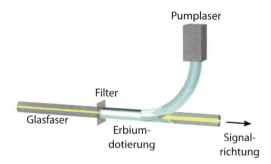

Bild 8.14: Erbiumdotierte Glasfaser. Die Glasfaser wird mit Erbium dotiert, das
durch einen Pumplaser angeregt wird. Das ankommende Lichtsignal wird
so durch stimulierte Emission verstärkt. Ein Filter verhindert die Ausbreitung des Pumpsignals in der Faser.

Nanosekunde Dauer) werden kleine Kugeln mit einem hohen Anteil der Wasserstoff-
Isotope Deuterium und Tritium zu so hohen Temperaturen aufgeheizt, dass in ihnen
Kernfusionsprozesse stattfinden können.

**Erbiumdotier-
te
Glasfaserkabel:
Stimulierte
Emission
verstärkt
Lichtsignale.**

Das Laserprinzip kann in der optischen Signalübertragung auch zur Signalverstärkung eingesetzt werden. Eine Möglichkeit, Verstärker zu bauen, besteht
darin, das optische Signal über eine Photodiode in ein elektrisches Signal umzuwandeln, dieses dann elektronisch zu verstärken (beispielsweise mit Transistoren) und dann wieder in eine LED oder einen Halbleiterlaser einzuspeisen,
der ein neues optisches Signal erzeugt. Alternativ kann man Glasfasern verwenden, die mit dem Element Erbium dotiert sind. Erbium wird als Ion in
das Glas eingelagert und besitzt dann ähnliche Energieniveaus wie die Chrom-
Ionen im Rubin: Sie können mit Licht bei Wellenlängen von 800 nm, 980 nm
oder 1480 nm angeregt werden und senden dann Licht mit einer Wellenlänge
von 1530 nm aus. Verwendet man diese Wellenlänge für das Signal, so kann
man eine Erbium-dotierte Glasfaser deshalb direkt zur Verstärkung des Signals
über stimulierte Emission anregen. Dazu ist es nur nötig, die Faser durch Einstrahlung geeigneter Wellenlängen optisch zu pumpen, siehe Bild 8.14.

8.6   Schlüsselkonzepte

- Um Licht mit einer Wellenlänge λ zu erzeugen, benötigt man ein System,
  das Energieniveaus besitzt, die um hc/λ auseinander liegen und das sich
  im höheren der beiden Niveaus befindet. Unterschiedliche Typen von Lichtquellen unterscheiden sich darin, wie das System in den höherenergetischen
  Zustand angeregt wird.

- Körper, die Strahlung absorbieren können, senden bei endlicher Temperatur auch Strahlung aus. Für einen idealen Absorber ergibt sich die Schwarzkörperstrahlung.

- In Gasentladungslampen werden die Atome oder Moleküle eines Gases durch Stoßprozesse angeregt und senden dann Licht aus.

- In einer Leuchtdiode rekombinieren Elektronen und Löcher unter Lichtaussendung in der Raumladungszone.

- Photonen halten sich bevorzugt im selben Zustand auf; ein Prozess, der ein Photon in einen bereits besetzten Zustand aussendet, ist wahrscheinlicher als ein gleichartiger Prozess, bei dem das Photon in einen unbesetzten Zustand ausgesandt wird.

- Die höhere Wahrscheinlichkeit, Photonen in identische Zustände auszusenden, liegt dem Laser zu Grunde.

- In einem Laser muss Besetzungsinversion vorliegen, da sonst die Absorption die Emission überwiegt. Dies kann durch metastabile Zustände erreicht werden.

9 Supraleiter

9.1 Phänomenologie

Kühlt man ein Metall auf sehr niedrige Temperaturen von einigen Kelvin ab, so sinkt sein elektrischer Widerstand, da die Zahl der Gitterschwingungen, die die gleichmäßige Gitterstruktur stören, immer geringer wird. Wegen immer vorhandener Verunreinigungen und Gitterfehler ist das Kristallgitter jedoch auch bei extrem niedrigen Temperaturen nicht perfekt, und es sollte deshalb immer ein Restwiderstand verbleiben, wie in Bild 9.1,a dargestellt.

Erwartung: Metalle haben auch bei niedrigen Temperaturen elektrischen Widerstand.

Viele Metalle verhalten sich bei einer Abkühlung jedoch anders: Bei einer bestimmten Temperatur, die meist bei einigen wenigen Kelvin liegt, nimmt der elektrische Widerstand schlagartig um viele Größenordnungen ab und ist praktisch nicht mehr messbar. Induziert man in ein derart abgekühltes Metall einen Strom, beispielsweise indem man einen Magneten in einen Ring einführt, so bleibt dieser Strom nahezu unbegrenzt erhalten. Experimentelle Untersuchungen ergaben, dass es mindestens 100 000 Jahre dauern würde, bis ein derart erzeugter Strom abklingt. Wegen dieser phantastisch guten Leitfähigkeit werden derartige Materialien als *Supraleiter* bezeichnet. Die Temperatur, bei der der Widerstand abnimmt und die Supraleitfähigkeit einsetzt, wird *Sprungtemperatur* genannt.

Beobachtung: Viele Metalle werden supraleitend; ihr Widerstand wird unmessbar klein.

Wie gut die Leitfähigkeit eines Supraleiters tatsächlich ist, lässt sich an Hand der folgenden Tabelle veranschaulichen, die spezifische Widerstände für Isolatoren, Normalleiter und Supraleiter angibt:

Isolator	$\varrho \approx 10^{16}\,\Omega\text{cm}$
Leiter	$\varrho \approx 10^{-7}\,\Omega\text{cm}$
Supraleiter	$\varrho \approx 10^{-21}\,\Omega\text{cm}$

Aufgabe 9.1: Ein Draht hat einen Durchmesser von $1\,\text{mm}^2$. Wie lang muss er jeweils sein, um einen Widerstand von $1\,\Omega$ zu haben, wenn er aus einem Isolator, einem Leiter oder einem Supraleiter hergestellt würde? □

Die Leitfähigkeit eines Metalls ist also um etwa 23 Größenordnungen höher als die eines Isolators, die eines Supraleiters ist um 14 Größenordnungen höher als die eines normalleitenden Metalls. Verglichen mit einem Supraleiter verhält sich ein Normalleiter also wie ein Isolator; schaltet man einen Supraleiter und einen Normalleiter parallel, dann fließt Strom nur durch den Supraleiter.

Verglichen mit Supraleitern sind Normalleiter Isolatoren.

Wird ein Supraleiter in ein Magnetfeld gebracht, so werden durch dieses Magnetfeld Ströme an der Oberfläche des Supraleiters induziert, denn das sich verändernde Magnetfeld im Inneren des Supraleiters erzeugt ein elektrisches Feld, in dem sich die Elektronen bewegen. Dieser Strom wirkt dem Magnetfeld entgegen, so dass das Magnetfeld im Inneren des Supraleiters immer den Wert

Starke Magnetfelder zerstören die Supraleitung.

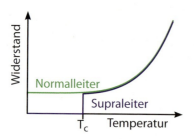

Bild 9.1: Abhängigkeit des elektrischen Widerstands von der Temperatur. In einem
Normalleiter fällt der Widerstand auf einen konstanten Wert ab, in einem
Supraleiter gibt es eine Sprungtemperatur, unterhalb derer jeder messbare
Widerstand verschwindet.

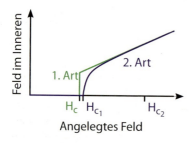

Bild 9.2: Magnetisches Feld im Inneren eines Supraleiters der 1. und 2. Art als
Funktion des angelegten Magnetfeldes. Der Supraleiter 1. Art besitzt einen
Wert des kritischen Magnetfelds, bei dem die Supraleitung zusammenbricht; beim Supraleiter 2. Art beginnt das Magnetfeld bei einem bestimmte Wert, in den Supraleiter einzudringen, das Material wird aber erst bei
einem deutlich größeren Wert des Magnetfelds vollkommen normalleitend.

Null hat. Bei sehr hohen Magnetfeldstärken bricht die Supraleitung deshalb
zusammen, weil es energetisch günstiger wird, den supraleitenden Zustand zu
verlassen als extrem starke Oberflächenströme aufzubauen. Dieser Wert der
Magnetfeldstärke wird als *kritisch* bezeichnet.

Supraleiter 1.
und 2. Art.

Supraleiter können nach ihrem Verhalten in starken Magnetfeldern in zwei
Klassen eingeteilt werden. In Supraleitern 1. Art wird die Probe von der Oberfläche aus normalleitend und die Supraleitung bricht bei einer geringfügigen weiteren Erhöhung des Magnetfelds zusammen (Bild 9.2). Bei Supraleitern 2. Art
werden bei Erreichen des kritischen Magnetfelds zunächst einzelne Bereiche im
Inneren des Materials normalleitend, die als Fluss-Schläuche bezeichnet werden,
so dass das Magnetfeld teilweise in die Probe eindringen kann. Erst bei deutlich höheren Feldstärken wird dann die ganze Probe normalleitend. Supraleiter
2. Art können deshalb größere Magnetfelder ertragen als solche erster Art.

Das kritische Magnetfeld ist für Supraleiter eine wichtige Größe, weil der in

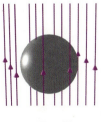

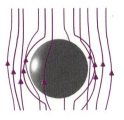

a: $T > T_c$ b: $T < T_c$

Bild 9.3. Meißner-Ochsenfeld-Effekt: Ein Magnetfeld wird aus einem Supraleiter verdrängt, wenn dieser unter seine Sprungtemperatur abgekühlt wird.

einem Supraleiter fließende Strom selbst auch ein Magnetfeld erzeugt. Es gibt deshalb auch eine *kritische Stromdichte*, oberhalb derer die Supraleitung zusammenbricht und das Material normalleitend wird. Die kritische Stromdichte in einem metallischen Supraleiter kann Werte von 10^6 A/cm^2 erreichen, während beispielsweise normalleitende Kupferdrähte wegen der Erwärmung durch den elektrischen Widerstand nur Stromdichten von 10^3 A/cm^2 erreichen.

Supraleiter haben eine kritische Stromdichte.

Dass ein Supraleiter ein Magnetfeld verdrängt, wenn dieses um ihn herum aufgebaut wird, ist eine direkte Folge der Tatsache, dass seine Leitfähigkeit praktisch unendlich groß ist, denn ein zeitlich veränderliches Magnetfeld induziert einen entsprechenden Strom, der in einem Supraleiter nicht abklingt. Tatsächlich gibt es aber noch einen weiteren Effekt: Bringt man ein supraleitendes Material bei einer Temperatur oberhalb der Sprungtemperatur in ein Magnetfeld ein und kühlt es dann ab, so wird das Magnetfeld ebenfalls aus der Probe verdrängt und es bilden sich Oberflächenströme, siehe Bild 9.3. Dieses Phänomen wird nach Walther Meißner, 1882–1974, und Robert Ochsenfeld, 1901–1993, Meißner-Ochsenfeld-Effekt genannt. Es ist nur auf Grund der perfekten Leitfähigkeit nicht zu erklären, denn da sich das Magnetfeld nicht zeitlich ändert, wird auch kein Strom induziert. Das Magnetfeld in einem Supraleiter hat also immer den Wert Null.

9.2   Theorie der Supraleitung

Die genaue Beschreibung der Supraleitung ist sowohl mathematisch als auch von den verwendeten physikalischen Prinzipien her sehr kompliziert. Im folgenden sollen deshalb nur die wichtigsten Grundideen der Theorie der Supraleitung skizziert werden, eine ausführliche Darstellung findet sich beispielsweise in [27].

Supraleitung: Elektronen schließen sich zu Paaren zusammen.

Die Supraleitung beruht auf einer Bindung zwischen den Elektronen des Metalls: Jeweils zwei Elektronen schließen sich im supraleitenden Zustand zu Paaren zusammen, deren Energie kleiner als die Fermienergie ist. Diese Paare werden nach Leon Neil Cooper (1930–, Nobelpreis 1972) als *Cooper-Paare* bezeichnet. Dadurch entsteht eine Energielücke, so dass die Paare nur durch Streuprozesse mit hinreichend hoher Energie aufgebrochen werden können. Die Elektronenpaare bilden einen kollektiven Zustand, der dafür sorgt, dass sich

Elektronenpaare im kollektiven Zustand.

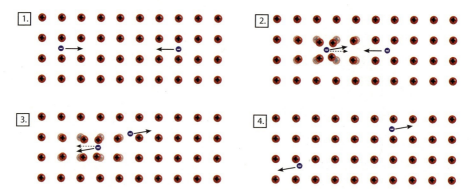

Bild 9.4: Anziehung von Elektronen durch Wechselwirkung mit dem Gitter. Zwei Elektronen mit entgegengesetztem Gitterimpuls bewegen sich durch den Kristall (1.). Das erste Elektron erzeugt eine Gitterschwingung und ändert dabei seinen Impuls (2.). Das zweite Elektron nimmt den Impuls aus der Gitterschwingung auf (3.) und ändert seinen Impuls entsprechend (4.). Insgesamt ergibt sich so eine Anziehungskraft zwischen den Elektronen.

alle Elektronenpaare gleich verhalten. Im folgenden wollen wir diese Effekte näher betrachten.

9.2.1   Cooper-Paare

Cooper-Paare: Woher kommt die Anziehungskraft?

Wie oben erwähnt, schließen sich in einem Supraleiter Elektronen zu Paaren zusammen. Damit dies möglich ist, muss es eine anziehende Wechselwirkung zwischen den Elektronen geben. Auf Grund ihrer elektrischen Ladung stoßen sich Elektronen natürlich ab; dieser Effekt ist in einem Kristallgitter jedoch relativ klein, da Stoßprozesse zwischen zwei Elektronen an der Fermikante unwahrscheinlich sind (siehe Abschnitt 6.4.5).

Der Isotopen-Effekt: Die Masse der Ionenrümpfe beeinflusst die Sprungtemperatur.

Einen entscheidenden Hinweis auf den Ursprung der Anziehungskraft liefert der Isotopeneffekt: Betrachtet man verschiedene Isotope eines Elements, die sich also nur in der Masse des Atomkerns unterscheiden, chemisch aber völlig gleich sind, so unterscheiden sich auch die Sprungtemperaturen. Die Sprungtemperatur hängt also von der Masse der Ionenrümpfe ab. Dies deutet darauf hin, dass die Anziehung durch eine indirekte Wechselwirkung mit dem Kristallgitter zu Stande kommt.

Elektronen wechselwirken über Kristallgitterschwingungen miteinander.

Vereinfacht kann man sich vorstellen, dass ein sich bewegendes Elektron das Kristallgitter verzerrt und so lokal die Ladungsdichte im Kristall erhöht. Diese erhöhte Ladungsdichte verringert die Energie eines zweiten Elektrons, das sich in diesen Bereich hineinbewegt, wie in Bild 9.4 veranschaulicht. Die Ionenrümpfe können wegen ihrer großen Masse der Elektronenwelle nur mit einer gewissen Trägheit folgen, so dass die Verzerrung des Gitters eine bestimmte Zeit beansprucht. Der Abstand zwischen zwei Elektronen, die miteinander wechselwirken, ist deshalb typischerweise recht groß und liegt im Bereich von etwa

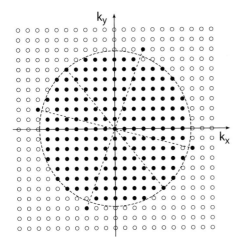

Bild 9.5: Bindung von Elektronen mit entgegengesetztem Impuls zu Cooper-Paaren. Wie in der Vertiefung erläutert, tauschen die Elektronen Energie mit dem Kristallgitter aus, so dass einige Elektronen Zustände außerhalb der Fermikugel besetzen.

100 nm. Entsprechend befinden sich zwischen zwei Elektronen eines Paares viele andere Elektronen, die ebenfalls zu Cooper-Paaren gehören.

⚡ Bei dieser Erläuterung wurde so getan, als könne man die Elektronen als Teilchen beschreiben, was natürlich nicht korrekt ist, da wir es ja mit Orbitalen zu tun haben, die durch einen $\vec{k}$-Vektor beschrieben werden. Für eine korrekte Beschreibung müsste man deshalb Wellenpakete verwenden, wie in der Vertiefung auf Seite 152 erläutert. Auch die Schwingung der Ionenrümpfe müsste eigentlich mit den Mitteln der Quantenmechanik als Phononen (siehe Seite 210) beschrieben werden.

Die Elektronen eines Cooper-Paares haben einen entgegengesetzten Wert des Wellenvektors $\vec{k}$. Anschaulich bedeutet dies, das sie sich in entgegengesetzte Richtung bewegen, was gut zum Bild der Gitterverzerrung passt. Man kann sich vorstellen, dass ein von links nach rechts fliegendes Elektron das Gitter verzerrt und das zweite Elektron anschließend von rechts nach links durch das verzerrte Gitter fliegt. Da die Impulse entgegengesetzt sind, ist der Gesamtimpuls eines Cooper-Paares also gleich Null. Bild 9.5 veranschaulicht die Bildung von Cooper-Paaren im reziproken Gitter.

Elektronen eines Cooper-Paares haben entgegengesetzten Gitterimpuls.

⚡ Eine etwas genauere Betrachtung des Prozesses muss berücksichtigen, dass durch die Gitterschwingung ein Impuls von einem Elektron zum anderen übertragen wird. Hierzu führen wir ein Gedankenexperiment durch [9, 27]: Wir betrachten ein normalleitendes Metall bei Temperatur Null, so dass alle Zustände bis zur Fermienergie aufgefüllt sind. Wir nehmen an, dass die Elektronen in diesen Zuständen nicht miteinander wechselwirken. Jetzt fügen wir zwei Elektronen zu unserem Metall hinzu und erlauben nur diesen beiden Elektronen, miteinander über Gitterschwingungen zu wechselwirken.

⚡ Die beiden Elektronen werden zunächst eine Energie knapp oberhalb der Fermienergie besitzen. Löst eins der Elektronen eine Gitterschwingung aus, indem es
den Kristall verzerrt, so überträgt es dabei Impuls an das Kristallgitter, ändert also
seinen Wellenvektor von $\vec{k}_1$ zu $\vec{k}_1'$. Das zweite Elektron nimmt diesen Impuls aus der
Gitterschwingung auf und ändert ebenfalls seinen Wellenvektor, diesmal von $\vec{k}_2$ zu $\vec{k}_2'$.
Bei diesem Stoß muss der Impuls erhalten bleiben, ansonsten würden die Elektronen
ja Impuls an das Kristallgitter verlieren. Deshalb muss $\vec{k}_1 + \vec{k}_2 = \vec{k}_1' + \vec{k}_2'$ gelten.

⚡ Durch die Wechselwirkung mit der Gitterschwingung können die Elektronen
prinzipiell die Richtung und den Betrag ihres Impulses ändern. Allerdings ist
eine Änderung des Impulsbetrags (wegen $E = \hbar^2 k^2 / 2m$) mit einem Energieübertrag
verbunden. Die Energie, die eine Gitterschwingung aufnehmen kann, ist jedoch begrenzt, so dass der Energieübertrag klein ist. Die beiden Elektronen können also ihre
Energie und damit ihren Impulsbetrag nur wenig ändern. Die Richtung des Impulses
kann sich jedoch stark ändern.

⚡ Wie Bild 9.6 zeigt, gibt es nur wenige Möglichkeiten für einen solchen Impuls-
austausch, es sei denn, es gilt $\vec{k}_1 + \vec{k}_2 = 0$. Deshalb schließen sich vor allem
Elektronen mit entgegengesetztem Gitterimpuls zu Paaren zusammen.

⚡ In einem realen Supraleiter verbinden sich viele Elektronen zu Cooper-Paaren.
Dabei werden auch Zustände außerhalb der Fermikugel besetzt, da ansonsten
ein Energieaustausch über das Gitter nicht möglich wäre. Insgesamt ergibt sich wegen
der Anziehung zwischen den Elektronen trotzdem ein Energiegewinn.

In Supraleitern gilt das Bändermodell nicht mehr.

Bisher haben wir zur Beschreibung von Metallen das Bändermodell verwendet und angenommen, dass die Elektronen nicht miteinander wechselwirken.
Bei Temperaturen oberhalb von etwa 20–30 K ist diese Annahme auch richtig,
denn die Wechselwirkungsenergie zwischen den Elektronen ist dann wesentlich
kleiner als $k_B T$, so dass jede Bindung sofort durch thermische Fluktuationen
zerstört wird.

Die Anziehung der Cooper-Paare sorgt für eine Energielücke.

Dies ist bei sehr niedrigen Temperaturen allerdings nicht mehr der Fall. Elektronen in der Nähe der Fermikante binden sich aneinander, so dass das Bändermodell, das ja von wechselwirkungsfreien Elektronen ausgeht, nicht mehr
uneingeschränkt gültig ist. Bild 9.7 zeigt schematisch in einer Dimension, dass
die Energie der gebundenen Elektronen unterhalb der Fermienergie liegt, obwohl die Elektronen Zustände oberhalb der Fermienergie besetzen können. Es
gibt deshalb eine Art Energielücke, die die gebundenen von den freien Elektro-
nenzuständen trennt. Diese Energielücke ist in der Größenordnung von $k_B T_c$,
liegt also bei etwa 10^{-4} eV. Die thermische Aktivierung ist deshalb unterhalb
der Sprungtemperatur nicht ausreichend, um den gebundenen Zustand aufzu-
lösen, oberhalb von T_c wird die Bindung der Elektronen aber zerstört.

Cooper-Paare können nur schwer gestreut werden.

Dass auch Streuprozesse nicht in der Lage sind, den supraleitenden Zustand
zu stören, liegt an der Energielücke: Ein Streuprozess müsste hinreichend viel
Energie auf ein Elektron eines Cooper-Paares übertragen, um die Paarbin-
dung aufzubrechen. Bei niedrigen Temperaturen sind die Energien thermischer
Schwingungen hierfür zu klein. Streuprozesse an Fremdatomen sind im allgemeinen elastisch, ändern also die Energie der Streupartner nicht. Dass sie ebenfalls
nicht in der Lage sind, die Cooper-Paare aufzubrechen, liegt daran, dass die

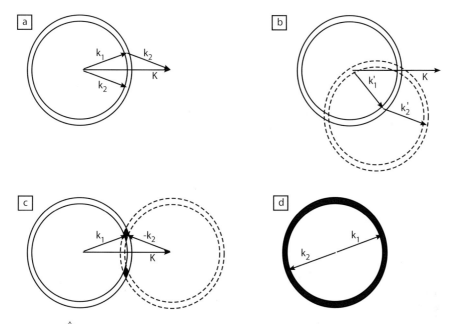

Bild 9.6. Impulsübertrag zwischen Elektronen im reziproken Gitter. Dargestellt sind jeweils die Fermikugel und eine zweite Kugel mit einer geringfügig höheren Energie, die dem möglichen Energieübertrag durch eine Gitterschwingung entspricht. Haben zwei Elektronen vor dem Stoß die Gitterimpulse $\vec{k}_1$ und $\vec{k}_2$, dann ist der Gesamtimpuls $\vec{K} = \vec{k}_1 + \vec{k}_2$ (a). Dieser muss beim Stoß erhalten bleiben, ebenso die Energie. Eine beliebige Änderung des Impulses der Elektronen ist deshalb nicht möglich (b). Um die möglichen Impulswerte nach einem Impulsübertrag zu bestimmen, zeichnet man zwei Fermikugeln um den Anfangs- und Endpunkt des Vektors des Gesamtimpulses $\vec{K}$ (c). Nur Impulswerte, die innerhalb des schattierten Bereichs liegen, haben sowohl den richtigen Betrag als auch die richtige Richtung. Die Zahl der Möglichkeiten für einen Impulsübertrag ist also stark eingeschränkt. Sie ist am größten, wenn die beiden Anfangsimpulse genau entgegengesetzt sind, so dass $\vec{K} = 0$ ist (d). Darstellung nach [9].

Cooper-Paare einen kollektiven Zustand bilden, wie wir im nächsten Abschnitt sehen werden.

Einige Metalle werden auch bei sehr niedrigen Temperaturen nicht supraleitend. Dazu gehören die Edelmetall Kupfer, Silber und Gold. Diese Metalle sind bei Raumtemperatur sehr gute elektrische Leiter, weil die Wechselwirkung der Elektronen mit den thermischen Gitterschwingungen schwach ist. Umgekehrt bedeutet das, dass Elektronen sich bei niedrigen Temperaturen nur schwer zu Cooper-Paaren binden können, weil sie das Ionengitter nur wenig verzerren können.

Auch Eisen wird nicht supraleitend. In diesem Fall ist es die Wechselwirkung, die zum Ferromagnetismus führt (siehe Kapitel 10), die die Bildung der Cooper-

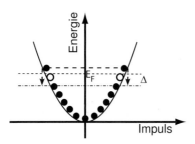

Bild 9.7: Schematische Darstellung der Cooper-Paar-Bindung im eindimensionalen
Energie-Impuls-Diagramm. Zwei Elektronen, die Zustände direkt oberhalb
der Fermikante besetzen, verringern durch die Bindung ihre Energie, so
dass die Energie des Paares um einen Betrag Δ unterhalb der Fermienergie liegt. Die Darstellung ist nicht maßstabsgetreu, da real $\Delta \ll E_F$ ist.

Paare behindert.

9.2.2 Bosonen und Fermionen

Wie bekommt man Elektronen in einen kollektiven Zustand?

Wie bereits erwähnt bilden die Elektronen in einem Supraleiter einen kollektiven Quantenzustand. Da Elektronen jedoch dem Pauli-Prinzip genügen, scheint
dies zunächst unmöglich.

Das Pauli-Prinzip (s. Kapitel 3) besagt, dass nur zwei Elektronen einen Zustand besetzen können. Tatsächlich ist dieses Prinzip in dieser Form nicht ganz
korrekt formuliert. Wir haben bisher eine Eigenschaft der Elektronen vernachlässigt, die als *Spin* (vom englischen to spin, »sich drehen«) bezeichnet wird.
Der Spin ist eine rein quantenmechanische Größe und hat keine echte Entsprechung in der klassischen Physik. Der Spin hat die Einheit eines Drehimpulses,
und man kann ihn als »inneren Drehimpuls« eines Teilchens auffassen. Stellt

Elektronen haben einen inneren Drehimpuls, den Spin.

man sich ein Elektron als ein kleines, kugelförmiges Teilchen vor, so entspricht
der Spin einer Drehung dieses Teilchens um seine Achse. Dieses Bild ist jedoch
problematisch, zum einen, weil Elektronen ja durch Orbitale beschrieben werden und nicht als Teilchen, zum anderen, weil der Spin eines Teilchens, wie wir
gleich sehen werden, nur ganz bestimmte Werte annehmen kann. Auch andere Teilchen, beispielsweise Protonen, Neutronen und auch Photonen, besitzen
einen Spin.

Der Spin eines Elektrons hat den Wert $\hbar/2$.

Der Spin eines Elektrons ist gequantelt. Misst man den Spin eines Elektrons
entlang einer bestimmten Achse, so hat dieser entweder den Wert $+\hbar/2$ oder
$-\hbar/2$.[1] Es ist also beispielsweise nicht möglich, ein Elektron dazu zu bringen,
sich »schneller« zu drehen und so seinen inneren Drehimpuls zu erhöhen; man
kann den Spin eines Elektrons nur umorientieren, aber seinen Betrag nicht
verändern. Misst man den Spin in Einheiten von $\hbar$, so hat das Elektron also

---

1 Da ein Drehimpuls das Produkt aus Impuls und Länge ist, hat er die Einheit kgm^2/s =
  Nms = Js.

einen halbzahligen Spin. Andere Teilchen mit halbzahligem Spin sind Protonen oder Neutronen.

⤳ Man kann den Spin von Elektronen und seinen Zusammenhang mit einem Drehimpuls experimentell nachweisen. Eine Möglichkeit dazu ist der Einstein-de Haas-Effekt, benannt nach Albert Einstein und Wander Johannes de Haas, 1878–1960. Dabei wird ein magnetischer Zylinder in ein starkes Magnetfeld gebracht, so dass sich alle Elektronenspins in dieselbe Richtung orientieren. Anschließend kehrt man das Magnetfeld um. Da jeder Elektronenspin einem Drehimpuls entspricht, gerät der Zylinder dadurch in eine auch makroskopisch sichtbare Rotation [8].

Alle Teilchen mit einem halbzahligen Spin werden nach dem Physiker Enrico Fermi (1901–1953) als *Fermionen* bezeichnet. Fermionen gehorchen dem Pauli-Prinzip, das wir, unter Berücksichtigung des Spins, nun wie folgt formulieren können: Ein Quantenzustand kann immer nur von genau einem Fermion besetzt werden. In Kapitel 3 wurde das Pauli-Prinzip so formuliert, dass ein Orbital nur von genau zwei Elektronen besetzt werden kann. Die beiden Elektronen innerhalb eines Orbitals haben dann entgegengesetzten Spin, so dass sie sich nicht im selben Quantenzustand befinden.

Photonen gehorchen nicht dem Pauli-Prinzip. Sie besitzen einen ganzzahligen Spin, der, entlang einer bestimmten Achse gemessen, Werte von $\pm\hbar$ annehmen kann. Derartige Teilchen bezeichnet man als *Bosonen*, benannt nach dem Physiker Satyendranath Bose (1894–1974). Bosonen gehorchen dem im vorigen Kapitel erläuterten Prinzip, nach dem die Wahrscheinlichkeit, ein Boson in einem bereits von n anderen Bosonen besetzten Zustand zu finden, um den Faktor $n + 1$ erhöht ist.

Wie bereits erwähnt bilden die Elektronen in einem Supraleiter einen kollektiven Quantenzustand. Da Elektronen jedoch Fermionen sind und somit dem Pauli-Prinzip genügen, scheint dies zunächst unmöglich. Damit alle Elektronen denselben Quantenzustand einnehmen können, müssten sie Bosonen sein, also einen ganzzahligen Spin besitzen.

Den Spin eines einzelnen Elektrons kann man jedoch nicht auf ganzzahlige Werte bringen, er ist immer $\pm\hbar/2$. Einzelne Elektronen verhalten sich immer wie Fermionen. Verbindet man jedoch zwei Elektronen miteinander, so ist der Spin des Elektronenpaares ganzzahlig und kann Werte von $-\hbar$, 0 oder $+\hbar$ annehmen. Das so zusammengefügte Elektronenpaar verhält sich dann wie ein Boson.

Durch die Gitterwechselwirkung werden die Elektronen in einem Supraleiter wie oben erklärt zu Cooper-Paaren gebunden. Diese Elektronenpaare können sich alle im selben Zustand befinden und tun dies auch bevorzugt, da es sich ja um Bosonen handelt. Dabei dürfen allerdings niemals zwei einzelne Elektronen im selben Zustand sein, denn dies wird durch das Pauli-Prinzip verboten. Dies wird dadurch gewährleistet, dass die Elektronen eines Cooper-Paares entgegengesetzten Spin und entgegengesetztem Impuls $\pm\hbar\vec{k}$ besitzen. Der Gesamtimpuls des Paares ist dann Null, ebenso der Gesamtdrehimpuls. Die einzelnen Elektronen haben jedoch alle unterschiedliche $\vec{k}$-Werte, siehe auch Bild 9.5.

Margin notes:

Elektronen sind Fermionen.

Pauli-Prinzip: Jeder Elektronenzustand kann nur von einem Elektron besetzt sein.

Photonen sind Bosonen.

Wie macht man aus Elektronen Bosonen?

Elektronenpaare verhalten sich wie Bosonen.

Die Cooper-Paare im Supraleiter sind alle im selben Zustand.

9.2.3   Der supraleitende Zustand

Supraleitender Strom: Alle Cooper-Paare haben denselben Gesamtimpuls.

Legt man ein elektrisches Feld an den Supraleiter an, so fließt ein widerstandsfreier Strom. Jedes der Cooper-Paare hat ohne äußeres Feld einen Gesamt-Gitterimpuls von Null, da die Gitterimpulse der beiden Elektronen genau entgegengesetzt sind. Mit anliegendem elektrischen Feld verschiebt der Impuls der Cooper-Paare. Alle Cooper-Paare haben jetzt denselben Gesamtimpuls $\vec{K}$ und können so den Strom leiten.

Elektronen können aus dem kollektiven Zustand nicht gestreut werden.

Im vorigen Abschnitt wurde erläutert, dass thermische Schwingungen bei niedrigen Temperaturen nicht genügend Energie haben, um die Cooper-Paare aufzubrechen. Es stellt sich aber die Frage, warum die in jedem Metall vorhandenen Fremdatome nicht als Streuzentren wirken und die Cooper-Paare elastisch streuen können, so dass sie ihren Impuls und damit ihre Flussrichtung ändern. Dies liegt an der Eigenschaft der Bosonen, bevorzugt denselben Zustand einzunehmen [13]: Eine elastische Streuung in den stromtragenden Zustand (in dem jedes Cooper-Paar denselben Impuls $\vec{K}$ trägt) ist deshalb wesentlich wahrscheinlicher als eine Streuung in einen anderen Zustand.

Nicht alle Elektronen beteiligen sich am supraleitenden Zustand.

In einem Supraleiter befinden sich nicht alle Elektronen im supraleitenden Zustand: Bei Erreichen der Sprungtemperatur beginnen die Elektronen, sich zu Paaren zusammenzuschließen. Je niedriger die Temperatur wird, desto größer wird die Zahl der Elektronen im supraleitenden Zustand; es werden jedoch niemals alle Elektronen in den supraleitenden Zustand übergehen. Der Strom in einem Supraleiter wird allerdings wegen der wesentlich höheren Leitfähigkeit der Elektronen im supraleitenden Zustand nur von diesen getragen.

⤳   Der Übergang von normal- zum supraleitenden Zustand ist ein Phasenübergang. Weil die Cooper-Paare Bosonen sind, die sich im selben Zustand zusammenschließen, spricht man oft auch von einer Bose-Einstein-Kondensation.

⤳   Ein der Supraleitung sehr ähnliches Phänomen ist die Suprafluidität: Wird Helium auf sehr niedrige Temperaturen unterhalb von 2,18 K abgekühlt, so verliert es seine Viskosität vollständig. Es ist dann in der Lage, ohne jeden messbaren Widerstand zu fließen und durch Kapillarwirkung auch durch kleinste Öffnungen eines Gefäßes zu entkommen. Befindet sich das Suprafluid in einem offenen Behälter, so fließt es über dessen Wandung und aus dem Behälter heraus.

⤳   Heliumatome besitzen zwei Elektronen und in ihrem Atomkern zwei Protonen und zwei Neutronen. Sie bestehen deshalb aus insgesamt 6 Fermionen, so dass ihr Gesamtspin ganzzahlig ist. Sie verhalten sich also wie Bosonen. Helium wird suprafluid, weil sich, ähnlich wie bei den Cooper-Paaren, die Heliumatome alle im selben Zustand befinden, aus dem sie nur schwer gestreut werden können. Auch dies ist ein Fall von Bose-Einstein-Kondensation.

Insgesamt beruht die Supraleitung also auf folgenden Effekten: Die durch das Kristallgitter vermittelte Anziehung zwischen den Elektronen sorgt dafür, dass sich jeweils zwei Elektronen zu einem Paar zusammenschließen. Die Elektronenpaare bilden einen kollektiven Zustand, in dem alle Paare sich gleich verhalten. Um Elektronen aus diesem Zustand herauszulösen, muss eine Energie zur Verfügung gestellt werden, die größer als die Bindungsenergie (Energielücke) ist.

Bei niedrigen Temperaturen reicht die Energie von Streuprozessen hierzu nicht aus.

Aufgabe 9.2: Bei vielen Metallen beobachtet man, dass die Wärmeleitfähigkeit im supraleitenden Zustand deutlich niedriger ist als im normalleitenden. Überlegen Sie, warum das so ist. □

9.3   Hochtemperatur-Supraleiter

Die Sprungtemperatur in herkömmlichen Supraleitern liegt bei maximal etwa 23 K. Sie ist damit für die meisten technischen Anwendungen zu niedrig, da für solche Temperaturen eine aufwändige Kühlung mit flüssigem Helium vorgenommen werden muss. Da, wie wir gesehen haben, die Sprungtemperatur mit der Stärke der Anziehung zwischen den Elektronen zusammenhängt, ist jedoch theoretisch nicht zu erwarten, dass wesentlich höhere Sprungtemperaturen möglich sind, denn dafür müssten entsprechend starke Anziehungskräfte zwischen den Elektronen herrschen.

Sprungtemperaturen von metallischen Supraleitern sind niedrig.

Es war deshalb eine immense Überraschung, als im Jahr 1986 Johannes Georg Bednorz (1950–) und Karl Alexander Müller (1927–) Supraleiter mit einer Sprungtemperatur von 35 K entdeckten, wofür sie bereits 1987 mit dem Physik-Nobelpreis ausgezeichnet wurden. Dabei handelte es sich überraschenderweise um eine keramische Verbindung, nämlich $La_{1,85}Ba_{0,15}CuO_4$. Innerhalb kurzer Zeit wurden immer neue Verbindungen mit immer höheren Sprungtemperaturen erreicht. Ein Meilenstein war dabei 1987 die Entdeckung eines Supraleiters, in dem Lanthan durch Yttrium ersetzt wurde und dessen Sprungtemperatur oberhalb von 77 K lag, so dass er mit dem deutlich preisgünstigeren flüssigen Stickstoff gekühlt werden konnte. Inzwischen liegt die höchste erreichte Sprungtemperatur bei 138 K. Diese neuartigen Materialien werden als *Hochtemperatur-Supraleiter* bezeichnet.

Sensation: Die Entdeckung von keramischen Hochtemperatur-Supraleitern.

Hochtemperatur-Supraleiter sind Oxide seltener Erden und damit keramische Materialien. Anders als übliche Keramiken sind sie allerdings auch oberhalb ihrer Sprungtemperatur keine Isolatoren, sondern elektrische Leiter. Bisher ist nicht geklärt, warum diese Materialien bei so hohen Temperaturen supraleitend werden. Nach den obigen Überlegungen sind dazu Bindungsenergien zwischen den Elektronen in der Größenordnung von 0,01 eV erforderlich.

Hochtemperatur-Supraleiter sind spezielle Keramiken.

Eine wichtige Rolle bei der Hochtemperatur-Supraleitung spielt die komplizierte Kristallstruktur (siehe Bild 9.8), die Ebenen aus Kupfer und Sauerstoffatomen besitzt. Die Sauerstoffatome dienen dabei vermutlich als Elektronenakzeptoren [27]. Sie führen dazu, dass in einigen Bindungen Elektronen fehlen. Diese Fehlstellen verhalten sich ähnlich wie die Löcher in einem Halbleiter (Kapitel 7). Unterhalb der Sprungtemperatur verbinden sich jeweils zwei solcher Lochzustände zu einem Cooper-Paar. Die umliegenden Sauerstoffatome sowie die Metallatome können zusätzliche Löcher zur Verfügung stellen, indem sie Elektronen aufnehmen. Unklar ist, woher die starke Wechselwirkung der Ladungsträger kommt, die für die Bildung von Cooper-Paaren notwendig ist. Möglicherweise spielen hier magnetische Effekte eine Rolle.

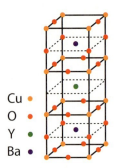

Bild 9.8. Kristallstruktur von Yttrium-Barium-Kupferoxid.

Hochtemperatur-Supraleiter haben sehr große kritische Stromdichten.

Hochtemperatur-Supraleiter können sehr große kritische Stromdichten von bis zu $10^6 \, \mathrm{A/cm^2}$ besitzen. Das Hauptproblem bei ihrer Anwendung ist, dass sie sich mechanisch wie Keramiken verhalten, also spröde brechen und nur eine sehr geringe Verformbarkeit besitzen. Drähte aus diesen Materialien herzustellen ist deshalb schwierig. Hierzu verwendet man metallische Träger, beispielsweise Silberstreifen.

9.4   Anwendungen

Supraleiter für starke Magnetfelder.

Supraleiter können offensichtlich überall dort eingesetzt werden, wo hohe Stromstärken erforderlich sind. Ein Beispiel hierfür ist die Erzeugung sehr starker Magnetfelder, da die Stromstärken in herkömmlichen Kupferkabeln durch die Wärmeproduktion begrenzt sind.

Medizintechnik: Magnetfelder für die MagnetResonanzSpektroskopie.

Ein Anwendungsgebiet für supraleitende Magnete ist die Medizintechnik: Die so genannte Magnetresonanz-Spektroskopie (MRI, »magnetic resonance imaging«, auch Kernspintomographie genannt) verwendet extrem starke Magnetfelder, die in der Lage sind, die Spins von Protonen in Wasserstoffatomen innerhalb des menschlichen Körpers zu beeinflussen. Die Protonen nehmen dabei Energie aus dem Magnetfeld auf und geben diese später als Strahlung bei einer charakteristischen Frequenz wieder ab. Die Signale stammen dabei hauptsächlich von Wasser- und Fettmolekülen, deren Gehalt in verschiedenen Geweben unterschiedlich ist.

Um aus dieser Strahlung ein Bild erzeugen zu können, muss natürlich der Ursprungsort der Strahlung bestimmt werden können, denn dem Arzt nützt es wenig zu wissen, dass das untersuchte Gewebe prinzipiell vorhanden ist.

MRIs brauchen inhomogene Felder.

Die Frequenz der ausgesandten Strahlung hängt von der Magnetfeldstärke ab. Deshalb wird kein homogenes Magnetfeld angelegt, sondern ein Feld mit einem Gradienten. Man erhält also ein Intensitätsspektrum als Funktion der Frequenz und kann über den bekannten Magnetfeldgradienten (und eine Fourier-Analyse) auf den Ursprungsort des Signals zurückrechnen.

Auch der Einsatz in Magnetschwebebahnen ist möglich – in Japan wurde 1999 eine Magnetschwebebahn mit supraleitenden Magneten getestet, die eine

Geschwindigkeit von über $500\,\mathrm{km/h}$ erreichte.

Supraleitende Magnete werden auch in Teilchenbeschleunigern eingesetzt, in denen sehr starke Magnetfelder erforderlich sind, um die nahezu mit Lichtgeschwindigkeit fliegenden Elementarteilchen mit Hilfe der Lorentz-Kraft auf eine Kreisbahn zu zwingen. Im Teilchenbeschleuniger LHC am CERN (Genf) werden 9300 supraleitende Magnete aus NbTi eingesetzt, die auf $2\,\mathrm{K}$ abgekühlt werden, um Magnetfelder von $10\,\mathrm{Tesla}$ zu erzeugen.

Supraleiter für die Hochenergiephysik.

⤳   Das Tesla als Einheit der Magnetfeldstärke ist aus dem Alltag wenig vertraut.
Das Erdmagnetfeld hat eine Stärke von etwa $4 \cdot 10^{-5}\,\mathrm{T}$, ein typischer Magnet, wie er im Alltag verwendet wird, von etwa $0{,}1\,\mathrm{T}$. In Kernspintomographen werden Magnetfelder mit Stärken im Bereich von 10–$20\,\mathrm{T}$ eingesetzt. Technisch können Felder mit Stärken bis zu etwa $100\,\mathrm{T}$ erzeugt werden. In der Natur kommen allerdings wesentlich höhere Werte vor; auf der Oberfläche eines Neutronensterns kann die Magnetfeldstärke bis zu $10^{13}\,\mathrm{T}$ betragen.

Ein offensichtlicher Einsatz von Supraleitern ist die Stromerzeugung und der Stromtransport. Die Verwendung von Supraleitern in Generatoren kann deren Effizienz deutlich erhöhen und wird deshalb zur Zeit industriell intensiv untersucht. Auch supraleitende Stromkabel sind eine vielversprechende Anwendung, die zur Zeit auf ihre Anwendung hin getestet wird. Ihr Vorteil besteht darin, dass sie sehr hohe Stromdichten transportieren können, so dass die Betriebsspannung bei gleicher Leistung geringer gehalten werden kann. Bild 9.9 zeigt ein Beispiel für ein solches Kabel aus einem Hochtemperatur-Supraleiter.

Supraleiter in Kabeln und Generatoren.

⚡   So genannte SQUIDs (superconducting quantum interference device, supraleitendes Quanteninterferenzgerät) sind supraleitende Magnetfelddetektoren mit extrem hoher Empfindlichkeit. Sie bestehen aus einem Ring aus supraleitendem Material, der an zwei Stellen durch einen Normalleiter unterbrochen ist und der eine Energiebarriere für die Cooper-Paare darstellt. Diese haben dennoch eine gewisse Wahrscheinlichkeit, diese Barriere zu überwinden, wobei ein Strom fließt, der sehr empfindlich vom angelegten Magnetfeld abhängt. Damit können Magnetfelder nachgewiesen werden, die um einen Faktor 10^{11} schwächer als das Erdmagnetfeld sind. Dies ist von Interesse in der Medizintechnik zur Analyse von Magnetfeldern im Gehirn oder im Herzen.

9.5   Schlüsselkonzepte

- Elementarteilchen können einen Spin besitzen, einen inneren Drehimpuls.

- Alle Elementarteilchen (Photonen, Elektronen, Protonen etc.) sind entweder Bosonen oder Fermionen.

- Bosonen haben einen ganzzahligen Spin (in Einheiten von $\hbar$). Sie halten sich bevorzugt im selben Zustand auf.

- Fermionen haben einen halbzahligen Spin. Der Elektronenspin ist $\hbar/2$.

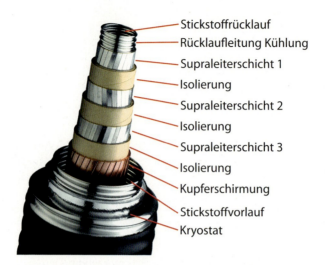

Stickstoffrücklauf
Rücklaufleitung Kühlung
Supraleiterschicht 1
Isolierung
Supraleiterschicht 2
Isolierung
Supraleiterschicht 3
Isolierung
Kupferschirmung
Stickstoffvorlauf
Kryostat

Bild 9.9: Aufbau eines supraleitenden 10 kV-Kabels aus einem Hochtemperatur-Supraleiter aus Bismut-Strontium-Calcium-Kupferoxid. Das Kabel wird mit flüssigem Stickstoff gekühlt, um die Sprungtemperatur zu unterschreiten. Im Jahr 2013 wurde in der Stadt Essen im Projekt AmpaCity ein solches ein Kilometer langes supraleitendes Kabel zur Stromverteilung installiert, das ab Frühjahr 2014 eine Leistung von bis zu 40 MW transportieren soll. Mit freundlicher Genehmigung der Nexans Deutschland GmbH.

- Fermionen gehorchen dem Pauli-Prinzip: Zwei Fermionen können sich nie im selben Zustand aufhalten. Das Pauli-Prinzip aus Kap. 3 war vereinfacht, weil der Spin der Elektronen nicht berücksichtigt wurde. Atomorbitale können also jeweils zwei Elektronen mit unterschiedlichem Spin aufnehmen.

- Durch Schwingungen des Kristallgitters wird eine anziehende Wechselwirkung zwischen Elektronen vermittelt. Diese kann dazu führen, dass Elektronen sich zu Cooper-Paaren zusammenschließen.

10 Magnetische Werkstoffe

10.1 Magnetische Felder

Elektrische Felder können auf zwei Arten hervorgerufen werden: Durch zeitlich veränderliche magnetische Felder oder durch elektrische Ladungen. Es gibt jedoch keine magnetischen Ladungen. Magnetfelder entstehen entweder durch zeitlich veränderliche elektrische Felder oder durch bewegte elektrische Ladungen. Beispielsweise erzeugt eine Leiterschleife, durch die ein Strom fließt, ein magnetisches Feld.

Magnetfelder entstehen durch bewegte elektrische Ladungen.

Da es keine magnetischen Ladungen gibt, können die Feldlinien des Magnetfeldes $\vec{B}$ nirgends enden[1], so dass Magnetfeldlinien immer geschlossen sind. Das Feld einer einzelnen ebenen Leiterschleife, die von einem Strom durchflossen wird, ist in Bild 10.1 dargestellt. Reiht man mehrere solcher Schleifen hintereinander auf, so ergibt sich eine Spule wie in Bild 1.7.

Magnetische Feldlinien sind immer geschlossen.

Das magnetische Feld einer einzelnen Leiterschleife fällt nach Außen hin mit der dritten Potenz des Abstandes ab, genauso wie das Feld eines elektrischen Dipols. Deshalb spricht man auch von magnetischen Dipolen, obwohl dies streng genommen falsch ist, da es ja keine entgegengesetzten magnetischen Ladungen gibt. Man definiert das *Dipolmoment* oder *magnetische Moment* μ einer ebenen Leiterschleife mit Fläche S, die von einem Strom der Stärke I durchflossen wird, als $\mu = IS$. Häufig wird das magnetische Moment auch als Vektor dargestellt, um die Richtung der Leiterschleife zu kennzeichnen; der Vektor $\vec{\mu}$ steht dann senkrecht auf der Ebene der Leiterschleife, seine Richtung ist durch die Rechte-Hand-Regel gegeben: Man lässt die Finger der rechten Hand in Richtung des Stromflusses zeigen, dann zeigt der Daumen in Richtung von $\vec{\mu}$.

Das magnetische Moment einer Leiterschleife.

Wir betrachten als Beispiel ein klassisches geladenes Teilchen, beispielsweise ein Elektron, das sich mit Geschwindigkeit v auf einer Kreisbahn bewegt. Der Strom ist definiert als Ladungsfluss pro Zeit. Bei einem Umfang der Kreisbahn von $2\pi r$ befindet sich das Elektron nach einer Zeit $2\pi r/v$ wieder am selben Ort. Der durch das Elektron erzeugte Strom ist also $I = -ev/2\pi r$. Für das magnetische Moment ergibt sich

Magnetisches Moment eines Teilchens auf einer Kreisbahn.

$$\mu = IS = \frac{-ev}{2\pi r}\pi r^2 = -\frac{1}{2}e\omega r^2 \tag{10.1}$$

$$= \frac{-evr}{2} = \frac{-eL}{2m}. \tag{10.2}$$

Drehimpuls und magnetisches Moment sind proportional.

In der ersten Zeile wurde dabei die Kreisfrequenz $\omega = v/r$ verwendet. L ist der

---

1 Die Feldlinien des elektrischen Feldes beginnen und enden ja an den elektrischen Ladungen.

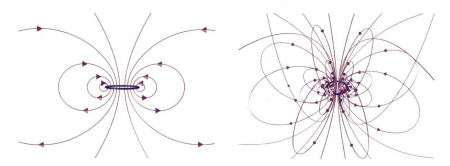

Bild 10.1: Magnetfeld einer Leiterschleife in zwei und drei Dimensionen.

Drehimpulsbetrag des Teilchens (denn nach Definition ist $\vec{L} = \vec{r} \times \vec{p}$).

Magnetische Momente richten sich in Magnetfeldern aus.

Da magnetische Momente durch bewegte elektrische Ladungen entstehen, wirkt auf sie in einem Magnetfeld die Lorentz-Kraft (siehe Gleichung (1.3)). Diese steht senkrecht auf der Bewegungsrichtung der Ladungen und übt deshalb ein Drehmoment $\vec{\tau} = \vec{\mu} \times \vec{B}$ auf das magnetische Moment aus. Das Moment richtet sich also innerhalb des Magnetfeldes aus.

10.2   Materie in Magnetfeldern

10.2.1   Dia-, Para- und Ferromagnetismus

In Kapitel 3 hatten wir uns mit der Wirkung elektrischer Felder auf Materie beschäftigt. Dabei gab es zwei Effekte: Vorhandene elektrische Dipole konnten sich ausrichten oder Dipole konnten induziert werden. In beiden Fällen verschieben sich die negativen Ladungen so, dass sie zum Ursprung der elektrischen Feldlinien zeigen, siehe Bild 3.14. Damit ist das Feld sowohl im Inneren des Materials als auch außerhalb abgeschwächt.

Das Magnetfeld ist entweder innerhalb oder außerhalb des Materials abgeschwächt.

Bei den magnetischen Eigenschaften eines Materials ist es nicht möglich, das äußere Feld überall abzuschwächen, weil Magnetfeldlinien immer geschlossen sein müssen. Sind die magnetischen Momente innerhalb des Materials entgegengesetzt zum äußeren Feld ausgerichtet, so wird das Feld innerhalb des Materials sowie an der oberen und unteren Seite abgeschwächt, neben dem Material aber verstärkt. Derartige Materialien bezeichnet man als *diamagnetisch*, siehe Bild 10.2 a. Sind die magnetischen Momente dagegen parallel zum äußeren Feld orientiert, so wird das Feld innerhalb des Materials sowie an seiner Ober- und Unterseite verstärkt; neben dem Material dagegen abgeschwächt. Solche Materialien nennt man *paramagnetisch* (Bild 10.2 b).

Diamagnetismus: Induzierte magnetische Momente.

Diamagnetismus entsteht durch induzierte magnetische Momente, wie in Bild 10.3 a dargestellt. Ohne anliegendes Feld enthält das Material keine magnetischen Momente. Wird ein Feld angelegt, entstehen Dipole, die dem äußeren Feld entgegengesetzt sind. Dies muss so sein, da es andernfalls zu einem katastrophalen Aufschaukeln der Induktion kommen könnte (so genannte Lenzsche Regel, nach Heinrich Friedrich Emil Lenz, 1804–1865).

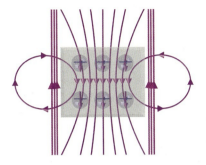

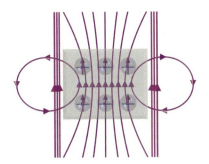

a: Diamagnetisch   b: Paramagnetisch

Bild 10.2: Diamagnetische und paramagnetische Materialien im äußeren Magnetfeld.
Im diamagnetischen Material sind die magnetischen Moment umgekehrt
zum äußeren Feld orientiert, so dass das Feld innerhalb des Materials abgeschwächt wird. Im paramagnetischen Material sind äußeres Feld und innere Momente gleichgerichtet, so dass sich das Feld im Inneren verstärkt.

Sind dagegen magnetische Momente im Material vorhanden, so übt das
Magnetfeld, wie wir oben gesehen haben, ein Drehmoment auf die Momente aus. Dadurch richten sich die Momente parallel zum äußeren Feld aus, siehe
Bild 10.3 b. Damit ist das Feld in ihrem Inneren verstärkt, das Material ist
paramagnetisch.

> Paramagne-
> tismus:
> Vorhandene
> magnetische
> Momente.

In einem *Ferromagneten* gibt es ebenfalls permanente magnetische Momente.
Diese wechselwirken so stark miteinander, dass sie sich spontan parallel zueinander ausrichten können, auch wenn kein äußeres Feld anliegt, siehe Bild 10.3 c.
Wird ein hinreichend starkes äußeres Feld angelegt, so ordnen sich die Momente
entsprechend um.

> Ferromagne-
> tismus:
> spontane Ma-
> gnetisierung.

Ein Blick ins Periodensystem zeigt, dass die meisten Metalle paramagnetisch
sind, Nicht-Metalle dagegen sind erwartungsgemäß diamagnetisch. (Ferromagnetismus und Antiferromagnetismus werden in Abschnitt 10.2.6 diskutiert.)

> Metalle sind
> meist parama-
> gnetisch;
> Nicht-Metalle
> diamagnetisch.

Mit den Mitteln der klassischen Physik ist es allerdings nicht möglich, den
Magnetismus wirklich zu verstehen. Trotz der Überlegungen zu Para- und Diamagnetismus in diesem Abschnitt kann man beweisen, dass es im Rahmen
der klassischen Physik weder Para- noch Diamagnetismus geben kann (Bohr-
van-Leeuwen-Theorem, nach Niels Bohr und Hendrika-Johanna van Leeuwen,
1887-1974).

> Die klassische
> Physik kann
> den
> Magnetismus
> nicht erklären.

Dazu betrachtet man nicht die magnetischen Momente innerhalb der Materie,
sondern direkt die Ladungsträger, die diese magnetischen Momente hervorru-
fen. Wir betrachten ein System mit festen äußeren Wänden im thermodynamischen
Gleichgewicht. Die Wahrscheinlichkeit, das System in einem bestimmten Zustand zu
finden, lässt sich mit dem Boltzmann-Gesetz aus der Energie aller möglichen Zustände berechnen. Nun schaltet man langsam das Magnetfeld ein. Da die Kraft immer
senkrecht zur Bewegungsrichtung der Ladungen im thermodynamischen System ist

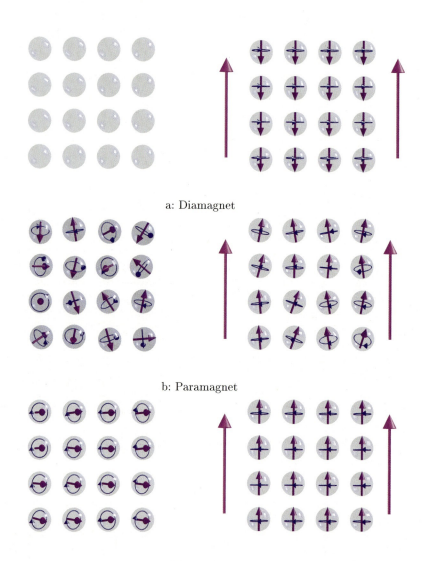

a: Diamagnet

b: Paramagnet

c: Ferromagnet

Bild 10.3: Diamagnetismus, Paramagnetismus und Ferromagnetismus. Erläuterung im Text.

$(\vec{F} = \vec{v} \times \vec{\mathcal{B}})$, leistet sie keine Arbeit. Die Energie jedes Zustandes ändert sich dabei also nicht, damit sind auch alle Wahrscheinlichkeiten der Zustände dieselben. Eine detaillierte Erläuterung dieses Arguments findet sich in [13, vol. II].

10.2.2 Die magnetische Suszeptibilität

In Abschnitt 3.4.1 wurde erläutert, wie sich das elektrische Feld im Inneren eines Dielektrikums verhält. Durch Bildung oder Umorientierung von Dipolen wird das Feld im Inneren abgeschwächt. Die elektrische Suszeptibilität beschreibt, wie sich das elektrische Feld im Inneren eines dielektrischen Materials verändert.

Für das magnetische Verhalten eines Materials kann man ganz analog die *magnetische Suszeptibilität* einführen, die meist ebenfalls mit dem Formelzeichen χ bezeichnet wird. Sie stellt für hinreichend schwache Magnetfelder eine Beziehung zwischen dem äußeren Feld $\mathcal{B}$ und dem magnetischen Moment M des Materials her: $M = \chi(1/\mu_0)\mathcal{B}$. Die Konstante μ_0 ist dabei die Vakuumpermeabilität $\mu_0 = 1/(\varepsilon_0 c^2)$. Für einen Paramagneten ist χ positiv, denn das magnetische Moment hat dasselbe Vorzeichen wie das Feld, für einen Diamagneten ist χ negativ.[2] Zusätzlich verwendet man auch gern die magnetische Permeabilität $\mu = \mu_0(1 + \chi)$.

Die magnetische Suszeptibilität.

Analog zur dielektrischen Verschiebung $\mathcal{D}$ für Dielektrika (siehe Seite 64) wird häufig auch ein magnetisches Feld $\mathcal{H}$ eingeführt. In diesem Fall wird dann $\mathcal{H}$ als Magnetfeld und $\mathcal{B}$ als magnetische Induktion oder magnetische Flussdichte bezeichnet. Im Vakuum gilt $\mathcal{H} = \mathcal{B}/\mu_0$. $\mathcal{H}$ enthält nicht den Anteil des Feldes $\mathcal{B}$, der durch die Magnetisierung von Materie zu Stande kommt. In Materie gilt also $\mathcal{H} = \mathcal{B}/\mu_0 - M$. Dies führt dazu, dass $\mathcal{H}$, anders als $\mathcal{B}$, nicht mehr unbedingt geschlossene Feldlinien besitzt. Feldlinien von $\mathcal{H}$ dürfen an der Oberfläche von Materialien enden, weil dort ja ein magnetisches Moment beginnt. Vom fundamentalen physikalischen Standpunkt aus gesehen ist die Bezeichnung von $\mathcal{H}$ als Magnetfeld ungeschickt, da $\mathcal{B}$ diejenige Größe ist, die direkt in die Maxwell-Gleichungen eingeht, während $\mathcal{H}$ das komplexe Verhalten magnetischer Materialien beinhaltet.

Insbesondere in älteren Büchern wird statt des SI-Einheitensystems oft das ältere cgs-System verwendet. In diesem System sind einige Konstanten direkt in die Einheiten integriert worden, so dass sich die Formeln durch andere Vorfaktoren von denen im SI-System unterscheiden. Beispielsweise hat in diesem System das Coulomb-Gesetz, Gleichung (1.2), die Form $\mathcal{E} = q/r^2$. Auch die Definition von $\mathcal{H}$ unterscheidet sich in unterschiedlichen Büchern. Es ist also Vorsicht geboten, wenn man Formeln aus unterschiedlichen Büchern miteinander in Einklang zu bringen versucht. Eine gut nachvollziehbare Diskussion der unterschiedlichen Konventionen findet sich in [13, vol II].

---

2 Es mag verwirrend erscheinen, dass bei einem dielektrischen Material die Suszeptibilität positiv ist, bei einem diamagnetischen Material dagegen negativ. Dies liegt an der Definition des elektrischen Dipolmoments, das ja von der negativen zur positiven Ladung des Dipols zeigt.

10.2.3 Magnetische Momente in der Quantenmechanik

Um das Verhalten magnetischer Materialien zu verstehen, müssen wir zunächst klären, wie magnetische Momente im Rahmen der Quantenmechanik beschrieben werden können. Das magnetische Moment eines Teilchens auf einer Kreisbahn ist nach Gleichung (10.2) proportional zu seinem Drehimpuls. Diese Proportionalität bleibt in der Quantenmechanik prinzipiell erhalten. Geladene Teilchen, die sich in einem Zustand mit nicht-verschwindendem Drehimpuls befinden, besitzen demnach ein magnetisches Moment.

Geladene Teilchen mit Drehimpuls besitzen ein magnetisches Moment.

Dies gilt zunächst für Elektronen selbst. Elektronen besitzen, wie im vorigen Kapitel erläutert, einen Spin, also einen intrinsischen Drehimpuls, und haben damit ebenfalls ein magnetisches Moment. Wie bereits erläutert ist es schwierig, sich diese Eigenschaft von Elektronen anschaulich vorzustellen; da man das magnetische Moment eines Elektrons (und auch seinen Spin) aber messen kann, muss man sich mit dieser Unanschaulichkeit abfinden.

Elektronen wirken wie kleine Magnete.

Wir haben bereits im vorigen Kapitel gesehen, dass der Elektronenspin gequantelt ist und nur bestimmte, diskrete Werte annehmen kann ($\pm\hbar/2$). Man sollte nach Gleichung (10.2) annehmen, dass ein Elektron mit Spin $s = \pm\hbar/2$ ein magnetisches Moment $\mu = -es/2m$ besitzt. Tatsächlich ist der Betrag des magnetischen Moments jedoch größer, und es gilt

Drehimpulse sind immer quantisiert.

$$\mu = -g\frac{es}{2m}\,, \tag{10.3}$$

wobei g der sogenannte g-Faktor des Elektrons ist. Er hat einen Wert von etwa 2. Die Größe $\frac{e\hbar}{2m}$ wird häufig als Bohrsches Magneton μ_B bezeichnet. Das magnetische Moment eines Elektrons zeigt wegen der negativen Ladung des Elektrons in die entgegengesetzte Richtung wie der Elektronenspin.

⤳   Der g-Faktor des Elektrons kann mit sehr hoher Präzision gemessen und auch in der Elementarteilchenphysik berechnet werden. Dabei ergibt sich eine Übereinstimmung zwischen Theorie und Experiment von 14 Dezimalstellen – das ist so genau, als würde man die Entfernung Erde-Mond auf einen Zehntel Millimeter (etwas mehr als die Dicke eines Haares) kennen.

Der Drehimpuls charakterisiert die Orbitaltypen im H-Atom.

In elementaren Materialien sind die Elektronen an Atome gebunden und werden durch die Atom-Orbitale beschrieben. In Kapitel 3 hatten wir gesehen, dass diese Orbitale als s-, p-, d-, ...-Orbitale beschrieben werden können, die sich in ihrer Form deutlich unterscheiden (s-Orbitale sind zum Beispiel immer kugelsymmetrisch). Ein Elektron in einem solchen Orbital trägt zusätzlich zu seinem Spin auch noch einen äußeren Drehimpuls, den man als *Bahndrehimpuls* bezeichnet: Beispielsweise hat ein Elektron in einem s-Orbital den Bahndrehimpuls 0, in einem p-Orbital 1 usw., gemessen jeweils in Einheiten von $\hbar$. Dieser Bahndrehimpuls wird durch eine Quantenzahl L gekennzeichnet. Anders als der Spin, der immer denselben Betrag besitzt, kann sich der Bahndrehimpuls eines Elektrons ändern, wenn es von einem Orbitalzustand in einen anderen

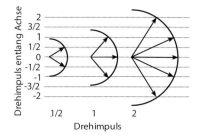

Bild 10.4: Mögliche Werte des Drehimpulses entlang einer gegebenen Achse für drei unterschiedliche Werte der Drehimpuls-Quantenzahl.

übergeht.[3]

Der (Bahn)-Drehimpuls hat also einen Betrag. Ein klassischer Drehimpuls hat auch eine Richtung, so dass man drei Zahlenwerte angeben muss, um ihn vollständig zu beschreiben. Dies ist in der Quantenmechanik etwas anders: Hat ein Teilchen eine Drehimpulsquantenzahl L, so kann man die Drehimpulskomponente entlang einer vorgegebenen Achse (typischerweise z-Achse genannt) messen, aber mehr nicht. Der Betrag entlang dieser Achse ist quantisiert und kann Werte zwischen $-L$ und $+L$ annehmen. Die Anzahl der Zustände zum Wert L des Gesamtdrehimpulses ist somit $2L + 1$; dies gilt so auch für halbzahlige Drehimpulse. Ein Elektron hat dementsprechend nur zwei Möglichkeiten für den Spinbetrag entlang einer Achse. Bild 10.4 zeigt die möglichen Drehimpulsbeträge entlang einer Achse für drei verschiedene Fälle.

Die Richtung des Drehimpulses.

Misst man die Größe des Gesamtdrehimpulses, so ergibt sie sich als $\sqrt{L(L+1)}$ (in Einheiten von $\hbar$). Dies ist auch der Radius der Halbkreise in Bild 10.4. Die Quantenzahl L entspricht also nicht ganz genau dem Betrag des Gesamt-Drehimpulses, sondern ist etwas kleiner. Da die maximale Komponente des Drehimpulses entlang einer Achse höchstens den Wert L annehmen kann, kann ein Drehimpuls niemals exakt entlang einer Achse ausgerichtet sein, eine weitere Unanschaulichkeit der Quantenmechanik, an die man sich leider gewöhnen muss. Diese Komplikation ist zum Glück im Folgenden unwichtig.

Ein s-Orbital hat einen Bahndrehimpuls von Null ($L = 0$),[4] also ist auch der Drehimpuls entlang einer beliebigen Achse immer Null. Ein p-Orbital hat den Wert $L = 1$, also gibt es drei mögliche Werte der Komponente in z-Richtung: $L_z = -1, 0, +1$. Diese entsprechen den drei möglichen Orbitalformen p_x, p_y und p_z.[5] Ein d-Orbital hat einen Wert von $L = 2$, also $L_z = -2, -1, 0, +1, +2$.

Der Drehimpuls der Orbitale im H-Atom.

---

3 Dies erklärt auch die Regeln für die Übergänge zwischen Orbitalen: Es sind nur solche Übergänge erlaubt, bei denen sich der Bahndrehimpuls um $1\hbar$ ändert, da dies der Drehimpuls ist, den das ausgesandte Photon mitnimmt (Drehimpulserhaltung). Andere Übergänge sind unwahrscheinlich, weil ein zusätzlicher Prozess gebraucht wird, der die Drehimpulserhaltung sicherstellt.

4 Das Elektron im s-Orbital selbst hat natürlich seinen Eigendrehimpuls von $\pm\hbar/2$.

5 Tatsächlich stimmt das nicht ganz: Die Orbitale bzw. die entsprechenden Wellenfunktionen sind Linearkombinationen aus den drei Drehimpulszuständen.

Elektronen in p-, d-,... - Orbitalen können also ein magnetisches Moment durch ihren Bahndrehimpuls und durch ihren Spin besitzen, während Elektronen in s-Orbitalen nur einen Spin, aber keinen Bahndrehimpuls haben.

Dass es Orbitale mit unterschiedlichen L_z-Werten gibt, erklärt auch, warum p- und d-Orbitale mehr als zwei Elektronen aufnehmen können: Die drei p-Orbitale bieten Platz für 6 Elektronen, die fünf d-Orbitale für 10 Elektronen.

Zum Bahndrehimpuls des Elektrons kommt noch der Spin des Elektrons hinzu. Beide Drehimpulse können miteinander wechselwirken und so die Energieniveaus des Elektrons geringfügig verschieben. Anschaulich kann man sich diesen Effekt im Teilchenmodell des Elektrons so vorstellen, dass im Ruhesystem des Elektrons der geladene Atomkern um das Elektron kreist und so ein Magnetfeld erzeugt, das mit dem Spin wechselwirkt. Diese Kopplung zwischen den Drehimpulsen wird als Spin-Bahn-Kopplung bezeichnet [55].

10.2.4 Diamagnetismus

Modell des Diamagnetismus: Ein Magnetfeld beschleunigt Elektronen auf Kreisbahnen.

Der Diamagnetismus kann näherungsweise mit einem einfachen Modell[6] erläutert werden. Dazu betrachtet man das Elektron als ein Teilchen, das auf einer Kreisbahn um den Atomkern läuft, verwendet also das Bohrsche Atommodell, wobei man das Problem der Abstrahlung elektromagnetischer Wellen ignoriert (siehe Abschnitt 3.3.1). In diesem Modell kann man sich vorstellen, dass das äußere Magnetfeld auf die Bewegung der Elektronen um den Atomkern wirkt und die Geschwindigkeit der Elektronen beeinflusst. Dadurch wird entsprechend das magnetische Dipolmoment der Atome verändert und so Dipole induziert.

Aufgabe 10.1: Betrachten Sie ein klassisches Elektron auf einer Kreisbahn mit Radius r um den Atomkern [49]. Ohne äußeres Magnetfeld wird es durch die Zentripetalkraft $F = mr\omega^2$ auf seiner Bahn gehalten. Berechnen Sie die Änderung der Zentripetalkraft durch ein anliegendes Magnetfeld senkrecht zur Umlaufbahn. Leiten Sie einen Zusammenhang zwischen der Änderung der Umlauffrequenz und dem Magnetfeld her. Nehmen Sie dabei an, dass die Änderung der Umlauffrequenz klein ist. Verwenden Sie Gleichung (10.1), um die Änderung des magnetischen Moments zu berechnen. □

Kovalent gebundene Materialien sind meist diamagnetisch.

Kovalent gebundene Moleküle haben normalerweise keine permanenten magnetischen Momente, weil die Elektronen in gepaarten Niveaus sitzen. Die kovalente Bindung führt ja dazu, dass sich jeweils zwei Elektronen innerhalb eines Orbitals befinden. Ihre Spins sind entgegengesetzt gerichtet, und da beide Zustände innerhalb des Orbitals besetzt sind, kann keins der Elektronen seinen Spin umkehren. Auch der Bahndrehimpuls der Elektronen eines kovalent gebundenen Moleküls, mit dem wir uns gleich ausführlicher beschäftigen werden, mittelt sich meist heraus, da meist alle bindenden Orbitale (siehe Abschnitt 3.3.3) voll besetzt sind. Kovalent gebundene Materialien sind deshalb meist diamagnetisch.

---

6 Eine genauere Berechnung des Diamagnetismus, die direkt den Einfluss des Magnetfelds auf die quantenmechanischen Energieniveaus berücksichtigt, findet sich in [2].

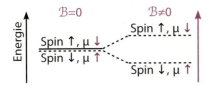

Bild 10.5: Aufspaltung der Energieniveaus eines Elektrons in einem Magnetfeld. Der Spin des Elektrons richtet sich im energetisch günstigen Fall entgegengesetzt zum äußeren Magnetfeld aus; sein magnetisches Moment ist dann parallel zum äußeren Magnetfeld orientiert.

Da alle Materialien Elektronenorbitale besitzen, die durch äußere Magnetfelder beeinflusst werden, besitzt das magnetische Verhalten immer einen diamagnetischen Anteil. In paramagnetischen Materialien überwiegt allerdings der Paramagnetismus den Diamagnetismus.

10.2.5 Paramagnetische Materialien

Die Größe des magnetischen Moments eines Atoms ist, wie erläutert, proportional zum Drehimpuls. Befindet sich ein Atom in einem Magnetfeld entlang der z-Achse, so hängt die Energie des Atoms von der Drehimpulskomponente in dieser Richtung ab. In einem System mit Gesamt-Drehimpuls J[7] gibt es $2J+1$ verschiedene Zustände, die sich im Wert der Drehimpulskomponente J_z in Richtung des Magnetfeldes unterscheiden. Diese Zustände haben jetzt eine unterschiedliche Energie, die durch

$$E = \mu\mathcal{B} = g\frac{e\hbar}{2m}J_z\mathcal{B} \tag{10.4}$$

gegeben ist. Dabei ist J_z der Wert des Drehimpulses *ohne* die Konstante $\hbar$, e die Elementarladung und m die Elektronenmasse. Wie in Gleichung (10.3) ist g wieder der g-Faktor, der für freie Elektronen etwa den Wert 2 hat und für Atome extra bestimmt werden muss (er liegt typischerweise zwischen 1 und 2). Die Energieniveaus spalten sich im Magnetfeld also auf. Bild 10.5 zeigt dies für den einfachsten Fall eines Teilchens mit Spin 1/2.

In einem äußeren Magnetfeld richten sich die magnetischen Momente in einem paramagnetischen Material aus, weil dies die Energie des Systems verringert. Bei kleinen Magnetfeldstärken ist der Energiegewinn vergleichsweise schwach, so dass thermische Fluktuationen dafür sorgen, dass bei endlichen Temperaturen nur ein Teil der Momente ausgerichtet ist.[8] In paramagnetischen Materialien ist die Magnetisierung deshalb oft stark temperaturabhängig.

Erklärung des Magnetismus: Energieniveaus verschieben sich.

Die Energie eines magnetischen Moments im äußeren Feld.

Der Paramagnetismus ist oft stark temperaturabhängig.

---

7 Wir verwenden hier den Buchstaben J für den Drehimpuls, da die folgende Berechnung sowohl für Spins als auch für Bahndrehimpulse gilt.

8 In Bild 10.3 b ist dies dadurch veranschaulicht, dass die magnetischen Momente nicht perfekt ausgerichtet sind.

Paramagneti-
sche
Materialien
brauchen
teil-besetzte
Elektronen-
schalen.

Damit ein Material paramagnetisch sein kann, muss es teilweise gefüllte Elektronenorbitale besitzen, so dass die Elektronen ihren Drehimpuls ändern können, ohne durch das Pauli-Prinzip daran gehindert zu sein. In atomaren Metallen mit einem Elektron in der s-Schale (also beispielsweise Natriumdampf) kann dieses Elektron seinen Spin umklappen und so auf ein äußeres Magnetfeld reagieren (siehe auch Aufgabe 10.2). Auch Elemente mit teilgefüllten p- oder d-Orbitalen sind paramagnetisch – hier können die Elektronen den Bahndrehimpuls im äußeren Magnetfeld ändern. Zu den stärksten Paramagneten zählen deshalb Materialien, bei denen innere Schalen zum Teil gefüllt sind, also die Nebengruppenelemente und die seltenen Erden, denn sie haben teilgefüllte innere Schalen (die d- bzw. f-Schalen).

Aufgabe 10.2: Betrachten Sie ein System aus N Atomen mit Spin 1/2 und, der Einfachheit halber, $g = 2$. Ein Beispiel hierfür wäre Natriumdampf, bei dem der Elektronenspin des Elektrons in der $3s$-Schale für das magnetische Verhalten verantwortlich ist. Berechnen Sie mit Hilfe des Boltzmann-Gesetzes die Magnetisierung des Materials als Funktion der Temperatur und des äußeren Magnetfelds. □

⤳   Eine interessante Anwendung des Paramagnetismus ist die Erzeugung niedriger Temperaturen durch adiabatische Entmagnetisierung: Dabei wird ein paramagnetisches Material in einem starken äußeren Magnetfeld auf etwa 1 K abgekühlt und dann thermisch von der Umgebung isoliert. Wegen des äußeren Magnetfelds sind nahezu alle magnetischen Momente im Material ausgerichtet. Schaltet man das Magnetfeld ab, so bildet sich ein neues thermisches Gleichgewicht, bei dem die magnetischen Momente wegen der Entropie ungeordnet sind. Da die magnetischen Momente zum Umordnen Energie benötigen, kühlt das System hierbei weiter ab. Auf diese Weise lassen sich sehr niedrige Temperaturen erzeugen.

Der Parama-
gnetismus von
Metallen:
Wieder die
Fermikante.

Obwohl Metalle ein näherungsweise freies Elektronengas besitzen, das mit dem Sommerfeld- oder Bloch-Modell beschrieben werden kann, ist der Beitrag der Elektronen zur magnetischen Suszeptibilität vergleichsweise gering. Der Grund dafür ist, dass die meisten Elektronen ihren Spin nicht umklappen können und deshalb keinen Beitrag zur Suszeptibilität leisten können, weil die entsprechenden Zustände bereits besetzt sind. Bild 10.6 veranschaulicht dies: Wird ein Magnetfeld an ein Metall angelegt, so erhöht sich die Energie der Zustände der einen Spinorientierung und die der anderen verringert sich. Trägt man die Bandstruktur für die beiden Spinorientierung getrennt auf, so verschieben sich die Bänder gegeneinander. Nur Elektronen in der Nähe der Fermikante können ihre Energie dadurch verringern, dass sie von einem Spinzustand in den anderen überwechseln (analog zur Betrachtung der Wärmekapazität in Metallen in Kapitel 6).

Der Paramagnetismus der Elektronen hat nur eine geringe Temperaturabhängigkeit, denn solange die thermische Energie $k_B T$ klein gegen die Fermienergie ist, spielt die thermische Anregung der Elektronen nur eine geringe Rolle verglichen mit der Verschiebung der Energie durch das Magnetfeld. Eine quantitative Betrachtung findet sich in [2].

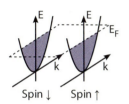 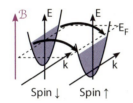 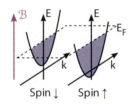

Bild 10.6: Paramagnetismus in einem Metall. Aufgetragen ist die Bandstruktur getrennt für die beiden möglichen Richtungen des Elektronenspins. Ohne äußeres Magnetfeld ist die Besetzung für beide Spins dieselbe. Wird ein Magnetfeld angelegt, so verschieben sich die Bänder gegeneinander. Es ist dann energetisch günstiger, wenn ein Spinzustand stärker besetzt wird als der andere. (Nach [48])

10.2.6 Grundlagen des Ferromagnetismus

Ferromagnetische Materialien haben eine große, spontane Magnetisierung auch wenn kein äußeres Feld anliegt. Sie enthalten permanente magnetische Momente, ebenso wie ein Paramagnet. Anders als bei einem Paramagneten tendieren die Momente aber dazu, sich auch ohne äußeres Feld parallel zueinander auszurichten.

Ein typisches ferromagnetisches Material (beispielsweise ein Stück Eisen), ist normalerweise makroskopisch nicht magnetisiert. Betrachtet man es auf mikroskopischer Ebene, so sieht man aber, dass kleine Bereiche innerhalb des Ferromagneten parallel ausgerichtete Momente besitzen. (Im Detail werden wir dies weiter unten diskutieren.) Es gibt also eine Wechselwirkung zwischen den magnetischen Momenten, die dafür sorgt, dass diese bevorzugt in dieselbe Richtung zeigen, d. h., durch paralleles Ausrichten können die Momente ihre Energie reduzieren.

Ein Blick ins Periodensystem zeigt, dass nur drei Elemente ferromagnetisch sind: Kobalt, Eisen und Nickel. Auch Legierungen dieser Materialien sind oft ferromagnetisch. Die ferromagnetischen Elemente zeichnen sich dadurch aus, dass sie teilweise gefüllte 3d-Schalen besitzen. Tatsächlich sind es die Spins der Elektronen dieser Schale, die für das magnetische Moment sorgen. Die anziehende Wechselwirkung zwischen diesen Spins wird als *Austauschwechselwirkung* bezeichnet. Sie ist nur quantenmechanisch zu erklären und noch immer nicht in allen Einzelheiten verstanden.

Ein genaues Verständnis der Austauschwechselwirkung ist für uns nicht entscheidend. Für den Rest dieses Kapitels genügt folgendes Bild: In einem Ferromagneten hat jedes Atom ein kleines magnetisches Moment und es ist energetisch günstig, wenn sich die Momente benachbarter Atome parallel zueinander ausrichten und so ordnen.

Die Austauschwechselwirkung beruht nicht auf einer magnetischen Wechselwirkung, denn benachbarte Magnete würden sich immer entgegengesetzt zueinander anordnen, so dass das gesamte magnetische Moment kleiner werden würde. Ein einfaches Modell kann man sich wie folgt machen: Weil sich die Elektronen abstoßen,

Margin notes:

Ferromagneten sind spontan magnetisiert.

Ferromagnetismus ist eine spezielle Eigenschaft weniger Materialien.

Im Ferromagneten ordnen sich Spins bevorzugt parallel an.

werden innerhalb eines Atoms bevorzugt spin-gleiche Zustände besetzt, bei denen die Elektronen räumlich weiter entfernt sind. Beispielsweise ist in einem freien Stickstoffatom jedes der drei p-Orbitale (p_x, p_y und p_z) mit einem Elektron besetzt und nicht eines mit zwei Elektronen. Dieses Prinzip wird auch als Hundsche Regel (nach Friedrich Hund, 1896–1997) oder als direkte Austauschwechselwirkung bezeichnet.

Für die Elektronen in einem Kristall gibt es einen ähnlichen Effekt. Dazu betrachten wir zwei Elektronen, die zu zwei benachbarten Atomen gehören. Prinzipiell hat jedes der Elektronen eine gewisse Wahrscheinlichkeit dafür, sich beim Nachbaratom aufzuhalten. Dadurch wird die elektrische Anziehung zwischen dem Atomkern und dem Elektron des Nachbaratoms verringert, weil das eine Elektron das elektrische Feld des Kerns für das zweite Elektron teilweise abschirmt.

Das Pauli-Prinzip verbietet es aber, dass zwei Elektronen mit gleichem Spin eine endliche Wahrscheinlichkeit haben, sich am selben Ort aufzuhalten. Haben die beiden Elektronen also denselben Spin, so kann das eine Elektron sein Nachbarelektron nicht vom Atomkern abschirmen, weil es sich an diesem Ort nicht aufhalten darf. Verglichen mit zwei Elektronen mit entgegengesetztem Spin, bei denen dieser Effekt nicht auftritt, ist deswegen die Energie des Elektrons am Nachbaratom etwas herabgesetzt, eine gleiche Ausrichtung des Spins ist also energetisch günstiger.

In der hier erläuterten Form scheint das Argument allerdings sehr fragwürdig: Zum einen haben wir mit lokalisierten Elektronen argumentiert statt mit dem Bändermodell. Zum anderen stellt sich natürlich die Frage, warum nicht auch Elektronen mit entgegengesetztem Spin ihre Orbitale entsprechend adjustieren, um die Energie in dieser Weise zu minimieren. Eine genauere Erklärung verwendet Methoden der Festkörperphysik, die über das Niveau dieses Buches weit hinausgehen [2, 27]. Für unsere Zwecke genügt es, wenn wir davon ausgehen, dass es energetisch günstig ist, wenn Elektronen ihre Spins parallel ausrichten.

Um aus diesem Energiegewinn abzuleiten, warum manche Metalle ferromagnetisch werden, verwenden wir wieder das Bändermodell, ähnlich wie in Bild 10.6, siehe Bild 10.7. Wir beginnen mit einer Anordnung, in der beide Spins gleich häufig sind. Wenn es energetisch günstig ist, dass Elektronen denselben Spin haben, dann können wir den Spin eines Elektrons umkehren. Dadurch gewinnen wir Energie, weil jetzt mehr Spins in dieselbe Richtung zeigen. Da alle Zustände bis zur Fermienergie bereits besetzt sind, müssen wir aber auch Energie aufwenden, um das Elektron auf die andere Seite zu übertragen, denn hier muss es jetzt ja in einen Zustand gehen, der oberhalb der Fermienergie liegt, die im Diagramm eingezeichnet ist. Das Elektron bekommt also einen größeren Wert des Impulses k.

Ob es also energetisch günstig ist, ein Elektron seinen Spin umklappen zu lassen, hängt davon ab, ob der Energiegewinn durch die Spin-Wechselwirkung größer ist als der zusätzliche Energieaufwand durch den zusätzlichen Impuls. Der zusätzliche Energieaufwand hängt davon ab, wie flach das Band an der Fermikante verläuft, siehe Bild 10.8. Ist das Band steil, so gibt es wenige Zustände in der Nähe der Fermikante (die Zustandsdichte ist klein, siehe auch Seite 170), so dass nur wenige Elektronen mit geringem Energieaufwand ihren Spin umklappen können. Verläuft das Band dagegen flach, so ist die Zahl der Zustände in der Nähe der Fermikante groß. In diesem Fall können viele Elektronen ihren Spin umklappen. Das dadurch entstehende magnetische Moment erzeugt dann ein Magnetfeld, dass die Bänder wie in Bild 10.6 verschiebt. So ergibt sich ein selbstverstärkender Effekt.

 Eisen, Nickel und Kobalt zeichnen sich dadurch aus, dass sie eine teilweise gefüllte $3d$-Elektronenschale haben. Die zugehörigen Zustände führen zu Bändern,

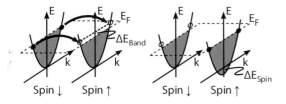

Bild 10.7. ☜ Modell zur Entstehung des Ferromagnetismus: Elektronen an der Fermikante kehren ihre Spinorientierung um. Da die entsprechenden Spinzustände bereits besetzt sind, müssen sie höhere Zustände innerhalb des Bandes einnehmen. Hierfür wird eine Energie ΔE_{Band} benötigt. Durch die anziehende Wechselwirkung der Spins ergibt sich gleichzeitig ein Energiegewinn ΔE_{Spin}, so dass sich das Band insgesamt nach unten verschiebt. Ist der Energiegewinn hinreichend groß, kann sich so eine spontane Magnetisierung ausbilden.

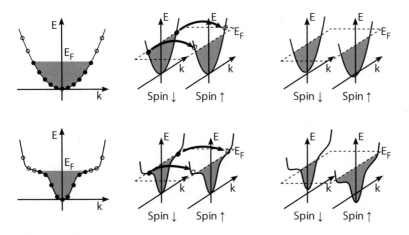

Bild 10.8. ☜ Einfluss der Bandstruktur auf den Magnetismus. Verläuft das Band an der Fermikante sehr flach, dann gibt es viele Elektronenzustände mit sehr ähnlicher Energie. Ein Elektron kann deshalb seinen Spin mit geringem Aufwand umklappen.

die direkt bei der Fermienergie liegen und sehr flach verlaufen.[9] Entsprechend sind gerade diese Elemente ferromagnetisch.

☜ Rechnet man die hier skizzierten Überlegungen quantitativ nach, so ergibt sich tatsächlich die Vorhersage, dass genau diese drei Elemente ferromagnetisch sein sollten. Allerdings zeigt sich, dass das Modell andere Vorhersagen macht, die durch das Experiment nicht bestätigt werden; insbesondere die thermodynamischen Eigenschaften von Ferromagneten wie der unten beschriebene Phasenübergang werden nicht

---

9 Das ist plausibel, wie wir in Abschnitt 6.5.3 gesehen haben, weil diese Elektronen relativ stark bei ihren Atomen lokalisiert sind und solche Elektronen zu flach verlaufenden Bändern führen.

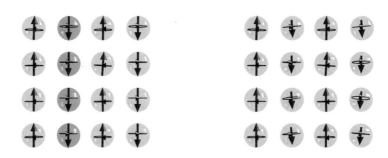

Bild 10.9. Antiferromagnetismus und Ferrimagnetismus. Erläuterung im Text.

korrekt vorhergesagt.

Ferromagneten werden bei hohen Temperaturen paramagnetisch.

Bei niedrigen Temperaturen ordnen sich benachbarte magnetische Momente in einem Ferromagneten parallel zueinander an. Erhöht man die Temperatur, so kommt die Entropie ins Spiel und sorgt schließlich für eine Zerstörung der ferromagnetischen Ordnung. Genau wie beim Übergang zwischen unterschiedlichen Aggregatzuständen (siehe Abschnitt 2.2.3) oder bei den Ferroelektrika (siehe Abschnitt 3.4.4) kommt es zu einem Phasenübergang. Oberhalb der Phasenübergangstemperatur verhält sich ein Ferromagnet paramagnetisch. Die Phasenübergangstemperatur wird nach Pierre Curie, 1859–1906, Nobelpreis 1903, *Curie-Temperatur* genannt; bei Eisen liegt sie bei $723\,°\mathrm{C}$.

Einige Materialien (beispielsweise elementares Chrom sowie verschiedene Legierungen) sind nicht ferromagnetisch, sondern antiferromagnetisch. In ihnen sind die magnetischen Momente benachbarter Atome entgegengesetzt ausgerichtet, siehe Bild 10.9. Die Wechselwirkung zwischen den Spins begünstigt also eine antiparallele Ausrichtung. Makroskopisch haben solche Materialien deshalb kein magnetisches Moment.

In sogenannten ferrimagnetischen Materialien sind benachbarte magnetische Momente ebenfalls entgegengesetzt ausgerichtet, sind aber unterschiedlich stark. Deshalb haben sie ein makroskopisches magnetisches Moment, das allerdings schwächer ist als das von Ferromagneten. Häufig sind solche Materialien Keramiken und somit elektrische Isolatoren, was sie für viele Anwendungen interessant macht, beispielsweise in elektromagnetischen Wechselfeldern, in denen in einen ferromagnetischen Leiter starke Ströme induziert würden.

10.2.7 Ferromagnetismus in realen Materialien

Nach dem bisher Gesagten richten sich die magnetischen Momente einzelner Atome in einem Ferromagneten parallel zueinander aus. Nimmt man ein ferromagnetisches Material wie Eisen in die Hand, so ist es jedoch normalerweise nicht selbst magnetisch, sondern muss erst magnetisiert werden.

Hierfür gibt es zwei Gründe. Zum einen beeinflussen sich weit entfernte Bereiche in einem hinreichend großen Material nur vernachlässigbar wenig. Ähnlich

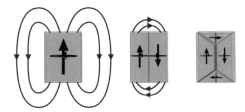

Bild 10.10: Ausbildung von Domänen in einem Ferromagneten.

wie beim Erstarren eines Materials aus einer Schmelze, bei dem normalerweise kein Einkristall, sondern ein Polykristall entsteht [52], entstehen lokal unterschiedlich magnetisierte Bereiche beim Abkühlen unter die Curie-Temperatur. Hinzu kommt, dass es makroskopisch nicht mehr die energetisch günstigste Anordnung ist, wenn alle Momente parallel ausgerichtet sind. Dies kann man sich leicht in einem zweidimensionalen Modell veranschaulichen, siehe Bild 10.10. Bei der Konfiguration (I) liegt das Material vollständig in einer Richtung magnetisiert vor. In Konfiguration (II) muss einerseits Energie aufgebracht werden, weil eine Wand zwischen zwei Bereichen vorhanden ist. Diese Wand ist energetisch ungünstig, denn in ihr sind die magnetischen Momente nicht parallel ausgerichtet, sondern müssen sich umordnen (siehe unten). Auf der anderen Seite wird aber Energie gewonnen, weil die magnetischen Felder der beiden Materialhälften entgegengesetzt sind und somit die Energie des magnetischen Feldes geringer wird. Da der erste Effekt proportional zur Oberfläche, der zweite aber proportional zum Volumen ist, bilden sich einzelne *Domänen* (auch als *Weiß'sche Bezirke* bezeichnet) mit einer Vorzugsorientierung aus. Noch etwas günstiger ist die Situation in Konfiguration (III), da dort das Magnetfeld im Außenraum verschwindet. In einem polykristallinen Material sind die Körner nicht mit den Domänen identisch, sondern es ist typischerweise jedes Korn in mehrere Domänen unterteilt, ähnlich wie bei den Ferroelektrika in Bild 3.20.

> *Makroskopische Ferromagneten enthalten magnetische Domänen.*

> *Domänen sind energetisch günstig.*

An der Grenzfläche zwischen zwei Domänen dreht sich das magnetische Moment, siehe Bild 10.11. Diese graduelle Drehung der Momente ist energetisch günstiger als eine sprunghafte Änderung. Eine solche Grenzfläche wird als *Blochwand* bezeichnet. Sie hat eine Dicke von etwa 30 nm.

> *Die Blochwand grenzt Domänen gegeneinander ab.*

⚠ Hinreichend kleine ferromagnetische Teilchen sind Eindomänen-Teilchen, in denen die Magnetisierung also innerhalb des Teilchens überall dieselbe ist. Kühlt man ein solches Teilchen ohne äußeres Magnetfeld unter die Curie-Temperatur ab, so ist die Orientierung der Magnetisierung beliebig. Die meisten Materialien besitzen allerdings eine magnetische Anisotropie, so dass bestimmte Richtungen der Magnetisierung relativ zur Orientierung des Kristallgitters begünstigt sind. Im Grundzustand orientiert sich die Magnetisierung bei niedrigen Temperaturen entsprechend, um die Energie zu minimieren.

⚠ Thermische Fluktuationen können allerdings dafür sorgen, dass die Magnetisierung eines Eindomänen-Teilchens sich ändert. Dazu muss die thermische Ener-

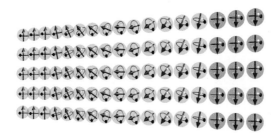

Bild 10.11: Blochwand. An der Grenzfläche zwischen zwei ferromagnetischen Domänen dreht sich das magnetische Moment graduell.

gie $k_B T$ größer sein als die Energie zum Ändern der Magnetisierungsrichtung. Diese hängt von der Stärke der Anisotropie und vom Volumen des Teilchens ab. Sehr kleine Teilchen können deshalb durch thermische Fluktuationen eine einmal eingestellte Magnetisierung spontan ändern [16]. Man bezeichnet dieses Phänomen als Superparamagnetismus. Der Superparamagnetismus stellt insbesondere für die Herstellung von magnetischen Speichermedien wie Festplatten ein Problem dar, weil die einzelnen Speicherbereiche auf der Festplatte nicht beliebig klein werden können.

10.3   Anwendungen

10.3.1   Hart- und weichmagnetische Materialien

Die Magnetisierung von Ferromagneten im äußeren Feld.

Bild 10.12 zeigt, wie sich ein ferromagnetisches Material in einem äußeren Magnetfeld verhält. Aufgetragen ist das Magnetfeld $\mathcal{B}$ (genauer gesagt, der magnetische Fluss, siehe die Vertiefung auf Seite 245) im Inneren des Materials gegen das von Außen angelegte Magnetfeld $\mathcal{H}$. In einem unmagnetisierten Material beginnt die Kurve im Nullpunkt (Neukurve). Erhöht man das äußere Magnetfeld, so richten sich die magnetischen Momente innerhalb des Materials mehr und mehr parallel zum äußeren Feld aus, so dass die Magnetisierung im Inneren steigt und $\mathcal{B}$ sich entsprechend erhöht. Dabei verschieben sich die Blochwände so, dass günstig orientierte Bereiche auf Kosten ungünstig orientierter wachsen. Sind schließlich alle magnetischen Momente ausgerichtet, tritt Sättigung ein, die Magnetisierung kann sich jetzt nur noch geringfügig (durch Paramagnetismus) erhöhen.

Die Magnetisierungskurve zeigt eine Hysterese.

Entfernt man das äußere Magnetfeld, so bleiben die magnetischen Momente zumindest teilweise ausgerichtet. (Der Vorgang ist ähnlich zum Polen eines Ferroelektrikums, siehe Abschnitt 3.4.4.) Es bleibt also ein magnetisches Moment zurück (Remanenz). Das ist der Grund, warum man Eisen in einem Magnetfeld magnetisieren kann, so dass es selbst zum Magneten wird. Um das magnetische Moment wieder auf den Wert Null zurückzubringen, muss man ein hinreichend starkes Gegenfeld anlegen. Die notwendige Größe dieses Gegenfeldes wird als Koerzitivfeldstärke bezeichnet. Insgesamt bildet sich also eine Hysterese aus.

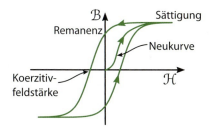

Bild 10.12: Hysterese eines Magneten. Detaillierte Erläuterung im Text.

Man unterscheidet bei Ferromagneten zwischen weich- und hardmagnetischen Materialien. Bei weichmagnetischen Materialien ist die Hysterese sehr schmal (die Koerzitivfeldstärke ist klein), sie passen ihre Magnetisierung also leicht an das äußere Feld an. Dafür ist es notwendig, dass die Blochwände gut beweglich sind. Weichmagnetische Materialien werden beispielsweise in Transformatoren, elektrischen Drosseln oder in Schreib- und Leseköpfen für Festplatten benötigt.

Ist die Hysteresekurve dagegen sehr breit, so ist der Ferromagnet schwer umzumagnetisieren; die Koerzitivfeldstärke ist groß. Solche Materialien heißen hartmagnetisch. Sie haben entsprechend beim Abschalten des äußeren Feldes eine hohe verbleibende Magnetisierung und werden überall dort eingesetzt, wo Permanentmagnete benötigt werden. Beispiele hierfür sind Magnete in Motoren und Aktoren oder in reibungsfreien Magnetlagern [45].

Die magnetische Härte eines Materials lässt sich durch Legieren von geeigneten Elementen und durch eine Vorbehandlung stark beeinflussen [13, 45]. In einem weichmagnetischen Material müssen die Blochwände möglichst beweglich sein. Hier werden deshalb Materialien verwendet, die eine möglichst geringe Versetzungsdichte und keine Ausscheidungen einer zweiten Phase besitzen, da diese die Bewegung von Blochwänden behindern. Reineisen eignet sich deshalb gut als weichmagnetisches Material. Es hat allerdings den Nachteil, dass es eine magnetische Anisotropie besitzt; die Magnetisierung ist also in unterschiedlichen Richtungen des Kristalls unterschiedlich stark. Dies behindert das Ummagnetisieren. Hinzu kommt der Effekt der Magnetostriktion: Bei der Ummagnetisierung verzerrt sich das Kristallgitter geringfügig, so dass mechanische Spannungen entstehen.[10] Wächst eine Domäne auf Kosten einer anderen, muss deshalb Energie aufgebracht werden, um die elastischen Spannungen zu erzeugen.

Diese Effekte können durch geeignetes Legieren stark verringert werden. Ein Beispiel hierfür sind die als Permalloy bezeichneten Nickel-Eisen-Legierungen. Nickel und Eisen besitzen eine magnetische Anisotropie entlang unterschiedlicher Kristallorientierungen. Eine Legierung mit 70% Nickel und 30% Eisen ist nahezu isotrop.

Weichmagnetische Materialien haben eine schmale Hysterese.

Hartmagnetische Materialien haben eine breite Hysterese.

---

10 Dieser Effekt ist auch verantwortlich für das Brummen von Transformatoren – die Ummagnetisierung mit der Frequenz des angelegten Wechselstroms führt zu einer Schwingung des Materials.

Hinzu kommt, dass die Magnetostriktion in Nickel und Eisen unterschiedliches Vorzeichen besitzt und bei einer Legierung mit 80% Nickel sehr klein ist. Entsprechend hat eine häufig verwendete Permalloy-Legierung eine Zusammensetzung von 78% Nickel und 22% Eisen.

⚡ Ein Beispiel für ein hartmagnetisches Material ist die Eisenbasis-Legierung Alnico. Sie enthält Aluminium, Nickel, Kobalt und Chrom als Legierungselemente, die dafür sorgen, dass sich bei der Legierungsherstellung fein verteilte Teilchen einer zweiten Phase bilden, die die Bewegung der Blochwände behindern. Zusätzlich kann das Material durch Vorverformung eine Textur (also eine Vorzugsorientierung der Körner) erhalten. Diese Textur wird so eingestellt, dass die Körner in der gewünschten Magnetisierungsrichtung gestreckt sind. Auch die bei der Vorverformung entstehenden Versetzungen [52] behindern die Bewegung der Blochwände weiter. Zusätzlich kann beim Herstellen der Legierung ein äußeres starkes Magnetfeld angelegt werden, das eine magnetische Vorzugsorientierung der Körner einstellt.

⚡ Zu den stärksten hartmagnetischen Materialien gehören Neodym-Magnete. Dabei handelt es sich um die Verbindung $Fe_{14}Nd_2B_1$. Dieses Material hat eine sehr hohe magnetische Anisotropie. Da sich große Körner dieses Materials vergleichsweise leicht entmagnetisieren lassen, werden Neodym-Magnete durch Sinterverfahren aus Pulvern hergestellt. Während des Sinterns angelegte Magnetfelder sorgen für die Ausrichtung der Domänen [51]. Neodym-Magneten werden beispielsweise in Magnetlagern für Festplatten verwendet.

10.3.2 Magnetische Datenspeicher

Magnetische Aufzeichnungsmedien liegen zwischen »weich« und »hart«.

Zwischen diesen beiden Extremen liegen Medien für die Datenspeicherung, beispielsweise in Festplatten oder Magnetbändern. Sie müssen hinreichend hartmagnetisch sein, um nicht durch äußere Magnetfelder aus der Umwelt beeinflusst zu werden, müssen sich aber durch stärkere Magnetfelder in den Schreibköpfen für die Datenaufzeichnung ummagnetisieren lassen.

Datenspeicherung in Festplatten.

In Festplatten müssen Daten mit sehr hoher Dichte gespeichert werden (moderne Festplatten haben Datendichten von etwa $75\,\mathrm{Gb/cm^2}$). Sie speichern ihre Daten in kleinen magnetisierten Bereichen, die eine von zwei Orientierungen aufweisen können. Bis etwa 2007 war die vorherrschende Datenaufzeichnungstechnik die longitudinale Speicherung von Daten, bei der die Magnetisierung in der Ebene der Platte orientiert ist, siehe Bild 10.13. Eine höhere Datendichte lässt sich erreichen, wenn die Magnetisierung senkrecht zur Ebene der Platte liegt. Dabei verwendet man ein Material mit höherer magnetischer Härte (also hoher Koerzitivfeldstärke), das entsprechend schwerer umzumagnetisieren ist. Direkt unterhalb des Schreibkopfes ist somit eine hohe Feldstärke erforderlich. Deshalb besitzt der Schreibkopf hier einen sehr dünnen Pol. Die magnetischen Feldlinien werden dadurch geschlossen, dass unterhalb der Schicht zur Datenspeicherung eine weitere, weichmagnetische Schicht liegt, durch die die Feldlinien dann in den breiteren Pol des Schreibkopfes zurückgeführt werden. Hier ist die Feldstärke niedriger, so dass sie die hier befindlichen Elemente nicht ummagnetisiert.

Eine senkrechte Orientierung ermöglicht höhere Datendichte.

a: Longitudinale Speicherung   b: Senkrechte Speicherung

Bild 10.13: Schreiben einer Festplatte mit longitudinaler und senkrechter Orientierung der magnetisierten Bereiche.

Die Größe der magnetischen Elemente ist durch den oben erwähnten Superparamagnetismus begrenzt. Je höher die Koerzitivfeldstärke eines Materials ist,
desto geringer ist die Größe, unterhalb derer ein magnetisches Element durch thermische Fluktuationen ummagnetisiert werden kann. Eine hohe Koerzitivfeldstärke
erlaubt deshalb eine höhere Datendichte.

Um noch höhere Datendichten zu erreichen, gibt es verschiedene Möglichkeiten. Beispielsweise können die einzelnen magnetischen Elemente so angeordnet
werden, dass sie sich teilweise überlappen (shingled magnetic recording; engl.
shingle, »Dachziegel«), die einzelnen magnetischen Elemente können mittels
eines Lasers oder mittels Mikrowellen vorgeheizt werden, so dass ihre magnetischen Eigenschaften während des Schreibvorgangs kurzfristig verändert werden
(thermally assisted magnetic recording) oder es können mehr Einzelplatten in
einem Laufwerk übereinander gestapelt werden, wenn diese Platten nahezu rei-
bungsfrei auf Heliumgas gelagert werden.

Zukünftige Technologien für Festplatten.

10.3.3 Riesenmagnetowiderstand

Um die Information aus einer Festplatte wieder auslesen zu können, benötigt
man empfindliche Magnetfeldsensoren. In modernen Festplatten werden diese
mit Hilfe des sogenannten *Riesenmagnetowiderstands* (GMR: Giant Magnetore-
sistance) realisiert, für dessen Entdeckung 2007 ein Nobelpreis vergeben wurde.
Bild 10.14 zeigt das Prinzip des Riesenmagnetowiderstands: Zwei dünne Schichten aus einem ferromagnetischen Material werden durch eine unmagnetisierte
Zwischenschicht getrennt. Wird eine Spannung angelegt, so fließt ein Strom.
Der Widerstand der magnetischen Schichten für den Elektronenfluss hängt dabei vom Elektronenspin ab: Er ist im Beispiel klein, wenn der Spin parallel
zum magnetischen Moment orientiert ist, und groß, wenn der Spin entgegengesetzt ist. Misst man den Widerstand der beiden Schichten, so ist dieser groß,
wenn die beiden Schichten entgegengesetzt magnetisiert sind, und klein, wenn
sie gleich magnetisiert sind, wie im Bild dargestellt.

Der Riesenmagne-towiderstand ermöglicht hochempfindli-che Sensoren.

Ohne äußeres Magnetfeld richten sich die Momente der beiden Schichten
entgegengesetzt aus, weil dies energetisch günstiger ist. Ein schwaches äußeres

Der Widerstand in zwei magnetischen Schichten hängt von der Spin-Orientierung ab.

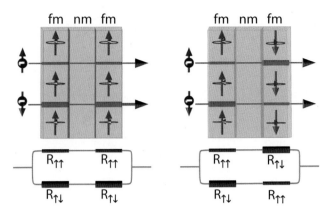

Bild 10.14: Prinzip des Riesenmagnetowiderstands. Zwei dünne Schichten aus ferro-
magnetischem Material (fm) werden durch eine unmagnetisierte Schicht
getrennt. Der elektrische Widerstand von Elektronen, die die Schicht
durchqueren, hängt von der Orientierung des Elektronenspins zur Magnetisierung ab. Im gezeichneten Fall ist angenommen, dass der Widerstand klein ist, wenn Elektronenspin und magnetisches Moment gleich
orientiert sind, und groß, wenn sie entgegengesetzt orientiert sind. Der
Gesamtwiderstand ergibt sich als Parallelschaltung der Widerstände der
beiden Spinorientierungen, wie unten im Bild dargestellt.

Magnetfelder können ausgelesen werden.

Magnetfeld reicht aber aus, um die Schichten umzuorientieren. Die Magnetisierung einer der beiden Schichten wird bei einem Lesekopf festgehalten, die
andere Schicht, die an der Oberfläche liegt, wird dicht an das Speichermedium
herangeführt, so dass ihre Magnetisierung sich entsprechend der gespeicherten
Information einstellt. Eine Messung des Widerstandes ermöglicht es damit, die
gespeicherte Information auszulesen.

Dass der elektrische Widerstand von der Spinorientierung abhängen kann, kann
man nach Bild 10.6 einsehen: Im magnetisierten Zustand Elektronen an der
Fermikante, die entgegengesetzten Spin haben, unterschiedliche Werte des k-Vektors.
Entsprechend kann sich auch ihre Wechselwirkung mit Störstellen im Gitter unterscheiden. Es hängt dabei vom Material ab, ob der Widerstand bei gleicher Orientierung von Spin und Magnetisierung kleiner ist (wie im Bild) oder größer.

10.4   Schlüsselkonzepte

- Stromführende Leiterschleifen erzeugen ein magnetisches Moment, das proportional zum Drehimpuls der umlaufenden Teilchen ist.

- Elektronen in Atomen können aus zwei Gründen ein magnetisches Moment
besitzen: Zum einen wegen ihres Eigendrehimpulses (Spins), zum anderen
wegen eines Bahndrehimpulses.

- Elektronen in p-, d-, ...-Orbitalen tragen einen Bahndrehimpuls. s-Orbitale sind drehimpulsfrei.

- In vielen Materialien sind alle Orbitale entweder durch zwei Elektronen besetzt oder unbesetzt. Dadurch heben sich die Eigen- und Bahndrehimpulse auf. Solche Materialien sind diamagnetisch, sie haben kein permanentes magnetisches Moment.

- Materialien mit ungepaarten Elektronen sowie Metalle sind paramagnetisch; sie verfügen über permanente magnetische Momente.

- Diamagnetische Materialien schwächen das Magnetfeld in ihrem Inneren ab, weil magnetische Momente induziert werden.

- Paramagnetische Materialien, in denen sich vorhandene Momente ausrichten, verstärken das Magnetfeld in ihrem Inneren.

- Ferromagneten besitzen permanente magnetische Momente, die dazu neigen, sich auch ohne äußeres Feld parallel auszurichten (durch die so genannte Austauschwechselwirkung). Sie besitzen deshalb sehr große magnetische Momente.

11   Lösungen zu den Übungsaufgaben

Antwort 1.1:
Die Kraft auf die Ladung ist gegeben durch $\vec{F} = e\vec{\mathcal{E}}$. Für die Arbeit, die zum Transport der Ladung von einem Ort zum anderen notwendig ist, gilt $E = \int \vec{F} \, d\vec{s}$, wobei $d\vec{s}$ entlang des zurückgelegten Weges liegt. Das elektrische Feld ist konstant, also $E = e\vec{\mathcal{E}} \int d\vec{s}$, Da wegen des Skalarproduktes nur die Komponente von $d\vec{s}$ relevant ist, die in Richtung des Feldes zeigt, kann das Integral direkt durch den Abstand der beiden Punkte in Feldrichtung ersetzt werden. Dies entspricht genau der gegebenen Definition.

Antwort 1.2:
Elektrische Feldlinien können nur an Ladungen beginnen oder enden. Da die betrachtete Ladung eine Punktladung ist, muss die Anordnung der Feldlinien rotationssymmetrisch sein. Also müssen die Feldlinien von der Ladung ausgehend radial nach außen zeigen. Eine Kugelschale mit der Ladung im Zentrum wird von allen Feldlinien durchstoßen. Die Dichte der Feldlinien auf der Oberfläche der Kugelschale ist gegeben durch den Quotienten aus Anzahl der Feldlinien und Oberfläche der Kugelschale. Die Anzahl der Feldlinien ist vom Radius der Kugelschale unabhängig, die Oberfläche der Kugelschale nimmt proportional mit dem Quadrat des Radius zu. Die Feldstärke ist proportional zur Dichte der Feldlinien. Also muss die Feldstärke im Coulomb-Gesetz umgekehrt proportional zum Quadrat des Radius sein.

Antwort 1.3:
Es sind drei einlaufende Wellenzüge eingezeichnet. Das elektrische Feld eines der drei ist um $45°$ gegen die Orientierung der Drähte geneigt. Entsprechend wird ein Teil dieses Feldes durchgelassen. Prinzipiell hätte man das elektrische Feld dieses Wellenzuges auch schon vor dem Drahtgitter in die beiden Komponenten senkrecht und parallel zum Gitter aufspalten können und nur zwei senkrecht zueinander polarisierte Wellenzüge einzeichnen können, da das elektrische Feld ja immer in Komponenten zerlegt werden kann.

Antwort 1.4:
Es wird diejenige Komponente des Lichts durchgelassen, die parallel zum Polarisationsfilter liegt. Bei einem Winkel von $45°$ wird die Feldstärke deshalb um einen Faktor $1/\sqrt{2}$ kleiner. Nachdem auch der zweite Polfilter passiert wurde, ist die Feldstärke deshalb auf $\mathcal{E}_x/2$ abgefallen.

Antwort 1.5:

Damit die Zelle im ausgeschalteten Zustand dunkel ist, darf kein Licht durchtreten, wenn der Polarisationsvektor des Lichts durch die Moleküle »mitgenommen« wird. Da der Polarisationsvektor um $90°$ gedreht wird, muss deshalb der zweite Polfilter parallel zum ersten ausgerichtet sein. Bei anliegender Spannung wird der Polarisationsvektor dann nicht mitgedreht und die Zelle ist lichtdurchlässig.

Antwort 2.1:

Wenn es keine äußeren Kräfte gibt, dann ist die Wahrscheinlichkeit, ein Atom in einem der Bereiche anzutreffen, für alle Bereiche gleich groß und somit gleich $1/M$. Mit einer Wahrscheinlichkeit von $1 - 1/M$ hält sich das Atom also nicht in dem gerade betrachteten Volumen auf. Die Wahrscheinlichkeit, dass sich in einem bestimmten Bereich kein einziges Atom aufhält, beträgt deshalb $(1 - 1/M)^N$.

Leider weiß ich nicht, wie groß der Raum ist, in dem Sie gerade sitzen, zum Glück spielt es aber für hinreichend große Räume auch keine Rolle. Wir bezeichnen das Raumvolumen mit V und das Volumen pro Mol mit $v_m = 24{,}47$ l. Dann haben wir V/v_m Mol Gasmoleküle im Raum, also $V N_A/v_m$ Atome (mit $N_A = 6{,}022 \cdot 10^{23}$ Atome/mol). Die Zahl der Würfel mit einem Volumen von einem Kubikmillimeter im Raum ist $1\,\mathrm{mm}^3/V$.

Nach der obigen Formel ist die Wahrscheinlichkeit

$$p = (1 - \frac{1\,\mathrm{mm}^3}{V})^{V N_A/v_m} .$$

Um diese Zahl abzuschätzen, verwenden wir die Beziehung $a^x = \exp(x \ln a)$. Damit und mit der Näherung $\ln(1 + x) \approx x$ ist

$$
\begin{aligned}
p &= (1 - \frac{1\,\mathrm{mm}^3}{V})^{V N_A/v_m} \\
&= \exp\left(\ln(1 - \frac{1\,\mathrm{mm}^3}{V}) \frac{V N_A}{v_m} \right) \\
&= \exp\left(-\frac{1\,\mathrm{mm}^3}{V} \frac{V N_A}{v_m} \right) \\
&= \exp\left(-\frac{N_A 1\,\mathrm{mm}^3}{v_m} \right) \\
&= 10^{\left(-N_A 1\,\mathrm{mm}^3 \log e/v_m \right)} \\
&= 10^{\left(-6{,}022 \cdot 10^{23}\,(\mathrm{Atome/mol}) \cdot 1 \cdot 10^{-3}\,\mathrm{l} \cdot \log e/24{,}47\,(\mathrm{l/mol}) \right)} \\
&= 10^{-1{,}07 \cdot 10^{19}}
\end{aligned}
$$

Die Wahrscheinlichkeit für einen atomfreien Raum von einem Kubikmillimeter Größe ist also etwa $1 : 10^{10^{19}}$ und somit absolut vernachlässigbar.

Antwort 2.2:

Die Wahl des Energienullpunkts ist beliebig, also können wir $E_0 = 0$ setzen. Die Wahrscheinlichkeit des Grundzustands mit $E_0 = 0$ ist dann $p_0 = 1/Z$, die eines beliebigen angeregten Zustandes ist $p_1 = \exp(-E_1/k_B T)/Z$.

Damit der angeregte Zustand wahrscheinlicher wird als der Grundzustand, muss also $p_0 < N p_1$ gelten. Also gilt

$$N > \frac{p_0}{p_1} = \frac{1/Z}{(e^{-E_1/k_B T})/Z} = e^{E_1/k_B T} \,.$$

Der Wert von Z kürzt sich am Ende heraus.

Antwort 2.3:

Die Freie Energie ist $F = U - TS$. Die Entropie des Grundzustands, für den es nur eine Möglichkeit gibt, ist gleich Null. Setzt man den Energienullpunkt wieder so, dass die Energie des Grundzustands gleich null ist, so ist auch die Freie Energie des Grundzustands gleich Null.

Der angeregte Zustand dagegen hat N Möglichkeiten. Seine Entropie ist also $S = k_B \ln N$. Die Freie Energie ist also

$$F = E_1 - T k_B \ln N \,.$$

Da die Freie Energie minimiert wird, ist das System dann wahrscheinlicher im angeregten Zustand als im Grundzustand, wenn F negativ wird. Löst man die obige Gleichung nach N auf, so sieht man, dass dies der Fall ist, wenn gilt

$$N > \exp E_1/k_B T \,.$$

Antwort 2.4:

Bei martensitischen Phasenübergängen ändert sich meist das Volumen der Zelle. Wird der Phasenübergang durch eine äußere Kraft induziert, so wirkt die Spannung, die durch die Volumenänderung entsteht, dem weiteren Phasenübergang entgegen, so dass nur ein Teil des Materials umwandelt.

In diesem Fall muss mit der Freien Enthalpie gearbeitet werden, weil der hydrostatische Druck eine Rolle spielt. Der Term pV in der Formel der Freien Enthalpie wird bei der Umwandlung so groß, dass er die weitere Umwandlung verhindert.

Ein zweiter Grund ist der Verformungsmechanismus: Für den Formgedächtniseffekt ist ja wichtig, dass sich die Martensitphase nicht plastisch durch Versetzungsbewegung, sondern durch Zwillingsbildung verformt, so dass Gitterzellen umklappen können.

Als Formgedächtnislegierungen sind also nur solche Legierungen geeignet, die beim Phasenübergang nur eine geringe Volumenänderung erfahren und die sich in der Martensitphase durch Zwillingsbildung verformen.

Antwort 3.1:
Die Ladung Q jeder Hälfte beträgt $eN_A/2$, wenn e die Elementarladung und N_A die Zahl der Atome pro Mol ist. Ein Kristall mit einem Mol Atome hat eine Größe von einigen Zentimetern, wir nehmen an, dass die Mittelpunkte der beiden Hälften (die Ladungsschwerpunkte) einen Abstand von $r = 2\,\mathrm{cm}$ haben. Damit ergibt sich mit dem Coulomb-Gesetz

$$F = \frac{1}{4\pi\varepsilon_0} \frac{Q^2}{r^2}$$

eine Kraft von $5{,}23 \cdot 10^{22}\,\mathrm{N}$.

Antwort 3.2:
Die benötigte Spannung für den Funkenüberschlag beträgt 6000 V. Bei einer Materialdicke von einem Millimeter ist die Feldstärke, die im Material erzeugt werden muss, demnach $\mathcal{E} = 6 \cdot 10^6\,\mathrm{V/m}$. Diese Feldstärke soll durch die von Außen aufgebrachte mechanische Dehnung erzeugt werden, also ist $\eta\mathcal{E} = \sigma/Y$, wobei σ die Spannung ist. Damit ergibt sich eine Spannung von 60 MPa.

Antwort 3.3:
Die Zelle enthält 8 Barium-Ionen auf den Ecken, von denen jedes zu einem Achtel in der Zelle liegt und eine zweifache positive Ladung trägt, sechs Sauerstoffionen mit zweifach negativer Ladung, die jeweils zur Hälfte in der Zelle liegen und ein Titan-Ion mit vierfacher Ladung. Insgesamt ergibt sich also für die Ladung $2 \cdot 8/8 - 2 \cdot 6/2 + 4 = 0$.

Antwort 3.4:
Eine Spannung von 160 V über einer Dicke von 0,08 mm ergibt eine elektrische Feldstärke von $2 \cdot 10^6\,\mathrm{V/m}$. Die erzeugte Dehnung beträgt $0{,}04\,\mathrm{mm}/(350 \cdot 0{,}08\,\mathrm{mm}) = 1{,}43 \cdot 10^{-3}$. Der Piezomodul ist dann nach Gleichung (3.4) $\eta = 1{,}43 \cdot 10^{-3}/2 \cdot 10^6\,\mathrm{V/m} = 7{,}15 \cdot 10^{-10}\,\mathrm{m/V}$.

Antwort 4.1:
Bei einer Leistung von 50 W werden pro Sekunde 50 J Energie verbraucht. Jedes Photon trägt einen Teil dieser Energie. Eine Halogenlampe sendet den größten Teil ihrer Strahlung im Infrarot-Bereich aus (siehe auch Kapitel 8). Da hier nur eine Abschätzung gefragt ist, können wir der Einfachheit halber mit einer Wellenlänge von 1 µm rechnen. Die Energie eines Photons ist dann $E = h\nu = hc/\lambda = 2 \cdot 10^{-19}\,\mathrm{J}$. Also werden pro Sekunde $50/2 \cdot 10^{-19} = 2{,}5 \cdot 10^{20}$ Photonen ausgesandt.

Diese Photonen werden näherungsweise gleichmäßig in alle Richtungen abgestrahlt. In einem Abstand r_A beträgt die Oberfläche der Kugelschale, durch die die Photonen durchtreten, $4\pi r_A^2$. Die Fläche der Pupille ist πr_p^2. Der Bruchteil der Photonen, die durch die Pupille auf die Netzhaut fallen, ist – wenn wir einen Radius von $r_p = 2\,\mathrm{mm}$ annehmen – $r_p^2/(4r_A^2) = 10^{-6}$. Damit fallen pro Sekunde $2{,}5 \cdot 10^{14}$ Photonen auf die Netzhaut. Erstaunlicherweise ist das menschliche Auge in der Lage, Lichtimpulse auch dann noch wahrzunehmen, wenn nur etwa 5–9 Photonen die Netzhaut erreichen; es hat damit einen sehr großen Empfindlichkeitsbereich. Tatsächlich können die Sinneszellen in der Netzhaut sogar einzelne Photonen detektieren; um aber Störungen der Wahrnehmung durch Rauschen zu vermeiden, werden diese Signale nicht an das Gehirn weitergeleitet [56].

Antwort 4.2:
Das Signal wird auf einem Kilometer um einen Faktor 0,9 verringert, also ist die Dämpfung $10\log_{10}(0,9) = 0,5\,\mathrm{dB/km}$.

Antwort 4.3:
Für die Lichtleitung ist das prinzipiell tatsächlich möglich – Glasfaserleuchten können beispielsweise auch mit einer solchen einfachen Glasfaser hergestellt werden. Für die Anwendung in der Signalübertragung ergeben sich allerdings zwei Probleme: Zum einen liegt eine Glasfaser ja nicht frei, sondern hat Kontakt zu anderen Materialien, so dass dann an den Berührungspunkten Absorption stattfinden würde. Zum anderen ist der Kern einer Glasfaser sehr dünn, so dass die Faser mechanisch nicht belastbar wäre.

Antwort 5.1:
Das HOMO-Orbital gehört zur Quantenzahl $N/2$. Also ist seine Energie

$$E_{N/2} = \frac{h^2}{8md^2N^2}(N/2)^2 = \frac{h^2}{32md^2}\,.$$

Die Wellenzahl des HOMO-Atoms mit Quantenzahl $N/2$ ist

$$k_{\mathrm{HOMO}} = \frac{\pi N}{L} = \frac{\pi}{d}\,.$$

Die Energie als Funktion der Wellenzahl ist (mit der Abkürzung $\hbar = h/2\pi$)

$$E_k = \frac{\hbar^2 k^2}{8m}\,.$$

für das HOMO-Orbital ergibt sich damit derselbe Wert wie oben.

Eine ähnliche Rechnung wird in Aufgabe 6.8 für ein dreidimensionales Kastenpotential in einem Metall durchgeführt.

Antwort 5.2:
Für die zweitgrößte Absorptionswellenlänge muss die Energiedifferenz zwischen den zwei Niveaus möglichst niedrig sein. Da der Übergang HOMO–LUMO bereits zur niedrigsten Wellenlänge gehört, kommen zwei Übergänge in Frage: Entweder vom Niveau direkt unterhalb des HOMO-Niveaus (HOMO−1) in das LUMO-Niveau oder vom HOMO-Niveau in das Niveau oberhalb des LUMO-Niveaus (LUMO+1).

Die Rechnung geht genau analog zu Gleichung (5.11). Um zu entscheiden, welcher der beiden Übergänge eine kleinere Energiedifferenz hat, kann der Vorfaktor $h^2/8md^2N^2$ ignoriert werden, da er in beiden Fällen derselbe ist, so dass nur der Ausdruck in Klammern betrachtet werden muss. Da das HOMO-Niveau zur Quantenzahl $N/2$ gehört, ergeben sich folgende Werte für den Klammer-Ausdruck:

$$\text{HOMO} \to \text{LUMO+1} \quad () = (N/2+2)^2 - (N/2)^2 = 2N + 4$$
$$\text{HOMO-1} \to \text{LUMO} \quad () = (N/2+1)^2 - (N/2-1)^2 = 2N \,.$$

Der Übergang HOMO-1 $\to$ LUMO ist also der mit der kleineren Energie und damit der größeren Wellenlänge. (Da der Abstand der Energieniveaus mit zunehmender Quantenzahl n immer größer wird, hätte man dies natürlich auch ohne Rechnung herausbekommen können.) Die zugehörige Wellenlänge ist dann

$$\Delta E = \frac{h^2}{8md^2N^2}((N/2+1)^2 - (N/2-1)^2)$$
$$\lambda = \frac{8mcd^2}{h}N/2 \,.$$

Antwort 5.3:

Eine CD hat einen Radius von 6 cm und damit eine Fläche von 0,0113 m^2. Wegen des Innenlochs ist die beschreibbare Fläche kleiner; da es hier nur um eine Abschätzung geht, rechnen wir mit einer Fläche von 0,01 m^2. Nimmt man an, dass die Datenpunkte quadratisch sind und eine Ausdehnung von einer Lichtwellenlänge haben, so passen $0{,}01 \, \text{m}^2/(780 \cdot 10^{-9} \, \text{m})^2 = 1{,}6 \cdot 10^{10}$ Datenpunkte auf die CD. Dies entspricht der Anzahl der Bits. Damit ergibt sich eine theoretische Speicherkapazität von etwa 2 GByte. Die tatsächliche Speicherkapazität ist kleiner, weil der Abstand zwischen zwei Spuren größer als eine Lichtwellenlänge ist (in einer CD beträgt er 1,6 µm) und weil ein Teil der Speicherkapazität für die Fehlerkorrektur verloren geht. Die tatsächliche Speicherkapazität beträgt deshalb nur 700 MByte.

In einer DVD ist die Wellenlänge um einen Faktor 1,23 kleiner, also sollte man annehmen, dass die Speicherkapazität nur um 50% größer ist. Tatsächlich hat eine DVD aber eine deutlich höhere Speicherkapazität. Dies liegt daran, dass der Spurabstand und auch die Länge der Datenpunkte deutlich stärker verringert ist (Spurabstand 0,74 µm) und dass effizientere Verfahren zur Fehlerkorrektur eingesetzt werden.

Antwort 6.1:

Durch Betätigen des Lichtschalters wird ein Potential zwischen den zwei Enden des elektrischen Leiters angelegt. Das zugehörige elektrische Feld breitet sich entlang des Leiters mit Lichtgeschwindigkeit aus.

Antwort 6.2:

Die kinetische Energie eines Elektrons ist $m_e v^2/2$. Setzt man diese mit einer typischen thermischen Energie gleich, so ergibt sich

$$v = \sqrt{\frac{2k_B T}{m_e}} = 9{,}5 \cdot 10^4 \,\text{m/s} \approx 100 \,\text{km/s} \,.$$

Bei einer Temperatur von $3\,\text{K}$ ergibt sich entsprechend eine um einen Faktor 10 kleinere Geschwindigkeit.

Mit einer Relaxationszeit von $5 \cdot 10^{-15}\,\text{s}$ ergibt sich daraus die Strecke zwischen zwei Stößen bei Raumtemperatur zu etwa $0{,}5\,\text{nm}$. Dies liegt in der Größenordnung des Abstands zweier Atome in einem Kristallgitter. Bei $3\,\text{K}$ ist die mittlere freie Weglänge um einen Faktor 10 größer, wenn man annimmt, dass sich die Relaxationszeit nicht ändert.

Wie wir später sehen werden, sind die berechneten Geschwindigkeiten und freien Weglängen allerdings wesentlich zu klein, wenn man die Elektronen korrekt durch Orbitale beschreibt und das Pauli-Prinzip berücksichtigt.

Anmerkung: Nach den Gesetzen der Thermodynamik ist die mittlere kinetische Energie eines Elektrons, das sich in drei Dimensionen bewegt, gegeben durch $\frac{3}{2}k_B T$ [50]. Diese kleine Korrektur ändert das Ergebnis der Rechnung nur unwesentlich.

Antwort 6.3:

Ist n die Dichte der Elektronen, so ist die Gesamtzahl der Elektronen in einem Draht der Länge l und Querschnittsfläche A gegeben durch $N = nlA$. Diese Zahl bleibt bei der Verformung konstant, denn ansonsten würde sich der Draht elektrisch laden, wenn man ihn verformt. Eingesetzt in Gleichung (6.5) ergibt sich

$$R = \frac{m}{\tau n e^2} \frac{l}{A} = \frac{m}{\tau N e^2} \frac{l^2 A}{A} = \frac{m}{\tau N e^2} l^2 \,,$$

unabhängig von der Querschnittsfläche. Für den Dehnmessstreifen ist die relative Änderung des Widerstandes als Funktion der Längenänderung interessant. Hierzu berechnen wir die Ableitung des Widerstandes nach der Länge, bezogen auf den Ausgangswiderstand, also

$$\frac{1}{R} \frac{\partial R}{\partial l} = \frac{2}{l} \,,$$

Wird der Draht um eine Strecke Δl gedehnt, so ist die relative Widerstandsänderung also $\Delta R/R = 2\Delta l/l$ und somit proportional zur technischen Dehnung. In realen Metallen ist die Proportionalitätskonstante nicht genau gleich zwei und wird als K-Faktor bezeichnet.

Antwort 6.4:

Eine erhöhte Temperatur sorgt für eine stärkere Schwingung der Ionenrümpfe. Da die Elektronen bei den Stoßprozessen mit den Ionenrümpfen kinetische Energie aufnehmen, ist ihre Geschwindigkeit um so höher, je größer die Temperatur ist. Wir betrachten einen beliebigen Punkt innerhalb des Drahtes. Wenn die Elektronen auf der einen Seite wegen der höheren Temperatur eine höhere Geschwindigkeit haben, dann bewegen sich pro Zeiteinheit mehr Elektronen von der heißen zur kalten Seite als umgekehrt. Entsprechend sammeln sich Elektronen auf der kalten Seite des Drahtes an.

Dieser Prozess kann natürlich nicht beliebig lange anhalten. Der Elektronenüberschuss auf der kalten und der Elektronenmangel auf der heißen Seite führen zu einem elektrischen Feld, das der thermischen Geschwindigkeit eine Driftgeschwindigkeit überlagert. Es wird ein Gleichgewicht erreicht, wenn der Effekt der Driftgeschwindigkeit so groß ist, dass er den Effekt des thermischen Gradienten genau ausgleicht.

Dieser Effekt (der thermoelektrische Effekt oder Seebeck-Effekt, nach Thomas Johann Seebeck, 1770–1831) kann beispielsweise genutzt werden, um Thermoelemente zu konstruieren. Dazu verwendet man zwei unterschiedliche Metalle, die unterschiedlich stark auf die Erwärmung reagieren. Man verbindet diese an dem Ende, an dem die Temperatur gemessen werden soll, und misst die entstehende Spannungsdifferenz zwischen den anderen Enden.

Antwort 6.5:

Wir verwenden Gleichung (6.11). Da der Vorfaktor $h^2/8mL^2$ immer derselbe ist, kürzen wir ihn mit E_v ab. Das erste Niveau ist der Grundzustand mit den Quantenzahlen (1,1,1), der Platz für 2 Elektronen bietet. Die zugehörige Energie ist $3E_v$. Der erste angeregte Zustand ist (2,1,1). Dabei kann aber die 2 bei der x-, der y- und der z-Position sitzen, es gibt also drei Permutationen der Quantenzahlen und damit Platz für 6 Elektronen. Dieser Zustand hat die Energie $6E_v$.

Für den zweiten angeregten Zustand muss man überlegen, welche Variante günstiger ist: (2,2,1) oder (3,1,1). Insgesamt kann man die Zustände wie in Tabelle 11.1 zusammenfassen.

Man erkennt, dass die Buchführung schnell kompliziert wird. Deswegen ist die grafische Darstellung im Raum der Quantenzahlen so hilfreich.

Antwort 6.6:

Sind die acht Atome räumlich voneinander getrennt, so ergibt sich als Gesamtenergie der Elektronen $E_{\text{sep}} = 8\frac{h^2}{8mL^2}3$, da jedes Elektron eines Atoms in den Grundzustand geht, der durch $(n_x, n_y, n_z) = (1,1,1)$ gekennzeichnet ist. Verbinden sich die Atome zu einem Kastenpotential der Kantenlänge $2L$, so verringert sich die Energie des Grundzustandes entsprechend um den Faktor 4. Allerdings können nicht alle acht Elektronen diesen Grundzustand besetzen, sondern nur zwei von ihnen. Die anderen sechs Elektronen müssen entsprechend angeregte Zustände einnehmen. Diese sind gekennzeichnet durch Werte

Tabelle 11.1: Liste der ersten sieben Zustände in einem dreidimensionalen Kastenpotential. Geschweifte Klammern bedeuten, dass man die entsprechenden Permutationen der Quantenzahlen berücksichtigen muss; beispielsweise entspricht {2,1,1} den Zuständen (2,1,1), (1,2,1) und (1,1,2).

Niveau	Quantenzahlen	Anzahl Elektronen	Energie $/E_v$
1	(1,1,1)	2	3
2	{2,1,1}	6	6
3	{2,2,1}	6	9
4	{3,1,1}	6	11
5	(2,2,2)	2	12
6	{1,2,3}	12	14
7	{3,2,2}	6	17

der Quantenzahlen von $(n_x, n_y, n_z) = (2,1,1)$, $(1,2,1)$ und $(1,1,2)$. Insgesamt ergibt sich damit eine Energie von $2\frac{1}{4}\frac{h^2}{8mL^2}3$ für die beiden Grundzustands-elektronen und $6\frac{1}{4}\frac{h^2}{8mL^2}6$ für die sechs Elektronen in den drei nächst-höheren Zuständen. Die Energie beträgt also insgesamt $E_{\mathrm{met}} = 10{,}5\frac{h^2}{8mL^2}$, ist also um mehr als die Hälfte kleiner als die der Einzelatome. Es ist also energetisch güns-tig, die Ionenrümpfe zusammenzubringen, damit sich die Elektronenorbitale ausbreiten können.

Antwort 6.7:

Da der Kristall seine Farbe durch Lichtabsorption erhält, erscheint er gelb, wenn er die Komplementärfarbe zu gelb absorbiert. Nach Tabelle 5.1 ist die Komplementärfarbe zu gelb blau, mit einer Wellenlänge um 460 nm.

Im KCl ist die Gitterkonstante größer, die absorbierte Energie ist propor-tional zu $1/L^2$. Sie verringert sich also um einen Faktor $0{,}56^2/0{,}63^2 = 0{,}79$. Da die Wellenlänge umgekehrt proportional zur Energie ist, beträgt sie etwa 582 nm. Entsprechend der Tabelle sollte KCl blau-violett erscheinen.

Bei dieser Überlegung haben wir uns keine Gedanken über die Impulserhal-tung gemacht (siehe Abschnitt 6.3). Dies ist physikalisch auch korrekt, denn das Elektron ist – ähnlich wie die Elektronen im Farbstoffmolekül – innerhalb des Kastens eingesperrt und kann deshalb Impuls mit dem Kristallgitter aus-tauschen. Siehe hierzu auch die Vertiefung auf Seite 138.

Antwort 6.8:

Wir verwenden Gleichung (6.16). Im Raum der Quantenzahlen n entspricht der Klammerterm $n_x^2 + n_y^2 + n_z^2$ gerade der Gleichung für eine Kugeloberfläche mit Radius n_r:

$$n_r^2 = n_x^2 + n_y^2 + n_z^2.$$

Setzt man die Fermienergie ein, so ist n_r der Radius der Fermikugel n_F. Also ist

$$E_F = \frac{h^2}{2mL^2} n_F^2$$

$$n_F = \frac{\sqrt{2mE_F}\,L}{h}\,.$$

Bezeichnen wir die Elektronendichte mit ϱ_e (normalerweise verwendet man den Buchstaben n, was hier aber zur Verwirrung mit der Quantenzahl führen kann), dann ist die Anzahl N der Elektronen in einem Würfel der Kantenlänge L gegeben durch $N = \varrho_e L^3$. Diese Elektronen müssen genau innerhalb der Fermikugel Platz finden. Das Volumen der Fermikugel (also die Zahl der Zustände) ist $4\pi n_F^3/3$.[1] Da alle Elektronen innerhalb der Fermikugel Platz finden müssen (und kein Niveau innerhalb der Fermikugel unbesetzt sein darf), ist $N/2 = 4\pi n_F^3/3$ (der Faktor $1/2$ rührt daher, dass jedes Niveau Platz für zwei Elektronen bietet).

Setzt man die obige Formel für den Radius ein, dann ergibt sich

$$\frac{N}{2} = \frac{4}{3}\pi n_F^3 = \frac{4}{3}\pi \left(\frac{\sqrt{2mE_F}\,L}{h}\right)^3$$

$$\frac{N}{2L^3} = \frac{\pi}{6}\left(\frac{\sqrt{8mE_F}}{h}\right)^3$$

$$\varrho_e = \frac{\pi}{3}\left(\frac{\sqrt{8mE_F}}{h}\right)^3\,.$$

Löst man nach der Fermienergie auf, so ergibt sich

$$E_F = \frac{\hbar^2}{2m}\left(3\pi^2\varrho_e\right)^{2/3}$$

Die Fermienergie hängt also nur von der Elektronendichte ab. Der Grund hierfür ist, dass sowohl die Zahl der Elektronen als auch die Zahl der Energieniveaus proportional zu L^3 sind. Setzt man die Elektronendichte von Kupfer ein, ergibt sich ein Wert von etwa $7\,\mathrm{eV}$ für die Fermienergie.

In Aufgabe 5.1 wurde die Energie und die Wellenzahl des HOMO-Orbitals eines eindimensionalen Kastenpotentials berechnet und gezeigt, dass diese unabhängig von der Anzahl der Atome im Molekül und damit von der Länge des Potentials ist. Die Energie des HOMO-Orbitals entspricht der Fermienergie, wobei allerdings im Farbstoffmolekül die Zahl der Atome so klein ist, dass die Energieniveaus deutlich voneinander abgegrenzt sind, während sie in einem Metall sehr dicht liegen.

---

[1] wobei man die kleine Ungenauigkeit, die dadurch entsteht, dass die Zahl der Zustände natürlich eine ganze Zahl sein sollte, ignorieren kann

Antwort 6.9:

Ein einzelnes Elektron, das pro Sekunde W_A Streuprozesse am Hindernistyp A und W_B Streuprozesse am Hindernistyp B erfährt, macht – wegen der Annahme, dass die Streuprozesse unabhängig sind – pro Sekunde insgesamt $W_A + W_B$ Streuprozesse durch. Für die Relaxationszeit bedeutet das, dass die Kehrwerte addiert werden müssen:

$$\frac{1}{\tau_{A+B}} = \frac{1}{\tau_A} + \frac{1}{\tau_B} \,.$$

Nach Gleichung (6.5) (die auch im Sommerfeld-Modell noch gilt) ist dann

$$\varrho_{A+B} = \frac{m}{ne^2} \frac{1}{\tau_{A+B}} = \frac{m}{ne^2} \left(\frac{1}{\tau_A} + \frac{1}{\tau_B} \right) = \varrho_A + \varrho_B \,.$$

Diese einfache Regel für die Addition von spezifischen Widerständen wird auch als Matthiessen-Regel (Augustus Matthiessen, 1831–1870) bezeichnet.

Antwort 6.10:

Nach den getroffenen Annahmen kann der Widerstand geschrieben werden als

$$\varrho(T) = \varrho_F + \varrho' T \,,$$

wobei ϱ_F der Anteil der Fremdatome ist und ϱ' der Koeffizient für die Temperaturabhängigkeit des Widerstands durch Gitterschwingungen. Die relative Temperaturabhängigkeit des Widerstands ist gleich der Ableitung des Widerstands nach der Temperatur, bezogen auf den Wert des Widerstands selbst:

$$\frac{1}{\varrho(T)} \frac{\partial \varrho}{\partial T} = \frac{\varrho'}{\varrho(T)} = \frac{\varrho'}{\varrho_F + \varrho' T} = \alpha_0 \,.$$

Der Ausdruck α_0 wird als Temperaturkoeffizient bezeichnet. Ist $\varrho_F \ll \varrho' T$, dann dominiert der zweite Term im Nenner und die Abhängigkeit von der Temperatur ist ungefähr $1/T$. Ist umgekehrt $\varrho_F \gg \varrho' T$, dann ist die Temperaturabhängigkeit des Widerstands schwach und er wird durch den temperaturunabhängigen Anteil dominiert. Für reine Metalle liegt der Temperaturkoeffizient bei $0\,°C$ etwa zwischen $1/125K$ und $1/300K$. Bei Legierungen ist der Widerstand insgesamt wesentlich größer, während der Temperaturkoeffizient deutlich sinkt. Beispielsweise beträgt er bei einer Nickel-Legierung mit 20%Chrom nur noch etwa $1/3300K$, während der spezifische Widerstand von $69 \cdot 10^{-9}\,\Omega m$ auf $1120 \cdot 10^{-9}\,\Omega m$ ansteigt.

Antwort 6.11:

Tabelle 11.2 fasst die wesentlichen Aspekte der verschiedenen betrachteten Modelle in einer Übersicht zusammen.

Tabelle 11.2: Vergleich der verschiedenen Modelle

	einfaches Bändermodell	Drude	Freie Elektronen	Bandstruktur
Annahmen:				
Elektronen	Teilchen (klassisch)	Teilchen (klassisch)	Orbitale	Orbitale
Ionenrümpfe	vernachlässigt	Streuzentren	Streuzentren	Bandstruktur
Stöße	vernachlässigt	Mit Ionenrümpfen	Mit Ionenrümpfen	Mit Störstellen
Vorhersagen:				
Leitfähigkeit	unendlich	Stöße mit Ionen (Relaxationszeit)	Stöße mit Ionen (Relaxationszeit)	Stöße mit Störstellen (Relaxationszeit)
Absorption	Metalle schwarz	Metalle schwarz	Kupfer nicht rot	o.k.
spez. Wärme	nicht berücksichtigt	zu groß	o.k.	o.k.
Freie Weglänge	nicht berücksichtigt	zu klein	o.k., aber nicht zu erklären	o.k.
Widerstand Legierungen	nicht beschreibbar	nicht erklärt	nicht erklärt	o.k.
Temperaturabh. Widerstand	nicht beschreibbar	nicht erklärt	nicht erklärt	o.k.

Antwort 7.1:

Der Einfachheit halber kann das Problem in einer Dimension betrachtet werden. Die Kraft auf das Elektron ist $F = -e\mathcal{E} = dp/dt$ (siehe auch Seite 130). Zur Beschleunigung des Elektrons steht im Mittel eine Zeit τ zur Verfügung, der mittlere Impuls ist also $p = -e\mathcal{E}\tau$, unabhängig von der effektiven Masse.

Die Energie ist durch $E = p^2/2m_{\mathrm{eff}}$ gegeben, sie ist also $E = e^2\mathcal{E}^2\tau^2/2m_{\mathrm{eff}}$. Die Energie, die durch das Elektron aufgenommen wird, ist also um so kleiner, je größer die effektive Masse ist.

Die mittlere Geschwindigkeit kann nach $v = p/m_{\mathrm{eff}}$ berechnet werden, sie ist also $v = -e\mathcal{E}\tau/m_{\mathrm{eff}}$. (Alternativ kann auch die Formel $v = \sqrt{2E/m_{\mathrm{eff}}}$ verwendet werden, wobei allerdings das korrekte Vorzeichen zu beachten ist.) Sie wird also um so größer, je kleiner die effektive Masse ist.

Die Stromdichte kann direkt nach Gleichung (6.3) berechnet werden. Sie ist umgekehrt proportional zur effektiven Masse, weil in sie die Geschwindigkeit der Elektronen eingeht. Bei angelegtem elektrischen Feld fließt also ein größerer Strom, wenn die effektive Masse kleiner ist.

Antwort 7.2:

Für die Berechnung der Driftgeschwindigkeit nach Gleichung 7.1 wird die elektrische Feldstärke benötigt. Sie beträgt $0{,}2\,\mathrm{V}/1\,\mathrm{mm} = 2\,\mathrm{V/cm}$. Aus Tabelle 7.1 kann die Beweglichkeit der Elektronen und Löcher abgelesen werden. Es ergibt sich also für die Geschwindigkeit der Elektronen (Einheiten beachten!) $29\,\mathrm{m/s}$ und für die der Löcher $10\,\mathrm{m/s}$. Die Elektronen benötigen mit dieser Geschwindigkeit $34\,\mathrm{\mu s}$, die Löcher $100\,\mathrm{\mu s}$, um den Halbleiter zu durchqueren.

Antwort 7.3:

Aus der Gleichung für die kinetische Energie folgt

$$\frac{2E_{\mathrm{kin}}}{m_{\mathrm{eff}}} = v_d^2 \,.$$

Die Driftgeschwindigkeit hängt mit der elektrischen Feldstärke über die Mobilität zusammen, siehe Gleichung (7.1). Die kinetische Energie soll genügen, um Elektronen über die Bandlücke zu heben, sie muss also mindestens gleich der Bandlücke sein. Also ist die Feldstärke

$$\mathcal{E} = \frac{1}{\mu}\sqrt{\frac{2E_g}{m_{\mathrm{eff}}}} = \frac{1}{0{,}145\,\mathrm{m^2/Vs}}\sqrt{\frac{2\cdot 1{,}11\,\mathrm{eV}\cdot 1{,}602\cdot 10^{-19}\,\mathrm{J/eV}}{0{,}58\cdot 9{,}11\cdot 10^{-31}\,\mathrm{kg}}}$$
$$= 5{,}66\cdot 10^6\,\mathrm{V/m}\,.$$

Antwort 7.4:

Aus der intrinsischen Ladungsträgerdichte folgt die Dichte der Elektronen im Leitungsband $n_n = \sqrt{n_i^2} = 4{,}58\cdot 10^9\,\mathrm{cm^{-3}}$. Dies ist zu vergleichen mit der Anzahl Atome pro Kubikzentimeter. Diese berechnet sich aus der Dichte ϱ, der

Molmasse u und der Avogadro-Konstante N_A:

$$n_A = N_A \varrho / u = 5 \cdot 10^{22} \, \text{cm}^{-3} \, .$$

Es gibt also nur eins von etwa 10^{13} Atomen ein Elektron an das Leitungsband ab.

Antwort 7.5:

Die Beweglichkeit ist $\mu = e\tau/m$. Nach Gleichung (6.5) und mit $\sigma = 1/\varrho$ gilt für die spezifische Leitfähigkeit σ:

$$\sigma = ne\mu$$

für jede Ladungsträgersorte. Die Ladungsträgerdichte in einem intrinsischen Halbleiter für beide Ladungsträgersorten dieselbe. Insgesamt ist also

$$\sigma = n_i e (\mu_p + \mu_n) = 1{,}43 \cdot 10^{-6} \, /\text{cm}\Omega \, ,$$

wobei die Zahlenwerte aus Tabelle 7.1 entnommen wurden.

Antwort 7.6:

Nach dem Boltzmann-Gesetz ist die Besetzung eines Zustands mit höherer Energie zunächst unwahrscheinlicher als die Besetzung eines Zustands mit niedrigerer Energie. Es muss jedoch berücksichtigt werden, dass die Zahl der Zustände im Leitungsband sehr hoch ist, so dass der angeregte Zustand insgesamt stärker besetzt sein kann (siehe auch Aufgabe 2.2). Deshalb können die Donatoren ihre Elektronen nahezu vollständig an das Leitungsband abgeben, sofern folgende Bedingungen erfüllt sind:

- Die Temperatur muss hinreichend groß sein.

- Die Zahl der Zustände im Leitungsband muss entsprechend größer sein als die Zahl der Donatoratome. Deshalb gilt die Aussage nicht mehr, wenn die Dotierung sehr stark ist (so genannte entartete Halbleiter).

Eine quantitative Berechnung findet sich in [27].

Antwort 7.7:

Da ein Kubikzentimeter $5 \cdot 10^{22}$ Siliziumatome enthält (siehe Aufgabe 7.4), ist die Dichte an Phosphoratomen $5 \cdot 10^{16} \, \text{cm}^{-3}$. Dies entspricht (laut Annahme) der Konzentration der an das Leitungsband abgegebenen Elektronen, so dass die intrinsischen Ladungsträger vollkommen vernachlässigbar sind. Die Ladungsträgerdichte der Löcher beträgt dann – entsprechend $n_n n_p = n_i^2$ – nur $2{,}1 \cdot 10^{19} \, \text{cm}^{-6} / 5 \cdot 10^{16} \, \text{cm}^{-3} = 420 \, \text{cm}^{-3}$. Die Zahl der Löcher ist also extrem klein. Trotzdem sind die wenigen vorhandenen Löcher wichtig, beispielsweise für die Funktion einer Diode.

Antwort 7.8:

Die Bandlücke von Gallium-Arsenid ist mit 1,43 eV größer als die von Germanium (0,66 eV). Da ein Halbleiter für Photonen mit einer Energie, die kleiner ist als die Bandlücke, durchsichtig ist, muss das Gallium-Arsenid auf der Oberseite der Solarzelle liegen. Photonen mit einer Energie zwischen 0,66 eV und 1,43 eV treten dann durch das Gallium-Arsenid hindurch und können im Germanium absorbiert werden. Würde man das Germanium auf der Oberseite platzieren, dann würde es einen Großteil der Photonen mit Energie oberhalb 0,66 eV absorbieren, aber pro Photon nur ein Elektron-Loch-Paar erzeugen. Die Gallium-Arsenid-Schicht wäre dann nutzlos.

Antwort 8.1:

Die Energie der zweiten Elektronenschale ist $E = 13,6\,\text{eV}/4 = 3,4\,\text{eV}$, die der dritten ist $E = 13,6\,\text{eV}/4 = 1,511\,\text{eV}$. Die Energiedifferenz zwischen diesen beiden Niveaus ist also $1,888\,\text{eV} = 3,026 \cdot 10^{-19}\,\text{J}$. Für die Lichtwellenlänge gilt (wegen $E = h\nu$ und $\nu = c\lambda$)

$$\lambda = \frac{hc}{E} = 657\,\text{nm}\,.$$

Diese Linie liegt im roten Bereich des Spektrums (siehe Bild 5.1).

Antwort 8.2:

$E = h\nu = hc/\lambda$ also $\lambda = hc/E = 514\,\text{nm}$. Dabei ist zu beachten, dass E von eV in J umgerechnet werden muss. Die zugehörige Farbe (nicht die Komplementärfarbe, da das Licht ausgesandt wird) kann aus Tabelle 5.1 abgelesen werden, das Licht ist also grün.

Antwort 8.3:

Die Wahrscheinlichkeit für die Emission in den besetzten Zustand muss vier mal so groß sein wie die für die Emission in einen der anderen Zustände. Nehmen wir an, das Photon wird tatsächlich ausgesandt, dann ist die Gesamtwahrscheinlichkeit gleich 1. Dann gilt $4p + p + p = 1$, wenn p die Wahrscheinlichkeit ist, das Photon in einen der unbesetzten Zustände zu emittieren. Die Wahrscheinlichkeiten sind also 4/6, 1/6 und 1/6.

Antwort 8.4:

Sei N_1 die Zahl der Elektronen im Zwischenniveau (siehe Bild 8.10) und N_0 die Zahl der Elektronen im Grundzustand. Nach dem Boltzmann-Gesetz ist das Verhältnis bei Raumtemperatur $N_1/N_0 = \exp(-E_1/k_B T) = 0,138$. In grober Näherung müssen also mehr als 13,8 % der Elektronen ins angregte Niveau gehoben werden.

Diese Rechnung ist nur eine Abschätzung, weil ja der Anteil aller Atome gesucht ist, die sich im Zwischenniveau befinden und weil sich für den Laserbetrieb ja mindestens noch einmal N_1 Atome im metastabilen Laserniveau befinden müssen. (Die Zahl der Atome im Anregungsniveau ist klein, da dieses sehr kurzlebig ist.) Der Anteil der Atome im Zwischenniveau ist also

$$\frac{N_1}{N_0 + N_1 + N_1} = \frac{1}{\exp(E_1/k_B T) + 2} = 0{,}108 \,.$$

Es ist entsprechend eine Inversion von etwa 11 % erforderlich. Es zeigt sich also, dass bereits ein Niveau, das nur knapp oberhalb des Grundzustands liegt, die Inversion stark erleichtern kann.

Antwort 8.5:

Der Übergang findet zwischen den Niveaus S_2 und S_1 statt. Die kleinstmögliche Energiedifferenz beträgt deswegen 1,89 eV; die größtmögliche ist 2,24 eV. Mit Hilfe der Gleichung $E = hc/\lambda$ kann daraus der Wellenlängenbereich berechnet werden:

$$\lambda_{\min} = \frac{hc}{E_{\max}} = 554 \, \text{nm}$$

$$\lambda_{\max} = \frac{hc}{E_{\min}} = 657 \, \text{nm} \,.$$

Der Laser kann also über einen Bereich von etwa 100 nm gestimmt werden.

Antwort 9.1:

Nach Gleichung (6.5) ist $L = AR/\varrho$, wenn L die Länge, A den Querschnitt und ϱ den spezifischen Widerstand bezeichnet. Damit ergibt sich für den Isolator eine Länge von 10^{-18} cm. Da das kleiner als ein Atomradius ist, ist diese Zahlenangabe nicht sinnvoll, zeigt aber dass der Widerstand in Isolatoren extrem hoch ist. Für einen elektrischen Leiter ergibt sich eine Länge von 10^5 cm $= 1$ km, für den Supraleiter: 10^{19} cm $= 10^{17}$ m. Das entspricht etwa einer Länge von 10 Lichtjahren.

Antwort 9.2:

In normalleitenden Metallen bei endlichen Temperaturen werden Elektronen durch Stöße mit dem thermisch schwingenden Kristallgitter in Zustände oberhalb der Fermikante angeregt, siehe Bild 6.14. Diese Elektronen können Energie durch den Kristall transportieren und wieder abgeben und leisten so einen Beitrag zur Wärmeleitung. In einem Supraleiter können die Cooper-Paare wegen der Energielücke keine Energie durch Gitterschwingungen aufnehmen. Sie tragen deshalb nicht zur Wärmeleitung bei. Wärme wird dann vor allem durch Gitterschwingungen übertragen. Technisch lässt sich dieses Phänomen ausnutzen, in dem man einen Supraleiter durch starke Magnetfelder zwischen den beiden Zuständen wechseln lässt, so dass man einen Schalter für Wärmeströme konstruieren kann [5].

Antwort 10.1:

Wird ein Magnetfeld senkrecht zur Umlaufbahn des Elektrons angelegt, so wirkt die Lorentz-Kraft nach Gleichung (1.3). Die Zentripetalkraft auf das Elektron ist dann $F - ev\mathcal{B}$. Dadurch ändert sich die Kreisfrequenz des Elektrons auf seiner Bahn:

$$F - ev\mathcal{B} = mr(\omega + \Delta\omega)^2$$
$$F - er\omega\mathcal{B} = mr\omega^2 + 2mr\omega\Delta\omega + mr\Delta\omega^2 \,.$$

Der quadratische Term $\Delta\omega^2$ kann vernachlässigt werden. Damit ergibt sich

$$-er\omega\mathcal{B} = 2mr\omega\Delta\omega \,.$$

Löst man nach $\Delta\omega$ auf, erhält man schließlich

$$\Delta\omega = \frac{-eB}{2m} \,.$$

Die Umlauffrequenz verändert sich also proportional zum anliegenden Magnetfeld.

Das magnetische Moment ist $-\frac{1}{2}e\omega r^2$, seine Änderung ist also

$$\Delta M = -\frac{1}{2}e\Delta\omega r^2 = -\frac{e^2\mathcal{B}r^2}{4m} \,.$$

Antwort 10.2:

Die Energie ist $U = \pm\mu_B\mathcal{B}$.

Nach dem Boltzmann-Gesetz ist die Besetzung des Zustandes mit positivem Spin

$$N_+ = A\exp\left(-\mu_B\mathcal{B}/k_BT\right);$$

für negativen Spin gilt

$$N_- = A\exp\left(+\mu_B\mathcal{B}/k_BT\right).$$

Dabei ist A eine Normierungskonstante, die sicherstellt, dass die Gesamtzahl der Atome gleich $N_+ + N_-$ ist.

Die Magnetisierung des Systems ist gegeben durch die Differenz der magnetischen Momente parallel und antiparallel zum Magnetfeld:

$$M = N\mu_B\frac{\exp\left(+\mu_B\mathcal{B}/k_BT\right) - \exp\left(-\mu_B\mathcal{B}/k_BT\right)}{\exp\left(+\mu_B\mathcal{B}/k_BT\right) + \exp\left(-\mu_B\mathcal{B}/k_BT\right)}$$
$$= N\mu_B\tanh(+\mu_B\mathcal{B}/k_BT)\,.$$

Diese Formel gibt also die Stärke des magnetischen Moments in einem Paramagneten an. Man sieht, dass sie zum einen einen Sättigungswert besitzt (der erreicht wird, wenn alle Atome im selben ausgerichteten Zustand sind) und dass zum anderen eine starke Temperaturabhängigkeit vorliegt. Bei Raumtemperatur und für handelsübliche Magnetfelder (Größenordnung kleiner als 1

Tesla) ist $\mu_B \mathcal{B}/k_B T \ll 1$, so dass $\tanh x \approx x$ gilt und damit näherungsweise $M = N\mu_B^2 \mathcal{B}/k_B T$.

Literaturverzeichnis

[1] ALONSO, Marcelo ; FINN, Edward J.: *Fundamental University Physics.* Addison Wesley, 1983

[2] ASHCROFT, N.W. ; MERMIN, N.D.: *Solid State Physics.* Saunders College, 1976

[3] BEISER, Arthur ; KÜHNELT, Helmut: *Atome, Moleküle, Festkörper.* Friedr. Vieweg & Sohn, 1983

[4] BILLINGS, Alan: *Optics, Optoelectronics and Photonics.* Prentice Hall, 1993

[5] BUCKEL, W. ; KLEINER, R.: *Supraleitung.* Weinheim : John Wiley&Sons, 2004

[6] BURDICK, Glenn A.: Energy band structure of copper. In: *Physical Review* 129 (1963), Nr. 1, S. 138

[7] CHOY, Tat-Sang ; NASET, Jeffery ; HERSHFIELD, Selman ; STANTON, Christopher ; CHEN, Jian: A Database of Fermi Surfaces in Virtual Reality Modeling Language. In: *APS Meeting Abstracts* Bd. 1, 2000, S. 36042

[8] COEY, John Michael D.: *Magnetism and magnetic materials.* Cambridge University Press, 2010

[9] COOPER, L. N.: Theory of Superconductivity. In: *American Journal of Physics* 28 (1960), Februar, S. 91–101

[10] CRISTALDI, David J. ; PENNISI, Salvatore ; PULVIRENTI, Francesco: *Liquid crystal display drivers: Techniques and circuits.* Springer, 2009

[11] DOSSIN, J. ; LEIMER, F. ; WOLF, A: *Labor Nachrichtentechnik Versuch Lichtwellenleiter.* 2007. – HTWK Leipzig

[12] EUCKEN, Stephan: *Progress in Shape Memory Alloys.* DGM Informationsgesellschaft, 1992

[13] FEYNMAN, R.P.: *The Feynman Lectures on Physics.* Addison-Wesley, 1977

[14] FEYNMAN, R.P.: *The Character of Physical Law .* Modern Library, 1994

[15] FEYNMAN, R.P.: *Feynman Lectures on Computation .* Penguin books, 1999

[16] GITTLEMAN, J. I. ; ABELES, B. ; BOZOWSKI, S.: Superparamagnetism and relaxation effects in granular $Ni-SiO_2$ and $Ni-Al_2O_3$ films. In: *Phys. Rev. B* 9 (1974), May, S. 3891–3897. http://dx.doi.org/10.1103/PhysRevB.9.3891. – DOI 10.1103/PhysRevB.9.3891

[17] GIULINI, Domenico: Es lebe die Unverfrorenheit! In: HUNZIKER, Herbert
(Hrsg.): *Der jugendliche Einstein und Aarau*. Birkhäuser, 2005. –
arXiv:physics/0512034

[18] GOOCH, C. H. ; TARRY, H. A.: The optical properties of twisted nematic
liquid crystal structures with twist angles ≤90 degrees . In: *J. Phys D: Appl.
Phys.* 8 (1975), S. 1575–1584

[19] GREEN, M. A. ; EMERY, K. ; HISHIKAWA, Y. ; WARTA, W. ; DUNLOP, E.D.:
Solar cell efficiency tables (version 41). In: *Progress in Photovoltaics: Research
and applications* 21 (2013), S. 1–11

[20] HADLEY, Peter: *Physics of Semiconductor Devices*. http://lamp.tu-graz.ac.
at/~hadley/psd/Lo/index.php, Abrufdatum: 2.2.2014

[21] HADLEY, Peter: *Band structure in 1D*. http://lamp.tu-graz.ac.at/~hadley/
ss1/bloch/bloch.php, Abrufdatum: 29.10.2012

[22] HAROCHE, Serge: Nobel Lecture: Controlling photons in a box and exploring
the quantum to classical boundary. In: *Reviews of Modern Physics* 85 (2013),
Nr. 3, S. 1083

[23] HECKMEIER, Michael ; LÜSSEM, Georg ; TARUMI, Kazuaki ; BECKER, Werner:
Flüssigkristalle für Aktivmatrix-Flachbildschirme / Merck KGaA. 2002. –
Forschungsbericht. – Dieser Artikel wurde bereits in leicht modifizierter Form
veröffentlicht in: Bunsen-Magazin, 4. Jahrgang, 5/2002, S. 106–116

[24] HELKE, Günther: Piezoelektrische Keramiken. In: *Keramische Zeitschrift*
(1999–2000)

[25] HERTER, Eberhard ; LÖRCHER, Wolfgang: *Nachrichtentechnik*. Hanser Verlag,
2004

[26] HORNBOGEN, E: Shape memory alloys. In: *Advanced Structural and
Functional Materials*. Springer, 1991, S. 133–163

[27] IBACH, Harald ; LÜTH, Hans: *Festkörperphysik*. Springer, 2009

[28] JACKSON, John D.: *Classical Electrodynamics*. 3. Auflage. John Wiley &
Sons, 1998

[29] KARPELSON, Michael ; WEI, Gu-Yeon ; WOOD, Robert J.: Milligram-scale
high-voltage power electronics for piezoelectric microrobots. In: *Robotics and
Automation, 2009. ICRA'09. IEEE International Conference on* IEEE, 2009,
S. 2217–2224

[30] KINOSHITA, Shuichi ; YOSHIOKA, Shinya ; FUJII, Yasuhiro ; OKAMOTO,
Noako: Photophysics of structural color in the Morpho butterflies. In:
FORMA-TOKYO- 17 (2002), Nr. 2, S. 103–121

[31] KITTEL, C.: *Einführung in die Festkörperphysik*. R. Oldenbourg Verlag, 1999

[32] KODEN, Mitsuhiro: Wide Viewing Angle Technologies of TFT-LCDs. In:
Sharp Tech. J. 1 (1999), Nr. 2, S. 1–6

[33] KRONIG, R de L. ; PENNEY, WG: Quantum mechanics of electrons in crystal lattices. In: *Proceedings of the Royal Society of London. Series A* 130 (1931), Nr. 814, S. 499–513

[34] LE COUTEUR, Penny M. ; BURRESON, Jay: *Napoleon's Buttons: How 17 Molecules Changed History.* Penguin, 2004

[35] LU, Ruibo ; ZHU, Xinyu ; WU, Shin-Tson ; HONG, Qi ; WU, Thomas X.: Ultrawide-View Liquid Crystal Displays. In: *IEEE/OSA JOURNAL OF DISPLAY TECHNOLOGY* 1 (2005), S. 3–14

[36] MANTHEY, David: *Orbital Viewer.* www.orbitals.com/orb/ov, Abrufdatum 17.4.2013

[37] MARR, Jonathan M. ; WILKIN, Francis P.: A better presentation of Planck's radiation law. In: *American Journal of Physics* 80 (2012), S. 399

[38] MAXWELL, J C.: A dynamical theory of the electromagnetic field. In: *Philosophical Transactions of the Royal Society of London* 155 (1865), S. 459–512

[39] MOORE, Gordon E.: Cramming more components onto integrated circuits. In: *Electronics* 38 (1965)

[40] MORRISON, Michael A.: *Understanding Quantum Physics: A User's Manual.* Prentice Hall, 1990

[41] MÜNCH, W. von: *Werkstoffe der Elektrotechnik.* Teubner, 1993

[42] NATIONAL RENEWABLE ENERGY LABORATORY: *Reference Solar Spectral Irradiance: Air Mass 1.5.* http://rredc.nrel.gov/solar/spectra/am1.5/, August 2013

[43] NG, Kwok K.: *Complete Guide to Semiconductor Devices.* McGraw-Hill, 1995

[44] NITZSCHE, K. ; ULLRICH, H.-J.: *Funktionswerkstoffe der Elektrotechnik und Elektronik.* Deutscher Verlag für Grundstoffindustrie, 1985

[45] O'HANDLEY, R. C.: *Modern Magnetic Materials.* Wiley & Sons, 2000

[46] OMORI, Toshihiro ; KAINUMA, Ryosuke: Materials science: Alloys with long memories. In: *Nature* 502 (2013), Nr. 7469, S. 42–44

[47] OSZWAŁDOWSKI, M ; ZIMPEL, M: Temperature dependence of intrinsic carrier concentration and density of states effective mass of heavy holes in InSb. In: *Journal of Physics and Chemistry of Solids* 49 (1988), Nr. 10, S. 1179–1185

[48] PODESTA, M. de: *Understanding the Properties of Matter.* UCL Press, 1996

[49] PODESTA, M. de: *Understanding the Properties of Matter – supplementary chapter W2.* www.physicsofmatter.com, 2002

[50] REIF, F.: *Statistische Physik und Theorie der Wärme.* de Gruyter, 1985

[51] ROBINSON, Arthur L.: *Powerful new magnet material found.* 1987

[52] RÖSLER, J. ; HARDERS, H. ; BÄKER, M.: *Mechanisches Verhalten der Werkstoffe, 4. Auflage.* Wiesbaden : Springer Verlag, 2012

[53] SAGE, Ian: Thermochromic liquid crystals. In: *Liquid Crystals* 38 (2011), Nr. 11-12, S. 1551–1561

[54] SAKAGUCHI, Shigeki ; TODOROKI, Shin-ichi ; SHIBATA, Shuichi: Rayleigh scattering in silica glasses. In: *Journal of the American Ceramic Society* 79 (1996), Nr. 11, S. 2821–2824

[55] SCHIFF, Leonard I.: *Quantum Mechanics.* 3. Auflage. Mc Graw-Hill, 1968

[56] SCHNAPF, Julie: How Photoreceptors Respond to Light. In: *Scientific American* (1987), April

[57] SMOOT, George: Cosmic microwave background radiation anisotropies: their discovery and utilization. In: *Bulletin of the American Physical Society* 52 (2007)

[58] SOFLA, A.Y.N. ; MEGUID, S.A. ; TAN, K.T. ; YEO, W.K.: Shape morphing of aircraft wing: Status and challenges. In: *Materials & Design* 31 (2010), Nr. 3, S. 1284–1292

[59] SOLYMAR, Laszlo ; WALSH, Donald: *Electrical properties of materials.* OUP Oxford, 2009

[60] SONDHEIMER, E H.: The mean free path of electrons in metals. In: *Advances in Physics* 1 (1952), Nr. 1, S. 1–42

[61] SPEKTRUM DER WISSENSCHAFT: *Digest: Moderne Werkstoffe.* SdW Verlagsgesellschaft, 1996

[62] STEINBERG, Richard ; WITTMANN, Michael C. ; BAO, Lei ; REDISH, Edward F.: The influence of student understanding of classical physics when learning quantum mechanics. In: *Research on teaching and learning quantum mechanics* (1999), S. 41–44

[63] STOECKEL, Dieter ; YU, Weikang: Superelastic Ni–Ti Wire. In: *Wire journal international* 24 (1991), Nr. 3, S. 45–50

[64] TUOMI, Ilkka: The lives and deaths of Moore's law. In: *First monday* 7 (2002)

[65] WITTKE, G.: *Farbstoffchemie.* Diesterweg, 1992

Stichwortverzeichnis

Funktionswerkstoffe